兽医师知识全书系列

兔场兽医师

主编 胡 慧 张君涛

河南科学技术出版社

·郑州·

图书在版编目（CIP）数据

兔场兽医师/胡慧，张君涛主编．—郑州：河南科学技术出版社，2013.8
（兽医师知识全书系列）
ISBN 978 – 7 – 5349 – 6471 – 8

Ⅰ.①兔…　Ⅱ.①胡…　②张…　Ⅲ.①兔病 – 兽医学　Ⅳ.①S858.291

中国版本图书馆 CIP 数据核字（2013）第 167797 号

出版发行：河南科学技术出版社
　　　　　地址：郑州市经五路 66 号　　邮编：450002
　　　　　电话：（0371）65737028　65788631
　　　　　网址：www. hnstp. cn
策划编辑：杨秀芳
责任编辑：陈　艳
责任校对：张付旭
封面设计：张　伟
版式设计：栾亚平
责任印制：张　巍
印　　刷：新乡市凤泉印务有限公司
经　　销：全国新华书店
幅面尺寸：170mm × 240mm　　印张：25　　字数：500 千字
版　　次：2013 年 9 月第 1 版　　2013 年 9 月第 1 次印刷
定　　价：36.00 元

如发现印、装质量问题，影响阅读，请与出版社联系并调换。

《兔场兽医师》
编写人员名单

主　编　胡　慧　张君涛
副主编　梁秀丽　李艳玲
编　者　（按姓氏笔画排序）
　　　　田俊娥　刘中原　李艳玲　宋　月
　　　　张君涛　张莉娟　胡　慧　梁秀丽
　　　　程慧芳

前　言

　　家兔是常见的驯化饲养的哺乳动物，其祖先是分布于欧洲、非洲等地的野生穴兔，现在世界各地均有饲养。尤其在我国，养兔业是一个传统的养殖项目，有着悠久的历史，从饲养用途而言有毛用兔、皮用兔、肉用兔、宠物兔、观赏兔等，涉及很多品种，诸如日本大耳白兔、新西兰白兔、比利时兔、青紫蓝兔、安哥拉兔、中国白兔等。近年来，随着畜牧业的飞快发展，我国养兔业也取得了长足发展，兔肉、兔毛、兔皮等产品先后打入国际市场。随着我国人民生活水平的不断提高，兔产品的内销量也日益增加，兔的饲养数量、饲养种类、兔肉产量、兔毛皮产量均逐年上升，名列世界首位。由此，我国也成为名副其实的世界养兔大国和兔产品出口大国，养兔业展现了巨大的市场潜力和美好前景。随着养兔业的集约化、标准化、规模化的不断发展和国外品种的引进，兔子的饲养管理、疾病预防显得尤为重要。为适应兔场兽医学发展的需要，有效地防治兔病，我们组织编著了《兔场兽医师》，主要目的是为广大兔场兽医工作者提供理论和实践指导，有效预防兔病的发生，积极治疗发病兔，进而保障人类健康，为养兔业的长足发展提供更大支持。

　　本书详细介绍了兔场兽医师的职责和素质、兔场防疫体系的建立与兔疫病控制、兔的生物学特性、兔的品种与选择利用、兔的繁殖技术、兔的饲养与管理、兔病防治的基本知识（包括传染病、寄生虫病、营养代谢病、中毒病等的综合防治措施）、兔病基本诊断技术（流行病学调查、临诊检查、病理剖检、实验室诊断等）、兔场常用药物及合理用药、兔的主要传染病、兔的主要寄生虫病、兔的常见普通病（内科病、营养代谢病、中毒病、外科病、产科病）、兔病的类症鉴别等有关兔生物学特性、饲养管理和疾病防控等的专业知识，力争使本书所介绍的内容全面、新颖、科学和实用。

　　本书在撰写时减少泛泛的理论性阐述，力求简洁准确、条理清楚地介绍兔场对兔的科学饲养管理、疾病综合防控体系建设以及临床诊疗技术方面的知识，是广大养兔生产者和从事兔业教学科研工作及畜牧兽医大中专学生的一本很好的参考书，希望能在生产实践中推广应用。

　　由于编著者水平有限，时间仓促，书中难免有疏漏或谬误之处，诚望同行专家、学者以及广大读者不吝赐教，多提宝贵意见，以便改进和完善。

编者
2012 年 11 月

目　录

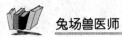

第一章　兔场兽医师的职责与素质

养兔的最大风险是疫病，一旦发生地方性流行的疫病，就会使兔场遭受较大的经济损失；如果遇上烈性传染病，则会给兔场带来毁灭性打击。因此，在养兔生产中必须贯彻"预防为主，防重于治"的方针，做好兔群日常防疫保健工作。兔场兽医工作是保证兔群安全生产的重要保证，是获得较高经济效益的前提。兔场兽医工作主要包括防疫体系建立和实施，兔病诊断、预防和治疗等内容，是兔群安全生产的重要保证。兔场兽医工作具体由兔场兽医师负责，在防疫员、饲养员及兔场畜牧师等的协助下完成。因此，优秀的兽医师是保证兔群健康发展的关键因素。

兔场兽医师，广义地讲是指具有一定兽医专业知识和实践能力，在兔场从事家兔疫病防治工作的技术人员；严格意义上讲，是指通过国家、省、区或县级人民政府兽医主管部门组织的专业资格考试，获得兽医师资格证书，在兔场从事家兔疫病防治工作的技术人员。大型兔场应设置专职兽医师和防疫员，中型兔场通常是兽医师和防疫员合二为一，由一人担任。

第一节　兔场兽医师的岗位职责

兽医师对兔场的兔群健康负全部责任。兔场兽医师应参与兔场的日常管理，负责制定兔群防疫程序，在疫病流行过程等紧急情况下，有责任提出和制定处置方案和采取措施，并把措施加以落实。同时要做到免疫接种程序化，消毒、巡视制度化，药物治疗和兔群疫病净化科学化，生产记录完善化。同时要负责兔场疫苗、药品等的采购、使用与保管，对职工进行卫生防疫、疫病防控方面的知识培训。

一、负责兔场饲养管理规程的制定与实施

兔场兽医师负责兔场饲养管理规程的制定与具体实施方案，参与兔场饲料配方设计和饲料原料的质量监督。根据兔场的实际情况，与防疫员或饲养员协商制

定出兔场的饲养管理规程和日粮标准，具体实施由兔场兽医师负责，饲养员及其他工作人员协助完成。饲料配方合理与否关系到兔群能否健康发展，因此兽医师应参与饲料配方的设计与饲料原料的质量检验，饲料配方既要参考饲养标准，又要考虑实际饲养效果。

二、全面负责兔场防疫体系的构建

兔场兽医师负责兔群防疫程序的制定、消毒防疫制度的建立、定期驱虫方案的确立，以及对疫苗、药品的采集、保存和使用进行指导。兽医师应根据兔病发生、流行规律，结合本场特点，制定出科学、合理的防疫程序，并在防疫员、饲养人员等协助下严格执行。做好场内兔群检疫和免疫注射工作，要定期对兔群的免疫状态进行监测，使免疫程序的制定科学合理，确保兔场健康稳定发展。兔用疫苗应选购有国家正式批文的产品，兔用药品应选购 GMP 认证企业生产的药品；使用新药一定要先小群试验，后大群使用。兔场兽医师负责管理、维护由兔场办公区进入生产区的防疫消毒通道，做好兔场职工日常防疫管理、监督工作；做好场区内环境消毒器材、消毒剂的保管，并指导各生产群的日常消毒工作。

三、积极控制兔场疫病流行

兔场兽医师负责兔群疾病的诊断与防治方案的制订，并积极控制疫病流行。兔场兽医师每天应对兔群进行检查，对饲养员及其他人员发现的病兔逐个进行检查，根据临床表现、剖检情况对疾病做出初步判断，并根据实验室诊断结果，尽快确诊，采取相应措施，做好发病兔群的隔离、封锁、防治工作，把群发性疾病控制在最小范围，把损失降到最低。

兔场兽医师还应负责兔场引种和售出商品兔的健康检查。新办兔场在引种前，兽医师必须对供种场兔群的健康情况进行考察，对所引种兔逐一进行仔细检查，确保无任何疾病，方可引入。对本场销售的商品兔或种兔也要进行健康检查，对危害人身健康的病兔，坚决予以深埋或焚烧。

第二节　兔场兽医师的素质要求

一、职业道德要求

兔场兽医师的职业道德不仅直接关系到兔场的健康发展，而且还关系到养兔业乃至于整个畜牧业的发展。因此，兔场兽医师应具备良好的兽医职业道德规范，做好兔场兽医工作，努力提高自身水平，更好地服务于我国养兔业的发展。

作为一名优秀的兔场兽医师应具备以下职业道德和基本素质。

（一）热爱本职工作、具有高度的责任心

兔场兽医师工作十分辛苦，技术要求高，工作量大，责任重大。因为家兔个体小、抗病力差，兽医师在兔群检查、防疫过程中稍有疏忽，就可能会造成兔子死亡或群发疾病流行。因此，兽医师必须爱岗敬业，具有奉献精神和服务意识；否则，即使有再高的理论水平和操作能力，也做不好这项工作。

（二）严格遵守国家的相关法律、法规

兔场兽医师应了解国家相关的法律、法规，认真贯彻国家畜牧业方针、政策，遵守有关动物防疫、动物诊疗和兽药管理等相关的法律、法规。作为一名兔场兽医工作者，如不具备良好的职业道德操守，不能严格遵守国家相关法律、法规，一旦造成损失，其危害和影响是非常严重的。

（三）具有良好的团队合作精神

兔场兽医师的工作不是孤立的，而是与兔场其他部门、其他人员如饲养、防疫、饲料加工、管理等人员的工作息息相关，因此要求兽医师具有较强的团队合作精神。能够及时沟通，倾听各个部门对工作中存在问题的反映，这样可以及时发现饲养管理、防疫等过程中存在的问题，可以对一些疾病的发生、流行等有一个比较全面的了解，以便更准确、更有效地诊断和治疗。

（四）刻苦钻研业务，具有与时俱进的工作态度

任何一项职业都有其特定的专业知识和能力要求，从业人员都应加强学习，钻研业务，不断提高理论水平和操作能力。兔场兽医师工作是一项技术性很强的工作，需要熟练掌握专业基础知识，且不断吸收新知识。而且兔病的流行、发生特点也是动态的，没有一成不变的规律可循，因此兽医师要经常关注家兔疫情报道和一些兔病相关研究成果，及时了解和掌握国际、国家和行业新标准、新规范，学习和采用新的兔病诊断技术，提高自身的业务水平，完善操作技能。

二、专业素质要求

兔场兽医师应具有畜牧兽医专业中专以上学历，基本掌握畜牧学和兽医学的基本知识和操作技能，了解家兔饲养管理和疾病防治的相关知识；具有细心、耐心、负责任和良好的工作态度以及道德修养，团结协作能力强等素质。

（一）须掌握的专业基本知识

兔场兽医师应具备扎实的畜牧兽医学科基本知识，主要包括家兔解剖生理学、组织学和病理学基础知识、兽医药理学基础知识、动物传染病防控基础知识、动物寄生虫病防控基础知识、动物饲养管理基础知识和兽医生物制品基础知识，以及相关的法律、法规知识。了解家兔饲料营养特点、家兔营养需要、饲料加工方法以及家兔饲养管理的全过程。全面掌握这些知识后，合格的兽医师才能制定出科学、合理、严密的防疫程序，才能在发生疾病后准确、迅速地分析出疾病发生的原因，从而制定出有效的预防和治疗措施。

（二）须掌握的基本技能

兔场兽医师要熟练掌握常规的兔场卫生消毒、预防接种、病料采集保存与运输、药品和医疗器械的使用、临床观察与给药、患病动物处理等方面的技能，以及常规的实验室诊断技术。兔场尤其是规模兔场在发生疾病时，往往有许多因素、多种临床表现和病理变化，作为兽医师不仅要有理论知识，还要具备丰富的临床经验，才能及时、准确地做出诊断，采取有效措施，控制疾病的流行和发生。

（三）须拥有相应的资质证书

兔场兽医师应具有通过国家或县级以上地方人民政府兽医主管部门组织的专业资格考试获得的兽医师资格证书。应熟知国家相关的法律、法规并严格执行，按照国家有关规定合理用药，不使用假劣兽药和农业部规定禁止使用的化合物。最好应在兔场从事兽医工作 2 年以上，具有一定的实践和操作能力，只有理论没有实践，很难在短期内承担规模兔场的防疫任务。

第二章 兔场防疫体系的建立与
兔疫病控制

第一节 兔场疫病的发生与流行的特点

兔病的种类很多，包括传染病、寄生虫病、内科病、外科病及产科病等，危害最严重的是传染病，其次是寄生虫病，一兔得病，会危及全群。这些疾病往往会大批发生，发病率和死亡率很高，严重时甚至全群覆灭，造成巨大的经济损失。兔病的发生和流行具有如下特点。

一、集约化程度高，兔群对疫病的易感性增加

随着养兔业的蓬勃发展，规模化、集约化兔场逐渐增多，兔群的饲养密度加大，兔只接触频率高，但相应的饲养条件跟不上，兔舍卫生消毒不严，通风换气不畅，以致兔场及环境污染比较严重，加之各种应激源增多等不良因素，使得兔群机体抵抗力降低，导致兔群对病原微生物的易感性增强，对传染病的抵抗力降低，很容易导致传染病的发生与流行。

二、病原体发生新的变化，非典型性病例增多

在疫病流行过程中，受环境或免疫力的影响，某些病原体的毒力出现增强或减弱等变化，从而出现新的变异株或血清型；加上兔群免疫水平不高或不一致，导致某些疫病在流行病学、临床症状和病理变化等方面从典型向非典型、温和型转变。此外，有些病原体的毒力增强，即使经过免疫的兔群也常发病，给疾病诊断、免疫和防制造成较大困难。

三、呼吸道疾病危害严重，消化道疾病频发

规模化兔场增多，兔群饲养密度大，为呼吸道传染病的发生和流行提供了良机。近年来，规模化兔场普遍存在呼吸道传染病，且各种日龄的兔群都可发病，发病率为30%～50%，死亡率达5%～30%。由于饲养管理不善，饲草饲料质量

不过关，兔舍卫生差，消毒不彻底，通风换气不良，环境污染严重，消化道疾病频发，给兔场造成较大的经济损失。

四、混合感染和继发感染病例逐渐增多

随着饲养密度的加大，临床上合并感染、混合感染和继发感染的病例显著增多，导致兔群的高发病率和高死亡率。众多研究表明，家兔传染性鼻炎的病原菌有多种，如支气管败血波氏杆菌、巴氏杆菌、假单胞菌、绿脓杆菌、变形杆菌和金黄色葡萄球菌等，它们既可单独引起发病，也可共同作用发病，混合感染最为多见。另外，兔场发生兔呼吸道疾病综合征也比较多，它是由病毒、细菌、环境应激和兔体免疫力低下相互作用造成的呼吸道疾病的总称，涉及几种引起呼吸道疾病的病原体，包括原发性感染疾病和继发性感染疾病，原发性感染疾病如家兔的传染性鼻炎—化脓性胸膜肺炎，继发感染疾病包括兔链球菌病、兔副伤寒、兔副嗜血杆菌病等，目前，全国各地几乎都有该病的发生，有的兔场发病率可达20%~30%，死亡率达20%以上。如果在一个兔场中，发生和流行上述原发性感染疾病，同时又合并发生或继发感染，即可加重发病兔群的临床症状，造成极高的死亡率。除此以外，还有一些其他因素，如兔群密度过大，不同日龄兔的混群饲养，不同来源的兔只饲养在一起，不良的饲养方式，气温的巨变和兔舍温度变化过大，加之兔群因营养和疾病造成免疫力和抵抗力低下等，都可引起兔场或兔群呼吸道疾病综合征的暴发和流行。

五、免疫抑制性疾病的危害加重

近年来，随着家兔养殖场规模大型化、养殖数量的急剧增长，各养殖场陆续出现了兔非典型兔瘟、兔轮状病毒感染、猝死综合征、繁殖障碍综合征、生长障碍综合征、肝脾肿大症等免疫抑制性疾病，使得家兔养殖成本大幅增加，严重影响和制约了家兔产业发展。引起免疫抑制的因素有很多，尤以传染性疾病因素最为重要，但应激、真菌毒素、营养性因素和药理性因素等引起的免疫抑制也不容忽视。例如，兔瘟和兔巴氏杆菌病除直接危害养兔生产外，更重要的是两者均可侵袭兔的免疫器官和免疫细胞，使机体抗病力减弱，增加对其他疾病的易感性，这可能是近年来兔病越来越多、越来越复杂的重要原因之一。

维生素、微量元素（如铜、铁、硒等）缺乏或各营养成分比例失调，也会导致机体继发性免疫缺陷，造成免疫器官发育不良，淋巴细胞分化不全，从而增大了免疫抑制性疾病的发生概率。重金属元素（如汞、铅、镉等）、霉菌毒素（如黄曲霉 B_1 等）如摄入过量，将会毒害和干扰机体免疫系统正常的生理功能，使免疫组织器官活性降低，抗体水平下降；此外，大剂量放射线（如紫外线等）辐射动物也可杀伤骨髓干细胞而导致造血功能和免疫功能丧失。

六、治疗模式改变、病原菌抗药性增加、抗生素疗效降低

由于混合感染和继发感染病例逐渐增多，疾病进一步复杂化，临床上治疗模式也发生相应的变化，从单一治疗转为综合治疗，抗病毒或抗细菌药物以及抗血清、球蛋白、中西药物混合使用，尤其是盲目大量使用抗生素，使一些常见的细菌产生很强的耐药性，使抗生素用药剂量增大，疗效降低。大量使用抗生素在杀死有害病菌同时也杀死有益菌，引起二重感染和内源性感染，因而一旦发生细菌性传染病，很多抗生素都难以奏效。

第二节　兔场防疫体系建立的基本原则

兔病防制体系建设担负着控制或消灭兔传染病和人畜共患病的重大任务。因此，兔场兽医师及经营者必须在心里牢牢树立以"预防为主，治疗为辅"的原则，减少养兔生产中因疾病造成的经济损失。从兔场场址选择、兔舍设计开始，到饲养管理、消毒制度的建立、免疫程序的制定等环节，必须制定一套严密的防疫体系并严格执行，这样才能保证兔群健康发展，取得较高的经济效益。兔场防疫体系应由兽医师和畜牧师等根据现有的兔病防治理论，结合本地区、本场的实际来制定，防疫体系的内容不是一成不变的，应根据兔病流行特点的变化，进行相应的调整。

一、坚持"预防为主，防重于治"的方针

养兔的重要原则是"预防、淘汰为主，治疗为辅"，防疫、消毒、隔离治疗、淘汰相结合的方法是养兔人必须坚持的，因此，要拟订严密的防疫计划，坚持去实施。科学的饲养管理是兔群健康的保证，应在加强饲养管理的基础上，根据兔场的实际情况和周围的疫病流行情况有计划地进行预防免疫接种，防止外来疾病入侵，提高兔群整体健康水平。如受到疫病的威胁，要进行紧急免疫接种，迅速控制和扑灭疾病。

二、采取综合性防疫措施

根据家兔的生物学特性，疾病发生、流行特点，结合本场所在的地理位置、环境、气候变化等因素，制定符合本场实际情况的安全防疫体系。综合防疫措施包括：严格执行《中华人民共和国动物防疫法》，做好疫情报告、检疫、监测、诊断、隔离、消毒、免疫接种、药物防治、淘汰和尸体无害化处理等工作，树立牢固的防疫意识。配套卫生防疫措施包括：厂址选择、兔舍设计、建筑及合理布

局，科学的饲养管理，营养全面的饲料，清洁的环境，培育健康的种兔群，科学的免疫程序等。

第三节　兔场防疫体系的基本内容

兔场防疫体系的基本内容贯穿于兔场生产的整个过程，而其实施则涉及兔场所有部门和人员。一般由场长协调，兽医师为主，畜牧师配合，组织相关部门、相关人员，如兽医部门（包括防疫员等）、饲料采购、饲料加工、配种员以及饲养员等共同实施。各个环节都要实行责任制，落实到部门、人，实行严格的奖惩制度。

一、兔场建设与环境控制

兔舍既是家兔的生活环境，又是饲养人员对家兔日常管理和操作的工作环境，兔舍建筑合理与否，直接影响家兔的健康、生产力的发挥和养兔者劳动效率的高低。兔场建设既要考虑家兔对环境的要求和建筑学的基本参数，又要考虑投入产出比，即本着勤俭节约的精神，进行兔场场址的选择，建筑物的科学建造、合理布局，设备的科学选用，保证良好的环境，提高劳动生产率。

（一）兔场设计原则

1. 最大限度地适应兔的生物学特性　兔舍设计应充分考虑兔的生物学特性。家兔有啮齿行为，喜干燥、怕热、耐寒，因此，应选择地势高的地方建场，兔笼门的边框、产仔箱的边缘等凡是能被兔啃到的地方，都应采取加固措施，如选用合适的、耐啃咬的材料。

2. 有利于提高劳动生产率　兔舍设计不合理将会加大饲养人员的劳动强度，另外也会影响饲养人员的工作情绪，从而降低劳动生产率，因此，兔舍设计与建筑要便于饲养人员的日常管理和操作。通常，兔笼设计多为 1～3 层，室内兔笼前檐高 45 厘米左右，如果过高或层数过多，极易给饲养人员的操作带来困难，影响工作效率。

3. 满足兔生产流程的需要　兔的生产流程因生产类型、饲养目的不同而异。兔舍设计应满足相应的生产流程的需要，要避免生产流程中各环节在设计上的脱节或不协调、不配套。如种兔场，以生产种兔为目的，应按种兔生产流程设计建造相应的种兔舍、测定兔舍、后备兔舍等；商品兔场则应设计种兔舍、商品兔舍等。各种类型兔舍、兔笼的结构要合理，数量要配套。

4. 兔场规模的考虑　建设养兔场要有适当的规模，规模的确定要经过广泛论证，需考虑的因素包括：兔产品的市场需求和市场走势，当地的自然条件和饲料资源，自身的技术力量，养殖经验和经营能力等。规模过小则难以形成气候，经济效益不明显；规模过大则投资大、风险大，若技术和经营跟不上，很可能造成严重的经济损失，最好能够从小到大，逐步稳定滚动发展。一般而言，在我国现有的条件下，普通农户可以建造 100～500 个笼位，养 30～150 只种母兔，年产 500～3 000 只商品兔。中小型兔场可以建 1 000～1 500 个笼位，养 200～500 只种母兔，年产 5 000～8 000 只商品兔。大型兔场可建 2 000 个以上笼位，养 500 只以上种母兔，年可产商品兔 10 000～15 000 只。

5. 综合考虑多种因素，力求经济实用　兔舍设计除了"以兔为本"，兼顾工作环境外，还应综合考虑饲养规模、饲养目的、兔品种、饲养水平、生产方式、卫生防疫、地理条件及经济承受能力等多种因素，并从自身的经济承受力出发，因地制宜、全面权衡，讲求实效，注重整体的合理、协调发展，努力提高兔舍建筑的投入产出比。同时，兔舍设计还应结合生产经营者的发展规划和设想，为以后的长期发展留有余地。

（二）场址的选择

1. 小型兔场场址的选择　小型兔场一般是指基础母兔在 30～50 只（100 只以下）的兔场，多数是一个家庭利用业余时间和辅助劳力所进行的副业活动，因此，其场址一般无须专门申请建筑用地的审批，只要充分利用农家空闲院落即可。

2. 大型兔场场址的选择　与小型兔场不同，大型兔场场址的选择应根据家兔的生物学特性、防疫的基本要求及建筑学的原则科学地选择场址，除应注意有适宜、充足的饲料基地外，还要考虑家兔的生活习性及建场地点的自然和社会条件。

（1）地势。兔场场址应选在地势高燥、平坦的地方，地下水位在 2 米以下，排水良好的地方。为便于排水，兔场地面要平坦或稍有坡度（以 1%～3% 为宜），这样可以缩短道路和管线长度，减少基建投资，利于排水、排污。选择场址要注意避开容易产生空气涡流的山坳和谷地，场地西北方向最好有天然挡风屏障，而东南方向则要开阔敞亮，这种场地背风向阳，可以减少冬春季节风雪侵袭，又能保持小环境温度和湿度的相对稳定。场区地面最好以沙质土壤为宜，因为沙质土壤透水、透气性好，容易保持兔场干燥，可防止病原菌和寄生虫卵等的生存、繁殖；同时，土壤中不含有机和无机污染物，不含其他有害成分，微量元素含量要合理。

（2）水源。水源和水质为兔场场址选择的一个重要因素，兔场对水源要求总体为"水量充足，水质干净，取水方便"。正常情况下，家兔每天需饮用水约 350 毫升，此外，还有兔舍的冲洗、消毒，饲养人员的用水等，用水量较大，因此，最好能通自来水。饮用水以井水、泉水最为理想，其次为自来水、流动的溪水；河水、江水可用于冲刷卫生、浇灌牧草植物，禁止饮用；坑、塘中的死水因受细菌、寄生虫和有毒化学物质的污染，不宜作为兔场的水源。

（3）交通和电力。兔场应选择在相对隔离、环境比较安静、交通便利的地方。不能靠近公路、铁路、港口、车站、采石场等，还应远离屠宰场及有污染的工厂。此外，为便于卫生防疫，兔场应距离村镇至少 300 米、离交通干线 200 米、离一般道路 100 米以上，以便形成卫生缓冲带。但兔场位置又不能过分偏僻，要有基本的交通条件，能够驶入汽车，便于运送生产物资。兔场除了要开通高压照明电和动力电外，为防止供电不正常，还要自备发电机，能够满足抽水、生产加工饲料、通风等应急需要。

（4）周围环境。兔生产过程中形成的有害气体及排泄物会对大气和地下水产生污染，因此兔场不宜建在人口密集和繁华地带。兔场应位于居民点的下风头，地势低于居民点，但要避开排污口；要远离污染源（如屠宰场、畜产品加工厂、化工厂、造纸厂、制革厂、牲畜交易市场等）和噪声源（如汽车站、火车站、拖拉机站、采石场、燃放鞭炮场地）。兔场场地除了包括建筑兔舍和办公用房等外，最好还要有一定面积的牧草种植基地。有了牧草基地，可以保证种兔常年不断青草，既培育了优良种兔，又可以降低饲养成本。

（5）场地面积。兔场占地面积要根据兔场的生产方向、饲养规模、饲养管理方式和集约化程度等因素而确定。既应考虑满足生产，节约用地，又要为今后发展留有余地。

1）种兔场、肉兔场和皮用兔场。此类兔场的产品为达到一定年龄的幼兔，场内不存留成年商品兔，所以一般是按繁殖母兔的数量规模进行推算。在兔场总体设计中，兔舍一般占生产区土地面积的 50%（其余为兔舍间隔、道路、绿化地等），而生产区占场区土地面积 50% 左右（其余 30% 左右为综合区，20% 左右为隔离区）。按照我国现有的实际情况，每只繁殖母兔（包含种公兔及仔幼兔）平均占用笼具面积一般为 0.9 ~ 1.2 平方米，按三层笼计算，实际占用兔舍面积 0.3 ~ 0.4 平方米。在兔舍内部设计时，笼具在兔舍内一般占用兔舍地面积的 40% 左右（其余为走道、粪道、临时料仓等），兔舍的建筑系数为 0.8（每平方米建筑面积折合实用面积 0.8 平方米）。根据以上基本数据，可推算出平均每只繁殖母兔需要征地的面积。

2）毛用兔场。长毛兔饲养场生产区内的兔群实际由两部分组成，即种兔群和兔毛生产群。种兔群担负着繁殖后备兔（包括后备种兔和生产兔）的任务，兔毛生产群的任务是生产兔毛。种兔群在生产区内笼具及占地面积计算方法可参考前者方法。兔毛生产群在生产区内笼具及占地面积按照兔群实际规模计算，产毛兔单笼饲养，每个笼的底面积一般为 0.3 ~ 0.4 平方米，如果三层饲养则占用兔舍内实用面积为 0.1 ~ 0.13 平方米。

（三）兔场布局

场址选定后，应根据兔场的任务、规模、饲养工序等，结合兔场地势、地貌、地形灵活布局。正规建设的养兔场至少要分为3个区域，即综合区（包括行政区、生活区和服务区）、生产区、隔离区。综合区、生产区和隔离区三者必须相互隔离，相互之间应有一定的间距，防止在生产管理上的相互干扰，并利于防疫。兔舍的道路应设清洁道和污染道两种，在总体设计时，要考虑以最短的线路合理安排，使两种道路严格分开，避免交叉污染。

从布局方位上，兔舍一般应坐北朝南，兔舍的长轴与夏季的主导风向垂直，但是多排兔舍平行排列时，兔舍长轴与夏季的主导风向呈30°左右的夹角，可使每排兔舍获得较好的通风效果。综合区应占据上风头、高地势处，一般在西北方向，以保证工作人员的安全；隔离区、疫病区应位于下风头、低地势处，一般位于东南方位，避免污物、气味流过生产区及综合区。

1. 生产区　生产区是兔场的主体和核心区域，担负着家兔的饲养、繁育和产品采收等技术任务，主要建筑为兔舍，以设在人流较少和兔场的上风向区域为宜。兔舍布局依次为：种兔舍—繁殖舍—育成舍—幼兔舍。优良种兔（核心兔群）舍应安排在僻静、环境最佳的上风向位置；幼兔舍应靠近兔场一侧，以便外运销售。

2. 生活区　生活区是兔场职工食宿、娱乐，开展业余活动的区域，主要建筑为食堂、宿舍、娱乐场馆等，该区域由于人员来往较多，应与生产区分开设置，但不宜相距太远。生活区与生产区之间应设立隔离带，由生活区进入生产区必须要消毒、更衣。

3. 行政区　行政区是兔场经营管理和对外联络的区域，主要职能是树立兔场形象，担负兔场领导，负责兔场经营。主要建筑为办公室、会议室、接待室及标志性建筑等。

4. 服务区　服务区是兔场运行的后勤保障区域，主要职能是为兔场提供优质的饲料和管理服务。主要建筑为饲料加工车间，饲料、药品、器械仓库，供水供电设施等。饲料加工车间应在距兔场各兔舍较近的地方，以便缩短饲料运送往返距离；但应避免噪声对家兔生活和生产、繁殖的干扰；水井、饲料加工室等应远离隔离区，特别是要远离粪池等污染设施，避免对水源、饲料的污染。

5. 隔离区　隔离区也叫污染区或疫病区，包括兽医室（化验室和医疗室等）、隔离室、尸体处理室、粪池等容易对兔场产生污染的建筑。主要对新引进家兔进行隔离饲养，对病兔进行诊断治疗，对死兔、粪污等废物进行处理，应建在兔场的下风头及地势最低的地方，远离健康兔群。

（四）兔舍修建

1. 兔舍建造的基本要求

（1）兔舍在结构设计上要符合兔的生活习性，有利于兔的生长发育，便于管理和防治疾病，力求环境干燥清爽，空气新鲜。

（2）应把投入产出比作为重要因素考虑。在满足家兔生理需要的前提下，尽量减少投资，以便早日收回投资并获利。因此，兔舍所用建材要因地制宜、就地取材，造价既低，又有实用性、耐久性。

（3）兔舍的各部分建筑应符合建筑学的一般要求。如基础应具备足够的强度和稳定性、足够的承重能力和抗冲刷能力，深度在当地土层最大冻结深度以下。

（4）兔舍的结构、面积、内部设置必须符合不同生产用途和各类型兔的饲养管理和卫生要求。墙壁表面应光滑、耐碱、防水、耐火、便于消毒和去除污垢。地面平坦无裂缝、能防潮保暖，最好高出舍外地面 20 ~ 25 厘米，防雨水流入。兔舍顶不可漏水，除尖顶和圆顶外，都应有坡度，有利于排水；窗户总面积应占墙总面积 15%；门窗可保暖，能防止老鼠、黄鼠狼等害兽侵入。

（5）兔舍内须有良好的排水系统，便于排污、清洗、消毒。舍内粪沟要求宽 50 ~ 70 厘米、深 15 ~ 20 厘米，有 1.0% ~ 1.5% 的坡度，月牙形或倒梯形沟底，平坦光滑。舍外采用暗沟排污，直线行走，有 3% ~ 5% 的坡度，弧形转弯，管壁要光滑。沟的铺设不宜过长，每隔 30 ~ 50 米应增设沉淀井，沉淀井应定期掏挖，以免污物淤塞。粪池应设在隔离区，深度要超过 1 米，池底和池壁硬化防渗，上部收口加盖，定期清理。

（6）兔舍的高度与通风和保温有着直接关系，兔舍的高度应根据笼具形式及气候特点而定，在寒冷地区，适当降低舍高，一般 2.5 ~ 3 米；炎热地区和实行多层笼养，可增加高度 0.5 ~ 1 米；兔舍的跨度没有统一规定，一般控制在 10 米以内，过大不利于通风和采光。长度可根据场地条件、兔场布局及生产方向而定，一般控制在 50 米以内，或以一个生产班组的饲养量来确定。

2. 兔舍环境控制要求　兔舍场区要注意绿化、排污，兔舍内要注意对温度、湿度、通风、光照、噪声等进行合理控制，从而为家兔提供科学合理的生存环境。

（1）兔舍温度：成兔的适宜温度为 15 ~ 20℃，冬季最低不要低于 5℃，夏季最高不能超过 30℃。幼兔舍舍温以 20 ~ 25℃ 为最佳，最低不低于 10℃，最高不能超过 30℃。仔兔保育舍室内最好保持在 20 ~ 30℃，产箱窝内最适温度为 30 ~ 32℃。

（2）湿度：兔舍内最适宜的空气相对湿度为 60% ~ 70%，最低不能低于 55%，最高不宜超过 70%。兔舍地面要保持干燥，饮水设施不要滴漏。

（3）通风：通风可驱除舍内有害气体，排走灰尘、潮气。通风可采用自然通风，最好采用强制通风。自然通风适用于小型、简易兔舍，主要是利用空气通过门窗的自然流动而换气，也可利用设在屋顶的排气孔和设在墙底的进气孔对流换气，排气口面积为兔舍地面积的 3% ~ 5%，进气口面积为排气口面积的 75%。机械通风适用于封闭式兔舍，分为有抽气式通风（负压通风）或送气式通风（正压通风）。每小时每千克兔需空气 0.3 ~ 0.5 立方米，夏季的换气量要达到每小时每千克体重 4 立方米，风速 0.4 米/秒，冬季风速不超过 0.2 米/秒。兔舍内氨气和硫化氢在每升空气中的相对分量不宜超过 0.01 ~ 0.015 毫克。

（4）光照：光照变化可调节家兔换毛、繁殖等生理活动，适宜的光照有助于增强兔的新陈代谢，促进钙磷吸收，维持正常的生理功能，光照还有杀菌作用。室内高密度集约化养兔对于通风的要求非常严格，兔舍的采光系数（即窗户的有效采光面积与兔舍地面面积之比）一般种兔舍为 1∶10 左右，育肥兔舍 1∶15 左右。窗户的入射角不小于 25°，透光角不小于 5°。繁殖母兔要求较长时间的光照，每天 14 ~ 16 小时光照时；种公兔一般以每天 10 ~ 12 小时光照为好，长光照会造成精液品质下降。普通家兔只要能得到阳光散射光线，感受到日出日落的变化即可。

小型兔场以及简易兔舍主要依靠门窗大小调节自然光的强度，门窗采光面积一般占兔舍地面积的 15% 左右，但要避免太阳光的直射。封闭式兔舍采用人工补光或人工照射，白炽灯照射效果最好，一般达到每平方米 3 ~ 4 瓦即可，灯头距离地面高 2.0 ~ 2.5 米，每天照明 8 ~ 10 小时，最多 16 小时。

（5）噪声：家兔惧怕突然出现噪声，它会使家兔产生强烈的应激反应，出现停止采食、乱撞乱跳等现象，繁殖期甚至会出现发情抑制、流产、叼仔食仔、产奶减少。防止噪声的有效方法是兔舍远离公路、铁路、工矿企业等高噪声区，尽量避免外界噪声干扰，饲养管理操作要轻缓，平时要保持舍内安静。

3. 兔舍类型

（1）敞篷式兔舍：四面无墙，仅靠立柱支撑舍顶，其通风透光好，兔子的呼吸道疾病少，造价低。适于较温暖的地区或作为季节性生产用。

（2）开放式和半开放式兔舍：开放式即兔舍的三面有墙，前面敞开或设丝网；半开放式兔舍是除了三面有完整的墙外，前面有一半截墙，上部可设丝网，为了保温，在冬季兔舍前面用塑料布封闭，这类兔舍通风透光比较好，适于较温暖的地区，适合于我国华北以南地区。

（3）封闭式兔舍：这种兔舍上部有顶，四面有墙，两个长轴墙面设有窗户，是我国各地应用最为广泛的一种兔舍类型。兔舍的顶部形式根据兔舍跨度及当地气候特点而定，有平顶式、单坡式、双坡式、联合式、钟楼式或半钟楼式、拱式或平拱式等。

（4）地下或半地下式兔舍：利用地下温度较高而稳定、安静、噪声低，对兔无惊扰的特点，在地下建造兔舍。尤其适于高寒地区家兔的冬季繁殖。应选择地势高燥、背风向阳处建舍，管理中注意通风换气和保持干燥。

（5）室外笼舍：在室外的庭院空地，以砖、石等砌成笼舍合一的结构，一般1~3层，总高度控制在1.8米以内。由于建在室外，通风透光好，干燥卫生，家兔呼吸道疾病的发病率明显低于室内饲养。但这种兔舍受自然环境影响大，温湿度难以控制，特别是遇到不良天气，管理很不方便。

（6）塑料棚舍：在室外的笼舍上部架一塑料大棚。塑料膜为单层或双层，双层膜之间有缓冲层，保温效果好，这种兔舍适于寒冷地区或其他地区冬季繁殖。

4. 兔笼 兔笼是现代家兔生产的必备工具，是家兔的直接生活环境，对于兔饲养的成败有很大影响。兔笼的设计应符合家兔的生物学特性，结构合理，操作方便，适合于消毒、清洗和储运；通风好，采光充足；成本低廉，经济实用。

兔笼的大小规格应根据兔子的不同品种和性别、兔笼的设置位置、地区的气候特点等而定。一般情况下，兔笼长度为兔体长的1.5~2倍，笼宽为兔体长的1.3~1.5倍，笼高为体长的0.8~1.2倍。兔笼设计参考尺寸见表2-1。

表2-1 兔笼设计参考尺寸

类型	种兔体重/千克	笼底面积/米^2	笼长/厘米	笼宽/厘米	笼高/厘米
大型兔	5.5以上	0.4	75~80	55~60	35~40
中型兔	4~5.5	0.3	60~75	55~60	35~40
小型兔	4以下	0.25	45~60	55~60	35~40

（1）兔笼的结构：兔笼可用水泥预制件、砖石或竹木做成，最好用金属网笼和全塑兔笼。一个完整的兔笼由笼体及附属设备组成，笼体由笼门、笼底（踏网、踏板、底板）、侧网（两侧）、后窗、笼顶（顶网）及承粪板等组成。

1）笼壁。多用水泥板或砖、石等砌成，也可用竹片或金属网钉成，笼壁要平整光滑，无毛刺，坚固防唒，以免损伤兔体和钩脱兔毛。如用砖砌或水泥预制件，需预留承粪板和笼底板的搁肩（3~5厘米）；如用竹木栅条或金属网条，则以条宽1.5~3.0厘米，间距1.5~2.0厘米为宜。

2）笼门。笼门是兔笼的关键部分，多采用前开门，也有的采用上开门和前上开门。一般为转轴式，左右或上下开启，也有的为推拉式，左右开启。无论何种形式，笼门应启闭方便，关闭严实，无噪声，不变形。笼门有单、双门之分。较大的兔笼（大型种兔笼、小群育肥笼等）多采用双门。笼门取材多样，可用铁网、铁条、竹板、木板、塑料等。笼门宽度以笼的大小而定，一般30~40厘米，高度与兔笼前高相等或稍低。兔笼侧网即前门底部钢丝应有一定的密度，保持适当的距离，以防仔兔爬出笼外。一般的附属设备配置在笼门上，如草架、食槽、记录牌和饮水器等。单乳头式自动饮水器多安装在兔笼的后壁或顶网上。

3）承粪板。宜用水泥预制件，表面光滑，厚度为 2.0 ~ 2.5 厘米，要求防漏防腐，便于清理消毒。在多层兔笼中，上层承粪板即为下层的笼顶。为避免上层兔笼的粪尿、冲刷污水溅污下层兔笼内，承粪板应向笼体前伸 3 ~ 5 厘米，后延 5 ~ 10 厘米，前后倾斜角度为 10°~ 15°，以便粪尿经板面自动落入粪沟，并利于清扫。

4）笼底板。一般用竹片或镀锌冷拔钢丝制成，要求平而不滑，坚固而有一定弹性，宜设计成活动式，以利于清洗、消毒或维修。如用竹片钉成，要求条宽 2.5 ~ 3.0 厘米，厚 0.8 ~ 1.0 厘米，间距 1.0 ~ 1.2 厘米。

5）其他设施。养兔还要用到料槽、产仔箱等其他设施。料槽要坚固、耐啃咬，安装要稳固，便于拆下清洗，可以用竹制、陶制、水泥制、塑料制、铁皮制等。草架用于添喂青干草，制成"V"字形，固定于笼门上，要便于拆装。饮水可用水盆、水瓶等，最好用自动饮水器。产仔箱可用木板、硬质塑料制成，规格一般为长 35 厘米、宽 30 厘米、高 28 厘米。

（2）兔笼类型：兔笼按其功能可分为饲养笼和运输笼；按制作材料可分为金属笼、水泥预制件笼、砖石砌笼、木制笼、竹制笼和塑料制笼等；按层数多少可分单层、双层和多层；按笼体排列关系可分为平列式、重叠式、阶梯式和半阶梯式等。通常所说兔笼主要指的是饲养笼，本书主要介绍平列式、重叠式、阶梯式、活动式和立柱式 5 种兔笼。目前有很多商品化的兔笼出售。

1）平列式兔笼。适于饲养种兔。兔笼均为单层，全部排列在一个水平上，一般为竹木或镀锌冷拔钢丝制成，又可分单排活动式和双排活动式两种。笼门可开在兔笼的上部，也可在前部。兔笼可悬吊于舍顶，也可以支架支撑或平放在矮墙上。由于是单层，粪便可直接落在笼下的粪沟内，不需要承粪板。主要优点是有利于饲养管理和通风换气，环境舒适，有害气体浓度较低。缺点是兔笼平列排放，房舍的利用率比较低，单位家兔的设备投资大。

2）重叠式兔笼。这类兔笼在长毛兔生产中使用广泛。多采用水泥预制件或砖结构组建而成，一般上下叠放 2 ~ 4 层笼体，层间设承粪板。该种形式的笼具房舍利用率高，通风采光良好，但重叠层数不宜过多；缺点是清扫粪便困难，有害气体浓度较高。目前，我国农村养兔的笼具以重叠式为主。

3）阶梯式兔笼。这类兔笼一般由镀锌冷拔钢丝焊接而成，在组装排列时，上下层笼体完全错开，不设承粪板，粪尿直接落在粪沟内。主要优点是饲养密度较大，通风透光良好。缺点是占地面积较大，手工清扫粪便困难，适于机械清粪兔场应用。

4）活动式兔笼。一般由竹木或镀锌冷拔钢丝等轻体材料制成，根据构造特点可分为单层活动式、双联单层活动式、单层重叠式、双联重叠式和室外单间移动式等多种。主要优点是移动方便，构造简单，易保持兔笼清洁和疾病控制等；缺点是饲养规模较小，仅适用于家庭小规模饲养。

5）立柱式兔笼。这类兔笼由长臂立柱架和兔笼组装而成，一般为3层，所有兔笼都置于双向立柱架的长臂上。主要优点是同一层兔笼的承粪板全部相连，中间无任何阻隔，便于清扫。缺点是由于饲养密度较大，故有害气体浓度较高。

二、科学的饲养管理

科学的饲养管理技术是养好家兔并取得高产优质产品的关键，如果饲养方法不当，即使有优良的品种、优质丰富的饲草、合适的兔笼，也不一定能取得理想的饲养效果。要养好家兔，必须根据家兔的生物学特性、不同的生理阶段以及不同的季节特点等采取相应的饲养管理技术措施，才能获得较高的经济利益。

家兔饲养的一般原则为：以青粗饲料为主，以混合饲料为辅；多种饲料合理化搭配；切实注意饲料品质，合理调制饲料；更换饲料应逐步过渡；制定合理的饲喂制度，采取科学的饲喂方法。家兔管理的一般原则为：注意卫生，保持干燥；保持安静，防止惊扰与兽害；夏季防暑，冬季防寒；合理分群，便于管理；适当运动，增强体质。

（一）把好饲料质量关，定时饲喂

饲料质量的好坏直接影响兔群安全生产和兔群生产性能的提高与否。家兔是食草动物，应以青、粗饲料为主，精料为辅。目前饲养家兔的饲料有颗粒饲料和混合饲料两种，其配方科学，营养成分合理，符合饲养要求。但由于四季的饲料种类不同，在改变饲料时要逐步过渡，先更换1/3，间隔2~3天再更换1/3，于1周左右全部更换，使兔的采食习惯和消化功能逐渐适应变换的饲料。喂饲要定时定量，每天固定喂饲时间，使家兔养成定时采食的习惯。同时根据家兔的年龄、体重、个体差异、季节特点及兔体对饲料的需要，定出每兔每天的喂量。这样既可增强家兔的食欲，又可提高饲料的利用率，有利于促进家兔的生长，减少疾病的发生。兔白天除采食外，多静伏于笼内，夜间却十分活跃，采食频繁，因此，要注意根据兔的生活规律喂食，早晨喂日粮（精料和草）的1/3或1/4，傍晚喂日粮的2/3或3/4，夜间喂1次粗饲料。

（二）创造良好的饲养环境

依据家兔的生物学特性进行科学的饲养，促进兔群的正常生长。兔舍要清洁舒适，通风良好，冬天要保温防寒，夏天要降温防暑，雨季要防潮。做好兔舍的温度、通风、光照控制工作，养兔的适宜气温为15~25℃，气温连续高于32℃时，公兔性欲减退，母兔受精率下降，气温低于15℃，影响兔的繁殖。兔舍的适宜换气量夏季为每小时每千克体重3~4立方米，冬季为每小时1~2立方米。光照时间每天以12~14小时为好，少于8小时，母兔停止发情，超过16小时引起母兔异常发情，公兔精液量减少。

（三）适时分群饲养

为了管理方便和满足各种兔的营养需要，应尽早分群饲养。体重在1.5千克以下的幼兔，殴斗较少，可合群饲养，但体重在2千克以上的同性兔合群饲养，特别是雄兔，会发生互斗、咬伤或咬死，异性兔则会过早配种，因此，应按兔的年龄、性别、体重分群。兔群笼养时，刚断乳兔以群养为宜，每笼放6~8只；成年兔，尤其是雄兔应单独笼养。

（四）根据季节制定饲养管理方案

春季气候多变，又是配种季节和长毛兔剪毛期，故除注意幼兔和剪毛兔保暖防寒外，尤其要防止生殖器官疾病的发生。春季鲜嫩青草多，要防止家兔贪食导致腹泻。因此，必须由少到多逐步增加青草的饲喂量。应适时进行各种疫苗的预防注射，防止传染病的发生与流行。夏季气温高，要防止兔中暑，多给清水和青草，饲料注意防霉，加强幼兔球虫病的药物预防。雨季要保持兔舍地面与兔笼的清洁干燥，做好卫生防疫工作，定期消毒，严防蚊子、苍蝇的叮咬。秋季也是配种的繁忙季节，配种前要认真进行临床检查，注射各种疫苗，防止发生生殖器官疾病和其他传染病。冬季要注意保暖防寒，温度相对恒定，饮用温水，注意防止鼠类及其他兽害。

（五）培养健康兔群

兔场或养兔专业户应选养健康的良种公兔和母兔，自行繁殖，以提高兔的品质和生产性能，增强对疾病的抵抗力。建立健康兔群，作为繁殖兔的核心群，对核心兔群的公、母兔，要从幼兔开始，要经常定期检疫和驱虫，淘汰病兔与带菌（毒）的兔，使其相对保持无病和无寄生虫侵害的状态。加强兽医卫生防疫工作，严格控制各种疫病传染源的侵入，保持兔群的安全与健康。培育健康兔群常用的方法有人工哺乳法与保姆兔育成法，其使用的饲料、饮水及铺垫物等均需消毒，防止污染。

三、消除传染源，防止疫病的传播

（一）坚持自繁自养

养兔场应选用经培育的生产性能优良的公兔和母兔进行自繁自养，这样既可以降低饲养成本，又能防止引种时带入疫病，造成疫病的传播。许多实践证明，凡是坚持"自繁自养"的兔场，很少或基本上不发生传染病。在进行自行繁殖时，必须注意防止近亲繁殖，可利用杂种一代的杂种优势，提高兔的品质和生产性能，增强对疾病的抵抗力。

（二）做好检疫工作，防止引种带入疫病

兔场在引进新的品系、品种时，要从非疫区购买。购买前须经当地兽医部门

检疫，并发给检疫合格证，再经本场兽医师验证、检疫，引进后仍应继续隔离观察至少1个月，进一步确认健康后，经驱虫、消毒后，方可进入生产区混群饲养。在隔离期间，根据情况还应适时补种疫苗。如果从国外进口种兔，要严格执行《中华人民共和国进出境动植物检疫法》，重点检疫兔瘟、黏液瘤病、魏氏梭菌病、巴氏杆菌病、密螺旋体病、野兔热、球虫病和螨病等。另外，兔场使用的饲料和用具也要从安全地区购入，不要随意购买，严防带入各种传染源，造成疫病的发生与流行。

（三）兔场发生传染病时采取的措施

兔场发生传染病，尤其是烈性传染病，有时能在短时间内导致全群覆灭，给兔场造成惨重的经济损失。因此，兔发生传染病后，必须按"早、快、严、小"原则，及早诊断，及时地把病兔、可疑病兔、健康兔分成单独的兔群，区别对待；采取隔离、封锁、消毒措施，以便把传染源控制在最小范围内，以期迅速控制和扑灭传染病。通常采取以下紧急措施：

1. 做好隔离工作

（1）病兔：指具有临床典型症状或其他特殊检查阳性的兔。这类兔是危险性最大的传染源，应选择不易散播病原体、消毒处理方便的场所或房舍进行隔离。特别注意严密消毒，加强卫生和护理工作，专人看管。隔离场所禁止闲杂人员和动物出入和接近，工作人员出入应遵守消毒制度。隔离的用具、饲料、粪便等，未经彻底消毒处理，不得运出。死亡的病兔应由兽医根据有关规定进行扑杀和无害化处理。隔离观察时间的长短，应根据该种传染病患病动物带、排菌（毒）的时间长短而定。

（2）可疑病兔：指未发现任何症状，但与患病动物及其污染的环境有过明显的接触，如同圈、同槽、使用共同的水源、用具等兔，这类兔有可能处在潜伏期，并有排菌的危险，应在消毒后另选地方将其隔离，详加观察，出现症状的则按患病动物处理。有条件时应立即进行紧急免疫接种或预防性治疗。隔离观察时间的长短，根据该传染病的潜伏期长短而定，经一定时间不发病者，可取消其限制。

（3）假定健康兔：除上述两类兔外，疫区内其他兔群都属于假定健康兔，应加强防疫消毒和相应的保护措施，立即进行紧急免疫接种，必要时根据实际情况分散喂养或转移地点。

2. 封锁兔场，上报疫情 封锁的目的在于防止传染病向无病兔场传播，把传染病扑灭在患病的兔场。如发生传染性大或暴发流行，应划区封锁。封锁后，停止市场交易，严禁人、车辆、产品出入，特殊情况下须经严格消毒后方可出入。周围建立防疫带，严禁兔、饲料等向外地流动，防止病原体的扩散。如发现国家规定的一类、二类传染病，要及时上报当地动物防疫监督机构，并接受监督指导，把疫情控制在场内。病死兔要进行销毁和无害化处理，废弃物、垫料要进行无害化处理。依照《中华人民共和国动物防疫法》，属于二类动物疫病的兔传染病有：兔病毒性出血症、兔黏液瘤病、野兔热、兔球虫病、兔魏氏梭菌病、弓形虫病、副结核病。

3. 及时确诊　兔场发生疫病时，应及时组织人员现场会诊，得出准确的疫情报告，提出防治疫病的紧急补救措施。对病情不清、诊断不明的病兔，必须及时送往条件较好的兽医站、化验室进行诊断，尽快验明原因，采取相应措施。

4. 消毒杀菌　当疫病已在本场发生或流行时，应对疫区和受威胁的兔群进行紧急疫情扑灭措施。对污染过的兔笼、饲料、食槽、饮水器、各种用具、衣服、粪便、环境和全部兔舍用 1%～3% 的热碱溶液（或者 3%～5% 苯酚溶液、3%～5% 来苏儿、10%～20% 石灰乳）消毒。目前常用的还有过氧乙酸和毒杀等新的消毒药，切断各种传播媒介。

5. 紧急预防接种　隔离病兔后还应对认定健康兔进行紧急预防接种，有些传染病可以用药物进行预防治疗，如兔巴氏杆菌病，可用青霉素、链霉素，磺胺类药物等进行防治。同时，必须加强饲养管理，提高兔群的抵抗力。

6. 救治病兔，安全处理病死兔　治疗病兔的目的在于通过消除传染源，净化环境，减少兔场损失，对有价值的种兔需要精心治疗。治疗必须在隔离的条件下进行，不能让治疗的病兔成为散播病原的传染源。针对病原体要采取特异性疗法、抗生素疗法、化学疗法相结合的方法，杀灭和抑制病原体，消除其致病作用；同时，要根据不同的病情采取针对性的护理措施。

对没有价值的应及时淘汰，妥善处理或深埋或烧毁处理，不得食用和作商品兔出售。患传染病死亡的家兔，应将尸体烧毁，或送往距人、畜房舍、兔场、水源较远的空旷处深埋。一般疾病的尸体，如营养中等、体积较大的，可以剥皮利用，但兔皮要严格消毒。

7. 终末消毒，疫情解除　通过采取以上隔离、封锁、消毒、免疫接种和治疗后，疫情会逐渐平息，病死率逐渐下降至停止，症状消失，病兔康复。最后一头病兔治愈或死亡后 15～20 天，经过彻底消毒，再过 7～10 天，若无兔再发生同样的传染病时，对兔场进行一次严格的终末消毒，经动物防疫监督机构认可，宣布疫情解除。

（四）做好环境卫生消毒工作

环境清洁和安全是家兔生产能否正常进行的前提条件，它不仅关系到家兔的健康和生产力，同时也是养兔生产中兽医防疫体系的基础，而维持环境卫生状况良好的重要手段就是消毒。因此，环境消毒越来越受到养兔场的高度重视，兔场兽医师应认真组织，精心安排，把兔场消毒工作落到实处，建立严格的消毒制度，保障兔群安全生产。

在进行消毒时，要根据病原体的特性、被消毒物体的性能与经济价值等因素，合理地选择消毒剂和消毒方法。消毒时要对病兔的分泌物、排泄物和被病兔粪便、血液及分泌物污染的场地、兔舍、兔笼、用具和饲养人员的衣服、鞋、帽等进行彻底消毒。

1. 消毒的类型　环境消毒类型有经常性消毒、定期消毒、突击性消毒和终末消毒。

（1）经常性消毒：为预防兔疫病的发生，对经常接触到家兔的人及器物进行消毒，使家兔免受病原微生物的感染。简单易行的办法是在场舍门处设消毒槽（池），对进出的人员、车辆进行消毒。消毒槽（池）须定期清除污物，换新配制的消毒液。人员进场时，须经过淋浴并换穿场内的消毒衣帽，方可进入生产区。

（2）定期消毒：为预防疫病发生，应定期对兔舍、兔笼、饮水、饲槽、产箱等设备和用具进行消毒。大型兔场每年春秋两季至少开展一次兔场全面彻底的消毒，包括机械清理、冲洗、喷洒消毒药、熏蒸等消毒措施。

（3）突击性消毒：当发生家兔传染病时，为及时消灭病兔排出的病原体，应对病兔接触到或接触过的兔舍、设备、器物等进行消毒。对病兔的排泄物以及病兔尸体等进行严格的消毒处理，其目的是为了消灭由传染源排泄在外面的病原体，切断传播途径。

（4）终末消毒：在病兔解除隔离、痊愈或死亡后或者在疫区解除封锁之前，为了消灭疫区内可能残留的病原体所进行的全面彻底的终末大消毒，彻底杀灭和清除传染源遗留下的病原微生物。终末消毒是解除疫区封锁前的重要措施。

2. 消毒方法　规模化兔场常用的消毒方法主要有物理消毒法、化学消毒法和生物热消毒法等，在应用时，要视具体的消毒对象而定。

（1）物理消毒法：物理消毒法主要用于兔场设施、饲料、兽医室器械等的消毒，常见物理消毒方法又包括机械性消毒、通风换气、阳光及紫外线消毒、高温消毒等。

1）机械性清除法。即用清扫、冲刷、铲除、擦洗等机械方法来清除降尘、污物及被污染的墙壁、地面以及设备上的粪尿、残余饲料、废物、垃圾等，这是最常用的消毒方法，也属于兔场的日常饲养管理内容。机械性清除并不能杀灭病原体，但可大大减少环境中病原体的数量，平时必须与其他消毒方法（如化学消毒）结合使用。在冲洗过程中最好使用消毒剂，特别是发生过传染病的兔舍，以免冲洗的污水不经处理成为新的污染源。

2）日光暴晒和紫外线灯照射。直射阳光中波长在240～280纳米的紫外线具有较强的杀菌作用。一般病毒和不含芽孢的细菌体，在阳光暴晒下几分钟至几小时就能被杀死，即使是抵抗力很强的芽孢，在连续几天的强烈阳光照射下，反复暴晒也可变弱或被杀死。兔场中对使用过的产箱、料盒、底板、兔笼、饲料车等在清洗干净后，在阳光充足的条件下进行直射，消毒效果较好。

紫外灯发出的紫外线可有效地杀灭空气、物体表面的病原体，主要用于更衣室、实验室等处消毒，但其穿透能力不强，不能穿透普通玻璃、尘埃等。紫外灯消毒效果与照射时间、距离、强度有关，灯管周围 1.5 ~ 2 米处为消毒有效范围，一般灯管离地面约 2 米，照射时间 1 ~ 2 小时。房舍消毒每 10 ~ 15 平方米面积可设 30 瓦灯管 1 个，最好每照 2 小时间歇 1 小时，以免臭氧浓度过高。当空气相对湿度为 45% ~ 60% 时，照射 3 小时可杀灭 80% ~ 90% 的病原体。应用紫外线消毒时，室内必须清洁，最好能先做湿式打扫（洒水后再打扫）。因紫外线对人有一定的损害，紫外灯照射时人必须离开现场。

3）高温消毒法。高温消毒法主要有煮沸、火焰与蒸汽 3 种形式。

●煮沸消毒：煮沸 30 分钟可杀灭一般微生物，主要设备为煮锅或煮沸消毒器，适用于耐热物品消毒（注射器、金属手术器械、针头、药棉、衣帽口罩等）。在水中加入少量碱，如 1% ~ 2% 的碳酸氢钠、0.5% 的肥皂或氢氧化钠等，可使蛋白、脂肪溶解，防止金属生锈，提高沸点，增强杀菌作用。应注意的是在煮沸消毒时，被消毒的物品应被水浸没。

●火焰法：火焰消毒是比较简单而又十分彻底的消毒方法，汽油（或煤油）喷灯火焰温度可达 400 ~ 600℃，可杀死物体上的所有微生物及其芽孢。兔笼、底板、料盒、产箱等设备及用具均可采用火焰消毒，也可定时采用火焰消毒方法焚烧附着在兔笼、底板上的兔毛，防止毛球病的发生。此方法效果很好，但要注意防火安全。

●高压蒸汽消毒：类似于煮沸消毒，主要是利用水蒸气的潜热和穿透力，使病原体蛋白质变性，从而达到消毒目的。使用的设备为高压灭菌锅，当灭菌器内压力达到 1×10^5 帕时，温度可达 121.3℃，维持 30 分钟左右，即可杀死一切细菌及其芽孢。此法可用于比较耐高温的物品如玻璃器皿、金属器械等的灭菌。

（2）生物热消毒法：生物热消毒法就是利用微生物分解有机质而释放出的生物热（温度可达 60 ~ 70℃）来杀灭各种病菌、病毒及虫卵等，主要用于兔粪便、污水、其他废弃物及非传染病死亡尸体的消毒。兔场应该将兔粪和污物集中堆放在离兔舍较远的偏僻处，使粪便堆沤后利用粪便中的微生物发酵产热，经过一段时间，可以杀死病毒、病菌、球虫卵囊等病原体而达到消毒目的，同时又保持粪便的肥效。

（3）化学消毒法：是利用化学药物把病原微生物或寄生虫及其虫卵杀死或使其失去活性的消毒方法，能达到该目的的化学药物称为消毒剂。理想的消毒剂应对人、兔无毒性或毒性很小，而对病原微生物的杀灭作用强大，且不损伤被消毒的器具和物品；易溶于水，消毒能力不因有机物的存在而减弱，价廉易得。化学消毒的效果取决于许多因素，如病原体抵抗力的强弱、所处环境的情况、消毒时的温度、药剂的浓度、作用时间的长短等。

3. 兔场常用的消毒药 兔场选择消毒剂时，应考虑选择广谱、消毒力强，对人、畜毒性小，不损害被消毒的物体，易溶于水，在消毒环境作用比较稳定，不易失效，又要价廉易得和使用方便等。如经常性消毒可选择广谱消毒剂，突击性消毒选择对该病原特效的消毒剂，带兔消毒宜选择对兔无刺激性的消毒剂。常用的化学消毒剂有以下几种：

（1）氢氧化钠（又称苛性钠或烧碱、火碱）：对细菌、病毒、寄生虫卵均有较强的杀灭力，常用其2%～4%的热水溶液喷洒或洗刷，若在溶液中添加5%～10%的食盐，则可增强其消毒作用，常用于兔笼、食具、墙壁、地面、运输车辆等的消毒。由于该药有强腐蚀性，因此不能带兔消毒，消毒人员也应有防护围裙、胶手套、胶靴等相应的保护用具。消毒后，药液应停留6～12小时，以保证消毒效果，然后再以清水冲洗干净。使用时应注意：高浓度氢氧化钠溶液可灼伤皮肤，腐蚀铝制品、纺织品等。

（2）来苏儿（又称煤酚皂溶液）：常用浓度为3%～5%，多用于空兔舍、笼具、墙壁和地面的喷洒消毒，也可以5%～10%浓度置兔场入口处消毒池内，消毒往来车辆及人员靴鞋。

（3）甲醛溶液（又称福尔马林）：含甲醛38%～40%，有刺激性气味，对细菌、病毒等均有强杀灭作用。1%～5%浓度的水溶液可用于空兔舍喷洒消毒。空兔舍熏蒸消毒时，每立方米空间用甲醛溶液25毫升，加水12.5毫升，加温蒸发成气体，密闭门窗消毒24小时。熏蒸消毒后宜开启门窗通风24小时。

（4）过氧乙酸（又称过醋酸）：为强氧化剂，是一种高效消毒剂，通常甲、乙两种组分分别盛放，现用现配现稀释。过氧乙酸消毒作用迅速，0.01%～0.1%的过氧乙酸水溶液可在2分钟内杀灭细菌；用其0.2%的水溶液作用4～5分钟，能杀灭所有病毒。多用于喷雾消毒兔舍、墙壁、门窗、地面、笼具、车辆等。本品有较强的刺激和腐蚀作用，不宜用于金属器具的消毒；切勿让溶液溅到皮肤、眼、鼻上，以防烧伤。

（5）生石灰：一般常用10%～30%的新鲜石灰乳涂刷兔舍墙壁。注意石灰乳应随用随配。

（6）复合酚（又称农乐、菌毒敌或毒菌净）：含酚41%～49%，醛酸22%～26%，呈深红褐色黏稠液体，有特殊臭味，易溶于水，是国内近年来生产的新型、广谱、高效消毒剂，可杀灭细菌、霉菌和病毒，对许多寄生虫卵也有杀灭作用。常用其0.33%～1%水溶液喷洒兔舍、笼具、地面，喷药一次，药效可维持7天。对于严重污染的环境可适当增加浓度与喷洒次数。需要注意的是本品不能与碱性消毒药配伍使用，严禁使用喷洒过农药的喷雾器喷洒本药。

（7）百毒杀：为双链季铵盐化合物，无色、无臭、无刺激性，安全高效，是兔场常用的消毒剂之一，可用于兔舍、笼具、地面、空气、饮水的消毒，也可用于带兔消毒。

（8）优氯净：又称二氯异氰尿酸钠，为白色晶粉，有氯臭，含有效氯60%～64%，性质稳定，易溶于水。含0.5%～1%优氯净的水溶液可杀灭细菌和病毒，5%～10%水溶液可杀灭芽孢，可用于兔舍、场地、笼具的喷洒、浸泡、擦拭消毒，也可用于带兔消毒。干粉可用于兔粪消毒，用量为兔粪的20%；用于消毒饮水，每升水4克，作用30分钟即可。注意其水溶液宜现配现用。

4. 消毒药常用的使用方法 常用的消毒方法有熏蒸消毒法、喷洒消毒法、气雾消毒法和浸泡消毒法等。

（1）熏蒸消毒法：将消毒剂加热或用化学方法，使药物产生气体，扩散到室内各处，密闭一定时间后，通风。熏蒸法适用于密闭空间以及密闭空间的物品，如兔舍、饲料库、用具等的消毒。熏蒸法简便、经济，对房舍无损害；但必须在兔舍无兔的情况下进行。常用的熏蒸消毒剂有40%甲醛（福尔马林）、过氧乙酸、环氧乙烷、高锰酸钾等。一般兔场多用甲醛和高锰酸钾一起来熏蒸消毒，首先对兔舍和其中设备进行清扫、冲洗和干燥，根据兔舍空间大小和结构，按照每立方米用40%甲醛和高锰酸钾各25克，热水12.5毫升，确定消毒药物的总使用量。熏蒸时先将40%甲醛放入金属容器中，面积较大时，多点分放，密闭所有门窗和换气口，由里向外逐个加入高锰酸钾，迅速离开，关闭门窗24小时后，打开门窗进行通风换气至无甲醛气味后方可使用。舍内温度在18～27℃、相对湿度在65%～80%时消毒效果最好。消毒兔舍时可将料车、产箱等放入舍中一同消毒。

（2）喷洒消毒法：喷洒消毒法是指将消毒剂按比例配比，喷洒到所消毒的物品上，可用于兔舍墙壁、地面、运动场、运输工具以及粪便等消毒。一般需要先将要消毒的对象进行机械清扫，然后用化学消毒药的粉剂或溶液进行喷洒消毒，其用量一般按每平方米1 000毫升计算，按照由上向下、由里到外的消毒顺序进行。做到喷洒均匀，消除死角。由于喷洒法可增加兔舍湿度，应选择天气晴朗、温暖的中午进行，尽量避开梅雨季节和寒冷时期进行。

（3）气雾消毒法：喷雾消毒将消毒剂按比例配比，用喷雾器喷雾进行喷雾消毒，主要用于空气消毒，当发生由空气传播的传染病时，可采取通风的办法交换新鲜空气。对于空气流动条件不好的兔舍，可用消毒液如3%～5%的来苏儿、5%过氧乙酸溶液等进行喷雾消毒，雾滴越小越好。

（4）浸泡消毒法：将消毒剂按比例配成消毒药液，将需消毒的物品放入消毒液中，浸泡一定时间后取出，用清水洗净后晾干。浸泡法适用于笼底板、饲槽、产箱等的消毒。厂区进门处以及在兔舍进门处消毒槽内也用浸泡消毒或用浸泡消毒药物的草垫或草袋对人员的靴鞋进行消毒。器械或兽医人员手也常用浸泡消毒。

5. 兔场消毒制度的建立　兔场消毒的目的是消灭环境中的病原体，是杜绝一切传染来源，阻止疫病继续蔓延，是综合性预防措施中的重要一环。兔场的环境消毒效果受到许多条件的制约，不是通过一次消毒或者使用一种消毒方法就能达到理想的效果，需要有系统、有计划、有程序的多种方法与措施相结合来实施。因此，任何一个养兔企业都必须制定严格的消毒防疫管理制度，认真落实与执行，把家兔疾病防患于未然，将养殖的风险降至最低。

（1）家兔养殖场消毒制度的基本要求：要把生产区和生活区严格区分开，设置专门隔离室和兽医室，做好发病兔隔离、检疫和治疗工作，做好病后环境消毒净化等工作。

在兔场大门口设置消毒池，水深保持 10~15 厘米，内放 2%~3% 氢氧化钠溶液或季铵盐类消毒剂，用于车辆进入时轮胎的消毒，消毒液约 1 周更换 1 次。在生产区的门口和兔舍门外也要设消毒池，消毒液一般用 3% 氢氧化钠或 3% 来苏儿，消毒液应 2~3 天更换 1 次。兔舍门口的内侧设置 0.1% 百毒杀或 1% 来苏儿消毒水盆，进入兔舍的工作人员须先洗手消毒 3 分钟，再用清水冲洗干净，然后才可开始工作。消毒水盆内的消毒液 1 天更换 1 次。

进入兔场的工作人员或临时工作人员都要更换消毒好的工作服、鞋帽后，才可以进入生产区，消毒服限于在生产区内穿着，工作服每周消毒 1 次，也可穿着一次性塑料套服。有条件的可先淋浴消毒或在装有紫外线的消毒室停留 5~10 分钟，再更换消毒服。

家兔的饮水器、饲槽、用具要定时消毒，粪池和化验室等要定期进行消毒。运送饲料的包装袋，回收后必须经过消毒，方可再利用，以防止污染饲料。家兔转群后对空舍及时消毒，兔舍消毒后空置 1 周后再转入家兔。

防疫用后的注射器要高压灭菌消毒，使用后的疫苗瓶要焚烧处理。解剖后的家兔尸体要做焚烧处理。对日常病死兔的笼位要严格消毒，注意把该兔周围的兔笼也要进行消毒；对死尸和粪便做无害化处理。

当某种疾病在本地区或本场流行时，要及时采取相应防治措施，并要按规定上报主管部门，采取隔离、封锁、消毒措施。

（2）发生疫病时的消毒措施：当兔场发生疫病时，除了采取紧急注射疫苗、药物治疗、淘汰等措施外，根据疾病种类，进行有针对性的消毒，可以有效控制疾病的蔓延，把经济损失降至最低。

养兔场不再开放，谢绝外来人员进场，本场人员出入也须严格消毒。

快速筛选出对引起本次传染病的病原菌敏感的消毒剂，对病兔接触过的所有物品进行彻底消毒；舍内设备、用具移出本舍要严格消毒，腾空的兔舍进行密封，用甲醛进行熏蒸消毒。尽快将发病兔舍的垫草焚烧或埋入土中，勿再与其他家兔接触。

发生疫病的兔舍应设专人管理，需要他人协助工作时，协助人员进出疫舍时要严格消毒，防止把疫病扩散到其他兔舍。严禁场内饲养人员相互串舍。

四、制定科学合理的免疫程序

（一）免疫接种及其类型

免疫接种就是用人工的方法，把疫苗或菌苗等注入家兔体内，从而激发兔体产生特异性抵抗力，使易感的家兔转化为有抵抗力的家兔，以避免传染病的发生和流行。免疫接种是预防和控制家兔传染病十分重要的措施。

家兔免疫接种类型主要有两种。一种是计划免疫接种，一种是紧急免疫接种。

1. 计划免疫接种 计划免疫接种是根据当地或本兔场经常发生或潜伏某些传染病，有计划地对本场或本地区的兔进行疫苗接种。预防接种应按一定的免疫程序进行，不同地区、不同类型的兔场的免疫程序不同。

2. 紧急免疫接种 紧急免疫接种是在一个兔场或一个地区发生兔传染病时，为了迅速控制和扑灭疫病的流行，须对疫群、疫区和受威胁区域尚未发病的兔群进行应急性免疫接种，对于未发病的兔将会起到保护作用。紧急接种除使用疫（菌）苗外，也常用免疫血清，免疫血清虽然安全有效，但常因用量大、价格高、免疫期短，大群使用往往供不应求，目前在生产上较少使用。发生疫病做紧急接种时，必须对已受传染威胁的兔群逐只进行详细检查，并只能对正常无病的兔进行紧急接种。对于病兔及可能已受感染的潜伏期病兔，必须在严格消毒的情况下，立即隔离、治疗或淘汰，不能再接种疫（菌）苗；否则，不但不能保护，反而促使它更快发病。通常在紧急接种后数日内兔群中发病数反而有增加的可能，但一般在注射7~8天后，发病数会下降，并使疫病的流行很快得到控制。紧急接种时，必须防止针头、器械的再污染，尤其在病兔群接种，必须一兔一针头，并认真对注射部位进行消毒。

（二）兔场免疫程序的确定

所谓兔场免疫程序，就是根据本地区、兔场的气候环境、免疫病发生和流行的具体情况等制订适合本兔场的防疫计划，以便在兔的不同生长时期，有步骤、有目的地进行疫病预防。由于兔传染病多，不同地区自然条件及疫病发生和流行情况均不可能相同，因此，免疫程序应因地、因场、因群而定。兔场制定免疫程序时主要应考虑如下几方面。

1. 母源抗体的水平 新生仔兔的血清中，存在有足量的母源抗体，对仔兔具有很好的保护作用。随着仔兔日龄增加，母源抗体则逐渐消失，对仔兔的免疫保护作用也会随之减弱。仔兔母源抗体较高时，会抑制疫苗的免疫效力，甚至可能引起新生仔兔的免疫疾病；母源抗体水平过低，则对仔兔没有保护作用，使其处于极其危险的传染病易感阶段。免疫接种的最好时机应该是母源抗体刚刚下降到不能有效保护仔兔的时候。有条件的地方最好进行母源抗体的测定，以确定首免时间。

2. 本地区、本场兔疫病发生流行情况　要根据本地区、本场传染病发生的类型、流行特点制定相应的免疫程序，重点应放在常发的、对养兔业危害较大的传染病预防方面。对本地区、本场从未发生过的传染病，一般不进行免疫预防接种。

3. 疫苗的免疫特点　目前我国常用的疫苗有灭活疫苗、弱毒疫苗、基因工程苗等，但灭活疫苗和弱毒疫苗仍为常规疫苗，临床上用得比较多。灭活疫苗即将病毒或细菌等病原体通过药品将其杀死，但还有一定的免疫力；弱毒疫苗即将病毒或细菌通过生物学、物理学、化学方法致弱其毒力，但还保存一定的毒力。一般认为，弱毒疫苗比灭活疫苗效果好，免疫期长；灭活疫苗安全，稳定，免疫期短。因此，在选择疫苗时，要综合考虑疫苗的安全性、稳定性和免疫性。一般一种疫苗只有具备这三性，并经有关专家鉴定通过，经上级主管部门批准，方可在兔场应用。常用的疫苗有：兔瘟（出败）组织灭活苗、兔巴氏杆菌苗、兔沙门菌苗、兔波氏杆菌苗、兔大肠杆菌苗、魏氏梭菌苗、兔绿脓杆菌—假单胞菌苗、兔痘苗、兔伪结核苗、兔黏液瘤疫苗等，还有许多联苗，如兔瘟—巴氏杆菌二联苗、兔巴氏杆菌—波氏杆菌二联灭活苗、兔巴氏杆菌—魏氏梭菌二联苗、兔瘟—巴氏杆菌—波氏杆菌三联苗等，这些疫苗在防治兔的相应传染病方面起到了积极作用。

关于家兔的免疫程序，严格来讲应当考虑自身兔场的发病情况，灵活制定适用于本场的免疫程序。但是，有些疫病是必须预防的，如仔兔一般35~40日龄注射兔瘟单苗，20天后加强免疫1次。个别兔场可考虑在断奶后注射巴氏杆菌、波氏杆菌二联苗，或巴氏杆菌、魏氏梭菌灭活菌苗。成年家兔每年春、秋季节注射2次兔瘟单苗，酌情注射巴氏杆菌、波氏杆菌和魏氏梭菌苗。

五、有计划地进行药物预防、定期驱虫

随着养兔业集约化程度越来越高，传染病的种类也逐步增多，而目前还有不少兔传染病没有有效的疫苗可供利用，有些疫苗虽有应用但是由于有效期短，效果不理想等原因，不能满足生产需要。因此，对于兔病的预防，除加强饲养管理，定期消毒，及时进行预防接种外，群体应用药物预防疾病也是重要的防病措施之一。尤其在某些疫病流行季节之前或易发病年龄之前或流行初期，应用安全、价廉、高效的药物加入饲料、饮水或添加剂中进行群体预防和治疗，可以收

到明显的效果。如产后给母兔服用长效磺胺，每次 0.5 克，每日 2 次，连喂 3 天，可预防乳房炎和仔兔黄尿病的发生；饲料中添加用呋喃唑酮（痢特灵）每千克体重 5～10 毫克，每日 2 次，可预防或减少沙门杆菌病、大肠杆菌病的发生。必须注意的是，长期使用药物预防时，容易产生耐药性而影响药物的防治效果，因此，须经常进行药敏试验，选用有高度敏感性的药物。同时，使用的药物要详细记录名称、批号、剂量、方法、用药时间等，以便观察效果，及时处理出现的问题。

　　寄生虫是一种暂时或永久性生活在兔的体内，以兔的组织、体液、消化道的营养作为自己的营养，而自己的生物学过程给兔造成危害，甚至造成死亡的生物，因此要定期用药物进行驱虫，一般春秋进行两次全兔群普遍驱虫。驱虫过程中应注意下列几点：尽量选择高效、低毒、广谱的驱虫药，或者选择不同驱虫谱的药物进行联合驱虫；使用驱虫、杀虫药物要求剂量准确；驱虫后对病兔应加强护理和观察，必要时采用对症治疗，并及时解救出现毒副作用的病兔；先做小群驱虫试验，取得经验并肯定药效和安全性后，再进行全群驱虫；驱虫的同时，要加强粪便的无害化处理，防止病原扩散。

第三章　兔的生物学特性

兔起源于欧洲野生穴兔，所以也被称为欧洲兔，兔在生物分类学上属动物界、脊索动物门、脊椎动物亚门、哺乳纲、兔形目、兔科、穴兔属，与啮齿类动物有较近的亲缘关系。

第一节　兔的生活特性

家兔是由野生穴兔经过驯养选育而成的，在人类长期驯养过程中，改变了野兔原有的许多习性，但也保留了野兔原有的一些生活习性。了解兔的生活特性，对于搞好兔的饲养管理，提高养兔的经济效益，是很有帮助的。兔具有以下的一般特性。

一、昼伏夜出

家兔白天安静、嗜睡，除少量的采食和饮水外，常常在笼中安静的休息或睡眠。到晚上太阳落山后，家兔开始兴奋，活动增加，采食和饮水也明显增加；有数据表明，家兔在晚上的采食量占总采食量的70%～75%，饮水量占全天饮水量的60%左右。家兔的这种习性与野生穴兔在野外的生存状况息息相关。野生穴兔体格弱小，力气单薄，没有抵御其他野生动物侵袭的工具和本领，只能在肉食动物活动频繁的白天居于洞中，夜晚进行觅食活动，逐渐形成了昼伏夜出的习性。因此，在日常的饲养管理中一定要注意，白天让家兔安静的休息，晚上要提供充足的食物和饮水。

二、胆小怕惊

家兔胆小，对外界环境的变化极敏感，陌生人的接近、雷电的发生、突然响动等都会造成家兔的"惊群惊场"。外界的风吹草动都会使家兔精神高度紧张，竖耳静听；严重时在笼中奔跑乱窜，呼吸急促，心跳加快，与此同时还往往会出现一种声音响亮的跺脚动作。跺脚动作会使一部分兔群或整栋兔舍的兔子都惊慌起来。轻者能很快恢复正常的生理活动；重者使家兔食欲下降，生长缓慢；更有甚者，会造成妊娠母兔流产、早产，分娩兔难产、死产、停止分娩等。因此，选建兔场时一定要选择安静的场所，避免噪声干扰，日常管理中也要尽量动作轻缓，最好定时定人进行管理。

三、喜干燥清洁

家兔喜欢清洁干燥的环境，厌恶污浊潮湿的环境。这是由于干燥清洁的环境有利于家兔健康，潮湿污浊的环境容易诱发家兔发生多种疾病，如兔球虫病、兔疥螨病等。潮湿污浊的环境利于各种细菌、真菌及寄生虫滋生繁衍，易使家兔感染疾病，而家兔抵抗疾病的能力很差，一旦罹患疾病，就会给兔场造成极大的损失。根据家兔的这一特性，在建造兔舍时应选择地势高且干燥的地方，禁止在低洼处建筑兔场。平时注意保持兔舍干燥清洁，减少无谓的水分产生，尽量减少粪尿沟内粪尿的堆积，减少水分的蒸发面积，保持常年适宜的通风条件，以降低兔舍湿度。污浊的环境包括空气污浊、笼具污浊、饲料和饮水污染等，在养殖过程中应该特别注意。

四、穴居性强

穴居性是指家兔具有打洞穴居，并且在洞内产仔育仔的本能行为。野生穴兔体型小，攻击能力和自我防御能力差，为了生存，野生穴兔在长期进化过程中逐渐形成了在地下打洞生活和繁衍后代的习性，从而躲避敌害的侵袭。家兔虽然经过了长期的人工选择和培育，实现了笼养，但家兔一旦接触地面就立即恢复打洞的习性，尤其是怀孕后期的母兔，出于保护后代的天性在洞内理巢产仔，打洞习性更甚。研究表明，地下洞穴具有光线暗淡、温度稳定、安静、少干扰等优点，适合家兔生长繁殖。母兔在地下洞穴内产仔，有安全感，能够增强母性，提高仔兔成活率。但是，地下洞穴具有潮湿、通风不良、管理不便、占用土地面积大、不适于规模化养殖等缺点，在实际的养殖过程中较少被采用。因此，在大型的集约化兔场，兔舍内光线以较暗些为宜，产仔箱模拟洞穴的环境制作，尽量模拟洞穴条件，给家兔创造良好的生存环境。家庭养兔时，一定要考虑到穴居这一习性，防止家兔在兔舍内乱打洞穴，造成难以管理的被动局面。

五、群居性差

家兔与牛、羊、猪等常见家畜相比，群居性较差。家兔胆小怕惊，稍有异样的声响，则四散逃跑。成群的家兔混养在一处，会发生同性争斗的现象，特别是公兔之间，这种现象更为严重，常常是咬得遍体鳞伤，有时甚至会被咬死。一般来说，幼兔期可以混群饲养，但是在性成熟之前应该单笼饲养；种兔特别是种公兔和妊娠、哺乳母兔宜单笼饲养，尤其是性成熟的公兔之间，争斗更加严重，经常因咬坏睾丸而失去配种能力。通常情况下，只有幼兔群养群饲，种兔宜单笼饲养。

六、啮齿性

家兔和鼠类相似，有啃咬硬物的习惯，被称为啮齿性。这是由于家兔的两个门齿不断生长，且上下门齿的增长速度不同，兔子只能通过啃咬硬物将门齿磨平，才能保持正常的进食状态。如果经常喂给兔子柔软饲料，家兔就会为了磨平门齿而啃咬笼子，造成笼具或其他设备的损坏。因此，应该经常喂些硬物，如树枝、青干草、颗粒料或料砖等，给家兔提供磨平门齿的机会。在兔笼设计上也要尽量做到笼内平整、不留棱角，使家兔无法啃咬，以延长设备的使用年限。

七、三敏一钝

家兔的嗅觉、味觉和听觉都比较发达，只有视觉较差，故称之为"三敏一钝"。

家兔的嗅觉感受器发达，能够辨别各种气味，常以嗅觉辨认同类和栖息领域。母兔发情时阴道会释放出一种特殊气味，当把母兔放到公兔笼内，能很快地刺激公兔产生性欲而交配；母兔识别自己的仔兔也是靠鼻子闻出来的，因此，在寄养仔兔时，要把被寄养仔兔放在寄养产仔箱内 10 小时以上，使其气味相投，以防止母兔咬伤或咬死被寄养仔兔，或者用母兔的尿液涂抹仔兔使其保持气味一致。

家兔的舌黏膜布满了味觉感受器，故味觉灵敏。家兔舌面的不同区域分布着不同的味蕾，区域分工明确，可以辨别不同的味道。通常情况下，家兔的舌尖处分布大量的感受甜味的味蕾，而在舌根处则布满了感受苦味的味蕾，此外，兔子对于酸、辣、咸等不同的味道也有不同程度的识别。在野生条件下，兔子可以通过位于舌头上的味蕾识别不同的味道，根据自身喜好选择喜欢的食物。实践证明，兔子爱吃具有甜味的草和苦味的植物性饲料，不爱吃带有腥味的动物性饲料（鱼粉、骨粉等），也不喜欢具有不良气味（如霉变味、酸臭味等）的食物和环境。在平时的饲养过程中，如果饲喂了家兔不喜爱的饲料，有可能造成拒食或扒食现象，应尽量减少或者不食喂动物性饲料，坚决不用发霉变质的饲料。同时，也可以根据兔子的这一特性，在饲料中添加适当的甜味剂（如蜂蜜、糖浆、砂糖等），使饲料具有一定的甜味，增强饲料的适口性，提高采食量。

兔子具有一对喇叭状的长耳朵，耳郭大，经常竖起，非常像一对声波收集器，还可以向声音发出的方向转动，以更好地辨别声响。家兔的这一生理特征对于在野生条件下兔子的生存是非常有利的，可以使兔子及早发现敌情，避免天敌的袭击。但是过于灵敏的听觉使家兔胆小怕惊，容易对外界微弱的声音做出激烈的反应，给日常的饲养管理带来一定的困难，要特别注意防止噪声对兔子的干扰。

家兔的两个眼睛长在脸颊的两侧，眼球外凸，可以不转头便能看到两侧和后面的物体，具有很广的视角。但是家兔的眼睛对光的反应较差，对色泽的辨认能力差，无法通过视觉辨别食物的好坏，也不能通过视觉辨别同伴和幼崽。

第二节　家兔的食性和消化特性

一、家兔的食性

（一）哺乳行为

家兔属于哺乳动物，具有本能的哺乳行为。仔兔一出生就立刻寻找母兔乳头吮乳；母兔经常是边产仔边哺乳，产仔结束时，大部分的仔兔就已经吃饱。通常情况下，12日龄以内的仔兔除了吮吸母乳以外，几乎所有的时间都在睡觉。母兔哺乳仔兔具有规律性，一般每天就喂乳1次，15日龄以内的仔兔一般每天吮吸母乳1次，多在0~6时进行；15日龄以上的仔兔开始追逐母兔吸吮母乳，但母兔仍每天定时喂乳1次。

（二）食草特性

家兔断奶后以草为食，很多种植物都能作为家兔的食物，俗话说"兔吃百样草，看你找不找"，说的就是这个道理。家兔的上唇纵向开裂，上下共三对门齿，便于啃食地面的低矮植物；家兔是单胃草食动物，肠道很长，约是体长的10倍，家兔还有发达的盲肠，盲肠内生存着复杂的微生物体系，具有瘤胃相似的功能，具有分解粗纤维，将其转化成可被家兔吸收利用的营养或被微生物吸收利用，所以家兔对粗饲料有很强的消化吸收能力。家兔舌头表面有发达的味蕾，对植物性饲料产生兴趣，如甜味、苦味的植物性饲料等，而对于带有腥味的动物性饲料却毫无兴趣。家兔的消化系统适应以草为主的饲料结构，在饲养过程中不能违背这一特点，否则，如果降低饲料中饲草的比例，用大量的能量饲料饲喂家兔，将很快导致家兔腹泻或肠炎的发生；同时，还要照顾到家兔的味觉功能，尽量避免饲喂家兔不喜欢的食物。

（三）食粪特性

家兔排出的粪便比较特殊，有两种形态：一种是白天排出的颗粒状的硬粪，另一种是夜晚排泄的团状软粪。家兔食用的是软粪，只在偶尔情况下食用少量的硬粪，这就是家兔的食粪特性。家兔的食粪行为，是它的特殊生理现象，属正常行为，食软粪对家兔有非常重要的生理意义。家兔的硬粪和软粪有着明显的差别，软粪颗粒黑而小，圆球形，多个圆球连在一起成串；圆球由黏膜包裹，内容物呈半流体状态，一般情况下直接被家兔吞食。有研究表明，软粪的营养成分和盲肠内容物类似，含有丰富的氨基酸和核黄素，家兔通过吃软粪，可以将营养物质吸收再利用，提高了对饲料的利用率。如果发现家兔不吃软粪，就可能是疾病或临产的征兆，平时一定要注意。

（四）扒食特性

家兔善于用前爪扒刨寻找食物的特性，称作扒食特性。这是野生穴兔在长期的野外生存环境中形成的一种特性。在野生条件下，兔子可以凭借发达的嗅觉和味觉选择自己喜爱的饲料，特别是用前爪挖掘地下植物的块根块茎用于充饥，长此以往就形成了扒食的特性。这一特性提高了野兔在恶劣的环境条件下的生存能力。在人工饲养下，家兔失去了自己寻找食物的自由，仅仅依靠人工饲喂满足自己营养需要，但扒料的现象经常发生，对饲料造成了极大的浪费。据调查，在以粉料形式饲喂兔子的兔场，50% 以上存在扒食现象，在饲喂颗粒饲料的兔场，20% ~ 30% 存在扒食现象。根据生产实践的经验，家兔扒食的原因包括：饲料配比不合理、混合不均匀、饲料有异味、突然更换饲料、饲料供给过量等。一旦发现家兔有扒食现象，要及时寻找原因并进行改进，如合理配比饲料、加入调味剂、定时定量饲喂等。

（五）惯食特性

家兔对经常采食的饲料有一种偏爱，会形成习惯，对突然更换其他饲料难以很快适应。家兔的这种采食特性被称作惯食特性。家兔产生这种现象的原因在于消化酶的分泌和盲肠内的微生物群结构的形成。当家兔长期采食同一种饲料时，会针对所采食的食物形成独特的消化酶表达系统，盲肠内也会形成最佳的微生物类群（包括微生物的种类、数量和比例等），以更好地消化和利用饲料中的营养物质。如果突然改变饲料的种类，家兔可能会拒食，或者采食量减少；即便家兔采食量不减少，也会因为胃肠消化的不适应很快出现消化不良，粪便变形，也会因为原有的微生物系统被打破，菌群结构失调，导致消化道疾病甚至出现腹泻或肠炎等。因此，在日常饲养管理中，一定要注意家兔的这一特性，不轻易更换饲料。如果必须要更换饲料，应逐渐过渡。特别是当饲料原料有较大变化或者是配比发生较大变化时，更应该注意。

二、家兔的消化特点

（一）对粗饲料的利用率高

家兔属于单胃食草动物，可以利用粗饲料，这与家兔独特的消化系统有很大关系。一般的反刍动物都有专门消化粗饲料的瘤胃，家兔虽然是单胃动物，但其消化管道复杂而且比较长，容积也大，对粗饲料的利用率高。首先家兔的胃虽然比不上反刍动物那样发达，但是具有极其发达的肠道，小肠和大肠的总长度约为兔体长度的 10 倍左右。因而家兔能吃进大量的饲草，从粗饲料中摄取大量的营养物质。家兔的盲肠极其发达，内环境与反刍动物瘤胃十分相似，生长着大量的微生物，是微生物发酵的主要场所，主要对未经消化的植物纤维进行分解，提高了家兔对粗饲料的消化率。据调查，家兔每天采食的青草，大体能占到体重的 10% ~ 30%。

（二）家兔对蛋白质的利用

家兔能够有效利用粗饲料中的蛋白质。与猪及其他家畜相比，家兔对低质量、高纤维的粗饲料特别是其中蛋白质的利用能力明显要高。在对苜蓿粉蛋白质的消化利用方面，猪低于 50%，而家兔为 75% 左右；在对全株玉米颗粒料中蛋白质的消化上，马的消化率仅为 50%，家兔能达到 80% 左右。这表明，家兔利用粗饲料中的蛋白质的能力是很强的。另一方面，家兔的软粪中含有大量的蛋白质和氨基酸，家兔吞食后重新进行消化吸收，合成自身所需的蛋白质，这也是提高蛋白质利用率的途径之一。

（三）家兔对脂肪类物质的利用

家兔能够利用饲料中的脂肪，而且可以利用脂肪含量高达 20% 的饲料。在饲料的脂肪含量高于 10% 时，家兔的采食量会随着脂肪含量的升高而降低。这说明家兔不适宜饲喂脂肪含量过高的饲料。与同是单胃动物的马相比，家兔对于饲料中的能量物质的利用率相对较低，且饲料中粗纤维含量越高，家兔对能量的利用就越低。

第三节　兔的主要解剖特点与体温调节特点

一、兔的主要解剖特点

（一）被皮

家兔的皮肤厚度为 1.2 ~ 1.5 毫米，占体重的 8% ~ 12%，皮肤的重量与家兔的品种有关，还会随着年龄、季节、体重的变化而变化。家兔的皮肤表面附着一层坚实而有弹性的毛，具有保暖作用和重要的经济价值。

（二）骨骼和肌肉

家兔的全身共有骨骼 275 块，骨骼间借韧带和软骨连接成一个整体，构成身体的支架。家兔全身的骨骼可以分为长骨、短骨、扁骨和不规则骨四种类型。家兔全身有 500 多块骨骼肌，肌肉的形态有板状肌、多裂肌、纺锤形肌和环形肌四种。家兔的前半身肌肉不发达，而后半身肌肉很发达，这与家兔的生活方式有关；家兔平时多蹲坐，喜用后肢跳跃，后脚蹬土。此外，与其他家畜相比，家兔红白肌的区别比较明显，营养价值高。

（三）消化系统

消化系统的功能是摄取食物、消化食物、吸收养料、排出粪便，包括消化管和消化腺两部分。

1. 消化管　家兔的消化管包括口、咽、食道、胃、小肠、大肠和肛门。

（1）口腔：是消化道的起始部分，有采食、咀嚼、吸吮、泌涎、味觉和吞咽等功能。成年家兔口腔有 28 颗牙齿，家兔与啮齿类的单门齿型动物之间的区别在于，家兔的颌前骨齿槽内镶嵌着前、后两排门齿，前一排为一个大门齿，后一排为一个小门齿，形成特殊的双门齿结构。家兔的大门齿表面有一条明显的纵沟，常常被误认为是两颗牙齿。大门齿终生生长，为保证其适当的长度，家兔需要经常的啃咬硬物，养成了啃咬习性。在饲养管理中要经常在笼内放置适合啃咬的硬物，或采取饲喂颗粒饲料，或用虎头钳进行断齿等，否则会因门齿过长影响采食。

（2）胃：家兔属于单室腺型胃，呈带状，横位于腹前部。入口为贲门，与食管相接，出口为幽门，与十二指肠相接。家兔的胃黏膜分泌胃液，胃液中有很多消化酶，有很强的消化能力，健康家兔的胃经常充满食物。病理情况下，胃会过度充盈，胃表面或胃黏膜见有出血、充血和瘀血点，并伴有胃黏膜脱落的现象发生。

（3）小肠：兔的小肠长约 3 米，分十二指肠、空肠和回肠三段。小肠是兔消化吸收营养物质的主要部位，肠壁较厚富有血管，略呈淡红色，在肠系膜可清楚地看到血管的分支及动脉弓。回肠是小肠的最后一部分，末端膨大，形成一厚壁的圆形囊状物，称为圆小囊。圆小囊开口于盲肠，是家兔特有的结构，在其他家畜中没有发现类似结构。

（4）大肠：包括盲肠、结肠和直肠三部分。家兔的盲肠特别发达，容积约为整个消化道的一半。盲肠呈长而粗的袋状，壁薄，外表面可见一系列沟纹，与沟纹相对应的壁内面形成 25 个螺旋状皱襞，称为螺旋瓣。家兔盲肠的内环境与反刍动物的瘤胃十分相似，非常有利于微生物的活动。盲肠内的微生物主要对进入盲肠的还未被消化的植物纤维进行消化，这种消化依赖盲肠细菌分泌的纤维素酶来完成。结肠是指从回盲口至骨盆腔前口的一段肠管，家兔的结肠长约 1 米。距回盲口约 35 厘米处有结肠狭窄部，管壁较厚，管腔较窄，新鲜标本呈粉红色，内壁形成许多纵行皱褶，用水冲洗肠内容物时，此处闭锁甚严，以致肠内容物不易通过，这一结构使肠内容物后行延缓，有利于食糜在结肠和盲肠间反复移动，进一步加强对纤维素消化和吸收。2 月龄左右的幼兔饲喂过多的粗纤维饲料或患大肠杆菌病很容易引起盲肠、结肠便秘。家兔的直肠末端侧壁上有一对细长暗灰色的直肠腺，长为1～1.5厘米，能分泌带有特殊臭味的油脂。

2. 消化腺　消化腺是指能分泌消化液的腺体，分为壁内腺和壁外腺。壁内腺是消化管壁内部的腺体，有胃腺、肠腺等；壁外腺则是指形成独立的腺体，通过导管把分泌的消化液导入消化管的腺体，主要有唾液腺、肝、胰等。家兔的胰腺比较特别，与其他动物不同。家兔的胰腺弥散在十二指肠肠系膜内，仅有一条胰管开口于十二指肠升支起始5～7厘米处，与胆总管开口处相距很远。

（四）其他器官

1. 胸腔　家兔进行开胸手术，打开心包胸膜露心脏进行实验操作时，只要不弄破纵隔膜，就不需做人工呼吸；而猫、犬等其他动物开胸后一定要做人工呼吸，才能进行心脏操作。这是由于家兔胸腔内部特殊结构决定的，家兔胸腔中央由纵隔连于顶壁、底壁及后壁之间，将胸腔分为左右两部，互不相通，纵隔由膈胸膜和纵隔胸膜两层纵隔膜组成；肺被肋胸膜和肺胸膜隔开，心脏又被心包胸膜隔开，互不影响。

2. 甲状腺　家兔的甲状旁腺分布得比较散，位置不固定，除甲状腺周围外，有的甚至分布到胸腔内主动脉弓附近，因此，不宜做甲状旁腺切除术。

3. 生殖器　家兔是双子宫动物，两侧子宫的子宫颈共同开口于阴道。两个子宫颈间有间膜固定，受精卵不会由一个子宫角移到另一个子宫角。雄兔的腹股沟管宽短，终生不封闭，睾丸可以自由地下降到阴囊或缩回腹腔，与其他动物差别较大。

二、兔的体温调节特点

家兔是恒温动物，正常体温维持在38.5～39.5℃，昼夜间由于环境温度的变化，体温有时相差1℃左右，这与家兔的体温调节能力有关。在外界环境中，家兔通过体温调节系统维持正常的体温。在一定的外界条件下，处于安静状态的家兔由机体产生的热量，相当于外界环境中散发的热量，家兔体温的调节决定于临界温度。临界温度指的是家兔体内的各种功能活动所产生的热量大致能维持正常体温的气温。家兔被毛浓密，汗腺退化，呼吸散热是家兔最主要的体温调节方式，在炎热的气候条件下，仅仅靠呼吸很难维持正常的体温。所以家兔的临界温度为5～30℃，最适宜温度为15～25℃。

在最适宜的环境中，也就是15～25℃环境中，家兔自身生命活动产生的热量就可以维持正常的体温需要，不需要另外消耗自身营养物质，家兔感到最为舒适，生产性能最高。在一定的低温环境中，家兔可以通过采食量和动员体内营养物质的分解来维持生命活动和正常体温，在防雨防风的条件下，家兔能够很好地耐受0℃左右的低温。但是，低温会造成家兔生长发育缓慢和繁殖率下降，饲料报酬降低，经济效益下降。与此相反，当外界温度过高时，家兔除了改变新陈代谢外，主要依靠呼吸散热。在高温环境中，家兔呼吸、心跳急剧加快，采食减少，生长缓慢，繁殖率急剧下降。在炎热的季节，一定要做好兔舍的降温工作。

家兔对环境温度变化的适应，存在着明显的年龄差异。成年家兔对温度的适应能力较强，而新生仔兔的体温调节能力差，体温随外界环境温度变化而变化。刚出生的仔兔不具有体温调节能力，体温随外界温度的变换而变换。10 日龄的仔兔才初具体温调节能力，12 日龄体温开始恒定下来，30 日龄时被毛已基本长成，对外界环境温度变化才有一定的适应能力。所以，仔兔阶段在管理方面需要特别的照顾。

第四节　兔的繁殖与生长特点

一、兔的繁殖特点

（一）双子宫

兔是双子宫动物，母兔有 2 个完全独立的子宫，两个子宫颈开口于阴道。在一次发情期间，两侧卵巢能排 18～20 个卵子。每个发情期所排出的卵子数是恒定的。

（二）繁殖力强，没有固定的发情周期

家兔具有很强的繁殖力，表现为性成熟早，怀孕期短，年产仔窝数多，单胎产仔数多，并且发情不受季节影响，全年均能发情并能配种繁殖。兔妊娠期仅30～31 天，性成熟在 4 月龄左右，一般年产仔 4～5 窝，每胎产仔 6～7 只。初生后 8～9 月龄即可配种繁殖。在良好的饲养管理条件下，产仔窝数和产仔数还可以增加。兔产后发情早，在产仔后 1～2 天可以血配，而且受胎率很高。采取血配式频密繁殖，年产 8 窝以上，这对肉用商品兔生产非常有利。在有相应的饲养管理配套措施情况下，每只成年母兔年可提供商品肉兔 50～70 只。

兔的发情周期不像自发排卵动物那样固定，且发情周期长短也不一样，就是同一母兔各周期间的长短也有一定差异，一般 8～15 天。兔的性活动有规律性，一天内，日出前后 1 小时，日落前 2 小时和日落后 1 小时的性活动最强烈。在生产上尽量控制在发情期的清晨和傍晚进行配种受胎率最高。

（三）诱发性排卵，孕娠期胚胎损失率高

母兔属于刺激性排卵动物。母兔达到性成熟后，虽然有发情周期，但发情期间生成的卵子并不排出，只有经过公兔交配或注射促性腺激素后 10～12 小时才能排卵。否则，成熟的卵子经 10～16 天后全部被吸收，新的卵子又开始成熟。

卵子在输卵管内保持受精能力为 6~8 小时，超过 8 小时就不能再受精，这个时间正好相当于卵子排出后运行到输卵管壶腹部的时间，可与精子结合受精，排卵 2 小时后受精能力最高。在母兔发情不明显的情况下，可以令其强制性接受交配，也能达到正常受胎和产仔的目的。掌握这一特点，还可以用人工强制交配的方法使母兔同期排卵，同期受孕，同期产仔，方便饲养管理。家兔的受精率是比较高的，可达 98% 以上。

兔孕娠期胚胎损失率比较高。据报道，胚胎在附植前的损失率为 11.4%，附植后的损失率为 18.3%，附植前后的总损失率高达 29.7%。影响胚胎附植率的原因有高温应激、惊群应激、过度消瘦、疾病等。有报道显示，当外界温度为 30℃ 时，受精后 6 天胚胎的死亡率高达 24%~45%。影响繁殖率的最大因素是肥胖，母体过于肥胖时，体内沉积的大量脂肪会压迫生殖器官，使卵巢、输卵管容积变小，卵子或受精卵不能很好发育，会降低家兔的受胎率，也会导致胎儿的早期死亡。

（四）母兔假妊娠，公兔夏季不育

母兔受到性刺激后排卵如果未受精，就会表现出怀孕的假象，此种现象称为假妊娠。产生这种现象的原因是，母兔在接受刺激排卵后，即使未受孕，由于黄体的存在，继续分泌孕酮，子宫增大。经过 16~17 天，由于没有胎盘，加上黄体消失，孕酮减少，假妊娠终止。在此期间，母兔有妊娠表现，拒绝同公兔交配，有拉毛和衔草做窝的现象，乳腺有一定程度的发育，甚至会分泌少量乳汁。假妊娠对母兔本身没有不良的影响，但是会降低母兔的卵巢功能，使繁殖力减退，也会影响年产窝数。

一年中，种公兔射精量和精子密度、活力会随着季节的变换而变换。这是由于家兔喜欢短的光照，在气温、光照等因素的综合作用下，每年 3 月种公兔的精子质量最高，而 7 月精子浓度和活力降低，死精子和畸形的比例增高，睾丸缩小 60%，内分泌系统紊乱，性欲减退，食欲减退，消化与吸收能力减弱，易造成公兔夏季不育的现象。

（五）母兔产后、断奶后发情

母兔在分娩后或者是仔兔断奶后普遍发情。家兔分娩后普遍发情，受胎率也很高；以后由于哺乳和膘情下降等因素，发情不明显，可能会导致受胎率下降。实践中，会在家兔刚分娩结束后就强制进行交配，被称为"热配"。此时交配，不但受胎率高，还会增加家兔的年产窝数。断奶后是家兔发情的又一个高峰。泌乳对家兔卵巢的活动有抑制作用，在泌乳期间的发情不明显，尤其在泌乳高峰，基本无发情表现。仔兔断奶之后，泌乳对家兔发情的抑制被解除，经过 3~5 天就出现普遍的发情现象。在生产实践过程中，要根据家兔发情的特点，合理安排发情时机。

二、兔的生长特点

（一）一般生长特点

初生仔兔双眼紧闭，全身无毛。白色兔全身红润，有色兔有色素沉于皮肤之内，呈褐色或灰褐色，腹部呈灰白色或浅红色。出生后 3～4 日开始长毛，30 日龄左右被毛形成；10～12 日龄眼睛睁开，开始出巢活动并且开始随母兔试吃饲料，21 日龄左右即可正常吃料。仔兔开食早晚取决于母兔乳汁的多少。母兔乳汁少的仔兔开食早，乳汁多的开食晚。

仔兔个体出生体重取决于品种和个体发育及单窝产仔数多少。家兔一般初生体重 50～65 克，数量多的 30～50 克，数量少的有 150 克。仔兔 1 月龄之内是一生中生长发育最快的时期，1 月龄体重可达 0.5 千克，是出生体重的 10 倍。2 月龄体重可达 1.5～2 千克，3 月龄体重可达 2.5 千克左右。

（二）兔的换毛特点

家兔体毛的生长、老化、脱落及新毛补充的过程称为家兔的换毛。家兔换毛时，头部由鼻端开始，体躯部从背脊处开始，开始时以长条形开始，以后似长波纹层层向外扩展。家兔的换毛有几种情况，分别是：

1. 年龄性换毛　家兔一生中，在正常的生长状况下有两次年龄性的换毛。第一次是在 30～100 日龄，多在 30 日龄时，家兔的乳毛全部长成，开始第一次换毛。第二次在 130～180 日龄，与第一次换毛一样，都是正常的年龄性换毛。

2. 季节性换毛　家兔进入成年后，每年的春季和秋季要换毛，这两次换毛都称为季节性换毛。家兔的季节性换毛是其对炎夏和寒冷季节的适应本能。春季换毛在 3～4 月，秋季在 9～10 月。春季换毛时，光照由短日照向长日照过渡，气温则由寒冷逐渐转向温暖，适宜家兔生长。春季时，青草类饲料也比较充足，毛囊代谢功能旺盛，被毛生长较快，换毛期也短，且枪毛多，绒毛少，被毛稀疏，以适应即将到来的炎热夏季。秋季换毛时，气温由温暖向寒冷转变，青绿饲料逐渐变为粗老，皮肤毛囊代谢功能也逐渐减弱，被毛生长较慢，换毛时间较长。秋季换毛后，绒毛多，枪毛少，被毛浓密，准备过冬。除受季节因素的影响外，家兔换毛的长短还受家兔健康情况和膘情的影响。家兔健壮，换毛期就短，正常的换毛期为 30～45 天。

3. 不定期换毛　不定期换毛在家兔身上表现不是很明显。家兔的不定期换毛不受季节影响，主要决定于毛囊的生理状态和营养情况。当毛囊的生理状态不好或营养不足时，会出现不定期换毛的现象，这种情况在老年家兔身上比较明显。

4. 病理性换毛　家兔患某种疾病或长期营养不良导致新陈代谢发生障碍，或者皮肤营养不良而发生全身或局部脱毛现象，称病理性换毛。

第四章　兔的品种与选择利用

第一节　兔品种的选择利用条件

畜牧业发展到一定阶段后，人类为了生产和生活的需求，在一定的社会和自然条件下，经过长期的人工选择，并通过杂交、选择和选种、选配，进一步形成形形色色的品种。家兔品种的形成过程亦不例外。选择和利用兔品种既要考虑经济价值，更要考虑市场和具体条件。选择时不能只看到品种本身的价值，更应注意产品的市场需求、市场现状、市场潜力，还要考虑当地的草料条件（产量、价格、运输等）、气候条件、技术条件等，因地制宜地选择利用。家兔品种应具备以下条件：

一、相同的来源

凡是被称为一个品种的家兔，都应该有共同的来源，如新西兰白兔的共同祖先是弗朗德兔、美国白兔和安哥拉兔；塞北兔的共同祖先是法系公羊兔（垂耳兔）和比利时的弗朗德巨兔。只有血统来源基本相同，其遗传基础才能相似，这是构成一个"基因品种库"的基本条件。如果一个品种的各个个体的祖先来源不一致，就失去了遗传性状的一致性，就不会是同一个品种。

二、相似的性状和适应性

同一品种的家兔在体型结构、生理功能、重要经济性状以及对自然条件的适应性方面都很相似，甚至可以作为该品种的特征，与其他品种进行区别。这是由于同一品种的家兔血统来源、培育条件、选育目标和选育方法相同，从而形成了一些相同的性状。例如，新西兰白兔的重要特点是在良好的饲养管理条件下，早期生长发育快，兔肉品质好；加利福尼亚兔则具有明显的"八点黑"特征，且母性和产肉性能都较好。

三、稳定的遗传性

作为品种，必须具有稳定的遗传性，并且能将典型的优良性状一代一代遗传下去。这不仅使品种得以保持，而且在与其他品种杂交时能起到改良作用，即具有较高的种用价值。这是品种兔与杂种兔的最根本区别。

四、独特的性状和较高的生产性能

品种应具有独特的性状，能够满足人类某一方面的特定需求，如产毛、产皮、产肉等，并且具有较高的生产性能，可以带来一定的经济价值。

五、一定的结构

在一个品种内应由若干个各具特点的类群所构成，而不是由一些家兔简单地汇集而成。据全国家兔育种委员会推荐（1990），在新品种选育时，每个品种应建立3~5个品系。品种内存在这些各具特点的品系，就是品种的异质性，从而使一个品种在纯种繁育条件下仍能得到改进和提高。

六、足够的数量

数量是质量的保证，品种内只有个体数量多，才能保持品种的生命力和广泛的适应性，进行合理选配而不致被迫近交。据全国家兔育种委员会推荐（1990），每个品系应有基础母兔群200~300只，每个品种有基础母兔群1 500只，推广群生产母兔20 000只以上。目前世界各国饲养的家兔品种被公认的有60多个，此外，还有许多品系或品种群。

第二节　家兔品种的分类方法

科学家根据家兔的起源、生物学特性与头骨的解剖特征等，对家兔做了分类学上的鉴定。饲养的家兔分类为：动物界（Animalia）、脊索动物门（Chordata）、脊椎动物亚门（Vertebrata）、哺乳纲（Mammalia）、兔形目（Lagomorpha）、兔科（Leporidae）、兔亚科（Leporinae）、穴兔属（Oryctolagus）、穴兔种（*Oryctolagus cuniculus* Linnaeus）、家兔变种（*Oryctolagus cuniculus* var. *domestics Lymelin*）。

一、按照家兔被毛的生物学特性分类

按照被毛的长度，家兔可分为长毛型、标准毛型和短毛型。

1. 长毛型　此类兔纤维长，成熟毛的长度达10厘米以上；被毛生长速度快，

一年可多次剪毛；被毛中绒毛较多，枪毛较少。安哥拉兔属于此类型。

2. 标准毛型　其毛纤维长度中等，一般 3 ~ 3.5 厘米，平均 3.3 厘米；粗毛与细毛的长度相差悬殊，粗毛较长，一般 3.5 厘米，细毛较短，一般 2.2 厘米，粗毛在整个被毛中所占比例大。常见的家兔品种大多属于此类，如所有的肉用兔、肉皮兼用兔等。

3. 短毛型　其毛纤维短、密度大、直立，毛纤维长度一般 1.3 ~ 2.2 厘米；粗毛和细毛的长度几乎相等，粗毛不出锋，被毛平齐；粗毛率低，以绒毛占据绝对优势。目前，只有力克斯兔属于这种被毛类型。

二、按家兔的经济用途分类

按照经济用途划分，家兔可分为毛用、皮用、肉用、实验用、观赏用和兼用型 6 种类型。

1. 毛用兔　毛用兔是指以适于生产兔毛为主的家兔。该类型的家兔兔毛生长速度快，饲料转化为兔毛的效率高，一年可多次剪毛。目前，世界上所有的毛兔都属于安哥拉毛兔。由于不同国家和地区在培育过程中的方法、途径和方向不同，培育了不同的品系，如德系、法系、英系、中系，以及中国的粗毛型长毛兔等。

2. 皮用兔　皮用兔是指以适于生产兔皮（制裘）为主的家兔。该类型的家兔具有显著的被毛优势。如力克斯兔的被毛具有短、平、密、细、美、牢等特点；亮兔被毛具有丝光闪闪、颜色多样等特点。

3. 肉用兔　肉用兔是指以适于生产肉为主的家兔。该类型的家兔具有早期生长速度快、饲料利用率高、屠宰率高和肉质好等优点。目前，世界上肉用兔的典型代表为新西兰白兔和加利福尼亚兔。此外，一些国家还培育了肉兔的配套系，如 Hyla、伊普吕、齐卡等配套系。

4. 实验用兔　实验用兔是指以适于实验为主的家兔。该类型的家兔一般具有白色被毛、两耳长大、血管清晰、便于注射和采血、神经类型敏感、遗传性稳定、体型中等等特点，能满足科学实验的诸多条件。目前，新西兰白兔、日本大耳白兔是常用的实验用兔。

5. 观赏用兔　观赏用兔是指用以满足消费者观赏需要的一类家兔。该类型的家兔有的外观特殊、体型特别、毛色或毛长异样等。如喜马拉雅兔具有八点黑特征，公羊兔具有长大的双耳，彩色安哥拉兔具有不同颜色的天然长毛、小型荷兰兔具有"微型"的体重等。

6. 兼用兔　兼用兔是指具有适于两种或两种以上利用价值的家兔，如青紫蓝兔既适于皮用也适于肉用；日本大耳白兔是理想的实验用兔，但其肉用价值亦较高；公羊兔既具有观赏性，其皮肉价值也较高。

按经济用途划分家兔只是相对的。每种家兔都具有以一种用途为主，多种用途并存。当它们的某一种性状（如肉用）被充分开发，而其他性状没有得到充分开发时，我们称其为某种（如肉用）兔，当其他的性状（如药用价值）被开发利用，而且其经济价值超过原来的价值（如肉用）时，可能又将其划分为另一种类型。

三、按家兔的体型大小分类

按体重分类：按照成年体重的大小，家兔可分为大型、中型、小型和微型四种类型。

1. 大型兔　成年体重 5 千克以上，如弗朗德巨兔、德国花巨兔等。

2. 中型兔　成年体重 4～5 千克，如新西兰白兔、加利福尼亚兔等。

3. 小型兔　成年体重 2～3 千克，如中国白兔、标准型青紫蓝兔等。

4. 微型兔　成年体重 2 千克以下。如小型荷兰兔等。

按照成年体重的大小划分家兔品种的类型也是相对的。比如，大型品种中也有体重达不到大型兔标准的个体，中型品种的个别家兔可达到大型兔的体重；饲养条件较好的情况下，家兔体重普遍增加，而长期营养不良，家兔生长发育受阻，最终体重达不到该类型的标准。

四、按品种形成中人和自然的作用分类

家兔可划分为育成品种、地方品种和过渡品种。

1. 育成品种　指经过人们有明确目标的选择，并创造优良的环境条件，精心培育出的品种，具有专门经济用途，且生产效率较高。通常培育品种对饲养管理条件要求较高，适应性较差，繁殖力较低。如德系安哥拉兔，是德系安哥拉兔与中系安哥拉兔杂交的结果，由此选育的杂种兔其产毛性能明显高于中系安哥拉兔。

2. 地方品种　由于社会经济条件和科技水平的限制，家兔在品种形成过程中受自然因素影响很大。由此形成的品种虽然生产性能不高，但适应性强，耐粗饲，繁殖力高，对疾病的抵抗力也较强，如中国白兔、中系安哥拉兔等。

3. 过渡品种　有些品种尚达不到培育品种的程度，但培育程度比地方品种高，人们称这类品种为过渡品种。在培育过程中，既注意到精心选择和培育，又注意到当地自然条件的适应和锻炼，这类品种具有介于育成品种与地方品种两者之间的特点，既具有一定的经济专门化用途，又表现出较强的适应性，如比利时兔。

按照培育过程划分家兔品种类型，强调人工选择和自然选择的作用不同。育成品种强调人工选择的作用大于自然选择，而地方品种在培育过程中，自然选择

所起的作用更大。任何品种的培育都是自然选择和人工选择共同作用的结果，都是在特定环境条件下培育而成的。而它们的优点或缺点，也是相对的。

第三节 常见的家兔品种

一、皮用兔

（一）力克斯兔

力克斯兔也称海狸力克斯兔和天鹅绒兔，我国俗称獭兔。力克斯兔是著名的中型短毛皮用兔品种，由法国普通兔中出现的突变种培育而成。近年来，我国先后从美国、德国和法国引进较多的力克斯兔，分别称为美系、德系和法系獭兔；同时利用引入品种培育了一些新品系。在众多不同色型力克斯兔的培育过程中，主要使用了青紫蓝兔、阿拉斯加兔和蓝色贝韦伦兔等。

力克斯兔被毛颜色比较多，目前力克斯兔有 24 种颜色之多，其中有 18 种毛色被确认，有的毛色正在选育中。常见的颜色有海狸色、青紫蓝色、巧克力色、天蓝色、乳白色、白色、黑色、红色等色型。该兔体型中等，体长 42～44 厘米，体质结构匀称，肌肉丰满；胸围 30～33 厘米，腹部紧凑，背长而直，臀圆，四肢强壮，动作灵敏。头清秀适中，眉毛和胡须细软弯曲，眼大突出，耳长中等，直立微倾斜，肉髯小。成年兔体重 3～4 千克，产肉性能较好，肉质优良。力克斯兔繁殖力中等，年产 4～5 胎，胎均产仔 6～7 只。遗传力很强，与各品种家兔杂交，一代皮毛质量多接近力克斯兔。

力克斯兔的被毛细密、柔软、整齐，呈现光亮如丝的短绒毛，枪毛极少或全无，保温力强，不易脱落。被毛的标准长度为 1.3～2.2 厘米，理想长度 1.6～1.8 厘米。力克斯兔贵在皮毛，具有"短、细、密、平、美、牢"的特点。所谓"短"就是毛纤维短；"细"就是指绒毛纤维横切面直径小，粗毛量少，不突出毛被，并富有弹性；"密"就是指皮肤单位面积内着生的绒毛根数多，毛纤维直立，手感特别丰满；"平"就是毛纤维长短均匀、整齐划一，表面看起来十分平整；"美"就是毛色众多，色泽光润，绚烂多彩，显得特别优美；"牢"就是说毛纤维与皮板附着牢固，用手拔不易脱落。因此獭兔皮在兔毛皮中是最有价值的一种类型。

力克斯兔的主要优点就是其被皮的利用价值高；但与肉用型兔相比，力克斯兔对饲养管理要求较高，如果饲养管理不当，会导致枪毛增多，被毛质量变差，体型变小，繁殖力下降。另外，力克斯兔适应性较差，对多种疾病比较易感，如巴氏杆菌病、球虫病、疥癣病等疾病。

（二）美国亮兔

美国亮兔又称为缎兔，是20世纪30年代培育成的皮用兔新品种。

美国亮兔被毛浓密，毛色丰富多彩，其毛色有巧克力色、青铜色、黑色、蓝色、加利福尼亚兔色、棕色、红色和白色等，其中较为珍贵的是白色亮兔。该兔体质健壮，背腰丰满，臀部圆润；头中等大小，两耳直立。被毛浓密柔软，枪毛生长较快，覆盖绒毛，毛长2.2～3.2厘米，具有较强的弹性；毛皮表面只见枪毛不见绒毛，浑身明亮如缎，光可鉴人。

美国亮兔体型中等，成兔体重4～5千克，屠宰率约为50%。幼兔生长发育较快，1月龄体重0.5千克以上，6周龄断奶时体重可达0.75千克，高者能达到1.5千克；4～5月龄即可杀兔取皮。亮兔性成熟较晚，年产4～5胎，每胎产仔6～10只。

（三）香槟银兔

香槟银兔是最古老的皮用兔品种之一，早在19世纪以前就很普遍，饲养较多。香槟银兔最初叫法国银兔，因其原产于法国香槟省，被毛呈银灰色，在1887年被定名为香槟银兔。

香槟银兔被毛浓密，毛色质地优良，色泽美丽，世界上很多银灰色品种在选育的过程中都有香槟银兔的参与。香槟银兔的毛色特征为：绒毛基部为淡灰色，上部为蓝黑色、白色和黑色；白色和黑色的比例不同，呈现出不同的灰色，有深灰色或浅灰色之分，但是不能有黄色等其他杂色。仔兔出生时都有黑色绒毛，渐变为蓝灰色，4月龄时开始渐渐出现枪毛，枪毛均匀地分布于全身，后逐渐形成成年兔具有的银灰色被毛。

香槟银兔体质强健，体型较大，耐热耐寒，适应性强，成年母兔重4.3～5.4千克，公兔略小，重4.1～5.0千克。

二、毛用兔

（一）巨高长毛兔

巨高长毛兔是由浙江省宁波市镇海种兔场利用含当地大耳兔血统的当地大体型长毛兔与德系安哥拉兔级进杂交选育而成，可分为A、B和C3个品系。主要特征在于头型和耳毛的不一致：A系为鼠头型耳尖一撮毛，B系为虎头型半耳毛，C系为鼠头型半耳毛。巨高长毛兔繁殖性能好、后代生长快、遗传性状稳定、抗病力强、适应性广。

巨高长毛兔体型大、体大身长，成年公兔体长和胸围分别为54.4厘米和36.5厘米，成年母兔分别为55.4厘米和36.8厘米；四肢发达，背宽胸深，被毛白色且有光泽，是非常好的毛用品种兔。所产兔毛具有密度大、绒毛粗、不缠结等优良特性，经济效益可比一般长毛兔高2～3倍。经测定，17～30周龄的该品种兔经 91 天养毛期，公兔被毛的粗毛率为 6.57%，母兔为 7.57%。仔兔出生重 60 ~ 70 克，2 月龄体重可达 1.8 ~ 2.2 千克，3 月龄体重可达 2.7 ~ 3.2 千克，成年公兔体重为 5.5 ~ 5.8 千克，母兔为 6.1 ~ 6.3 千克。巨高长毛兔的年产毛量在 2 千克以上，公兔平均产毛率为 37.6%，母兔约为 41.4%。巨高长毛兔繁殖性能良好，胎平均产仔 7.3 只；母性强，仔兔成活率高。

（二）德系安哥拉兔

德系安哥拉兔产于德国，是目前世界上饲养最普遍、产毛量最高的一个品系。我国从 1978 年末开始引进饲养，群众称其为西德长毛兔，对改良中系安哥拉兔起了重要作用。

德系安哥拉兔全身披厚密白色绒毛，体毛细长柔软，排列整齐。被毛有毛丛结构，不易缠结，有明显波浪形弯曲。面部绒毛不太一致，大致分为三个类型：一是面颊无毛，耳背无毛，只有耳尖有一撮毛翻出耳外，俗称"一撮毛"兔，这一类型兔饲养较普遍；二是耳毛、颊毛、额毛较丰盛，称为全耳毛兔；三是脸面有少量毛，耳朵半边（上缘）有毛，称为半耳毛兔。德系安哥拉兔三类兔共同的特点：均有长而密的腹毛，四肢毛和脚毛非常丰盛，四肢强健，胸部和背部发育良好，背线平直，头型偏尖削。

德系安哥拉兔体型较大，属于细毛型长毛兔，体长 45 ~ 50 厘米，胸围 30 ~ 35 厘米；成年体重 3.5 ~ 5.2 千克，高的可达 5.7 千克；产毛量高，年产毛量公兔为 1.2 千克，母兔为 1.4 千克，最高可达 2 千克。被毛密，细毛细度为 12.9 ~ 13.2 微米，毛长 5.5 ~ 5.9 厘米。德系安哥拉兔的繁殖性能不高，每年繁殖 3 ~ 4 胎，每胎产仔 6 ~ 7 只，最高可达 11 ~ 12 只；主要是受胎率低，受胎率只有 53.6%。长毛兔较难繁殖，还和母兔的泌乳性能差有关，所以仔幼兔的育成率也不高。

（三）法系安哥拉兔

法系安哥拉兔该兔原产于法国，选育历史较长，是目前世界上著名的粗毛型长毛兔。我国早在 20 世纪 20 年代就开始引进饲养，但那时兔的体型不及近年引进的大，产毛量也没有现存的高。1980 年以来又先后引进了一些新法系安哥拉兔。

法系安哥拉兔体型较其他品系粗重，体质较结实。全身被白色长毛，粗毛含量较高。额部、颊部及四肢下部均为短毛，耳宽长而较厚，耳尖无长毛或有一撮短毛，耳背密生短毛，俗称"光板"。新法系安哥拉兔体型较大，体长 43 ~ 46 厘米，胸围 35 ~ 37 厘米，成年体重 3.5 ~ 4.6 千克，高者可达 5.5 千克。从外貌看，法系兔的特征是无长额毛、颊毛，耳壳上也是短毛，在耳尖端有一小撮或很少的长毛。法系安哥拉兔的繁殖性能略好于德系兔，年繁殖 4 ~ 5 胎，每胎产仔 6 ~ 8 只；平均奶头 4 对，多者 5 对；配种受胎率为 58.3%。

法系安哥拉兔年产毛量公兔为 900 克，母兔为 1 200 克，最高可达 1.3～1.4 千克；被毛密度为每平方厘米 13 000～14 000 根，粗毛含量 13%～20%，细毛细度为 14.9～15.7 微米，毛长 5.8～6.3 厘米。

法系安哥拉兔适应性、繁殖性能和抗病力都比德系兔强，并适于以拔毛方式采毛，不宜剪毛。法系兔的主要优点是产毛量较高，兔毛较粗，粗毛含量高，适于纺线和作粗纺原料；主要缺点是被毛密度较差，面、颊及四肢下部无长毛。法系安哥拉兔对于培育我国长毛兔和提高我国长毛兔粗毛率发挥了不可替代的作用。

三、肉用兔

（一）中国白兔

中国白兔在中国主要供作肉用，故又称为中国菜兔，是世界上较为古老的优良兔种之一。中国白兔是中国先民在长期的劳动实践中选育的一个肉兔品种，在全国各地均有饲养，但以四川等省区饲养较多。

中国白兔以白色者居多，兼有土黄、麻黑、黑色和灰色等其他毛色；白色兔为红眼，杂色兔的眼睛为黑褐色。中国白兔属于小型兔品种，正常情况下仔兔初生重为 40～50 克；30 日龄断奶体重 300～450 克，3 月龄体重 1.2～1.3 千克；成年母兔体重 2.2～2.3 千克，公兔略小于母兔，体重为 1.8～2 千克；中国白兔皮板较厚、富有韧性，质地优良，是好的皮料来源。菜兔肉质鲜嫩、味美，是中国百姓餐桌上常见的兔肉类食品，也是制作缠丝兔等兔肉食品的上等原料。

中国白兔的主要优点是性成熟早、繁殖力强、适应性强、抗病力强、耐粗饲，饲料消耗少，肉质鲜嫩味美，皮板质地优良，既可以用于产肉，也可以作为皮用品种，适于初学养殖肉兔者饲养。但该兔体型较小、生长缓慢、产肉率低、皮张面积小，不适用于大规模的商品化需求，有待于进一步的选育。

（二）塞北兔

塞北兔是由张家口农业专科学校培育的大型皮肉兼用型品种。1978 年起，杨正教授等选用法国公羊兔、比利时兔和弗朗德巨兔为亲本，经二元轮回杂交经严格选育而成，1988 年通过省级鉴定，定名为塞北兔。主要分布于河北、东北、内蒙古、山东、山西与河南等地区。

塞北兔被毛浓密，毛纤维稍长；根据毛色可分为 3 个品系。A 系被毛为黄褐色，是塞北兔的主要品系，该品系的塞北兔尾巴边缘枪毛上部为黑色，尾巴腹面、四肢内侧和腹部的毛为浅白色；B 系被毛纯白色，数量次于白色系；C 系被毛草黄色，也有部分被毛为橘黄色。

塞北兔体型略呈长方形，体质好。头大小适中，眼眶突出，眼睛大而微向内凹陷，下颌宽大，鼻梁有一黑色山峰线；耳宽大，一耳直立，一耳下垂，故又被称为"斜耳兔";颈粗短,颌下有肉髯;背宽广,胸宽深背腰平直,肌肉丰满,四肢粗短、健壮,体躯匀称。成年公兔体重可达 5～5.5 千克,母兔 5～5.6 千克,最重者可达7.5～8.0 千克。塞北兔生长速度较快,仔兔初生重为60～70克,30 日龄断奶体重可达 650～1 000 克;在一般饲养管理条件下,7～13 周龄日增重24～26 克,14～26 周龄日增重29～31 克,屠宰率52%～54%,料重比3.28:1。塞北兔繁殖力较强,4～5 月龄达到性成熟,6～8 月龄开始配种繁殖,一年产仔5～6 胎,每胎产仔7～8 只,多者达 15～16 只,断乳成活率平均81%。

塞北兔属于大型兔,体质较疏松,个头大,生长较快,母性强,繁殖力、育成率较高,抗病力强,发病率低,耐粗饲,适应性强,性情温顺,容易管理,受到养殖者的喜爱。被毛与野兔颜色相近,受到市场青睐。但其骨架较大,出肉率较低;与大多数的大型品种一样,易患脚皮炎及耳癣;主要缺点是毛色和体型尚欠一致,有待进一步选育提高。

(三)哈白兔

哈白兔是哈尔滨畜牧兽医研究所历经 10 年培育成功的大型肉用兔;该品种兔是采用比利时兔、花巨兔、加利福尼亚兔、青紫蓝兔与哈尔滨本地白兔、上海大耳白兔共 6 个品种进行复杂的杂交选育而形成的。曾获 1987 年全国兔赛金奖,在全国各地均有分布。

哈白兔全身被毛为白色,致密柔软,毛纤维比较粗长。头大小适中,耳大且直立;眼睛红色,大而有神;体型较大,前后躯发育匀称,肌肉较为丰满,四肢强健,公母兔均有肉髯。哈白兔幼兔阶段生长迅速,仔兔初生重60～70 克,70日龄体重可达2.5 千克,3 月龄体重3.5～3.8 千克,成年兔体重达5.5～6 千克。产肉率高,屠宰率半净膛57.6%、全净膛53.5%。哈白兔生产性能好,3 月龄可达到性成熟;母兔繁殖力强,每胎产仔8～10 只,年产可达8 窝,育成率在85%以上。

哈白兔的主要优点是遗传性稳定、适应性强、耐寒、耐粗饲、饲料转化率高、生长发育快、产肉率高、肉质好、皮毛质量好、繁殖多等。缺点是饲养条件要求较高,群体较小。由于缺乏系统选育和前些年的好种,使品种退化严重,表现生长速度减慢、体型变小等,应引起注意。

(四)比利时兔

比利时兔原产于比利时,是由英国育种家用原产于比利时的比利时贝韦伦野生穴兔改良而成的大型肉用品种。我国的比利时兔是从丹麦引进的。

比利时兔被毛为深褐色、赤褐色或浅褐色,毛尖略带黑色。两眼周围有不规则的白圈,耳尖部有黑色光亮的毛边;在体躯的下部为灰白色;尾巴内侧为黑色,外侧为灰白色。头粗大,脑门宽厚,颊部突出,鼻梁隆起,类似马头,俗称"马兔";双眼呈黑色,双耳厚且直立,稍向前倾并稍倾向于两侧。躯体长而紧凑，四肢粗大，后肢较长，后躯较高，整个身躯距离地面较高，曾获得"竞走马"之美名。

比利时兔具有耐粗饲、体质强壮、适应性强等特征。生长速度快，仔兔初生重60~70克，最大可达100克以上，6周龄体重1.2~1.3千克，3月龄体重可达2.3~3.2千克。成年公兔5.5~6千克，母兔6~6.5千克，最高可达7.0~9.0克。据四川农科院畜牧兽医研究所测定，该品种兔在中等营养条件下其生长发育优于其他中型品种兔；其各阶段的体重较其他中型品种兔高13%~39%。该品种兔胴体大，净肉量高，生产性能好。

该兔种的主要优点是生长发育速度快，适应能力强。比利时兔与中国白兔、日本大耳兔杂交，可获得理想的杂交优势。主要缺点是不适宜于笼养，在笼养条件下易发生脚皮炎与乳房炎，也较容易患耳癣病，饲料利用率低。现在我国南方饲养条件下出现体型趋小的退化现象，在饲养和育种过程中应该引起足够的重视。

（五）天府黑兔

天府黑兔由我国四川农业大学赖松家等培育而成，是以加利福尼亚兔、比利时兔、德国花巨兔杂交育成的肉兔新品系，属于中型肉兔品种。

天府黑兔全身被毛黑色、眼睛黑色、腹下和四肢下部毛色为褐色，两耳直立，耳朵宽长，头轻，体躯宽深，背腰宽广，臀圆，大腿宽深，强壮有力。成年兔重3.2~3.7千克，天府黑兔增重快，尤其是早期生长发育快，70日龄可达2千克以上，饲料报酬高，肌肉结实，肉质鲜美，泌乳力强，仔兔断奶成活率达92%以上，屠宰率达55%。繁殖力强，平均窝产仔数7~9只。

因为是有色兔种，其抗病力强，适应性广，适合于我国各类型自然气候饲养，商品生产中作为纯种母本或父本均可。

（六）新西兰兔

新西兰兔原产于美国，由弗朗德兔、美国白兔和安哥拉兔等杂交选育而成，属于中等体重的品种；是近代世界最著名的肉兔品种之一，广泛分布于世界各地；新西兰兔也是公认的实验用兔。

新西兰兔有白色、红色和黑色3个变种。毛色有白色、橘红色及黑色，其中以白色居多；双眼呈粉红色，头部粗短圆宽；双耳短厚稍向前倾，颈肩结合良好，后躯发达，臀部圆滚，腰部与肋部肌肉丰满，四肢粗短，全身结构紧凑匀称，发育良好，具有肉用品种的典型特征。

新西兰兔适应力强，较耐粗饲。在良好的饲养条件下10周龄体重可达2千克，成年兔体重可达4~5千克，2月龄时生长速度与饲料利用率为最高。最适屠宰月龄为3~4月龄，肉质细嫩。生产性能以白色最高。本品种不但是优良的肉兔品种，而且也是教学、科研、医药使用的廉价而良好的材料。

新西兰兔主要特点是适应性和抗病力较强，饲料利用率和屠宰率高。特别是其耐频密繁殖、抗脚皮炎能力是其他品种难以与之相比的，适于集约化笼养，是良好的杂交亲本。该兔无论是与大型的品种（如弗朗德兔）杂交作为母本，还是与中型品种（如太行山兔）杂交作为父本，均表现良好。缺点是不耐粗饲，对饲养管理条件要求较高，在粗放饲养条件下，早期生长快的优势得不到发挥。

（七）加利福尼亚兔

加利福尼亚兔原产于美国加利福尼亚州，又称"加州兔"，是由喜马拉雅兔、青紫蓝兔和新西兰兔等杂交育成。它是美国仅次于新西兰兔的又一优良肉兔品种。我国于1978年引进饲养，多次从美国和其他国家引进，表现良好，尤其是成熟早，早期生长速度快，繁殖力强，适应性和抗病力强，皮板质量好。主要分布在辽宁、吉林、山东、江苏、浙江、四川与北京等地。

加利福尼亚兔体型中等，体长44～46厘米，胸围35～37厘米，成年公兔加利福尼亚兔体重为3.6～4.5千克，母兔为3.9～4.8千克。最典型的外貌特征就是"八点黑"，即全身被毛白色，但在鼻端、双耳、四肢及尾部为黑色。加利福尼亚兔的"八点黑"并不是一成不变的，会随年龄、季节、个体和营养水平的变化而变化。在年龄较小、夏季、饲养条件不太好时，"八点黑"较淡，否则"八点黑"特征明显。加利福尼亚兔被毛厚密，兔眼红色，颈短粗，耳小，绒毛厚密，胸部、肩部和后躯发育良好，肌肉丰满。

加利福尼亚兔早期生长发育快，仔兔初生重60～70克，2.5月龄可达2.5千克。饲料报酬高，屠宰率为54%。加利福尼亚兔母性好，性情温驯，哺乳力强，被称为"保姆兔"，年产4～5胎，每胎6～8只，产仔数稳定，仔兔成活率高。由于加利福尼亚兔的优良肉用性能，可以用加利福尼亚兔作为父本，与本国白兔或其他地方品种作为母本，进行杂交，以杂交一代进行商品化生产，甚至培育出兼顾有二者特点的新品种。用加利福尼亚兔进行工厂化或规模养殖，是理想的品种。该兔适于营养较高的精料型饲料，全期生长速度不如新西兰兔快。

加利福尼亚兔遗传性稳定，既适合于纯种生产，又适合于与新西兰白兔等品种杂交进行商品生产。

（八）公羊兔

公羊兔又名垂耳兔，是著名的大型肉用品种。此兔的特点是两耳特别长而且下垂，由于其头型似公羊，故引进我国后被称为公羊兔。公羊兔有百年的历史，但来源及育成史没有确切记载。育成之后分布于各地，由于各地进行选育的方法不一致，使公羊兔在体型上发生了较大的变化，可以分为法系、英系和德系。我国引入的是法系公羊兔。

公羊兔的主要外貌特征是耳朵大而且下垂。该种兔的被毛有单色被毛和杂色被毛两种，单色有黄褐色、黑色、白色等；杂色多是有色毛和白色毛结合而成。

公羊兔体质疏松，头部粗糙，眼睛较小，颈部短，背腰较宽。成年兔体重在 5 千克以上，少数可达 10 千克之多。

公羊兔平均每窝产仔 7 ~ 8 只，仔兔出生重 80 克左右，早期生长速度快，到 40 日龄断奶时体重可达 1 千克，90 日龄平均体重为 2.5 ~ 2.8 千克。公羊兔适应性强，抗病能力强，耐粗饲料，性情温顺，不爱活动，易于饲养。但是公羊兔受胎率低，哺乳能力不足，这是公羊兔的最大缺点，需要在育种过程中进一步改进。

四、肉用配套系

齐卡兔是德国育种专家齐默曼博士培育的专门化肉兔杂交配套系原种，四川省畜牧兽医科学研究院于 1986 年从德国引进，目前已推广到全国各地，主要分布于四川、山东、河南、河北与江苏等地。该兔是由大型兔种（G 系）、中型兔种（N 系）和小型兔种（Z 系）构成的专门化杂交配套系。

齐卡兔全身被毛纯白色，红眼，两耳大而直立，头粗壮，体大而丰满，肉用特征明显。配套系中 G 系属大型品种，头粗重，耳大直立，体躯长而丰满；N 系属中型品种，头粗重，耳短小、宽厚，体躯丰满，呈典型的肉用体型；Z 系属小型品种，头清秀，耳薄直立，体躯较长。

该兔种是在良好的环境和营养条件下培育而成的专门化肉兔杂交配套系原种，具有体型较大，生长发育较快，适应性、抗病力较强，肥育性能优良等优点，适宜于集约化、规模化生产。但配套系的保持和提高需较高的技术和足够的数量及血统，不适宜在小型养兔场或专业养兔户中推广饲养。

五、兼用兔

（一）太行山兔（虎皮黄兔）

太行山兔又名虎皮黄兔，原产于河北省井陉、鹿泉（原获鹿县）和平山县一带，是在我国经过多年选育而成的一个优良地方品种，由河北农业大学、河北省外贸食品进出口公司等单位合作，历时七年选育而成。

太行山兔从整体上来说，头小嘴尖，眼球外突，耳小直立，颈部细长，背腰平直，后躯发育良好，四肢粗壮。根据外貌特征（主要指毛色）可以将太行山白兔分为标准型和中型两种。标准型全身被毛栗黄色，被毛的毛根部白色，中部黄色，毛的尖部为红棕色；腹部被毛为浅白色。体型紧凑，背腰宽平，四肢健壮，体质结实；头部清秀，眼球棕褐色，耳较短厚直立。成年公兔体重平均 3.87 千克，母兔略小，平均重约 3.54 千克。中型太行山兔全身毛色深黄色，后躯两侧和后背带黑毛尖，这种黑色毛尖在 4 月龄前不是非常明显，随月龄的增加而加深。此兔背腰宽长，后躯发达；头粗壮，脑门宽圆，眼球及须均为黑色，耳长且直立。中型兔比标准型稍大，成年公兔体重平均4.31千克，母兔平均为4.37千克。年产仔5~7胎，标准型兔胎平均产仔数为8.2只、中型兔为8.1只。

太行山兔是皮肉兼用品种，皮板和毛的质量都很好，且颜色漂亮，遗传性比较稳定，适应性强，抗病力强，耐粗饲，母兔母性好，繁殖力较高，是一个较好的皮肉兼用兔种。缺点是早期生长发育比较缓慢，有待进一步提高。太行山白兔被毛黄色，其育种与商品利用价值高。但是由于近年来新引入品种的冲击和缺乏系统选育，退化较严重，存栏数量减少。

（二）日本大耳兔

日本大耳兔是以中国白兔为基础，经育种而成的优良皮肉兼用型品种，也可作为医学实验兔，是我国饲养数量较多的大型兔之一。

日本大耳兔根据体型大小可分为大、中、小3种类型。大型兔体重4.0~5.0千克，中型兔3.0~4.0千克，小型兔2.0~2.5千克。日本大耳兔被毛紧密，毛色纯白，针毛含量较多；头大，额宽面平，眼睛红色；耳大而薄，向后直立，形似柳叶，耳根细，耳端尖，耳血管清晰，是比较理想的实验用兔；颈粗短，母兔颌下有肉髯。

日本大耳兔具有体型大、成熟早、生长发育较快的特点。初生仔兔体重55~60克，2月龄体重可达1.4~1.6千克，3月龄体重可达2.2~2.5千克，一般80~90日龄可出栏，屠宰率为45%~47%。同时，该兔被毛浓密柔软，板质良好，皮张品质优良。日本大耳兔繁殖力强，年产4~5胎，每胎产8~10只，多时可达12只；母性好，泌乳量大、哺育力强，常用作"保姆兔"；仔兔成活率高，初生仔兔平均重60克。

日本大耳兔的主要优点是早熟，生长快，耐粗饲；母性好，繁殖力强，常用作"保姆兔"；肉质好，皮张品质优良；耐寒性强等。由于此兔耳血管清晰明显，所以又是理想的实验动物；用于杂交生产肉用兔，效果较好，但需要较好的饲养条件。主要特点是骨架较大，躯体较长，棱角突出，但肌肉不够丰满，净肉率较低。

（三）花巨兔

花巨兔又称德国花巨兔，原产于德国，为著名的大型皮肉兼用品种。由比利时兔和佛兰德兔等品种杂交育成。

德国花巨兔体型高大，体躯较长，前躯较窄，后躯较宽，略呈弓形；骨筋粗重，体格健壮，腹部离地面较高。花巨兔全身毛白底黑花，鼻、嘴环、眼圈及耳朵为黑色，从颈部至尾根有一锯齿状黑色长条带，体两侧有许多大小不等而对称蝶状斑块，其余被毛为白色，甚为美观，故有"熊猫兔"之美誉，但是毛色遗传不稳定。

花巨兔早期生长速度快，仔兔出生重约70克，3个月可达2.5~2.8千克。

成兔重一般为4.5~5.5千克，甚至达6千克以上，公兔比母兔略小。花巨兔繁殖力较强，每胎产仔11~12只，最多可达16~18只，仔兔初生重70~80克；但母性不强，泌乳力不好，仔兔的育成率低。

该兔种的主要优点是体型较大，早期生长发育较快，繁殖力较强，毛色美观。主要缺点是遗传性能不够稳定，饲养管理条件要求较高；母兔泌乳性能较差，育仔能力弱，仔兔成活率较低。

（四）青紫蓝兔

青紫蓝兔又名琴其拉兔、山羊青兔，原产于法国，是一位法国育种家用蓝色贝韦伦兔、噶伦兔和喜马拉雅兔杂交而成，产于1913年，后为了改进毛的颜色和花纹，又引进了几个其他的品种。现在的青紫蓝兔是世界上著名的皮肉兼用兔种。

青紫蓝兔被毛整体为灰蓝色，每根毛纤维自基部向上分别为石盘蓝色、乳白色、珠灰色、雪白色和黑色五段颜色，中间夹杂有全黑或全白的纤毛；眼睛为茶褐色或者蓝色。眼圈、尾端和尾底为白色，耳尖、尾背成黑色，后额三角区和腹部为灰色。

青紫蓝兔有三个不同的类型，分别是标准型、美国型和巨型。标准型的青紫蓝兔体型较小，形态结实而紧凑，母兔重2.7~3.6千克，公兔重2.5~3.4千克。美国型青紫蓝兔是由从英国引进的标准型中选育出来的大型兔，其体长中等，腰臀丰满，成年兔重4.0~5.5千克。巨型青紫蓝兔是用弗朗德巨兔杂交而来的，偏重于肉用；体大耳长，有的一只耳朵竖起，一只耳朵下垂，有肉髯；成年公兔体重5.4~6.8千克，母兔体重可达5.9~7.3千克。该兔繁殖能力和泌乳性能都较好，平均每窝产仔6~8只，年产4~5窝。

（五）丹麦白兔

丹麦白兔又叫兰特力斯兔，原产于丹麦，是丹麦的著名兔种，属于中型皮肉兼用品种，是我国近年引进的品种之一。

丹麦白兔被毛纯白，柔软紧密；头较大，眼睛红色，耳朵中等长度，高竖前倾，嘴巴钝圆，额宽而隆起，颈部短粗，体型较其他品种稍短而粗，四肢较细；该种兔体型匀称，肌肉丰满，母兔颌下有肉髯。被毛浓密，皮板质地优良，性情温顺。丹麦白兔早期生长发育快，仔兔出生体重为45~50克，40日龄断奶时即可达到1千克重，3月龄体重可达2.0~2.9千克，成年公兔重3.5~4.4千克，母兔重4.0~4.5千克。丹麦白兔繁殖力强，单窝可产仔7~8只，最高可达14只。抗病能力强，耐粗饲料，有较好的适应能力。

六、观赏用兔

（一）荷兰垂耳兔

1949~1950年，荷兰人将法国垂耳兔与荷兰侏儒兔配种，产下个体之后再和英国垂耳兔交配，经过多次改良，于1964年公开体重2千克的个体，就是荷兰垂耳兔。

荷兰垂耳兔的成兔的体重约为1.8千克。体形特色为身体短、肩膀宽、胸膛厚实、身躯小但骨架大。自侧面看脸形扁平，整齐的耳朵会自脸部向两侧下垂。毛色有纯色、刺鼠色、杂色、铜铁色、色宽条纹等。天生性情温驯，个性文静温和，对饲主顺从且和蔼可亲。

荷兰垂耳兔性成熟晚，繁殖率很低，一胎只生3~5只。荷兰垂耳兔的胆子很小，害怕惊吓，而且除了运动和采食以外，喜欢休息和睡眠。脚部容易出现皮肤问题，饲养过程中应该特别注意，要保持饲养环境的干燥。

（二）狮子兔

狮子兔源自于比利时，属欧洲品种，它的配种是由安哥拉兔（英国、法国皆有）与侏儒兔共同繁殖而成。

狮子兔聪明、可爱，虽然不过一尺长，但却有着如狮子般竖立的鬃毛，如狮子一样威武的气势造就了它兔中之王的尊位。狮子兔生性活泼爱动，活动力十足，且好奇心旺盛。既有狮子的威武外表，又有兔子的娇小可爱，狮子兔给喜欢狮子的人创造了一个零距离感触。狮子兔属长毛种的兔子，它的外形，尤其是脸颊、脖子周围到胸部的毛特别长（呈"V"字形），就像狮子竖立的鬃毛般，从正面看，它就是一头卡通化的狮子。目前确定的毛色有七八种。狮子兔可以笼养，只要闲时放它出来跑跑跳跳、伸展筋骨，让它活动一下，它会表现得更好。因为体型不大，狮子兔不需用太大的兔笼饲养。饲养时，可以在笼底放置软垫、软布或铺木糠，以防止硌破腿脚，当然别忘了要经常更换软垫或木糠。狮子兔有个习惯，就是会在笼的四角任择其一，选做厕所位，而对角就是睡眠的床位，只要在床位放置软布，它就会安枕无忧。

（三）道奇兔

道奇兔又名荷兰兔、围巾兔等，原产于荷兰。道奇兔是宠物兔中比较古老的品种之一，在15世纪就有了相关的记载。

道奇兔身形小巧，被毛柔软光滑，短毛，毛色分布十分独特，脸部有呈倒"V"字的白色毛，一直延伸到身体的前半部，而身体的前半及后半部的颜色分界也很清楚，脚部则是白色的，其他部分为黑色、蓝色、巧克力色、灰色、黄色等，目前大概配出了十几种色彩；道奇兔属于中小型兔，成兔体长40厘米左右，体重约2千克。

道奇兔动力十足，好奇心旺盛，容易亲近，性情稳定，再加上它气质特殊的毛色组合，已经成了理想的宠物兔品种。

第五章　家兔繁殖技术

根据家兔生殖生理特点，通过选择优良兔品种、加强饲养管理、掌握适宜的配种时间和配种方法，可显著提高种兔的繁殖力。家兔的繁殖技术主要包括发情观察、配种技术、妊娠诊断、分娩观察及护理、哺乳及断奶等环节。搞好家兔的繁殖工作，是提高兔群数量和质量的重要环节。

第一节　家兔的生殖器官

家兔生长到一定年龄，其生殖器官开始发育成熟，性成熟主要表现为公兔睾丸能够产生成熟的精子、母兔卵巢能产生成熟的卵子，有发情等性行为活动，接受交配并能受孕。家兔达到性成熟的月龄因品种、性别、个体、营养水平、遗传因素等不同而有差异。

一、公兔的生殖器官

公兔的生殖系统主要包括睾丸、附睾、输精管、副性腺、阴囊和阴茎6部分。

（一）睾丸

家兔的睾丸初生时在腹腔内，随着月龄的增长，在6月龄左右时从腹腔滑落到阴囊内。睾丸呈微扁的椭圆形，表面光滑，分内、外侧两面，前、后两缘和上、下两端。其前缘游离、后缘有血管、神经和淋巴管出入，并与附睾和输精管的睾丸部相接触。上端和后缘为附睾头贴附，下端游离。外侧面较隆凸，内侧面较平坦。睾丸随性成熟而迅速生长，至老年随着性功能的衰退而萎缩变小。睾丸表面有一层坚厚的纤维膜，称为白膜，沿睾丸后缘白膜增厚，凸入睾丸内形成睾丸纵隔。从纵隔发出许多结缔组织小隔，将睾丸实质分成许多睾丸小叶。睾丸小叶内含有盘曲的精曲小管，精曲小管的上皮能产生精子。小管之间的结缔组织内有分泌雄性激素的间质细胞。精曲小管结合成精直小管，进入睾丸纵隔交织成睾丸网。从睾丸网发出12～15条睾丸输出小管，出睾丸后缘的上部进入附睾。

睾丸的主要功能是产生精子和雄性激素。雄性激素具有促进生殖器官发育、副性腺分泌、保持雄性特征及产生性欲等功能。

（二）附睾

附睾紧贴睾丸的上端和后缘，可分为头、体、尾三部。头部由输出小管蜷曲而成，输出小管的末端连接一条附睾管。附睾管长 4 ~ 5 米，蜷曲构成体部和尾部。管的末端急转向上直接延续成为输精管。附睾管除储存精子外还能分泌附睾液，其中含有某些激素、酶和特异的营养物质，它们有助于精子的成熟。

（三）输精管

输精管是一对细长的管道，左右各一条。输精管一端与附睾管相连，另一端与精囊腺管汇合后形成射精管，开口于后尿道。输精管也储存一部分成熟的精子。在交感神经释放的去甲肾上腺素作用下，附睾尾部和输精管、射精管平滑肌发生协调、节律性强收缩，将附睾尾部和输精管内的液体和精子驱入后尿道，输精管液经过射精管直接注入后尿道，不需先进入精囊，在交感神经支配下，精囊平滑肌发生 6 ~ 10 次蠕动性收缩，将其分泌物排入后尿道，精囊液内几乎不含精子，它的排出有冲刷尿道精子的作用。交感神经的兴奋也会使前列腺平滑肌收缩。促使前列腺液排出，膀胱括约肌也发生收缩，精液被排入后尿道，通过一系列的反射动作及会阴部肌肉的协调收缩将精液排出前尿道，完成整个射精。

（四）阴囊

阴囊是一个皮囊，位于阴茎后面，有色素沉着，薄而柔软，中间有一隔将阴囊分为左右两室，每个室内有睾丸、附睾、输精管。阴囊上有很多皱折，能收缩和扩张，可以调节睾丸周围的温度（阴囊内温度比体温低 1.5 ~ 2.0℃），有利于睾丸产生精子。

（五）副性腺

副性腺包括精囊与精囊腺、前列腺、旁前列腺和尿道球腺。精囊中的分泌物较多，黏稠不透明，类似胶状物；前列腺的分泌物呈乳白色，具有稀释精子、刺激精子活动和中和尿道酸性物质的作用；尿道球腺分泌物也较黏稠，具有润滑尿道的作用。公兔射精时这些副性腺分泌物和精子一起排出体外，构成精液。

（六）阴茎

阴茎是公兔的交配器官。兔的阴茎在静息状态时约长 25 毫米，勃起时全长达 40 ~ 50 毫米，呈圆柱状，固着于耻骨连合的后缘，无 S 状弯曲，前端游离部稍有弯曲。兔的阴茎在静息状态时向后方伸到肛门附近，只有当公兔性冲动而使阴茎勃起时，才转向前方。兔阴茎的最大特点是阴茎前端没有膨大的龟头。

二、母兔的生殖器官

母兔的生殖器官主要包括卵巢、子宫、输卵管和阴道。

(一) 卵巢

母兔的一个重要生殖器官就是卵巢，卵巢位于子宫底的后外侧，肾脏的后方，与盆腔侧壁相接。幼兔的卵巢表面平滑，随着年龄的增长，卵巢的体积慢慢增大。大约增殖到0.4克，长1.5厘米、宽1.45厘米时表面可见小圆形的突出，形状像桑葚，这是成熟的卵泡。当母兔发情受孕后，在卵巢的表面会见到暗色小丘，这就是我们所说的黄体。卵巢是位于子宫两侧的一对卵圆形的生殖器官。它的外表有一层上皮组织，其下方有薄层的结缔组织。卵巢的内部结构可分为皮质和髓质。皮质位于卵巢的周围部分，主要由卵泡和结缔组织构成；髓质位于中央，由疏松结缔组织构成，其中有许多血管、淋巴管和神经。

卵巢的主要功能是产生卵子和分泌雌性激素（包括雌二醇和孕酮）。雌二醇具有促进母兔生殖器官发育，维持性特征以及促使母兔产生性欲等功能；孕酮具有抑制卵泡的发育，促进黄体的生成等功能。

(二) 子宫

子宫的位置在直肠的下面，属于双子宫类型，即两个子宫各有一个子宫颈开口于阴道，子宫正常稍向前弯曲，前壁俯卧于膀胱上，与阴道几乎成直角，位置可随膀胱直肠充盈程度的不同而改变。兔交配受精后，其受精卵不能左右游动，只能在一侧着床生长发育。子宫是胎儿发育的地方，分娩时子宫的节律性收缩作用又促使胎儿顺利地产出。

(三) 输卵管

输卵管为一对细长而弯曲的细管，位于子宫阔韧带的上缘，内侧与宫角相连通，外端游离，与卵巢接近。输卵管连接卵巢的部位呈漏斗状，称为输卵管伞，输卵管伞包裹在卵巢表面，承接卵子，便于卵子掉入伞内进入输卵管，同时避免卵子掉入腹腔。输卵管靠近子宫的1/2段管径较细处称为输卵管峡部，靠近卵巢的1/2段管径较粗处称为输卵管壶腹部，输卵管的峡部与壶腹部的连接处是精子和卵子发生受精作用的主要部位。

输卵管具有强烈的收缩作用，可以保证卵子向着子宫方向运行。

(四) 阴道

阴道是母兔的交配器官，同时阴道也是胎儿脱离母体的产道，长7.5~8.0厘米。另外，在自然姿势下，阴道后半部在骨盆腔处向下有40°的倾斜，在进行人工授精时，应注意家兔的这个特点。

第二节　家兔的选种与配种

一、家兔的选种技术

家兔的选种就是在家兔的生长繁殖过程中，选择生长发育好、生产性能高、遗传性能稳定的优良公、母兔留作种用，淘汰不符合育种要求的种公母兔，按照人们的生产需要保留家兔的整体优良性状。家兔的选种方法很多，但在实际生产中依据外形和生产性能的表现选择很重要，由于外形和生产性能人们能看得见、摸得着，选择效果易观察，操作方便。因而这种方法易在养殖户和中小型养殖企业推广使用。育种值选择虽然能综合多种遗传信息，但由于育种值不能直接度量，只能根据表型值间接估计，而且需要复杂的计算，在一般养殖场或育种场很难推广使用，需要专业技术人员指导。标记辅助选择是借助分子标记选择数量性状基因型的一种新型的选种方法，这种方法对经济性状的选择应该是特别有效，但由于目前对家兔数量性状的基因定位所知甚少，这种方法用于家兔的选种还只是处于研究阶段。关于育种值选择和标记辅助选择，可参考有关动物遗传学和家畜育种学专著，本书主要谈一下根据外形和生产性能的表型选择。对家兔进行表型选择时，选择的对象如果是性状，那么选择又分为单性状选择和多性状选择；选择的对象如果是家兔个体或群体，选择又分为个体选择、家系选择、家系内选择、系谱选择、同胞选择和后裔选择等。在实际生产中，常常是把对性状的选择融入到对个体的选择中，重点确定 1～3 个性状作为选种目标，通过对个体或群体的选留来达到选种的目的。

（一）个体选择

所谓个体选择，就是根据家兔的外形和生产成绩而选留种兔的一种方法。这种选择对质量性状的选择最为有效，对数量性状的选择其可靠性受遗传力大小的影响较大，遗传力越高的性状，选择效果越准确。选择时不必考虑窝别，在大群中按性状的优势或高低排队，确定选留个体，这种方法主要用于单性状的性能测定，按某一性状的表型值与群体中同一性状的均值之间的比值大小（性状比）进行排队，比值大的个体就是选留对象。如果选择 2～3 个性状，则要将这些性状按照遗传力大小、经济重要性等确定一个综合指数，按照指数的大小对所选的种兔进行排队，指数越高的家兔其种用价值越高，高指数的个体就是选留对象。

（二）家系选择

家系选择就是以整个家系（包括全同胞家系和半同胞家系）作为一个选择单位，根据家系某种生产性能平均值的高低来进行选择。利用这种方法选种时，个体生产水平的高低，除对家系生产性能的平均值有贡献外，不起其他作用；这种方法选留的是一个整体，均值高的家系就是选留对象，那些存在于均值不高的家系中而生产性能较高的个体并不是选留的对象。家系选择多用于遗传力低，受环境影响较大的性状。对于遗传力较低的繁殖性状，如窝产仔数、产活仔数、初生窝重等采用这种方法选择效果较好。

1. 遗传力性状低的选择　如上面列举的窝产仔数、产活仔数、初生窝重低的性状最好采取家系选择的方法。因为遗传力低的一些性状，其表现出来的表型的质量，这些表现的性状所受到的环境影响相当地大，我们若是根据个体选择其结果往往不理想准确性较差，而我们采用家系选择的方法则会得到更好的结果。遗传力越是低的性状，我们采用家系选择的方法得到的效果就会愈好。这主要是因为这种选择方法主要是根据整个家兔的家系作为一个共同的选择单位，我们选择时采用的数据不能以某一个个体的数值进行选择，是依据家系某一性状的平均值选择留种。某一个个体性状优良除计算在家系性状均值外，不做其他留种数据的参考。

2. 家系数量　我们采取家系选择方法的时候，当我们遇到家系数量少的时候，容易近亲，如果近亲的程度严重的话，很容易造成整个兔群繁殖力的严重退化。这个时候我们如果要是贸然采取家系选择则得不到好的结果，必须考虑用个体选择方法。家系所生活的环境比较一致这样造成家系之间的差异比较小。相反，如果家系个体之间生活的环境相同而造成性状的差异较大的话，这就说明家系选择失败。家兔生产繁殖的过程中，我们往往要对整个兔群进行系谱鉴定，这种方法的实质也是家系选择的一种。系谱鉴定能够看出个体优良的性状是否稳定遗传后代，也可作为选种的依据。

（三）家系内选择

家系内选择就是指根据个体表型值与家系均值离差的大小进行选择，从每个家系选留表型值较高的个体留种，也就是每个家系都是选种时关注的对象，但关注的不是家系的全部，而是每个家系内表型值较高的个体，将每个家系挑选最好的个体留种就能获得较好的选择效果。这种选择方法最适合家系成员间表型相关很大而遗传力又低的性状。

（四）系谱选择

建立系谱是为了记录留作种兔的父母以及种兔各个祖先情况的一种系统性比较强的资料，系谱一般应包括留作种兔两三代以上的祖先，要详细记载下各个祖先的名称、编号、外貌、生产成绩评分以及是不是有遗传疾病、外貌不全等。常见的系谱一般有三种形式，即横式系谱、竖式系谱以及结构式系谱，这些常用的系谱格式一般养兔书上都会有介绍，大中型养殖场往往也都有系谱记录，这里不再赘述。根据遗传学规律，得出父母代对子代的影响最大，影响第二位的是祖代，排在第三位的是曾祖代。祖代离后代的时间越远对后代的影响越小，所以只比较种兔的 2 ～ 3 代就可以满足育种要求了，依据父母代的资料为准。

（五）同胞选择

所谓同胞选择，是指家兔群体内的半同胞或者家兔群体的全同胞生殖力测定，通过家兔群体之间对比半同胞、全同胞、半同胞—全同胞混合繁殖力的成绩，来选留种兔的选择方法，此种方法也叫同胞测验选择方法。得到同胞资料的时间较早，可以依据同胞资料达到早期选种的目的，同胞选择对于泌乳力、繁殖力等种公兔表现不出来的性状和屠宰率、胴体品质不能够用家兔活体测量出来的性状，会显得更有重要意义。那些遗传力低的限性性状，采取个体选择再结合同胞选择的方法，从而提高选留家兔品种的准确性。同胞测定常用来测验遗传力低的性状比如繁殖力、成活率、泌乳力，要求同胞数量基数要足够大。同胞测量基数越大越好，得到的种兔相关性能的评测结果也显得更准确，测量时选择 6 ～ 8 只或以上的全同胞数和 29 ～ 42 只或以上的半同胞数测量结果准确。选择断奶仔兔时，注重参考仔兔同窝同胞的均匀程度。

（六）后裔选择

所谓后裔选择，是指根据同胞、半同胞或混合家系的成绩选择上一代公母兔的一种选种方法，它是通过对比个体子女的平均表型值的大小从而确定该个体是否选留。这种方法也称为后裔鉴定，生产上采用的方法有母女比较法、公兔指数法、不同后代之间比较方法与同周期同日龄女儿比较方法。后裔选择根据的是后代的外貌表现，因而被大家公认为是最可信的选种方法，这种方法也有自身的缺点，比如耗时较长，人力、物力耗费也比较大，因条件所限，少数个体才有条件参加后裔鉴定；当经过相当长的测定取得后裔测定结果时候，这时候的种兔年龄已较大，导致测定出来优秀个体不能及早的投入到生产上的应用，延长了家兔之间的世代间隔。后裔选择应注意同一公兔选配的母兔尽最大限度的一致，饲养条件也最好尽可能的一致，母兔产幼子尽可能安排在同一个季节，以便消除季节性差异。测定条件要求与配母兔处于 4 ～ 6 胎，还要要求其外形、生产能力、繁殖能力和系谱结构等各方面良好。受测公兔达到与 7 ～ 9 只母兔交配过、要有至少 20 只后代可供测定。与其交配母兔应做到同期配种、分娩，仔兔也要同期断奶，母兔以及幼兔放在一样的环境条件下饲养，详细记载下配母兔的繁殖性能和受测群体的每个个体品质，方便全面考察受测种公兔。采取后裔品质鉴定来评定种公兔的价值时，可以结合该种公兔的后裔和整个兔群中同龄后裔对比法进行。首先要测量出该公兔后裔品质均值，再计算兔群中的同龄后裔均值，两者进行比较。种公兔后裔的平均值若是高于兔群同龄后裔的均值，结果表明该种公兔种用价值比较高；反之，种用价值不高，不适宜留作种用。

上述几种不同的家兔选种方法各有优缺点，主要体现在：个体选择简单易行，经济效益见效快速，相对来说此种方法对遗传力低的性状不是太可靠，而对胴体性状、一些限性性状无法测量；同胞选择法能够为所选个体胴体的性状、一些限性性状提供测量数据，费的时间也不是很长，缺点是准确性比较差；最好的测遗传力的方法是后裔测定方法，比较费时间、人力及物力；系谱选择准确度不好，却对家兔育种的早期选种有很大的帮助，而且有助于我们在育种的同时发现优秀或有害基因，对下一步进行有计划的选配具有重要意义。实际选种过程中不是单靠一种选种方法，大多是考虑几种选种方法的优势，采用不同的阶段使用不同选择法，即综合选择。

二、家兔的配种方法

家兔的配种方法包括自然配种、人工辅助配种和人工授精三种方法。

（一）自然交配

在人类还没有认识到选育品种的重要性时，饲养的公、母兔让其自由交配，这就是最原始的兔的配种方法——自然交配法。这种方法虽然节省了大量的劳动力，母兔发情后能够及时配上种受孕，但是不能进行品种的选育，有时候会因为近亲交配的原因导致兔子品种的退化。这种配种方法在生产实践中已经很少应用，况且把公母混养在一个笼子里，很容易引起公母兔的早衰，降低了种公兔的生产利用年限，易引发各种传染病和同性别的兔子之间的打架斗殴，直接影响到养殖户的经济效益。

还有一种就是人工控制条件下的自然交配。这种配种方法是平时将公母兔分开饲养，当母兔发情之后，根据配种计划，经特定的公兔放到发情母兔的笼子里面，让其自由交配，交配后抓公兔回笼。这种交配方法避免了自由交配的一些缺点，但是要注意发情鉴定，避免错过母兔的发情期而延误配种。

（二）人工辅助交配

人工辅助交配就是在公母兔分群或分笼饲养，在母兔发情时，将母兔放入公兔笼内，在人员看守和帮助下完成配种过程，交配完成后再将母兔捉回原兔笼。与兔的自然交配法相比，人工辅助交配法能有计划地进行选种选配，避免近亲繁殖；能合理安排公兔的配种次数，延长种兔的使用年限；能有效防止疾病传播。但要注意观察母兔发情，以便及时配种。一般的养兔场或养殖户多采用这种配种方法。

通常情况下，发情母兔的配种较为顺利，当公兔嗅到母兔气味后略加追逐，母兔就会主动迎合并伏下让公兔爬上后躯，公兔则用前肢搓弄母兔的腹侧，同时，公兔后躯曲伸做交配动作；当公兔臀部猛地向前一挺，并发出"咕咕"叫声时，说明公兔已射精，接着后肢蜷曲，臀部滑落，数秒钟后公兔爬起再三顿足，表示交配结束，此时应立即将母兔臀部用手轻拍一下，使母兔紧张地一缩，可防止精液倒流，随即应将母兔捉回原笼。如果母兔发情不接受交配，但又应该配种时，则可以采取强制辅助配种，即操作人员用一手抓住母兔耳朵和颈皮固定母兔，另一只手伸向母兔腹下，举起臀部，以示指和中指固定尾巴，露出阴门，让公兔爬跨交配。

一般情况下，一只体质健壮、性欲旺盛的公兔，每天可配种 1~2 次，连续配种 2 天后可休息 1 天，若遇母兔集中发情，则可适当增加配种次数，但切忌滥交，以免影响公兔健康和精液品质。正常情况下，发情母兔交配一次即可，临床研究表明，交配次数对排卵数并无影响，只要配种适时，一次或两次，两次以上的交配具有同样的效果。

应合理安排配种时间，家兔的性活动多在傍晚或清晨，因此，清晨或傍晚配种，母兔的受胎率较高。春、秋两季最好选在上午 8~11 时，夏季利用清晨和傍晚，冬季利用中午气温较高时进行。在喂料前 1 小时内不要配种。

（三）人工授精技术

人工授精是指不用公兔直接交配，而是运用采精器械将种公兔的精液采取出来后，再利用相关的输精器械将精液输入到母兔的子宫内，使母兔怀胎的技术。人工授精是目前养兔业中最经济、最科学的配种方法。采用人工授精，能充分利用优良公兔，迅速推广良种；可减少公兔饲养数量，降低饲养费用；能提高受胎率；能减少疾病传播。

1. 采精　采精是人工授精的重要组成部分，人工采精需要准备假阴道。兔的假阴道的制作可用直径 5 厘米左右、长度 8 厘米左右的硬塑料管一支，把两端锉光，内装与塑料管内径相仿的软海绵一块，将海绵沿直轴方向打一小孔，孔径为 0.5 厘米，孔口呈伞形；集精管可用大号的避孕套代替。

采精前先洗洁、消毒、安装好假阴道，再从活塞孔加入 45~50℃的温水，使采精时假阴道温度保持到 39~40℃。为使假阴道内有适当压力，加水后再吹入一定气体，使假阴道内胎鼓成三角形。为使假阴道润滑，可在内胎前 2/3 段涂上医用凡士林或中性液状石蜡。

采精可用发情母兔作台兔，也可使用假台兔，一般以发情母兔为好。采精时先将发情母兔放入公兔笼中，左手固定母兔头部，右手握假阴道置于母兔腹下两后股之间，待公兔爬跨母兔时，右手向上使母兔后躯抬起，当公兔阴茎伸出时，再根据阴茎方向和角度及时调整假阴道位置，以迎合交配射精。当公兔向前一挺，然后向一侧趔去，并有"咕"的一声尖叫，这是已射精的表现。此时应及时将假阴道立起，让精液流入集精管。一般公兔的射精量在 0.5~2.0 毫升，平均为 1 毫升。

2. 精液品质的检查　精液品质检查的目的在于鉴定精液品质的优劣，确定可配母兔的数量，反映公兔的种用价值。正常的公兔精液呈淡乳白色，具有特殊的腥味，也有少数兔子的精液不正常，混入尿液的色黄有臭味；生殖器官有炎症出血可造成精液带红色；清水样的精液代表里面没有精子存在。精液检查主要有以下两种方法。

（1）肉眼观察法。主要检查精液量和颜色。精液量一般应在 0.2～2 毫升，色泽应为乳白色或灰白色。如精液为黄色或有异味，则精液中可能混有尿液或公兔生殖道有炎症，不能使用。

（2）显微镜检查法。主要用显微镜检查精子的密度和活力。精子的密度是指单位容积内所含有的精子的数目。精子数的计算，直接关系到受精剂量中含有的活精子数，在实践中常采用目测法。家兔精子密度平均为每毫升 5 亿个，生产中根据精子占视野的面积评定，用"＋＋＋""＋＋""＋"表示，评定为"密""中""稀"三种等级。这种方法虽是主观评定，但是简便易行，实际工作中多采用此法。家兔的精子密度随季节变化而变化。一般来说，春秋季节精子密度高，冬夏季节则精子的密度较低。

精子的活力是指精液中直线前进运动精子所占的百分比，标记"0.9""0.8""0.7"……，分别代表90%、80%、70%……的精子具有前进动力。检查活力时，用玻璃棒蘸取一滴精液于载玻片上，盖上盖玻片，在30℃左右温度下镜检，估算呈直线前进运动的精子数占精子总数的百分率，用"＋""＋＋""＋＋＋"表示各等级。兔子精子活力应达到"＋＋"或0.6以上方可用于受精，若在0.5以下则母兔的受胎率显著下降。不同季节的精子活力差别也很大，9～10月平均活力一般为0.15，12月至翌年2月的平均活力为0.51；3～5月平均活力为0.61。

3. 精液稀释 精液稀释的目的是为了扩大精液容量，增加配种数量；另外，稀释液中的某些成分还具有营养和保护作用，起到缓冲精液酸碱度、防止杂菌污染、延长精子存活的作用。目前常用的精子稀释液有：生理盐水稀释液（0.9%的医用生理盐水）、葡萄糖稀释液（5%的医用葡萄糖溶液）、牛奶稀释液（用鲜牛奶加热至沸，维持15～20分钟，晾至室温，用4层纱布过滤）、蔗糖奶粉稀释液（取蔗糖5.5克、奶粉2.5克、磷酸二氢钠0.41克、磷酸氢二钠1.69克、青霉素和链霉素各10万单位，加双蒸馏水至100毫升使之充分溶解后再过滤）和葡萄糖-蔗糖稀释液（取葡萄糖7克、蔗糖11克、氯化钠0.9克、青霉素和链霉素各10万单位，加双蒸馏水至100毫升使之充分溶解后再过滤）等。

稀释倍数根据精子密度、精子活力和输入精子数而定，通常稀释3～5倍。稀释时应掌握"三等一缓"的原则，即等温（30～35℃）、等渗（0.986%）和等值（pH值6.4～7.8），缓慢将稀释液沿杯壁注入精液中，并轻轻摇匀。配制稀释液的用品、用具应严格消毒，精液稀释后应再进行一次活力测定，如果差距不大，可立即输精。否则，应查明原因，并重新采精、测定和稀释。为了提高受胎率，应尽量缩短从采精到输精的时间。

4. 精液保存与运输 精液稀释后，在 18～20℃ 的室温环境中，可保存 6 小时。也可将经过品质检查和稀释的新鲜精液，盛于消毒过的干燥试管中，覆盖一层经过消毒的液状石蜡，然后加塞盖紧封严，在常温的基础上逐渐降低温度至 2～5℃ 时进行暂时保存，降温全过程为 2～3 小时，一般可以保存 24 小时以上。经过保存的精液，使用时必须逐步升高温度，在 38～40℃ 温度下检查，合格的方可用于输精。

近程运送时可将精液在双层集精杯中盖好放入保温瓶里，周围用纱布包好，也可用灭菌小试管，将精液装好封严，放入保温瓶中运送。远程运送时将降温后的精液注入消毒过的试管内，上面覆盖一层消毒过的液状石蜡，管口用橡皮塞塞严，周围裹一层药棉并用纱布包好，试管外面贴上标明公兔号、采精时间、精液量和精液品质等的标签，装入保温瓶内，保温瓶内放置一些冰块或井水，即可运送。运送精液要尽量缩短时间，防止剧烈振动，同时，避免温度、光线、化学药品等造成的不良影响。

5. 输精 输精就是将精液注入母兔的生殖道内，是人工授精的最后一环。一般一只种公兔的精子稀释后可输入 10 只母兔。整个人工授精过程要求动作准确，无菌操作。

输精器可用玻璃输精器，前端长 10 厘米左右的空心小玻管与 2 毫升注射器相连，也可用实验用滴管代替，每输精一次应更换一支无菌输精器。

输精前应先对鉴定已发情母兔进行诱发排卵处理，常用的方法有：取促排卵素 2 号 5～10 微克，溶在 0.2 毫升灭菌生理盐水中，耳静脉注射；取人绒毛膜促性腺激素 50 单位，溶在 0.2 毫升灭菌生理盐水中，耳静脉注射；或者与结扎输精管的公兔交配。

（1）常用的输精方法：

①倒提法，由两人操作。助手一手抓住母兔耳朵及颈部皮肤，一手抓住臀部皮肤，使之头向下尾向上。输精员一手提起尾巴，一手持输精器，沿阴道壁背侧方向插入 6～10 厘米，至遇到阻力后将精液推入 0.3～0.5 毫升（含精子 1 000 万个以上），再抬高后躯片刻，以防精液逆流。

②倒夹法，由一人操作。输精员采取一个适中的坐姿，使母兔头向下，轻轻夹在两腿之间，一手提起尾巴，一手持输精器输精。

③仰卧法。输精员一手抓住母兔耳朵及颈部皮肤，使其腹部向上放在一平台上，一手持输精器输精。

④俯卧法。由助手保定母兔呈伏卧姿势，输精员一手提起尾巴，一手持输精器输精。

（2）注意事项：为提高母兔的受胎率，在整个输精操作过程中应注意以下问题。

①输精器械要严格消毒，一只母兔用一支输精器，不能重复使用，待全部操作完毕后清洗、消毒备用。

②输精前用蘸有生理盐水的药棉将母兔的外阴擦净。如果外阴污浊，应先用酒精药棉擦洗，再用生理盐水药棉擦拭，最后用脱脂棉擦干。

③由于母兔尿道开口在阴道的中部腹侧5～6厘米处，输精器应先沿阴道的背侧插入并下行，越过尿道开口后再向正下方推入，插入深度至7厘米后，即可将精液注入。

④如果遇到母兔努责，应暂停输精，待其安静后再输，不可硬往阴道内插入输精器，以免损伤阴道壁。

⑤在推入精液之前，可将输精器前后抽动数次，以刺激母兔，促进生殖道蠕动。精液注入后，不要立即将输精器抽出，要用手轻轻捏住母兔外阴，缓慢将输精器抽出，并在母兔的臀部拍一下，防止精液逆流。

⑥输精器及精液必须加温至与兔子体温相接近，输精前可放在35℃的温水中保温。

第三节　家兔繁殖技术与模式

一、家兔常规繁殖技术

（一）发情鉴定

母兔性成熟后，由于卵巢内成熟的卵泡产生的雌激素作用于大脑的性活动中枢，引起母兔生殖道一系列生理变化，出现周期性的性活动（兴奋）表现，称为发情。家兔属于刺激性排卵的动物，即使在非发情期配种也能获得一定的受胎率，这时的产仔率不高。要想获得较高的受胎率必须准确地对家兔的发情进行鉴定，这样能提高家兔的受胎率，在生产中必须坚持这种原则。母兔的发情表现为兔子具有刺激性排卵的特点，其发情周期不像其他家畜有准确的周期性，变化范围较大，一般为7～15天，发情期一般为3～5天。最适宜的配种时间为阴部大红时，正如谚语所说："粉红早、紫红迟、大红正当时"。

母兔发情主要表现为：兴奋不安，在笼内来回跑动，不时用后脚拍打笼底板，发出声响。有的母兔食欲下降，常在料槽或其他用具上摩擦下颌，俗称"闹圈"。性欲旺盛的母兔主动向公兔调情爬跨，甚至爬跨其他母兔。发情母兔外阴部还会出现红肿现象，颜色由粉红到大红再变成紫红色。但也有部分母兔（外来品种居多）的外阴部并无红肿现象，仅出现水肿、腺体分泌物等含水湿润现象。

当公兔爬跨时，发情母兔先逃避几步，之后俯卧在地、抬尾迎合公兔的交配。

（二）配种时间

兔子4个月就进入成年期了，但不要急于配种，这样做容易造成兔子早产和难产，应该在6个月后再配，兔子一年四季都会发情，均可以交配繁殖，但最好避免高温和低温季节，以保证幼崽的成活率。母兔的发情周期为15天，发情持续3~4天。只要在发情期内配种两种，前次和后次相隔1天，都能保证怀孕。为使母兔白天产仔，配种的时间最好在上午8~11时，这时配种，母兔产仔大多在下午5时之前。

（三）妊娠诊断

母兔配种后，判断其是否妊娠的技术就是妊娠诊断。妊娠诊断的方法有复配检查法、称重检查法和摸胎检查法3种。

1. 复配检查法　在母兔配种后7天左右，将母兔送入公兔笼中复配，如母兔拒绝交配，表示可能已怀孕，相反，若接受交配，则可认为未孕，但此法准确性不高。

2. 称重检查法　母兔配种前先行称重，隔10天左右复称1次，如果体重比配种前明显增加，表明已经受孕，如果体重相差不大，则视为未孕。

3. 摸胎检查法　在母兔配种后10天左右，用手触摸母兔腹部，判断是否受孕，称为摸胎检查法，在生产实际中多用此法诊断。具体做法为：将母兔捉放于桌面或平地，一只手抓住母兔的耳朵和颈皮，使兔头朝向摸胎者，另一只手拇指与其余四指呈"八"字形，掌心向上，伸向腹部，由前向后轻轻沿腹壁摸索。若感腹部松软如棉花状，则未受孕。若摸到有花生米样大小的球形物滑来滑去，并有弹性感，则是胎儿。但要注意胚胎与粪球的区别，粪球质硬、无弹性、粗糙。摸胎检查法操作简便，准确性较高，但要注意动作轻，检查时不要将母兔提离地面悬空，更不要用手指去捏数胚胎数，以免造成流产。

二、配种制度

在生产实践中，常用家兔配种制度是：单次配种、重复配种、双重配种、多次配种和频密繁殖技术。经过临床实践证明，只要配种时机掌握到位，一般的单次配种就能很好地满足实际的需要。有文献报道，家兔的单次配种与重复配种对母兔的产仔数量没有较大影响。

（一）单次配种

在母兔的一个发情期内，只需要用一只公兔与之交配1次就可以了，称之为单次配种。此方式要求配种人员具有丰富的配种经验。如果能很好地掌握母兔发情规律，抓住适宜的配种时间，完全可以获得较高的配种受胎率。如无丰富的配种经验，母兔的受胎率将大大地受到影响。单次配种的优点是使用1次公兔，可减轻公兔负担，提高优良公兔的利用率。单次配种的最大缺点是，配种适宜的时间如掌握不好，将影响母兔受胎率和产仔数，故在生产实践中往往与其他方式结合使用。

（二）重复配种

在母兔一个发情期内，只用一只公兔先后配种 2 次，第一次配种后间隔 8 ~ 12 小时，再用同一只公兔进行第二次配种，这种方式称为重复配种。重复配种比单次配种的受胎率与产仔数都高，这是因为在母兔整个排卵期内，输卵管内经常保持有活力的精子，使卵巢先后排出的卵子都能得到受精的机会。在养兔生产中，大多数兔场对经产母兔都采用这种方式。

（三）双重配种

在母兔一个发情期内，用同一品种或不同品种的两只公兔，先后隔 5 ~ 15 分钟各配 1 次，称为双重配种。这种配种方式的最大优点是可以提高母兔受胎率、产仔数以及仔兔的整齐度和健壮程度。这种方式一般只适用于生产商品兔的兔场，对育种场不适用。

（四）多次配种

在母兔的一个发情期内，用同一头公兔（或不同公兔）交配三次或三次以上，称为多次配种。在生产中，3 次配种适合于初产母兔或某些刚引入的国外兔品种。3 次以上配种并不能提高产仔数。原因是：配种次数过多，造成公、母兔过于劳累，从而降低性欲与精液品质。试验证明：在母兔的一个发情期内配种 1 ~ 3 次，产仔数随配种次数的增加而增加；交配 4 次以后产仔数就明显下降，交配 5 次以上产仔数急剧下降。因此，在母兔同一发情期内，以配 2 ~ 3 次最合适。

（五）频密繁殖法

另一种说法叫血配或者叫快速繁殖。具体的方法是在母兔产仔后的第二天就开始二次交配。当仔兔在第 28 天断奶时，母兔休息两天之后顺利的配种就能大大缩短了繁殖周期，提高了繁殖效率。由于采用了频密繁殖法，哺乳期与妊娠期同时进行，所以饲料营养一定要高一些，选择的种母兔的体质一定要健壮，还要采取相应的保暖和降温措施，以提高优越的饲养管理条件。采取产后一天配种，一年能繁殖 8 ~ 9 胎。若是母兔产后 15 天配种，则一年能繁殖 4 ~ 6 胎的仔兔。采取频密繁殖技术会降低母兔的使用年限，但节省了相关费用。

三、家兔的繁殖模式

（一）常规繁殖模式

1. 本品种繁殖 一个品种不与外来品种杂交，只在本品种内自群繁育，通过选种和选配或者采用品系繁育，改善培育条件等措施，以保持和提高品种的生产性能，这种方法就称为本品种繁育。

2. 品种资源的保存　一个品种或一个品系就是一个基因库。所谓基因库，就是指一个特定繁殖群体的基因的总和。在一个品种里存在着各式各样的基因，有的对质量性状起作用，有的对数量性状起作用，比较多的是对数量性状起作用。如果对一个品种不注意保存，基因频率就会改变，品种就会出现退化。

3. 品种资源保存的方法　确定保种标准、检测群体有效含量、确定留种方式、加强保种措施、划定良种基地，防止品种混杂，建立核心保种群。采用科家系好比例留种。提高群体有效含量，做好选配工作，防止近交。

4. 引进品种的选育　从外地或从国外引进到本地区的品种都称为引进品种。由于引进的品种毕竟不是在当地条件下培育成的，引入到新地区后，对新地区的自然地理条件不一定能立即适应，特别是新地区的自然地理条件同原产地的差异较大时，兔群往往出现不适应现象，繁殖力下降，生产水平降低。引进品种选育的主要措施有：

（1）集中饲养。引进品种一般数量都比较少，为了做好纯繁选育工作，不宜分散饲养。集中饲养有利于开展保种工作，也有利于扩群建系，进一步开展选育工作。

（2）慎重过渡。引进品种到一个新地区都有一个适应过程，要逐步过渡，使之适应新地区的自然条件和日粮组成，不要骤然改变引进品种的营养水平和饲养管理制度。

（3）逐步推广。对引进品种首先要做好引种观察，比如其生态特征、生活习性、繁殖性能。

（4）品系繁育。在一个品种内要保持几个或多个有特点的类群，这些类群一般称为品系。为了合理地培育和使用引进品种，应当开展品系繁育，以利于引进品种的保存和发展。

5. 品系繁育　品系是一个有独特的优点，彼此有一定亲缘关系，在遗传上有较强的相似点，在育种上有较高的种用价值的种兔群。一个品种往往由若干个不同的品系组成。

（1）系祖品系。系祖品系也称为单系。它是以一只优秀种兔为中心繁殖起来的一群种兔。当育种者发现一只理想的种兔时，为了扩大繁殖，就可以围绕这个优秀种兔用近亲繁殖方式大量配种繁殖后代，使之形成一个与该种兔具有相同或相似优点的优秀兔群，使原来只为个别种兔所具有的优良性能变成整个兔群共同的优点。

（2）近交系。近交系的特点是近交程度较高、群体较小，品系育成快，纯度高。缺点是生活力差，抗病力较弱，系群寿命不长，培育的成本费用较高。

（3）群体品系。群体品系又称为群体继代选育，简称群系。随着近代遗传学的理论与技术的发展，出现了以性状为单位，以群体为对象的品系繁育。培育一个兼备各方面优点的兔群比培育一个兼备各方面优点的个体容易得多。群体品系培育的特点是不以某一个体为中心，而是以群体为对象。

（4）配套品系。把需要选育的几个性状，分为几个组群，每个系群都有自己的单一性状的主攻方向，集中力量选育一个性状，可以在短期内收到较快的遗传改进效果。

（5）品系繁育的用途。提高性状选育的效率，加快品种改良速度；保持品种内的异质性，一个品种是由若干个品质相同、遗传结构相似的个体组成；提高杂种优势，品系之间在遗传结构上存在一定的异质性，因此品系间杂交的后代也表现出明显的杂种优势。由于品系群体小，培育速度快，容易选优和提纯。亲本越纯，杂种优势越明显。在大力开展杂种优势利用方面，以品系做杂交亲本，比用品种做杂交亲本更有利，杂种优势更明显。

（6）良种繁育体系。我国兔业生产近年来有了飞速的发展，正在向集约化、规模化方向转化。为了适应兔业生产现代化的需要，必须在省、市（县）各级建立不同任务、不同层次的种兔场，有计划地在全国范围内建立和健全繁育体系。为此需要建立育种场和繁殖场，育种场的基本任务是培育新品种或品系，改良现有品种；繁殖场的任务是大量繁殖种兔，以满足各商品场或专业户村种兔的需求。

（二）现代繁殖模式

家兔的现代繁殖技术运用比较成熟的就是杂交育种模式。从育种学的观点看，杂交是遗传性不同的组群、不同的品种或品系间的个体交配。杂种优势则是指不同组群、不同品种间的个体交配所生的后代，在一般情况下，生产性能都超过双亲的平均值，这种现象称为杂种优势。杂种优势在数量性状方面，表现为杂种的生产水平超过双亲平均生产水平，繁殖力提高，饲料利用能力增强，生长速度快。表现在质量性状方面，杂种生活力强，抗病力强，畸形、缺损和致死现象减少。

1. 杂交的作用　杂交的作用不仅限于产生杂种优势明显的商品兔，而且利用杂交还可以培育新品系和新品种。杂交可以掩盖不良隐性基因，使其不发挥或少发挥不良作用。杂交可以使一些遗传力低的性状和纯种繁育时不易提高的性状，通过杂交发挥杂种优势。

2. 杂种优势利用的主要措施　亲本兔群的选优和提纯。要成功地开展杂交工作，获得良好的杂交效益。对杂交亲本兔群的选优和提纯，是杂种优势利用的两个最基本的环节。只有亲本带有优质高产的遗传基因。显性效应和上位效应明显，杂种才有可能显示出杂种优势。

3. 杂交亲本的选择

（1）对母本的选择。宜选择本地区分布最广、数量最多、适应性强的品种做母本。选择繁殖力强、母性好、产仔多的品种或品系做母本。因为幼兔在胚胎期和哺乳期的生长发育，营养来源都必须依赖母体。母本品质的优劣直接影响杂种后代的成活与生长发育。

（2）对父本的选择。用作杂交父本的种兔，宜选用生长速度快、饲料利用率高、胴体品质好的品种或品系。或选择与所要求的杂种类型相同的品种作为父本。例如，为了获得粗毛率高的杂种仔兔，应当选择粗毛型的长毛兔作为杂交亲本。

4. 杂交效果的预估 不同杂交组合的杂交效果差异比较大，如果每个组合都要通过杂交试验，测定配合力的工作量必然很大，费时费钱。在做配合力测定之前，可以预先根据品种来源和品种的生产性能作初步的预估和分析。那些明显的希望不大的组合可以不必做杂交试验。分布地区较远、来源差别较大、类型特征不同的个体间杂交，获得较明显的杂种优势。长期自群繁育与外界隔离的，或长期闭锁繁育的兔群基因型较纯，同其他种群之间的基因频率差异较大，杂交后代可以表现出明显的杂种优势。性状遗传力较低、近交时衰退严重的性状，杂交时杂种优势比较明显。

5. 配合力测定 用分析法判断品种之间的杂种优势，有时不能做出正确的判断，甚至能出现错误的判断。这时最好用杂交试验测定配合力。配合力测定时要注意应当有杂交试验的设计。试验中应突出主要性状的测定。各组合应当在同一时期相同的营养水平条件下实施测定。应当设纯繁组做对照，对照组与杂种组的营养水平和饲养管理条件也应保持一致，尽量减少环境误差。在条件许可的情况下，各组合的样本含量尽可能大一些，以便增加测定的可靠性。

6. 杂交方法 杂交方法由于杂交的目的不同而有不同的方法，就其性质来看，杂交就是使各亲本兔群的遗传基因经过杂交重新组合，形成更有利的遗传基因型。

（1）长毛兔的杂交改良：主要包括二元杂交和级进杂交。

二元杂交：我国的长毛兔都是从国外引进的，为了区别不同的来源，一般都在品种前面冠以不同的国别，如从德国来的称德系，从法国来的称法系。此外，还有早期引入我国的由法系长毛兔、英系长毛兔杂交形成的中系长毛兔，也叫全耳毛兔。

级进杂交：由于逐代级进、改良，有的血缘比例增大，所以性能可达到较高的水平。这种杂交也称为改造杂交或吸收杂交。这种杂交方法通常用来改造低产品种。

（2）肉兔的杂交改良：指进行不同品种或不同品系间的杂交，广泛利用杂种优势，是提高肉兔生产力的有效措施。主要表现在：杂种肉兔体重的增长速度快；杂种肉兔的饲料报酬率高；屠宰率也非常高。

第四节　提高家兔繁殖效率的措施

一、影响家兔繁殖力的因素

1. 温度　环境温度对家兔的繁殖性能影响比较明显。外界气温超过30℃时，即可使家兔食欲下降，呼吸频率加快，性欲减退。持续高温时，可使睾丸产生精子的能力减弱，发育不全，畸形精子增加，甚至不产生精子。低温对家兔繁殖力也有一定的影响，当环境温度低于5℃时，公兔性欲减迟，母兔不能正常发情。

2. 营养　营养也是影响家兔繁殖力的重要因素。一般认为，营养不足会延迟青年母兔初情期的到来，对于成年母兔会造成发情抑制、发情不规律、排卵率降低、乳腺发育迟缓，甚至会增加早期胚胎死亡、死产和初生仔兔的死亡率。某些矿物质和微量元素的缺乏也会影响母兔的繁殖力，只采食粗饲料的牛容易缺磷。缺磷能引起卵巢功能不全，从而延迟初情期。对成年母牛可造成发情症状不全，发情周期不规律，最后导致发情完全停止。绵羊由缺磷所引起的繁殖功能紊乱与牛相同。根据已有的资料分析，显著缺钙并不会引起生殖器官的发育障碍或性周期的紊乱，但钙的进食量过高会影响磷的利用。铜过低可能抑制家畜发情和使繁殖力减退，增加胚胎早期死亡，这主要是由于铜对卵巢的功能有特殊影响的缘故；缺锰会引起兔卵巢功能紊乱，会造成发情和妊娠延迟、习惯性流产等。

另外，育种管理人员对种兔的使用不当以及种兔群的年龄结构不合理和管理体制与管理水平的不健全也是影响家兔繁殖力的因素。

二、提高家兔繁殖力的措施

（一）同期发情、定时配种

对母兔发情进行同期化处理，称为同期发情。在同期化处理时，多施用激素制剂，使母兔集中在短期内发情。发情越集中越好。若集中在1~2天发情，无需再经繁琐的发情鉴定，即大预定时间做人工授精或自然交配，故可称为定时配种。近年来，国内外研究进展很快，对家兔的规模化生产及育种工作有重大意义。第一，可充分利用良种公兔的精液给更多母兔授精，更有效地实施选种选配计划，加快改良和育种工作进程。第二，可免除繁琐的发情鉴定。第三，按计划控制兔的配种、产仔、育肥、屠宰和上市销售。适应商品市场的需要。提高管理者的工作效率，节约人力和财力。第四，可提高家兔繁殖力。通过同期化处理，部分乏情（不发情）的母兔被调节而发现受胎。同时对于连续配种未孕的母兔能及时予以淘汰，以提高家兔的繁殖率。第五，是胚胎移植工程组成技术环节之一。胚胎移植成功的条件之一是供体与受体的发情处于同期，以保证有共同的生殖生理基础。

（二）适度频密繁殖

根据家兔的生殖生理和繁殖特点，只要做到精心饲养和科学管理，适度进行频密繁殖，使母兔全年繁殖 6~8 窝，每窝产仔 6~8 只，产仔 36~40 只或以上还是能够实现的。

（三）严格选种选配

种兔群中，应及时淘汰单睾丸、隐睾丸、营养不良、年龄较大的种兔，补充生长发育良好、性功能旺盛、母性好、泌乳力强、产仔多、成活率高的后备种兔或青年种兔到繁殖种兔群中，调整种兔群的年龄结构，单笼饲养，严格选种选配，避免近亲繁殖和群交乱配，以提高种兔的繁殖率和仔兔的成活率。

（四）拟订合理的繁殖计划

在一个养兔单位、养兔场或一定的繁殖兔群中，根据当地的自然条件、生活习惯，按照加工部门的收购计划和商品兔的收购标准。拟订与执行科学的配种计划，进行科学饲养管理，将达到要求的商品兔及时出栏、销售，既保证市场供应，又能按计划进行兔群周转，这对促进规模化养兔业的发展将起到一定的作用。

（五）注意繁殖季节，适当冬繁冬养

掌握家兔的繁殖季节是提高仔兔成活率的重要环节。家兔虽在一年四季都可以繁殖，但根据我国各地的具体情况，北方各省春、秋两季是繁殖家兔的大好季节。因为这个季节气候温和而干燥，饲料也比较丰富，若能及时配种，便可繁殖四五窝之多。南方各省以秋季为最适宜，因为春季多阴雨，湿度大，适宜细菌繁殖，对家兔不利，尤其是仔兔病多，死亡率高。

第六章　家兔饲养与管理

第一节　家兔的营养需要及饲养标准

一、营养物质与家兔的营养需要

家兔生产性能的好坏主要取决于两大因素，即遗传与环境。品种优良是家兔高产的根本保证，但好的品种还得有适宜的外界环境来保证其优良性状的发挥，而营养物质就是最重要的条件之一。所谓营养物质，是指饲料中能被家兔用来维持生命、生长、繁殖和生产（产毛皮、产肉、产奶）等的物质。这些物质包括蛋白质、脂肪、碳水化合物、矿物质和维生素等。

家兔在特定的生理状况下，所需要的营养物质数量是一定的，多了，不仅浪费饲料，还会给家兔身体带来不利的影响；少了，会影响家兔生产性能的发挥，还会影响健康。在不同的生理状况下，需要多少营养才能满足需要，并能发挥其最大生产性能，提高家兔养殖的经济效益是在家兔养殖过程中应特别注意的问题。家兔营养需要按营养物质的种类分为：能量、蛋白质、脂肪、粗纤维、矿物质、维生素和水等。

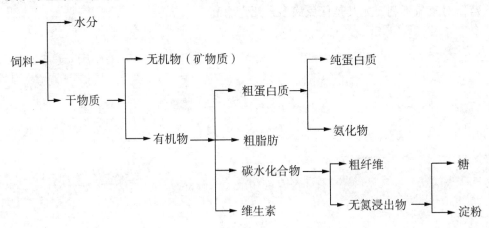

（一）水分

水分是家兔赖以生存的重要因素，家兔体内所含的水占其体重的70%。水是重要的溶剂，营养物质的消化、吸收、运送，代谢产物的排出，均需要水的参与；水是家兔体内化学反应的媒介，它不仅参加体内水解反应，还参加氧化－还原反应，有机物合成及细胞的呼吸过程；水的比热大，对家兔调节体温有重要作用；水作为关节、肌肉和体腔的润滑剂，对组织器官具有保护作用。

家兔体内损失5%的水，就会出现严重的干渴现象，食欲减退，消化作用减弱，抗病力下降。损失10%的水时，会引起严重的代谢紊乱，生理过程遭到破坏。由于缺水造成的代谢紊乱可使家兔生长力遭到破坏，仔兔生长速度发育缓慢，母兔泌乳量降低，当家兔体内损失20%的水分时，可引起死亡。

家兔有夜间采食的习性，60%～70%饲料和饮水于夜间进食，因此，在没有自动饮水装置的情况下，应在早晚及时供给。饮水需要量为摄入干物质的2～2.5倍。

（二）矿物质

矿物质是一类无机营养物质，是兔有机体的组成成分之一，约占体重的5%。家兔对许多矿物质的需要量和有毒量，这方面有了初步研究，但对高生产性能需要量方面的研究工作做得还较少，据英国《商品兔营养》综述中介绍，传统的兔日粮使用大量动物性蛋白质时几乎不需要补充矿物质。现在的日粮结构以谷类和植物蛋白质为主，必须补充微量元素和常量矿物质。

1. 钙和磷　钙和磷是骨骼和牙齿的主要成分，在日粮配合时往往要在动物性饲料中补充钙元素，生产中常用的含钙饲料主要有石粉、贝壳粉等。钙、磷主要在小肠中吸收，肠道内酸性环境有利于其吸收，而植物性饲料中的草酸易与钙、磷结合成不溶性化合物而不利于吸收。

钙、磷不足主要表现为骨骼病变，幼兔和成兔的典型症状是佝偻病和骨质疏松症，家兔缺钙还会导致痉挛，母兔产后瘫痪，泌乳期跛行等。缺磷主要表现为厌食，生长不良。一般家兔日粮中钙水平为1.0%～1.5%，磷的水平为0.5%～0.8%，两者比例为2:1即可保证家兔的正常需要。

2. 钠、氯、钾　钠和氯主要存在于细胞外液，钾存在于细胞内，三种元素协同作用保持体内正常渗透压和酸碱平衡。钠和氯参与水的代谢，氯在胃内呈游离状态和氢离子结合成盐酸，可激活胃蛋白酶，保护胃环境呈酸性，具有杀菌作用。氯化钠还具有调味和刺激唾液分泌作用。

家兔对钾需要量较高，缺钾时肌肉发育不良，日粮中适宜的钾含量为0.6%～1%，日粮食盐水平以0.5%左右为宜。植物性饲料中含钾多而钠和氯含量少，很少发生缺钾现象。当缺乏钠和氯时，幼兔生长受阻，食欲减退，出现异食癖等；家兔对钠和钾有多吃多排的特点，当限制饮水和肾功能异常时，氯化钠过量会引起家兔中毒。

3. 硫　硫在体内主要以有机物形式存在，兔毛中含量最多。硫在兔体内以多种形式存在，如蛋白质代谢中含硫氨基酸的成分，在脂类代谢中起重要作用的生物素的成分，也是碳水化合物代谢中起重要作用的硫胺素的成分，又是能量代谢中起重要作用的辅酶A的成分。

硫对兔毛的生长有着重要作用，对于毛用兔，日粮中含硫氨基酸低于0.4%时，毛的生长受到限制，当提高到0.6%~0.7%时，可提高毛产量。兔毛含硫5%，多以胱氨酸形式存在。兔能利用硫酸盐中的硫，植物性饲料也含有一定的硫，所以家兔一般不会缺硫。

4. 铁　铁是血红蛋白、肌红蛋白以及多种氧化酶的组成成分，与血液中氧的运输及细胞内生物氧化过程有着密切的关系。

缺铁时家兔典型症状是贫血，表现为体重减轻，黏膜苍白，怠倦无神。

5. 锌　锌作为兔体多种酶的成分而参与体内营养物质的代谢。严重缺锌时，可引起家兔繁殖力减退，毛皮粗劣，脱毛，发生皮炎。母兔日粮锌的水平为2~3毫克时，会出现严重的生殖异常现象；仔兔吃这样的日粮，持续2周会引起生长停滞；通常在每千克混合日粮中添加50毫克锌。

6. 铜　铜作为酶的成分在血红素和红细胞的形成过程中起到催化作用。家兔对铜的吸收为5%~10%，并且肠道微生物还将其转化成不溶性的硫化铜。过量的钼也会造成铜的缺乏症状，缺铜会与缺铁有相同的贫血症。

7. 硒　硒是谷胱甘肽过氧化物酶的成分，与维生素E一样，具有相似的抗氧化作用，能防止细胞线粒体的脂类氧化，保护细胞膜不受脂类代谢副产物的破坏，对生长也有刺激作用。

硒在兔体内的作用目前尚不清楚，其精确需要量也未确定。但已证实，缺硒可引起家兔营养性肝坏死，幼兔易产生白肌病。每千克混合日粮中添加量低于0.1毫克。

（三）蛋白质

蛋白质是一类含氮的有机物，成年家兔体约含18%的蛋白质，家兔的肌肉、皮肤、内脏、血液、神经、结缔组织等以蛋白质为基本成分，家兔体内的酶、激素、抗体等基本成分也是蛋白质。家兔的肉、奶、皮、毛均以蛋白质为主要成分，如兔肉中含22.3%的蛋白质，兔奶中含13%~14%的蛋白质。

蛋白质是由氨基酸组成的，组成家兔体蛋白的氨基酸有一些在体内能合成，且合成的数量和速度能满足家兔的营养需要，这些氨基酸称非必需氨基酸。有一些氨基酸在家兔体内不能合成，或者合成的量不能满足家兔的营养需要，必须由饲料供给，这些氨基酸称必需氨基酸。家兔在20多种氨基酸中必需的氨基酸有：精氨酸、组氨酸、异亮氨酸、蛋氨酸、苯丙氨酸、苏氨酸、色氨酸、缬氨酸、亮氨酸、赖氨酸、甘氨酸，其中赖氨酸、蛋氨酸、精氨酸是限制性氨基酸，对兔的营养作用非常重要，其含量高，其他氨基酸的利用率也高。如果氨基酸不平衡，即使蛋白质满足需要，也不能使家兔发挥较好的生产性能。因此，在饲养实践中应注意多种饲料搭配，使氨基酸起到互补作用。

肉蛋白质对家兔正常生长、繁殖和生产有着极其重要的作用。缺乏时，可使家兔体重下降，生长受阻，毛皮质量下降，母兔发情不正常，不易受胎，即使受胎胎儿发育也不良，初生仔兔生命力差，还会产生死胎、怪胎现象。对于公兔，蛋白质缺乏或品质差，可使精液品质变差，精子数量减少，精子活力差。但蛋白质过量，不仅造成饲料浪费，还会引起消化紊乱，甚至中毒。

蛋白质适宜需要量为：生长兔、哺乳母兔每千克风干日粮中含粗蛋白质16%～18%；生产、妊娠母兔每千克风干日粮含粗蛋白质14%～16%。

（四）脂肪

脂肪是能量的来源之一，其产热量相当于碳水化合物的2.25倍。脂肪是脂溶性维生素的溶剂，维生素A、维生素D、维生素E、维生素K只有溶解于脂肪中才能被家兔吸收利用。

家兔能很好地利用植物性脂肪，消化率为83.3%～90.7%，但对动物性脂肪利用率较差。日粮脂肪水平在未超过10%以前，采食量随着脂肪水平的提高而增加，超过10%时，采食量下降。还有人认为，日粮中添加不超过5%的植物油，可改善混合料的适口性，改善毛皮品质。但一般认为，家兔日粮脂肪含量为2%～5%。

（五）粗纤维

家兔尽管对粗纤维消化能力较差，但其对家兔的消化过程具有重要意义。粗纤维在保持消化物的稠度、形成硬粪以及消化运转过程中起着重要作用。

成年兔粗纤维供给量过少，可使肠蠕动减缓，食物通过消化道的时间过长，当消化时间为正常的两倍，造成结肠内压升高，近侧结肠膨大部扩大。低纤维日粮还可引起消化紊乱，采食量下降，产生消化道疾病如魏氏梭菌病，使死亡率升高。但日粮中粗纤维含量过高，使肠蠕动过速，日粮通过消化道速度加快，营养浓度下降，仅能维持较低生产性能。

日粮中适宜粗纤维水平为12%～14%，幼兔可适当低些，但不得低于8%；成兔可适当高些，但不得高于20%。

（六）能量

家兔的多种生理功能都需要能量，家兔所需能量来源于饲料中三大有机物即碳水化合物、脂肪和蛋白质在体内进行生物氧化，日粮中碳水化合物、脂肪和蛋白质在体内都可以通过代谢过程产生能量，其中碳水化合物饲料是能量的重要来源。在饲料中如玉米、大麦、麸皮等都是能量饲料。

家兔生理状况不同，其所需能量的供给量也不同。生长兔（幼兔、青年兔）每千克风干饲料中含消化能 11.3～12.1 兆焦可以满足需要；妊娠母兔需要 10.5 兆焦，哺乳母兔需要 11.3 兆焦；而生产兔（商品兔）需要 12.1 兆焦才能满足需要。

能量不足影响家兔的健康，为获得足够能量，会动用脂类和蛋白质，体脂分解多导致酮血症，体蛋白分解导致毒血症。能量水平过高导致体内脂肪沉积过多，种兔过肥影响繁殖性能。因此，要针对不同种类、不同生理状态合理控制能量水平，保证家兔健康生长。

（七）维生素

根据其溶解性，将维生素分为脂溶性维生素和水溶性维生素两大类。

1. 脂溶性维生素 包括维生素 A、维生素 D、维生素 E、维生素 K。

（1）维生素 A：又称抗干眼病维生素，仅存在于动物体内，植物性饲料中不含维生素 A，只含维生素 A 源——胡萝卜素，在体内可转化为具有活性的维生素 A。

维生素 A 对于促进家兔生长、维护骨骼正常生长具有重要的作用。家兔对维生素的需要量虽然很少，但若缺乏将会导致代谢障碍，出现相应的缺乏症。家兔缺乏维生素 A 时，引起干眼病、肺炎、肠炎、流产、胎儿畸形等；骨骼发育异常会压迫神经，造成运动失调，家兔出现神经性跛足、痉挛、麻痹和瘫痪。母兔性周期异常，公兔精液品质下降，幼兔生长缓慢，运动失调，产生视觉障碍。建议幼年兔维生素 A 最低水平是每千克体重 23 国际单位；种母兔为每千克体重 58 国际单位。

（2）维生素 D：主要功能是调节钙、磷的代谢，促进钙、磷的吸收与沉积，有助于骨骼的生长。对家兔来说，维生素 D 似乎不太重要，因为兔的血钙水平直接受日粮采食量的影响。但家兔多养在室内，不太可能通过照射紫外线而合成维生素 D_3。每千克日粮中可添加 900 国际单位。

（3）维生素 E：又称抗不育维生素，是维持家兔正常繁殖所必需的。家兔对维生素 E 缺乏非常敏感，当其不足时，会导致肌肉营养性障碍即骨骼和心肌变性，运动失调，瘫痪，还会造成脂肪肝及肝坏死。繁殖功能受损，母兔不孕、死胎和流产，初生仔兔死亡率增加，公兔精液品质下降。

（4）维生素 K：与凝血有关，具有促进和调节肝脏合成凝血酶原的作用，保证血液正常凝固。

日粮中维生素 K 缺乏时，妊娠母兔的胎盘出血，流产。日粮中 2 毫克/千克的维生素 K 可防止上述缺乏症。家兔肠道能合成生素 K，能满足生长兔的需要，种兔在繁殖时需要适量增加；饲料中添加的抗生素、磺胺类药，可抑制肠道微生物合成维生素 K，其需要量大大增加，所以需要在兔的日粮中添加量。

2. 水溶性维生素 水溶性维生素是一类能溶于水的维生素，包括 B 族维生素和维生素 C。家兔盲肠微生物可合成大多数 B 族维生素，软粪中含有的 B 族维生素比日粮中高很多。在兔体合成的 B 族维生素中，只有维生素 B_1，维生素 B_6、维生素 B_{12} 不能满足家兔的需要。

维生素 B_1 缺乏时，会出现神经炎，食欲减退，痉挛，运动失调，消化不良等。家兔日粮最低需要量为 1 毫克/千克。

维生素 B_6 缺乏时，家兔生长缓慢，发生皮炎，脱毛，神经系统受损，表现为运动失调，严重时痉挛。家兔盲肠中能合成，软粪中含量比硬粪中高 3~4 倍，在酵母、麸皮及植物性蛋白质饲料中含量较高，一般不会发生缺乏症。生产水平高时可在日粮中补充，每千克饲料中加入 40 微克维生素 B_6 可预防缺乏症。

维生素 B_{12} 是家兔的必需维生素，维生素 B_{12} 缺乏时，家兔生长缓慢，贫血，被毛粗乱，后肢运动失调，对母兔受胎和泌乳也有影响。一般植物性饲料中不含维生素 B_{12}，家兔肠道微生物能合成，其合成产量受饲料中钴含量的影响。成年家兔日粮中如果有充足的钴，不需要补充维生素 B_{12}，但对生长的幼兔需要补充，推荐量为 10 微克/千克饲料。

二、家兔的营养需要

家兔的营养需要是指家兔在维持生命活动及生产（生长、繁殖、育肥、产乳、产皮毛）的过程中对能量、蛋白质、脂肪、矿物质、维生素等营养物质的需要。维持生命活动所需要的营养称为维持需要，生产过程中所需要的营养称为生产需要。一般用每日每只需要这些物质的绝对量，或每千克日粮中这些营养物质的相对量来表示。

（一）家兔的维持需要

家兔的维持需要受家兔的品种、年龄、体重、性别、饲养水平、活动量及环境条件等因素的影响。幼兔维持量高于壮年兔和老年兔；公兔高于母兔。活动量越大，维持量越大；生产力越高，维持需要量越小。家兔处于最高、最低临界温度的中界温度区（15~25℃）并保持静止时维持量最低。

1. 能量需要 家兔的维持能量需要是以基础代谢的能量需要为基础的，然后加上自由活动的能量需要。基础代谢与家兔代谢体重成正比，即 $aW^{0.75}$，a 为每千克代谢体重（$W^{0.75}$）的需要量，W 为家兔的体重。公母兔的基础代谢能量需要分别是（0.2370 ± 0.0185）兆焦和（0.0187 ± 0.0059）兆焦。家兔的活动量大，维持需要约为基础代谢的 2 倍。成年家兔，消化能为 8.79~9.20 兆焦/千克。

2. 蛋白质需要 家兔不喂蛋白质时，从粪尿中仍排出稳定数量的氮，粪氮称代谢氮，尿氮称内源氮。维持蛋白质的需要为代谢氮和内源氮的总和。美国国家研究委员会（NRC）推荐家兔日粮中蛋白质含量为 12% 即可满足维持的需要。

其中，赖氨酸、蛋氨酸和精氨酸是氨基酸，对家兔的作用非常重要，肉兔日粮中赖氨酸 0.65%、蛋氨酸 0.6%、精氨酸 0.6%，可满足家兔的正常生理需要。

（二）家兔生产需要

1. 家兔生长的营养需要　生长是从断奶到性成熟的生理阶段，其生长呈现慢—快—慢的规律，家兔生长早期注意蛋白质、矿物质和维生素的供给，以满足骨骼、肌肉的生长需要；生长中期注意蛋白质的供给，生长后期注意碳水化合物供给，以供沉积脂肪的需要。

幼兔生长阶段能量代谢非常旺盛，日粮中每千克饲料中含 10.46 兆焦的消化能才可满足肉兔的快速生长需要；生长兔日粮中 16% 的蛋白质可满足家兔的正常需要；矿物质占生长兔体重的 3%～4%，钙、磷、维生素 D、维生素 A 等也不可缺少。

2. 家兔育肥期的营养需要　育肥期是家兔在屠宰前，进行催肥饲养、提高屠宰率和肉质品质的饲养阶段。育肥前期，家兔仍在长骨骼和肌肉，每单位增重需要能量较少，而对蛋白矿物质和维生素的需要较多，随着年龄的增长，对每单位增重需要能量增多，对蛋白矿物质和维生素的需要相对较少。

3. 家兔繁殖的营养需要

（1）种公兔的营养需要。种公兔能量应在维持需要的基础上增加 20%，蛋白质的需要与同体重的妊娠母兔相同。矿物质和维生素对种公兔也很重要，钙、磷与精液的品质有关，钙、磷比例应为（1.5～2）:1，还要注意锌和锰的补充。维生素 A、维生素 E、维生素 C 对种公兔的繁殖功能有密切关系。

（2）种母兔的营养需要。种母兔的繁殖过程分为配种准备期、妊娠期、泌乳期。

①配种准备期的营养需要。营养不良会导致母兔消瘦，发情不正常，受胎率低；营养过高不仅造成饲料浪费，而且引起肥胖，卵巢脂肪过多，受胎率低，一般保持在七八成膘为宜，营养水平按维持需要。

②妊娠期的营养需要。胎儿的生长发育前期慢，后期快，初生重的 70%～90% 是在妊娠后期生长的。母兔在妊娠前期的能量和蛋白质的需要比维持需要提高 30%，后期提高 1 倍。对矿物质钙、磷、锰、铁、铜、碘及维生素 A、维生素 D、维生素 E、维生素 K 的需要量均有所增加。

③泌乳期的营养需要。母兔泌乳期对营养物质的需要较高，能量和蛋白质的需要是维持量的 4 倍。哺乳母兔日粮中，粗蛋白质水平≥18%。

4. 家兔产毛的营养需要　产毛的能量需要包括合成兔毛时消耗的能量和兔毛本身所含能量。此时期应注意含硫氨基酸的供给，日粮中含硫氨基酸水平以 0.84% 为宜，还要注意与毛纤维生长有关的矿物质如铜和硫的供应。

三、家兔的饲养标准

随着规模化、集约化养兔生产的发展，许多兔场开始采用全价颗粒饲料喂兔，并且按不同家兔的生理状态分别配制颗粒饲料；养兔生产中专用添加剂、预混料、浓缩料、精料混合料也在大量应用。这些不同饲料类型的配方设计及应用均涉及两个主要问题：饲养标准或营养需要量，以及饲料营养成分表。

所谓的饲养标准，就是在养兔生产实践和科学研究的基础上，按兔的经济类型、生产方向、年龄、体重、生理阶段（生长、哺乳、妊娠、维持、产毛）等情况，制定出每天所需要的营养物质的质量和数量。饲养标准能客观地反映家兔不同生长期和不同生理阶段的营养需要，按照饲养标准和家兔饲料营养价值表配合饲（日）粮，不仅能经济有效地利用日粮，还能充分发挥家兔生产潜力。

关于家兔营养标准各国都进行了大量的研究工作，积累了不少的数据。自1977 年 NRC 公布家兔饲养标准以后，德国、法国、苏联等许多国家也相继公布了家兔饲养标准或家兔营养需要量。目前，我国已制定出毛兔的饲养标准。现列出 NRC、法国《家兔营养需要》、德国专家推荐《家兔日粮中各种营养物质含量建议》以及我国已制定出毛兔的饲养标准，供参考（表 6 - 1、表 6 - 2、表 6 - 3和表 6 - 4）。

表 6 - 1 美国 NRC 推荐家兔营养需要
（NRC，1977 年修订，每千克饲料中含）

营养物质	生长	维持	妊娠	泌乳
消化能（千焦）	10.47	8.79	10.47	10.47
粗纤维（%）	10 ~ 12	14	10 ~ 12	10 ~ 12
粗脂肪（%）	2	2	2	2
粗蛋白质（%）	16	12	15	17
钙（%）	0.4		0.45	0.75
磷（%）	0.22		0.37	0.5
镁（毫克）	300 ~ 400	300 ~ 400	300 ~ 400	300 ~ 400
钾（%）	0.6	0.6	0.6	0.6
钠（%）	0.2	0.2	0.2	0.2
氯（%）	0.3	0.3	0.3	0.3
铜（毫克）	3	0.3	0.3	0.3

续表

营养物质	生长	维持	妊娠	泌乳
碘（毫克）	0.2	0.2	0.2	0.2
锰（毫克）	8.5	2.5	2.5	2.5
维生素 A（国际单位）	580		1 160	
维生素 E（毫克）	40		40	40
维生素 K（毫克）			0.2	
烟酸（毫克）	180			
维生素 B_6（毫克）	39			
胆碱（克）	1.2			
赖氨酸（%）	0.65			
蛋氨酸＋胱氨酸（%）	0.6			
精氨酸（%）	0.6			
组氨酸（%）	0.3			
亮氨酸（%）	1.1			
异亮氨酸（%）	0.6			
苯丙氨酸＋酪氨酸（%）	1.1			
苏氨酸（%）	0.6			

表 6-2　德国 W. Schlolant 推荐混合料家兔营养标准

（每千克风干饲料中含）

营养成分	育肥兔	繁殖兔	产毛兔
消化能（兆焦）	12.14	10.89	9.63～10.89
粗蛋白质（%）	16～18	15～17	15～17
粗脂肪（%）	3～5	2～4	2
粗纤维（%）	9～12	10～14	14～16
赖氨酸（%）	1.0	1.0	0.5
蛋氨酸＋胱氨酸（%）	0.4～0.6	0.7	0.7
精氨酸（%）	0.6	0.6	0.6
钙（%）	1.0	1.0	1.0
磷（%）	0.5	0.5	0.3～0.5

续表

营养成分	育肥兔	繁殖兔	产毛兔
镁（毫克）	300	300	300
氯化钠（%）	0.5~0.7	0.5~0.7	0.5
钾（%）	1.0	0.7	0.7
铜（毫克）	20~200	50	50
铁（毫克）	100	50	50
锰（毫克）	30	30	10
锌（毫克）	50	50	50
维生素A（国际单位）	8 000	8 000	6 000
维生素D（国际单位）	1 000	800	500
维生素E（毫克）	40	40	20
维生素K（毫克）	1	2	1
胆碱（克）	1 500	1 500	1 500
烟酸（毫克）	50	50	50
吡哆醇（毫克）	400	300	300
生物素（毫克）	—	—	25

表6-3 法国F.Lebas推荐各类兔饲养标准

营养成分	生长兔 4~12周龄	泌乳兔	妊娠兔	成年兔 （包括公兔）	育肥兔
消化能	10.47	11.30	10.47	10.47	10.47
粗纤维（%）	14	12	14	15~16	14
粗脂肪（%）	3	5	3	3	3
粗蛋白（%）	18	18	15	13	17
蛋氨酸+胱氨酸	0.5	0.6			0.55
赖氨酸（%）	0.6	0.75			0.7
精氨酸（%）	0.9	0.8			0.9
苏氨酸（%）	0.55	0.7			0.6
色氨酸（%）	0.18	0.22			0.6
组氨酸（%）	0.35	0.43			0.4
异亮氨酸（%）	0.6	0.7			0.65

续表

营养成分	生长兔 4~12周龄	泌乳兔	妊娠兔	成年兔（包括公兔）	育肥兔
苯丙氨酸+酪氨酸（%）	1.2	1.4			1.25
缬氨酸（%）	0.7	0.85			1.2
亮氨酸（%）	1.5	1.25			1.2
钙（%）	0.5	1.1	0.8	0.6	1.1
磷（%）	0.3	0.8	0.5	0.4	0.8
钾（%）	0.8	0.9	0.9		0.9
钠（%）	0.4	0.4	0.4		0.4
氯（%）	0.4	0.4	0.4		0.4
镁（%）	0.03	0.04	0.04		0.04
硫（%）	0.04				0.04
钴（毫克／千克）	1	1			1
铜（毫克／千克）	5	5			5
锌（毫克／千克）	50	70	70		70
铁（毫克／千克）	50	50	50	50	50
锰（毫克／千克）	8.5	2.5	2.5	2.5	8.5
碘（毫克／千克）	0.2	0.2	0.2	0.2	0.2
维生素A（国际单位）	6 000	12 000	12 000		10 000
胡萝卜素（毫克／千克）	0.83	0.83	0.83		0.83
维生素D（国际单位）	90	90	90		90
维生素E（毫克／千克）	50	50	50	50	50
维生素K（毫克／千克）	0	2	2	0	2
维生素C（毫克／千克）					
维生素B$_1$（毫克／千克）	2				2
维生素B$_2$（毫克／千克）	6				4
维生素B$_6$（毫克／千克）	40				2
维生素B$_{12}$（毫克／千克）		0.01			
叶酸（毫克／千克）	1				
泛酸（毫克／千克）	20				

表6-4　安哥拉（长毛兔）饲养标准

项目	生长兔		孕娠母兔	哺乳期	产毛兔	种公兔
	断奶至3月龄	4~6月龄				
消化能（兆焦/千克）	10.50	10.30	10.3	11.00	10~11.3	10.00
粗蛋白质（%）	16~17	15~16	16	18	15~16	17
可消化粗蛋白质（%）	12~13	10~11	11.5	13.5	11	13
粗纤维（%）	14	16	14~15	12~13	13~17	16~17
粗脂肪（%）	3	3	3	3	3	3
蛋能比（克/兆焦）	11.95	10.76	11.47	12.48	10.99	12.91
蛋氨酸+胱氨酸（%）	0.7	0.7	0.8	0.8	0.7	0.7
赖氨酸（%）	0.8	0.8	0.8	0.1	0.7	0.8
精氨酸（%）	0.8	0.8	0.8	0.9	0.7	0.9
钙（%）	1.0	1.0	1.0	1.2	1.0	1.0
磷（%）	0.5	0.5	0.5	0.8	0.5	0.5
食盐（%）	0.3	0.3	0.3	0.3	0.3	0.2
铜（毫克/千克）	3~5	10	10	10	20	10
锌（毫克/千克）	50	50	70	70	70	70
铁（毫克/千克）	50~100	50	50	50	50	50
锰（毫克/千克）	30	30	50	50	50	50
钴（毫克/千克）	0.1	0.1	0.1	0.1	0.1	0.1
维生素A（国际单位）	8 000	8 000	8 000	10 000	6 000	12 000
维生素D（国际单位）	900	900	900	1 000	900	1 000
维生素E（毫克/千克）	50	50	60	60	50	60
胆碱（毫克/千克）	1 500	1 500			1 500	1 500
尼克酸（毫克/千克）	50	50			50	50
吡哆醇（毫克/千克）	400	400			300	300
生物素（毫克/千克）				25		20

第二节 家兔的饲料及日粮配合

一、家兔常用饲料

（一）家兔饲料分类

家兔的饲料按其主要营养成分大致分为六大类：蛋白质饲料、能量饲料、矿物质饲料、粗饲料、青绿多汁饲料、饲料添加剂。

1. 蛋白质饲料 干物质中粗纤维含量≤18%，粗蛋白质含量≥20%的一类饲料称之为蛋白质饲料。这类饲料粗蛋白质含量高，粗纤维含量低，可消化养分含量高，比重大，是配合饲料的精饲料部分。蛋白质饲料大致分为植物性蛋白质、动物性蛋白质、微生物性蛋白质。

（1）植物性蛋白质。主要包括豆科籽实，饼粕类及其他加工副产品，如豆饼、花生饼、菜籽饼；黄豆、黑豆、绿豆、豌豆等。

①营养特点。其特点是蛋白质含量丰富，氨基酸平衡，营养比较全面，含有大量的脂肪、维生素E和B族维生素，适口性好。豆类籽实的蛋白质含量20%～40%。

大豆饼粕：粗蛋白质含量为42%～47%，品质好，是饼粕类饲料中氨基酸含量最高的，可达2.5%～2.8%，是棉仁饼、菜籽饼及花生饼的1倍，赖氨酸与精氨酸比例适当，约为1:1，异亮氨酸、色氨酸、苏氨酸的含量均很高，但蛋氨酸不足。

棉籽饼粕：完全脱壳的棉仁制成的棉仁饼粕粗蛋白质可达40%～44%，不脱壳的棉仁制成的棉仁饼粕粗蛋白质为20%～30%，粗纤维含量为16%～20%。棉籽饼粕蛋白质品质不太理想，精氨酸为3.6%～3.8%，而赖氨酸仅为1.3%～1.5%，只有大豆饼粕的一半，且赖氨酸的利用率较差，蛋氨酸也不足，约为0.4%。

花生饼粕：花生饼粕的营养价值较高，其代谢能和粗蛋白质是饼粕中最高的，粗蛋白质含量可达44%～48%，赖氨酸含量是大豆饼粕的一半，蛋氨酸含量也较低，精氨酸含量高达5.2%。

菜籽饼粕：粗蛋白质含量在34%～38%，蛋氨酸、赖氨酸含量较高，精氨酸低。钙、磷的含量均高，磷的利用率较高，硒含量为每千克1.0毫克，锰含量也很丰富。

亚麻饼粕：粗蛋白含量为30%～36%，赖氨酸和蛋氨酸含量低，精氨酸含量为3.0%，粗纤维含量高，适口性差。

芝麻饼粕：粗蛋白质含量为 40% ~ 45%，蛋氨酸高达 0.8%，但赖氨酸不足，精氨酸含量过高，且不含不良成分。

葵花籽饼粕：粗蛋白质为 28% ~ 32%，粗纤维为 12% ~ 27%，赖氨酸不足，蛋氨酸高于花生饼、棉籽饼粕及大豆饼粕。

②生产应用及注意事项。大豆饼粕蛋氨酸不足，应与玉米等谷类配合使用，黄豆和生豆饼含抗胰蛋白酶、脲酶、血凝集素等有害物质，因此不能把生豆饼、生黄豆喂兔；花生饼粕中含有胰蛋白酶抑制因子，加工油时 120℃ 可使之破坏，花生饼粕极易被黄曲霉污染，所以花生饼粕储存应做到低温干燥、新鲜；棉籽饼粕含有毒成分棉酚，喂量为 5% ~ 7% 时，必须经过脱毒如微生物发酵、加热或蒸煮、加入硫酸亚铁粉末，铁元素与棉酚重量比例为 1:1，再用 5 倍于棉酚的0.5% 石灰水浸泡 2 ~ 4 小时；菜籽饼粕含有芥子酸、硫葡萄苷、单宁、植物酸等有毒成分，可水浸法去毒；亚麻饼粕含有亚麻苷配糖体及亚麻酶，过量会引起中毒。

（2）动物性蛋白质。用动物的尸体及其加工副产品加工而成，如鱼粉、肉骨粉、血粉等。

①营养特点。鱼粉：鱼粉是蛋白质饲料中品质最优、使用最好的饲料，蛋白质含量≥60%，若超过 70% 则有掺假之嫌，正常的鱼粉呈淡黄色或淡褐色，带有鱼腥味，不应有酸臭味。

肉粉及肉骨粉：是不食用的动物躯体及各种废弃物经过高温、高压灭菌、脱脂干燥而成的饲料。蛋白质含量 50% ~ 60%，含骨量大于 10% 的称为骨肉粉，粗蛋白质含量为 35% ~ 40%，赖氨酸含量较高，蛋氨酸及色氨酸含量低，含有较多的 B 族维生素，维生素 A、维生素 D 较少。钙、磷含量较高，磷为有效磷。

血粉：血粉是用鲜血、干净的动物血制成的一种高蛋白质饲料。一般为红褐色细粉状，其主要营养成分：粗蛋白质 79% ~ 85%，粗脂肪 0.4% ~ 2%，粗纤维 0.5% ~ 2%，钙 0.1% ~ 1.0%，磷 0.1% ~ 0.4%。其缺点是蛋白质中氨基酸含量不平衡，赖氨酸可高达 7% ~ 9%，但异亮氨酸、蛋氨酸、色氨酸、甘氨酸相比之下显得不足。

②生产应用及注意事项。鱼粉的主要问题是粗脂肪含量偏高，易酸败变质，易感染霉菌；伪造掺假，掺入尿素、糠麸、饼粕、锯末、皮革粉、食盐、沙砾等；含盐量过高，引起中毒。注意检查质量。血粉适口性差，消化率低，在日粮配比中不宜过高。骨粉发黑的不宜饲喂。

（3）微生物性蛋白质：多种微生物发酵物及其他菌体蛋白，主要包括酵母、真菌及藻类。

①营养特点。饲料酵母：是酵母菌发酵生产的菌体蛋白，啤酒酵母消化能14.81 兆焦/千克，代谢能 10.54 兆焦/千克，粗蛋白质 52.4%，粗脂肪 0.4%，

粗纤维 0.6%，无氮浸出物 33.6%。

②生产应用及注意事项。饲料酵母有苦味，适口性差，日粮中用量≤10%。

2. 能量饲料 指饲料干物质中粗纤维含量≤18%、粗蛋白质含量≤20% 的一类饲料。

（1）分类。

①谷实类：常有玉米、大麦、小麦、高粱、稻谷等。玉米含能量高，适口性好，是家兔最常用的能量饲料，可占日粮的 15%~20%。

②糠麸类：包括麦麸、米糠、高粱、玉米皮壳等，麦麸的营养丰富、适口性好，但有轻泻性，家兔日粮中可添加 15%~25%。

③块根、块茎及瓜类饲料：包括甘薯、马铃薯、木薯等。

④糖、酒等加工副产品：主要包括糖蜜、酒糟、甜菜渣等。在家兔日粮中可添加 3%~6%。

（2）营养特点。

①玉米：平均能量为 18 493 兆焦/千克，其中 83% 可被畜禽利用，据研究证明，玉米的成熟度会影响代谢能值，不够成熟的玉米收获时水分每增加 1%，每千克热能减少 50.2 千焦。玉米蛋白质缺乏赖氨酸和色氨酸，85% 的脂肪含在胚芽中，均属于不饱和脂肪酸。

②小麦：代谢能为 21.97 兆焦/千克，消化能为 14.18 兆焦/千克，蛋白质含量较玉米高，但氨基酸成分中缺乏赖氨酸和苏氨酸。

③高粱：高粱中的蛋白质难以消化，因为蛋白质和淀粉粒中间有非常强的结合键，不易被酶分解。高粱中脂肪比玉米低，淀粉与玉米接近，但高粱中淀粉受蛋白质覆盖程度高，降低了消化能，致使高粱能量不如玉米。

④稻谷、糙米：蛋白质含量为 7%~9%，糙米中含矿物质 1.3%，主要存在于种皮及胚芽中。

⑤糠麸类：有效能值低，粗蛋白质含量高于谷实类饲料；含钙少而磷多，磷多为植酸磷，利用率低；含有丰富的 B 族维生素，尤其是硫氨酸、烟酸、胆碱等含量较多，维生素 E 含量较少；物理结构松散，含有适量的纤维素，有轻泻作用；吸水性强，易发霉变质，不易储存。

⑥块根、块茎及瓜类饲料：水分含量高达 75%~90%，淀粉含量 60%~80%，粗纤维 5%~10%，粗蛋白质 10%。

（3）生产应用及注意事项。

①不同种类的能量饲料其营养成分差异很大，配料时应注意种类多样化，合理搭配使用。

②某些能量饲料如玉米消化能高，粗纤维含量低，日粮配合中不宜过高，尤其是幼兔饲料，以免导致胃肠炎等消化道疾病。

③高粱因单宁含量较高，饲喂时应该有所限制，块根、块茎及瓜类饲料鲜喂时由于水分高，容量大，能值低，不宜大量饲喂，尤其是幼兔，必须与其他饲料配合使用。

④高温、高湿环境下饲料很容易发霉变质，黄曲霉毒素对家兔危害极大，使用时饲料储存好或者加工前加入防霉剂。

3. 矿物质饲料

（1）分类：矿物质包括食盐、石粉、贝壳粉、骨粉、磷酸氢钙等。

（2）营养特性。

①食盐：食盐主要成分是氯化钠，食盐可以补充植物性饲料中钠和氯的不足，可以提高饲料的适口性，增加食欲，帮助消化，提高饲料利用率。

②常用的钙、磷饲料：常用的矿物质饲料添加剂主要包括有石灰石粉、贝壳粉、骨粉。

石灰石粉：又称石粉，为天然碳酸钙，含钙量38%，是廉价的钙源，含钙量太高，影响锌、镁、锰的吸收。

贝壳粉：是各类贝类的外壳，含钙量35%。

骨粉：是常用的磷源饲料，磷含量在10%~16%，利用率较高，含钙量在30%左右。

磷酸氢钙：含磷量18%以上，含钙量不低于23%，是常用的无机磷源饲料。

（3）生产应用及注意事项。

①食盐喂量一般占风干日粮的0.5%，喂量过多会引起中毒。

②喂骨粉或贝壳粉要防止掺沙土及霉变，颜色黑且有臭味的不宜喂兔。

③矿物质饲料用量较少，应充分搅拌，注意混合均匀。

4. 粗饲料　是指干物质中粗纤维≥18%的一类饲料。

（1）分类：粗饲料主要有秸秆类、青干草类、荚壳类、树叶类、糟渣类。

（2）营养特性。

①秸秆类：主要包括花生秸秆、豆秆、甘薯秸秆、玉米秸秆等。其中花生秸秆和甘薯秸秆的营养价值最高，蛋白质、能量、矿物质含量都较高，是比较理想的粗饲料。豆秆和玉米秆的营养价值低。

②青干草：包括天然杂草和人工牧草。这类粗饲料纤维素含量高，消化能低，蛋白质含量高，维生素丰富，矿物质全面，钙、磷丰富且比例适当，适口性好，质量高。

③荚壳类：包括大豆荚皮、豌豆荚皮、蚕豆荚皮、绿豆荚皮、花生壳等。前几种的营养还可以，花生壳的粗纤维含量高，而无氮浸出物的含量最低，消化能低，营养价值低，一般添加量不宜过大。

④树叶类：包括普通树叶、果树叶、松针等。树叶类粗饲料一般春季水分

大，营养物质偏低；夏季营养水平最高；秋季树叶的营养物质向树的根部输送，树叶的蛋白质减少，脂肪和纤维素逐渐增加。所以以树叶作为兔的粗饲料，应在夏季采收，添加量自行掌握，幼兔添加量不宜过大。

⑤糟渣类：是农副产品加工的下脚料，如酒糟、粉渣、醋渣等，酿酒的余渣经过粗滤除去固体谷物后剩下的未溶解的残留物和细颗粒用作家畜饲料，酒糟里含有少量的酒精，而酒精可以促进血液循环，有助消化及增进食欲的功能。

（3）生产应用及注意事项。

①粗饲料尤其是花生秸秆、甘薯秸秆质量对于家兔至关重要，因为制成颗粒饲料中添加量可以达到45%～50%。严禁用发霉变质的粗饲料喂兔，以免引起腹泻等消化道疾病，甚至引起中毒，造成不必要的经济损失。

②为保证营养平衡，禾本科干草应与豆科类干草等配合使用。

③有些粗饲料有药用价值，如蒲公英有促乳的作用，马齿苋有止泻、抗球虫的作用，青蒿有解毒功能。但是柿树叶含有较多的单宁，适口性差，影响胃肠功能，造成便秘。

④含有抗生素的残渣不能添加到兔饲料中，长期使用会抑制家兔的肠道益生菌的生长、繁殖，造成肠道内环境紊乱，引起肠道疾病。

5. 青绿多汁饲料

（1）分类：包括天然野草、栽培牧草、蔬菜类、树叶类、水生类等。

（2）营养特性。

①天然野草：主要包括有禾本科、豆科、菊科和莎草科四大类。按干物质计，无氮浸出物含量为40%～50%，豆科粗蛋白质含量为15%～20%，莎草科为13%～20%，菊科和禾本科为10%～15%。粗纤维禾本科含量为30%，其他为20%～25%。

②栽培牧草：主要包括豆科和禾本科两大类，尤其是苜蓿，有"牧草之王"的美称，产量高，品质好，适应性强，一年栽培可多年利用，寿命可达20～30年，蛋白质含量高，有丰富的维生素和钙等，是家兔的上好饲料。另外有黑麦草、三叶草、紫云英、苏丹草、菊苣、俄罗斯菜、青饲作物等。

③蔬菜类：主要有胡萝卜、大白菜、白萝卜、南瓜叶、苦麻菜等。此类蔬菜水分大，适合泌乳母兔，幼兔以少量为宜。

④树叶类：主要有槐、桑、榆、杨、松等树叶，其中槐、桑的树叶的营养价值及适口性最佳。

⑤水生类：包括浮莲、水葫芦、水花生、红萍、绿萍等。这类饲料生长快，产量高，含水率达90%～95%，干物质较少。

（3）生产应用及注意事项。

①青绿多汁饲料要保持新鲜、清净，露水未干的青菜含水量大，不能饲喂，

必须晾干后饲喂，以免引起腹泻病。

②注意割草前确认是否喷洒农药，防止农药中毒。

③青绿饲料必须放在草架上饲喂，切忌直接放入兔舍的地板上饲喂，以免兔粪污染饲草。

6. 饲料添加剂

（1）分类：分营养性饲料添加剂和非营养性饲料添加剂两大类。

①营养性饲料添加剂。

氨基酸饲料添加剂：包括赖氨酸、蛋氨酸和胱氨酸。一般家兔的全价配合饲料中添加0.1%～0.2%的蛋氨酸，0.1%～0.25%的赖氨酸＋胱氨酸。

矿物质饲料添加剂：以复合制剂的形式出现，包括铁、铜、锰、镁、铬、锌、碘、硒、钴等微量元素添加剂。

维生素饲料添加剂：包括维生素A、维生素D、维生素K、维生素C等。在舍饲和配合饲料饲喂家兔时，尤其是冬春枯草期青绿饲料缺乏时需要补充维生素添加剂。

②非营养性饲料添加剂。

抑菌促生长剂：以抗生素为主的一类添加剂，有喹乙醇、青霉素、土霉素、金霉素等，现在我们不建议饲料中添加甚至是长期添加使用，以免引起抗药性并在体内残留。

驱虫剂：多为抗球虫药物和抗螨虫药，如抗生素类、磺胺类及中药制剂类。

酶制剂：主要有蛋白酶、淀粉酶、脂肪酶、纤维酶、果胶酶、植酸酶等，每千克饲料添加0.1～0.2克，有利于家兔的消化，提高家兔的生产性能。

益生菌：是使肠道微生物达到平衡而对动物有利影响的活微生物添加剂，近年来益生菌在家兔中应用，在家兔肠道疾病、促进生长方面起到了一定的作用。

诱食剂：食欲增进剂或调味品，包括有糖蜜、糖精等改善家兔饲料口味的添加剂。

防霉剂：抑制微生物代谢与生长，抑制霉菌的生长及其毒素的产生，防止饲料霉变。常用的防霉剂有丙酸及丙酸钠或丙酸钙，用量0.2%～0.4%；富马酸，化学名称为延胡索酸，可以提高饲料酸度，改善口味，对肠道微生物区系有积极作用，添加量为0.05%～0.15%；山梨酸，添加量为0.05%～0.3%。

（2）生产应用及注意事项。

①添加剂因用量甚少，需预先混合再与日粮混合，搅拌均匀后才能达到预期效果。

②长期使用添加剂，尤其是抗生素容易破坏家兔肠道微生物区系的正常活动，要慎用并定期更换，尤其是抗球虫药。

二、家兔常用饲料原料的营养成分及营养价值表

饲料原料营养成分及营养价值表是经过化学分析及生物试验而制定的，数据比较准确，但是只能作为参考。大型的兔场，在日粮配合前，应对所有的饲料原料进行实际分析检测，可以到科研单位、院校或有化验设备的大型饲料公司进行化验分析，以便获得更加准确的数据。表6-5、表6-6和表6-7分别列举了一些家兔的常用饲料营养成分表，仅供参考。

表6-5　家兔常用饲料原料的营养成分及营养价值（％）

饲料名称	干物质	粗蛋白质	粗纤维	粗脂肪	消化能	无氮浸出物	粗灰分	钙	总磷
玉米　GB2级，籽粒	86	8.7	1.6	3.6	14.43	70.7	1.4	0.02	0.27
玉米　GB3级，籽粒	86	8.0	2.1	3.3	14.35	71.2	1.4	0.02	0.27
高粱　GB1级，籽粒	86	9.0	1.4	3.4	14.43	70.4	1.8	0.13	0.36
小麦，混合小麦，籽粒	87	13.9	1.9	1.7	14.43	67.6	1.8	0.13	0.36
大麦 GB2级，裸，籽粒	87	13.0	2.0	2.1	14.35	67.7	1.9	0.17	0.41
大麦 GB2级，皮，籽粒	87	11.0	4.8	1.7	13.89	67.1	2.4	0.09	0.33
黑麦，籽粒，进口	88	11.0	2.2	1.5	14.35	71.5	1.8	0.05	0.30
稻谷 GB2级，籽粒	86	7.8	8.2	1.6	13.31	63.8	4.6	0.03	0.36
糙米，良，籽粒	87	8.8	0.7	2.0	14.60	74.2	1.3	0.03	0.35
碎米，加工后副产品	88	10.4	1.1	2.2	14.52	72.7	1.6	0.06	0.35
谷子，带壳，籽粒	86.5	9.7	6.8	2.3	14.60	65.0	2.7	0.12	0.30
木薯干，GB 合格，晒干	87.0	2.5	2.5	0.7	14.27	79.4	1.9	0.27	0.09
甘薯干，GB 合格，晒干	87.0	4.0	2.8	0.8	14.02	76.4	3.0	0.19	0.02

续表

饲料名称	干物质	粗蛋白质	粗纤维	粗脂肪	消化能	无氮浸出物	粗灰分	钙	总磷
次粉 黑面、黄粉、下面	87.0	13.6	2.8	2.1	14.02	66.7	1.8	0.08	0.52
小麦麸 GB1级，传统工艺	87.0	15.7	8.9	3.9	13.18	53.6	4.9	0.11	0.92
米糠 GB2级，不脱脂	87.0	12.8	5.7	16.5	13.72	44.5	7.5	0.77	1.43
米糠饼 GB1级，机榨	88.0	14.7	7.4	9.0	13.47	48.2	8.7	0.14	1.69
大豆 GB2级，黄大豆	87.0	35.5	4.3	17.3	18.45	25.7	4.2	0.27	0.48
大豆饼 GB2级，机榨	87.0	40.9	4.7	5.7	14.94	30.0	5.7	0.30	0.49
大豆饼 GB1级，浸提	87.0	46.8	3.9	1.0	13.97	30.5	4.8	0.31	0.61
大豆粕 GB2级，浸提	87.0	43.0	5.1	1.9	13.68	31.0	6.0	0.32	0.61
棉籽饼 GB2级，机榨	88.0	40.5	9.7	7.0	13.56	24.7	6.1	0.21	0.83
棉籽粕 GB2级，浸提	88.0	42.5	10.1	0.7	11.84	28.2	6.5	0.24	0.97
菜籽饼 GB2级，机榨	88.0	34.3	11.6	9.3	13.93	25.1	7.7	0.62	0.96
菜籽粕 GB2级，浸提	88.0	38.6	11.8	1.4	11.88	28.9	7.3	0.65	1.07
花生仁饼 GB2级，机榨	88.0	44.7	5.9	7.2	14.56	25.1	5.1	0.25	0.53
花生仁粕 GB2级，浸提	88.0	47.8	6.2	1.4	12.84	27.2	5.4	0.27	0.56
亚麻仁饼 NYT2级，机榨	88.0	32.2	7.8	7.8	15.20	34.0	6.2	0.39	0.88
亚麻仁粕 NYT2	88.0	34.8	8.2	1.8	13.31	36.6	6.6	0.42	0.95

续表

饲料名称	干物质	粗蛋白质	粗纤维	粗脂肪	消化能	无氮浸出物	粗灰分	钙	总磷
芝麻饼 机榨 CP40%	92.0	39.2	7.2	10.3	14.43	24.9	10.4	2.24	1.19
玉米蛋白粉面 CP60%	90.1	63.5	1.0	5.4	17.41	19.2	1.0	0.07	0.44
鱼粉 进口，7样平均值	90.0	64.5	0.5	5.6	17.20	8.0	11.4	3.81	2.83
鱼粉 7样平均值	90.0	62.5	0.5	4.0	16.78	10.0	12.3	3.96	3.05
鱼粉 12样平均值	90.0	60.2	0.5	4.9	17.24	11.6	12.8	4.04	2.90
鱼粉 脱脂，11样平均值	90.0	53.5	0.8	10.0	16.44	4.9	20.8	5.88	3.20
血粉 鲜猪血，喷雾干燥	88.0	82.8	0.0	0.4	—	1.6	3.2	0.29	0.31
皮革粉 废牛皮，水解	88.0	77.6	1.7	0.8	12.51	—	11.3	4.40	0.15
肉骨粉 屠宰下脚，带骨	92.6	50.0	2.8	8.5	12.05	—	33.0	9.20	4.70
啤酒糟 大麦酿造	88.0	24.3	13.4	5.3	14.31	40.8	4.2	0.32	0.42
啤酒酵母 啤酒酵母菌粉	91.7	52.4	0.6	0.4	15.94	33.6	4.7	0.16	1.02
苜蓿草粉 GB1级，盛花	87.0	19.1	22.7	2.3	7.70	35.3	7.6	1.40	0.51
苜蓿草粉 GB2级，盛花	87.0	17.2	25.6	2.6	7.07	33.3	8.3	1.52	0.22
苜蓿草粉 GB3级	87.0	14.26	21.55	2.07	7.99	33.8	10.08	1.34	0.19
甘薯叶粉 GB1级	87.0	16.7	12.6	2.9	12.55	43.3	11.5	1.41	0.28
石粉	—	—	—	—	—	—	—	35.0	—
骨粉	—	—	—	—	—	—	—	36.4	16.4
贝壳粉	—	—	—	—	—	—	—	33.4	0.14
蛋壳粉	—	—	—	—	—	—	—	37.0	0.15

表6-6　家兔常用饲料主要氨基酸、微量元素含量（风干饲料）　（%）

饲料名称	赖氨酸	蛋氨酸	胱氨酸	钠	钾	铁	铜	锰	锌
玉米	0.24	0.18	0.20	0.01	0.29	36	3.4	5.8	21.1
玉米	0.24	0.16	0.18	0.20	0.30	37	3.3	6.1	19.2
高粱	0.18	0.17	0.12	0.03	0.34	87	7.6	17.1	20.1
小麦	0.30	0.25	0.24	0.06	0.50	88	7.9	45.9	29.7
大麦	0.44	0.14	0.25	0.04	0.60	100	7.0	18.0	30.0
大麦	0.42	0.18	0.18	0.02	0.56	87	5.6	17.5	23.6
黑麦	0.37	0.16	0.25	0.02	0.42	117	7.0	53.0	35.0
稻谷	0.29	0.19	0.16	0.04	0.34	40	3.5	20.0	8.0
糙米	0.32	0.20	0.14	—	—	78	3.3	21.0	10.0
碎米	0.42	0.22	0.17	—	—	62	8.8	47.5	36.4
谷子	0.15	0.25	0.20	0.04	0.43	270	24.5	22.5	15.9
木薯干	0.13	0.05	0.04	—	—	150	4.2	6.0	14.0
甘薯干	0.16	0.06	0.08	—	—	107	6.1	10.0	9.0
次粉	0.52	0.16	0.33	0.06	0.60	140	11.6	94.2	73.0
小麦麸	0.58	0.13	0.26	0.07	1.19	170	13.8	104.3	96.5
米糠	0.74	0.25	0.19	0.07	1.73	304	7.1	175.9	50.3
米糠粕	0.72	0.28	0.32	0.09	1.80	432	9.4	228.4	60.9
大豆	2.22	0.48	0.55	0.02	1.70	111	18.1	21.5	40.7
大豆饼	2.38	0.59	0.61	0.02	1.77	187	19.8	32.0	43.4
大豆粕	2.81	0.56	0.60	0.03	2.00	181	23.5	27.4	45.4
大豆粕	2.45	0.64	0.66	0.03	1.68	181	23.5	37.3	45.2
棉籽饼	1.56	0.46	0.78	0.04	1.20	266	11.6	17.8	44.9
棉籽粕	1.59	0.45	0.82	0.04	1.16	263	14.0	18.7	55.5
菜籽饼	1.28	0.58	0.79	0.02	1.34	687	7.2	78.1	59.2
菜籽粕	1.30	0.63	0.87	0.09	1.40	653	7.1	82.2	67.5
花生仁饼	1.32	0.39	0.38	0.04	1.15	347	23.7	36.7	52.5
花生仁粕	1.40	0.41	0.40	0.07	1.23	368	25.1	38.9	55.7
亚麻仁饼	0.73	0.46	0.48	0.09	1.25	204	27.0	40.3	36.0

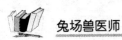

续表

饲料名称	赖氨酸	蛋氨酸	胱氨酸	钠	钾	铁	铜	锰	锌
亚麻仁粕	1.16	0.55	0.55	0.14	1.38	219	25.5	43.3	38.7
芝麻饼	0.82	0.82	—	0.04	1.39	—	50.4	32.0	2.4
玉米蛋白粉	0.97	1.42	0.96	0.01	0.30	230	1.9	5.9	19.2
玉米蛋白饲料	0.63	0.29	0.33	0.12	1.30	282	10.7	77.1	59.2
鱼粉	5.22	1.71	0.58	0.88	0.90	226	9.1	9.2	98.7
鱼粉	5.12	1.66	0.55	0.78	0.83	181	6.0	12.0	90.0
鱼粉	4.72	1.64	0.52	0.97	1.10	80	8.0	10.0	80.0
鱼粉	3.87	1.39	0.49	1.15	0.94	292	8.0	9.7	88.0
血粉	6.67	0.74	0.98	0.31	0.90	2 800	8.0	2.3	14.0
皮革粉	2.27	0.80	0.16			131	11.1	25.2	89.8
肉骨粉	2.60	0.67	0.33	0.73	1.40	1.45	1.5	12.3	—
啤酒糟	0.72	0.52	0.35	0.25	0.08	274	20.1	35.6	—
啤酒酵母	3.38	0.83	0.50			902	61.0	22.3	86
苜蓿草粉	0.82	0.21	0.22			372	9.1	30.7	17.1
苜蓿草粉	0.81	0.20	0.16			361	9.7	30.7	21.0
苜蓿草粉	0.60	0.18	0.15	0.11	2.22	437	9.14	33.2	22.6
甘薯叶粉	0.61	0.17	0.29			35	9.8	89.6	26.8

表6-7　家兔常用饲料营养成分表

饲料名称	干物质（%）	消化能（兆焦/千克）	粗蛋白质（%）	粗纤维（%）	钙（%）	磷（%）	赖氨酸（%）	蛋氨酸+胱氨酸（%）
苜蓿	24.0	2.59	4.9	6.5	0.45	0.06	0.11	0.09
白三叶	17.7	2.61	3.9	3.5	0.25	0.08	0.16	0.15
红三叶	12.4	1.75	2.3	3.0	0.25	0.04	0.08	0.05
青菜	6.0	0.86	1.4	0.5	0.03	0.04	0.04	0.04
胡萝卜秧	20.0	2.74	3.0	3.6	0.40	0.08	0.14	0.08
甘蓝	12.3	1.31	2.3	1.7	0.26	0.04	0.09	0.07
胡萝卜	12.2	1.63	1.5	0.9	0.06	0.03	0.06	0.04

续表

饲料名称	干物质（%）	消化能（兆焦/千克）	粗蛋白质（%）	粗纤维（%）	钙（%）	磷（%）	赖氨酸（%）	蛋氨酸＋胱氨酸（%）
甘薯	24.6	3.53	1.1	0.8	0.06	0.07	0.08	0.05
萝卜	8.2	0.95	0.6	0.8	0.05	0.03	0.02	0.02
马铃薯	10.7	2.95	1.5	0.6	0.02	0.04	0.07	0.06
南瓜	10.0	1.46	1.7	0.9	0.02	0.01	0.07	0.08
豆腐渣	22.5	1.17	3.7	2.3	0.14	0.04	0.19	0.09
甘薯藤	13.9	1.58	2.2	2.6	0.22	0.07	0.08	0.04
黑麦草	22.8	1.88	4.1	4.1	0.14	0.06	0.13	0.06
苦麻菜	11.3	1.34	2.9	1.3	0.14	0.08	0.09	0.04
聚合草	12.9	1.46	3.2	1.3	0.16	0.02	0.13	0.12
葛藤	20.1	1.88	5.4	4.7	0.21	0.08	0.08	0.04
水浮莲	14.1	0.45	0.9	0.7	0.03	0.01	0.04	0.03
水葫芦	15.1	0.56	0.9	1.2	0.04	0.02	0.04	0.04
水花生	10.0	1.13	1.3	2.2	0.04	0.03	0.07	0.03
莴苣叶	10.6	1.34	2.8	1.1	0.14	0.06	0.08	0.05
槐叶粉	89.1	9.78	17.8	11.1	1.91	0.17	1.35	0.37
松叶粉	83.3	8.28	8.5	26.7	0.20	0.98	0.39	0.16
桑叶	85.1	10.48	14.8	8.8	1.42	0.86	0.68	0.32
青干草粉	88.5	7.02	7.4	29.4	3.12	0.51	0.32	0.13
紫云英粉	87.0	9.74	18.1	44.0	0.42	0.20	0.92	1.70
甘薯藤粉	87.0	9.45	14.7	15.8	0.43	0.43	0.38	0.12
花生藤粉	87.2	9.70	13.4	18.3	0.89	0.13	0.23	0.12
稻草粉	88.8	3.39	4.8	27.8	0.28	0.08	0.08	0.03
豆秆粉	91.9	4.43	15.3	33.1	0.92	0.48	0.08	0.13
大麦秆	88.0	1.02	4.11	35.3	0.88	0.52	0.08	0.02
玉米秆	91.8	5.26	6.00	24.1	0.89	0.46	0.09	0.03
谷糠	90.1	5.28	2.03	45.6	0.08	0.07	0.11	0.09

三、家兔日粮配合

所谓日粮，就是家兔一昼夜（24小时）采食各种饲料的总和。日粮配合就是确定日粮配方的过程。

（一）家兔的消化特点

兔是单胃动物，但是能够消化和利用纤维素，为什么能够消化纤维素呢？原因是家兔有发达的盲肠，盲肠实际上是一大的"发酵袋"，内存大量的有益活菌，据检测每1克内容物中有5亿~10亿个活菌，这些菌必须存活在弱碱性环境中，家兔没有这些细菌就不能消化纤维素。

兔子的消化道是由酸变碱的。以成年兔为例，胃液pH值为1.5~2.3，以较强的酸性软化食物，杀死细菌。食物从胃幽门出去途经十二指肠、空肠、回肠，全长约345厘米，小肠的pH值为7.1~7.6，逐渐中和从胃中出来的酸性食糜。回肠末端有一膨大部分称圆小囊，圆小囊分泌碱性溶液，pH值为8.1~9.4，再经过一次中和后食糜进入盲肠才能达到中性偏碱的程度。

（二）家兔日粮配合的一般原则

1. 考虑家兔的类型、品种、年龄阶段及生产性能　参考适当的饲养标准，并结合本地区的饲料原料的来源及价格，可选择当地价格低廉、质量有保证的原料进行配合加工。

2. 合理搭配饲料　家兔是草食动物，是以植物的根茎叶和籽实为主食，爱吃胡萝卜、萝卜、甘薯等多汁饲料，因此所采用的饲料应符合家兔的生物学特性。同时还要保证纤维素的供应，应充分利用颗粒饲料营养全面、适口性好的优点。多种饲料合理搭配，实现饲料多样化，可使各种养分取长补短，以满足兔对各种营养物质的需要，获得全价营养。

3. 注意饲料品质　饲料的质量要引起高度的重视，注意饲料品质，不喂霉烂变质、农药残留超标、有毒有害的饲料，是减少兔病和死亡的重要前提。要选新鲜、优质的饲料，对各种饲料按不同的特点进行合理调制，可提高消化率和减少浪费。

4. 营养物质浓度　根据季节及气温的变化，灵活配制日粮的营养物质浓度，如夏、秋季节青饲料充足，可以只设计补充精饲料，在冬、春季节，青饲料缺乏，日粮中注意补充维生素，一般现在养兔场，都应该加工全价颗粒饲料，因为颗粒饲料不仅营养全面，而且体积小，便于储存。

（三）家兔饲料配方

饲料配方有热量法和重量法两种方法，我国目前多用重量法配日粮，同时也考虑家兔每个生理时期所需的消化能，然后根据该生理期的饲料营养标准来拟定饲料配方。

1. 饲料配方参考标准

（1）家兔的营养需要量或饲养标准：不同国家或地区根据自己的实际制定了各自的饲养标准，每个兔场可以根据本场的实际生产水平和品种，参考比较接近自己地区的标准，进行配比，一般可在参照标准的基础上，上下浮动5%～10%。

（2）饲料原料的大致比例：在生产实践中，常用饲料原料的大致比例如下。

草粉（花生秸秆、甘薯秸秆、苜蓿粉）	30%～50%
能量饲料，如玉米	20%～35%
糠麸类	15%～30%
植物性蛋白质，如豆粕	5%～20%
动物性蛋白质，如鱼粉	0～5%
矿物质饲料，如骨粉、石粉	1%～3%
微量元素、维生素等添加剂	0.5%～1.5%
食盐	0.3%～0.5%

2. 家兔饲料配方的步骤

（1）根据家兔品种、年龄阶段选择相应的饲养标准，查出所需配方家兔营养需要。生长兔（18～60日龄）的全价配合饲料配合如表6-8所示。

表6-8 生长兔营养需要

消化能（兆焦/千克）	粗蛋白（%）	粗纤维（%）	粗脂肪（%）	钙（%）	磷（%）	赖氨酸（%）	蛋氨酸+胱氨酸（%）
10.47	16	12	3	0.4	0.22	0.65	0.6

（2）根据当地的资源选择饲料原料并查出或化验分析营养成分含量，饲料营养成分见表6-9。

表6-9 饲料营养成分表

饲料名称	消化能（兆焦/千克）	粗蛋白（%）	粗纤维（%）	粗脂肪（%）	钙（%）	磷（%）	赖氨酸（%）	蛋氨酸+胱氨酸（%）
花生秧粉	9.70	13.40	21.8	3.0	0.89	0.13	0.23	0.12
玉米	14.43	8.00	2.1	3.3	0.02	0.12	0.24	0.34
麸皮	13.18	15.7	8.9	3.9	0.11	0.31	0.58	0.39
豆粕	13.68	43.0	5.1	1.9	0.32	0.31	2.45	1.3

（3）初步拟定饲料配方：根据该地区的粮食与农副产品的资源进行初步拟定饲料配方，初步确定各饲料原料的配比，并计算能量和蛋白质的水平，与标准进行比较，初配结果见表6-10。

表6-10　全价配合饲料营养含量

饲料名称	配比	消化能（兆焦/千克）	粗蛋白质（%）	粗纤维（%）	粗脂肪（%）
花生秧粉	40	9.70×0.40=3.88	13.40×0.40=5.36	21.8×0.40=8.72	3.0×0.40=1.20
玉米	20	14.43×0.20=2.89	8.00×0.20=1.60	2.10×0.20=0.42	3.30×0.20=0.66
麸皮	20	13.18×0.20=2.64	15.7×0.20=3.14	8.90×0.20=1.78	3.90×0.20=0.78
豆粕	18	13.68×0.18=2.46	43.0×0.18=7.74	5.10×0.18=0.91	1.90×0.18=0.34
合计	98	11.87	17.84	11.83	2.98
与标准比较		+1.4	+1.84	-0.17	-0.02

（4）分析与调整：

①分析：传统的肉兔饲料配方玉米的配比达到25%以上，这样不仅提高了饲料成本，而且不符合兔的消化特性。实际生产中应该以兔的消化特性为依据，符合兔消化特性的日粮，尤其是幼兔饲料配方中玉米、豆粕含量过高，会引起幼兔"蛋白质中毒"疾病，不仅饲料价格过高，还会引起幼兔消化道疾病，成活率下降。配方中降低玉米、豆粕的用量，加大草粉、麦麸的用量，粗纤维含量提高，使饲料呈现低热量、高蛋白。

②调整：初步拟定的配方结果与标准比较，能量和蛋白质均高，应进行调整，粗纤维含量不足，不利于幼兔的消化，所以加大草粉的比例，并且用能量和蛋白质均低的麸皮代替部分豆粕，并计算调整钙、磷及氨基酸的含量见表6-11。

表6-11　调整饲料的全价配合饲料营养含量

饲料名称	配比	消化能（兆焦/千克）	粗蛋白质（%）	粗纤维（%）	粗脂肪（%）
花生秧粉	43	4.36	5.76	9.37	1.29
玉米	20	2.89	1.60	0.42	0.66
麸皮	20	2.64	3.14	1.78	0.78
豆粕	14	1.96	6.02	0.71	0.27

续表

饲料名称	配比	消化能（兆焦/千克）	粗蛋白质（%）	粗纤维（%）	粗脂肪（%）
骨粉	2				
食盐	0 5				
维生素 + 微量元素	0.5				
合计	100	11.85	16.52	12.28	3.0
与标准比较		+1.38	+0.52	+0.28	0

此配方消化能、粗纤维含量达到 16～60 日龄的营养标准，粗脂肪、蛋白质含量在标准范围之内，可以作为幼兔的饲料配方，不仅饲料价格合理，有利于提高幼兔的成活率。

3. 家兔参考饲料配方 家兔的饲料配方见表 6-12、表 6-13、表 6-14 和表 6-15，每个地区、不同兔场可以根据自己的实际情况灵活调整。

表 6-12 美国 NRC 全价颗粒饲料配方

兔的类别	饲料组成	占日粮（%）
生产兔（0.5~4 千克）	苜蓿干草	50
	玉米	23.5
	大麦	11
	小麦麸	5
	豆粕	10
	食盐	0.5
母兔和公兔维持 （平均 4.5 千克）	干三叶草	70
	燕麦	29.5
	食盐	0.5
妊娠母兔（平均 4.5 千克）	苜蓿干草	50
	燕麦	45.5
	豆饼	4
	食盐	0.5

续表

兔的类别	饲料组成	占日粮（%）
泌乳母兔（平均4.5千克）	苜蓿干草	40
	小麦	25
	高粱	22.5
	豆饼	12
	食盐	0.5

表6-13　肉兔全价颗粒饲料配方

饲料组成（%）	生长期兔	空怀母兔、公兔	妊娠母兔	泌乳母兔
草粉	40	50	35	30
玉米粉	20	15	20	22
小麦麸	20	20	22	20
豆粕+花生粕	12	10	15	20
饲料酵母	2	2	2	2
骨粉	2	1	2	2
鱼粉	2.5	1	2.5	2.5
多种维生素+微量元素	0.5	0.5	0.5	0.5
食盐	0.5	0.5	1	1

表6-14　法国的颗粒饲料配方（适用于皮、肉兔，哺乳期）

饲料名称	含量（%）	饲料名称	含量（%）
小麦	19	甜菜渣	14
苜蓿粉	25	糖浆	6
大豆饼粉	9	碳酸钙	1
向日葵饼	13	矿物质盐和维生素	3
灰色谷糠	10		

表6-15 安哥拉毛兔饲料配方及主要营养水平

饲粮组成（％）	妊娠兔			哺乳兔		种公兔	
苜蓿草粉	37	40	42	31	32	43	50
玉米	28	18	30.5	30	29	15	
小麦麸	18	8	12.5	15	20	17	16
大麦		17		5			
豆粕	3		5	5	5	5	4
胡麻饼	5	5		4	5	6	5
菜籽饼	6	5	7	7	6	9	4
鱼粉	1	5	1	1	1	3	3
骨粉	1.5	1.5	1.5	1.5	1.5	1.5	1.5
食盐	0.5	0.5	0.5	0.5	0.5	0.5	0.5
添加成分 硫酸锌（克/千克）	0.10	0.10	0.10	0.10	0.10	0.3	0.3
硫酸锰（克/千克）	0.05	0.05	0.05	0.05	0.05	0.3	0.3
硫酸铜（克/千克）	0.05	0.05	0.05	0.05	0.05		
多种维生素（克/千克）	0.1	0.1	0.1	0.2	0.2	0.3	0.3
蛋氨酸	0.2	0.3	0.3	0.3	0.3	0.1	0.1
赖氨酸				0.1	0.1		
消化能（千焦/千克）	10 214	10 214	10 381	10 884	10 716	9 837	9 670
粗蛋白	16.7	15.4	16.1	16.5	17.3	17.8	16.8
可消化蛋白质	13.6	11.1	11.7	12.0	12.2	13.2	12.2
粗纤维	18.0	15.7	16.2	14.1	15.3	16.5	19.0
赖氨酸	0.60	0.70	0.60	0.70	0.75	0.80	0.80
含硫氨基酸	0.75	0.80	0.80	0.85	0.85	0.65	0.65

注：（1）本表摘自兰州畜牧研究所。

（2）苜蓿粉的粗蛋白质含量约为12％，粗纤维35％。

（3）冬季无青绿饲料时，种公兔应每天加喂100克胡萝卜。

第三节　家兔日常管理技术

一、家兔的一般饲养管理原则

（一）粗（青）饲料为主，精饲料为辅

家兔属草食动物，具有特殊的消化粗饲料的组织结构和生理功能。其小肠和大肠的总长度为其体长的 10 倍左右，盲肠占全部肠道的 11% 左右，为体长的 1.1 倍左右。盲肠内有大量的低级脂肪酸，其圆小囊的厚壁能将食物中的纤维素进行压榨，并分泌碱性液体进入盲肠，为大量微生物和细菌的生存和繁殖提供适宜的生活环境。这些盲肠微生物能分泌纤维素酶，把进入盲肠的纤维素分解成容易消化吸收的物质，所以家兔能够消化大量的粗饲料。家兔日粮配合中应以粗（青）饲料为主，精饲料为辅。

（1）如果精料含量太高，日粮中纤维素含量太少（10% ~ 14%），不仅会增加饲料成本，还会因为不能维持消化道正常的生理功能引起肠炎、拉稀等。

（2）单喂草，或精料太少，家兔所需的营养物质得不到满足，会引起幼兔生长缓慢，抗病力差；母兔泌乳不足，体重下降，繁殖率下降；毛兔产毛量降低，毛品质差。

（二）更换饲料逐渐过渡

更换饲料，无论是数量的增减或种类的改变，都必须坚持逐步过渡的原则。变化前应逐渐增加新换饲料的比例，每次不宜超过 1/3，使兔的消化功能与新的饲料条件相适应。如果突然增加饲料的喂量或突然更换饲料，一周之内往往会引起消化不良、代谢紊乱。

（三）适应习性，夜间多喂，定时定量

俗话说"兔子早晨喂的少，中午喂的好，晚上要喂饱，再添夜间草"，因为家兔有昼伏夜出的习惯，在夜间采食和饮水量占全天的 60% ~ 70%，所以应注意夜间添足饲料、水。

定时定量饲喂就是每天家兔的饲喂次数、时间、顺序和数量要定时定量，因为家兔所处的生理发育阶段不同，应根据情况做相应的安排，不能轻易改变，这样可以使家兔养成定时采食、休息和排泄的习惯，有利于消化道的分泌。一般养殖场幼兔和哺乳母兔的饲喂次数多于青年兔，青年兔又多于成年兔。给料要相对稳定，切忌忽多忽少。

（四）饮水卫生，环境干净

家兔饮水不足，会引起精神疲怠，食欲不振，生长缓慢，泌乳量减少，抵抗

力下降，严重缺水者会引起死亡。家兔的需水量和体重、生理阶段、季节、日粮构成有关。兔的饮水量大致为：每采食 1 千克干物质需水 2.0 ~ 2.3 千克，泌乳加倍。夏季饮水可增加 1.0% ~ 1.5% 的氯化钠。

家兔饮水不能用污染水及不符合饮水标准的水，以自来水为最佳。

（五）饲料防腐防霉，保证质量

饲料质量是保证家兔成活率及生产效益的关键措施之一，发霉变质的饲料会引起家兔疾病，生产中要做到"七不喂"，即有毒有害的饲料不喂，带泥、带水、带露水、冰冻和粪尿污染的饲料不喂，霉烂变质的饲料不喂，喷洒过农药的饲料不喂，发芽马铃薯、黑斑病甘薯不喂，生豆类饲料不喂，尖刺草不喂幼仔兔。

二、家兔管理基本原则

（一）通风干燥，防潮防污

"养兔成功不成功，关键在通风"，家兔喜爱干净、干燥，在家兔日常管理中，要保持兔舍干净卫生，经常清理粪尿，清扫兔舍，减少病原微生物的滋生，同时要注意通风干燥，雨季应注意防潮。

（二）保持安静，防止惊扰

家兔胆小易惊，兔舍要保持安静，尤其注意猫、狗等动物干扰，幼兔对外来动物或响动产生恐慌，影响食欲，甚至会造成瘫痪，母兔易引起流产，对配种、哺乳都有不利的影响。

（三）搞好卫生，预防为主，治疗为辅

家兔有明显的采食、休息、排泄三点定位的习惯，做到水净、草净、料净、环境净。饲养人员应每天观察兔的健康状况，看食欲、粪便、被毛是否有光泽、有无肿块、脚癣、耳癣等。不同阶段的家兔应及时进行疾病防疫工作，做到预防为主，防重于治的原则，做到无病早防，有病早治。患病家兔及时隔离，所用笼具严格消毒。

（四）分阶段进行管理

要根据家兔的生理阶段、生产用途不同进行分群管理，不同生理阶段、不同生产用途的家兔的饲料配方、饲喂方式、疾病防疫不同。

（五）防寒防暑

家兔被毛浓厚，汗腺不发达，怕热，仔兔、幼兔畏寒。最适宜温度为 15 ~ 25℃，临界温度为 5 ~ 30℃，当气温高于 30℃ 时，采食量减少，繁殖力下降，35℃ 以上时，妊娠、分娩母兔和刚出生的仔兔会出现中暑死亡。在冬季低于 5℃ 时幼仔兔容易造成腹泻、冻伤甚至死亡。所以应采取夏季防暑、冬季防寒措施。

（六）适当运动，增强体质

笼养种兔特别是种公兔要进行适当的运动，增强体质，1 月 2 次左右即可，

但要防止外面动物侵犯，以免造成惊吓引起瘫痪。

三、家兔饲养的任务指标

（一）种兔饲养的任务指标

1. 发情率 指家兔在一定时期发情母兔数量占总空怀母兔的百分比。

2. 受胎率 指一个发情周期内受胎母兔数与配种母兔数的百分比。

3. 产仔率 指母兔的每胎实际产仔数，包括活仔、死胎和畸形胎数。

（二）仔兔、幼兔和青年兔饲养的任务指标

1. 仔兔成活率 指断奶仔兔数与开始哺乳仔兔数的百分比。

2. 初生窝重 指全窝仔兔哺乳前的体重。

3. 断奶仔兔成活率 指断奶仔兔数与开始哺乳时仔兔数的百分比。

4. 断奶窝重 指整窝仔兔的断奶体重，包括寄养仔兔。断奶窝重既反映了断奶时的仔兔存活率，又反映了仔兔在哺乳期内的生长情况。

5. 断奶后定期的体重 仔兔断奶后在一定时期的体重，反映了仔兔在断奶后的生长情况。

四、家兔饲养管理基本技术

（一）正确的捉兔方法

捉兔必须有正确的方法，不正确的方法往往使兔子和捉兔人员受伤。正确的方法是：先抚摸兔使其勿受惊，然后一手将双耳连同颈部皮肤抓牢，另一只手托住兔的臀部，让兔体重量主要落在托住兔体的手上。这样既不伤兔，又防止兔抓人。

（二）给兔子打耳号

为了便于科学管理，种兔、实验兔必须进行编号。编号的方法较为普遍的是打耳号。打耳号最好采用特制的耳号钳，与耳号钳配套的有数字字钉和英文字母字钉，一般用英文字母作品种代号，数字表示兔号或出生年月。打耳号之前，先用酒精消毒耳部，再用已装上字钉的耳号钳夹住耳朵血管较少的部分，用力紧压使刺钉穿过耳壳，然后取下耳号钳，立即在刺号的地方涂上醋墨（用墨在食醋中磨成的墨汁），待墨汁干后脱落即显出清晰而永恒的编号。

（三）兔子的公母和年龄鉴别

1. 公、母兔的鉴别

（1）初生仔兔：主要根据阴部的孔洞性状和肛门的远近来区别。用拇指与示指将阴部孔洞打开，孔洞呈圆形小于肛门，距肛门较远（约2毫米），在肛门的附近还有一对褐色斑点者为公兔；孔洞呈扁形，大小与肛门相似，距肛门较近（约1.2毫米）者为母兔。

（2）断奶幼兔：主要观察外生殖器。将小兔腹部向上，用另一只手轻压阴部开口处两侧皮肤，公兔呈"O"字形，并可翻出圆柱状突起；母兔呈"V"字形，顶端前联合圆、后联合尖，下边裂缝延至肛门，没有突起。

（3）青年兔（3月龄以上）：打开外生殖器，公兔呈圆柱状突起（阴部）；母兔则露出朝向肛门的阴部。

2. 年龄鉴别 在不清楚兔子的出生日期的情况下，可以根据兔的趾爪颜色、长短、弯曲程度、牙齿的生长、板皮的松弛状况和眼睛的神色等来鉴别兔子的年龄。

（1）青年兔：趾爪平直、短而藏于脚毛之中，颜色红多于白，眼睛明亮有神，皮肤光滑而富有弹性，门齿短小、洁白而整齐。

（2）老年兔：趾爪粗长，爪尖弯曲，颜色白多于红，眼光无神，门齿黄暗、长而排列不整齐，时有破损现象，皮厚而松弛，肉髯肥大，行动迟缓。

（3）壮年兔：介于两者之间。

（四）去势

是提高非种用公兔生产性能的措施之一。去势有利于提高毛皮品质，改善肉质。母兔去势繁琐，对生产性能有不利影响，所以常进行的去势一般不包括母兔。去势的方法有：

1. 线扎法 用丝线或橡皮筋结扎精索，切断睾丸的血液供应，10天左右，睾丸及阴囊部分就会萎缩脱落，达到去势的目的。实施此法，在术后1～2天，个别公兔会发生特有的炎症反应，阴囊和精索迅速增大7～8倍，3～5天肿胀即会减退，20天左右睾丸会萎缩成硬块。

2. 刀割法 公兔腹部朝上，四肢分别保定好，用拇指、示指和中指捏紧固定好一侧睾丸，防止滑动，用75%酒精或2%碘酊消毒切口处，而后用灭菌手术刀片或刮胡刀片，与阴囊中线处1厘米小口，用力挤出睾丸，切断精索，摘除睾丸，再用酒精或碘酊消毒切口即可。

（五）公兔输精管结扎

兔人工授精时，需用结扎输精管的公兔进行性别刺激，促进母兔排卵，而后输精。输精管结扎公兔也可用来诱导发情、妊娠诊断。

选体质健壮、性欲旺盛的青年公兔，腹部向上保定，睾丸挤出阴囊，用手固定精索，酒精或碘酒消毒切口处，用灭菌刀片切一0.3厘米长的小口，用镊子将精索拉出，切开精索结缔组织的总鞘膜，找出输精管，用线结扎两端，中间剪断，再将精索送入阴囊中，消毒刀口。一般不用缝合，2～3天伤口自然愈合。手术中不要剪断精索中的血管；试情公兔单笼饲养，术后14～15天，连续采精2～3次，至排出物全部为精清而无精子时方可使用。

（六）妊娠诊断

1. 及时摸胎　家兔交配一周后，将母兔平放于平地，左手抓住兔双肩及肩胛部皮肤，头部朝摸胎者，右手拇指与其他四指呈"人"字形，轻轻触摸腹部，若腹部柔软如棉，摸不到胚胎则未受孕；若摸到肥厚的子宫，并能摸到滑动的肉球，表明已经受孕。摸胎时，动作要轻以免引起流产。

受孕 10 天左右，胚胎一般蚕豆大小，15 天拇指大小，20 天核桃大小，22 ～ 23 天可摸到胎儿头部。妊娠超过 15 天以上的母兔，通过增大的腹部即可看到。

注意区分胚胎和粪球：粪球呈椭圆形，指压没弹性，表面粗糙，从前到后成排排列、较硬，数量较多；胚胎呈圆形，位置较固定，排列在腹腔后部，指压有光滑和弹性感。

2. 及时复配　初配 7 ～ 9 天后，摸胎如果受孕就做好记录，如果未配上就进行重复配种，以免影响母兔繁殖。

第四节　不同生理、生长阶段家兔的饲养管理技术

一、不同生长阶段家兔的饲养管理基本方法

农村养兔有两个方面的误区影响商品兔的育成率。一是不注射疫苗或者只注射一种疫苗，或不按规定时间注射疫苗；二是滥用抗生素，即用抗生素防病、用抗生素治病。特别是有人认为抗生素使用时间愈长愈"保险"，事实上对于家兔来说，使用抗生素会使兔肠道内有益细菌减少，破坏肠道内的微生态系统。生存下来的致病菌繁殖后产生耐药性，再发生疾病就很难治疗。

家兔饲养过程中做到"防重于治"的基本原则。具体的防病程序如下：

（一）疫苗免疫注射

1. 仔、幼兔的免疫注射　仔兔 18 ～ 20 日龄皮下注射大肠杆菌病多价灭活疫苗，每只 2 毫升，预防补饲后发生大肠杆菌病。

仔兔 35 日龄断奶，40 日龄皮下注射瘟、巴、魏三联疫苗，50 日龄注射波氏杆菌疫苗，60 日龄加强注射一次瘟、巴、魏三联疫苗。

不留种用的兔在出售前就不再注射疫苗；留为后备种兔的，以后每 5 ～ 6 个月注射 1 次瘟、巴、魏三联苗。

2. 成年兔的防疫注射　种母兔在配种以前没有注射过葡萄球菌疫苗的或注射过葡萄球菌疫苗但已超过 4 个月的都要注射葡萄球菌疫苗，降低乳房炎发生率，从而预防仔兔黄尿病。

成年兔群体每年的春秋两季各注射 1 次瘟、巴、魏三联苗，两次间隔 5 ～ 6

个月。连续注射疫苗时，两次注射间隔时间在 5 天左右。

（二）药物预防

（1）母兔产仔后当天注射 1·支产后康，或饲料添加氟苯尼考 50 毫克每千克体重，连喂 3～5 天，预防乳房炎。

（2）仔兔产后第三天滴喂黄连素，每只 3～4 滴，10～12 天滴喂兔必康（复方黄芩注射液），每只 4～5 滴，预防仔兔黄尿病和其他病原菌引起的腹泻。

（3）开食后和幼兔期的药物预防：仔兔 18 日龄开始补饲，补饲开始时每千克饲料中加入氯苯胍 0.3 克每千克体重，防球虫病；饲料中加 0.2‰的复合酶、4‰的益生素、10‰的陈皮粉，可健胃、助消化、防腹泻，降低仔、幼兔发病率。氯苯胍连续使用 45 天，其他三种成分一直喂到幼兔出栏。

二、不同生理、生长阶段家兔的饲养管理技术

（一）种公兔的饲养管理规范

种公兔要品质优良，发育良好，体格健壮，性欲旺盛。3 月龄后应雌雄分笼饲养，严防早配、乱交。配种时应把母兔捉到公兔笼而不相反。种公兔一天内交配二次，每交配两天后应休息一天，换毛期不配或少配，应有详细的配种记录。

公兔每天晚上投饲，早晨查看笼时，把没吃完的料全部倒出来，白天不让其再吃全价料。每天下午 2 时左右投少量青草或干草，这样保证种公兔不会过肥，同时也降低了饲养员劳动强度。种公兔每天的光照时间 12 小时左右，有条件的饲养场、户的公母兔分舍饲养，以利于控光，没有条件的饲养户公母兔同舍饲养时，公兔应放在底层笼内，因底层笼光线暗一些。保证兔舍通风、空气新鲜，兔舍要勤清扫，保持清洁卫生，兔舍要勤通风。

（二）种母兔的饲养管理技术

1. 空怀母兔的饲养管理　母兔空怀期是指仔兔断奶到再次配种妊娠间的一段时间。空怀期母兔由于哺乳期消耗了大量养分，体质瘦弱，为了尽快恢复体力，需要提供各种营养物质以补偿和提高空怀母兔的健康水平。

（1）饲养方面。饲养空怀期母兔的主要任务是恢复膘情，调整体况。饲养空怀期的母兔应以青绿饲料为主。在青草丰富的季节，体重 3～5 千克的母兔每天可喂青绿饲料 600～800 克，混合精料 20～30 克；在青草淡季，可喂给优质干草 125～175 克，多汁饲料 100～200 克，混合精料 35～45 克。空怀期母兔保持七八成膘，过肥过瘦都会影响发情、配种，应及时调整日粮中蛋白质和碳水化合物的比例，对过瘦母兔应在配种前 15 天增加精料比例，迅速恢复其体膘；对过肥母兔应减少精料喂量，增加运动量；将长期不发情的母兔除应改善饲养管理条件外，还可采用人工催情。

（2）管理方面。对空怀期母兔的管理应做到兔舍内空气流通，兔笼及兔体保

持清洁卫生，将长期照射不到阳光的兔子与光照充足的兔子调换位置，以促进机体的新陈代谢，保持母兔的正常活动。空怀期注意观察发情情况，适时配种。如果母兔体质过于瘦弱，应适当延长休产期，不能为单独追求繁殖胎数而忽视母兔的健康，严重影响种兔的利用年限。

（3）母兔的光照时间控制在每天 14～16 小时。

（4）保证兔舍温度：家兔能适应的温度为 5～30℃，适宜的温度为 15～25℃，一般春秋两季气温适宜的时候繁殖性能好，夏季和冬季繁殖性能不好。如果不利用夏、冬繁殖，每年的繁殖胎次会大为减少，降低生产率。我们每年的夏季和冬季都进行实验，掌握冬季能正常发情配种、妊娠和产仔的最低温度，夏季能正常发情配种、妊娠和产仔的最高温度。通过实验发现兔舍日平均气温在 7℃左右可以正常发情配种、妊娠和产仔。也就是兔舍白天温度在 10℃左右，早晨兔舍温度在 4℃左右。夏季兔舍最高温度在 27～28℃，也能正常繁殖。因此要求养兔场、户种兔舍气温冬季日均不低于 7℃，夏季不高于 27℃。冬季兔舍要加温、保暖，夏季要遮阳、通风，保持舍内温度稳定。

2. 妊娠母兔的饲养管理　妊娠期是指配种怀胎到分娩的一段时间。母兔的妊娠期一般为 29～32 天，妊娠期分三个阶段：1～12 天为胚期，13～18 天为胚前期，19 天以后至分娩为胎儿期。妊娠期所需要的营养物质，除维持自身的营养需要外，还要满足胚胎、乳腺发育和子宫增长的需要。

（1）饲养方面：饲养妊娠母兔，首先要供给全价营养物质，根据母兔的生理特点和胎儿的生长发育规律，胚期和胚前期以细胞分化为主，胎儿发育较慢，增重只占整个胚胎期的 1/102，所需营养不多，一般按空怀母兔的营养水平稍高即可；20 天以后的胎儿期，胎儿处于快速发展的生长发育阶段，其重量相当于初生重的 90%，此期需要营养多，应增加精饲料的供给，同时特别注意蛋白质、矿物质饲料的供给。妊娠前期日喂精料 100 克左右，青草 500～750 克，或喂全价颗粒饲料 200 克；妊娠后期日喂精料 100～125 克，青草 500～750 克，或喂全价颗粒饲料 250 克。

（2）保胎：在摸胎检查时动作要轻，以免流产，在妊娠 15～25 天，要保持兔舍安静，不要大声喧哗，避免外来动物侵犯。

（3）做好接产准备工作：产前 3 天（家兔一般妊娠期是 30～31 天），将消毒过的产箱放入母兔笼内，现代化的兔舍有固定的产箱，在产箱垫些软草。母兔产后失血过多，口渴饥饿，应准备温的淡盐糖水。

母兔分娩一周后应服用抗菌药物，预防母兔乳房炎和仔兔黄尿病。

3. 泌乳母兔的饲养管理

（1）饲养方面：哺乳母兔为了保证自身和仔兔的营养，需要消耗大量的营养物质，饲养水平高于空怀母兔和妊娠母兔，特别是保证足够的蛋白质、无机盐和维生素。每日喂青草 1 000 ~ 1 500 克，混合精料 100 克，或全价颗粒饲料 300 克。

（2）管理方面：防止乳房炎，母兔泌乳过多，仔兔过少造成乳房炎，可采取寄养法；母兔泌乳不足，仔兔过多，引起争食而咬伤乳头造成乳房炎，除增加营养外，可加喂黄豆、米汤或红糖水，也可喂"催乳片"。

（三）仔兔的饲养管理规范

1. 仔兔饲养室的温度控制 仔兔刚出生时全身无毛，体温调节系统也没有形成，所以没有体温调节能力，其体温随着环境温度的变化而变化。当环境温度降至 10℃ 左右时，出生不久仔兔的体温能降至 25 ~ 28℃，因体温低，新陈代谢率低，吃进腹内的奶汁不消化，进而出现腹胀、腹泻最后死亡。我们经过实验发现，仔兔培育室温度达到 20℃ 时，仔兔窝内的温度方能达到 33 ~ 35℃，仔兔才能体温正常、消化正常，不出现毛病。所以，配套技术把仔兔培育室温度最低定为 20℃，冬季气温低时，要求必须建立仔兔培育室，把室温控制在 20℃ 以上，保证仔兔成活率。

2. 开食前仔兔的处理 仔、幼兔培育过程中有两个死亡高峰期，第一个高峰期在产后 10 天以内，为了防止仔兔腹泻死亡，可做如下处理：仔兔在产后第三天滴喂盐酸黄连素注射液，每次每只 3 ~ 4 滴，每日 1 次，连滴 2 ~ 3 天，防仔兔黄尿；10 ~ 12 天滴喂痢菌净，每只每次 3 ~ 5 滴，每日 1 次，连滴 2 ~ 3 天，预防仔兔肠炎。

3. 开食后对仔兔的处理 从 18 日龄开始，饲料中添加以下物质：氯苯胍每千克饲料 0.2 克，连用 40 ~ 45 天，防球虫病；复合酶每千克饲料 0.2 克，用于助消化；益生素每千克饲料 3 克、低聚木糖每千克饲料 0.2 克（江苏康微生物有限公司生产），抑制肠道有害菌，防腹泻。

（1）投饲量：全价配合饲料，生长兔全价料，18 ~ 25 日龄每只每日 5 ~ 10 克，26 ~ 35 日龄每只每日 15 ~ 25 克。每天再用 100 ~ 200 克的含水量少的青草。

（2）饲养方法：定时、定量、少给、勤添，早晚各投一次全价配合饲料，中午、晚上 9：00 各投一次青草。

（四）幼兔饲养管理规范

1. 断奶时间 35 日龄。

2. 断奶时要做到三不变

（1）饲料不变：仔兔补饲时饲料成分不能变。

（2）环境不变：断奶不离窝，环境不变，伙伴不变。

（3）管理方法不变：投喂时间、清理兔笼残物等的时间都不能变。

3. 降低断奶后的死亡率 刚断奶的幼兔由原来吃奶和吃料同时进行转变为全部吃饲料，消化系统还不适应；幼兔胃肠壁很薄，消化能力很弱；幼兔是生长最快的阶段，营养需求量大，贪吃。以上三种原因决定了幼兔贪吃和消化力弱的矛盾，因此仔兔断奶后进入幼兔期的 3～4 周发病率高，是第二个死亡高峰，必须认真对待。

（1）饲养方面以助消化、防腹泻为主：饲料中仍加氯苯胍，每千克饲料添加 0.3 克；复合酶每千克饲料 0.2 克；益生素每千克饲料 4 克；去掉仔兔期添加的低聚木糖，改加陈皮粉，按饲料的 1% 添加。这样饲料就有防球虫、抑制肠道有害菌、健胃、助消化的作用。消化系统的疾病可降低 60%～70%，幼兔育成率可达到 90% 左右。

（2）幼兔培育要保温：幼兔生命力较弱，环境条件恶劣时，由于不适应会造成抗病力再次降低，发生各种疾病，死亡率升高。实验证明，断奶幼兔兔舍温度应在 15～25℃，冬季不能低于 12℃，夏季不能高于 27℃，否则容易出问题。

（3）创造干燥的环境：幼兔容易感染球虫病，幼兔舍阴湿容易发生球虫病。日常幼兔舍应经常打扫，保清洁卫生，并经常通风，保持兔舍干燥。

（4）及时进行免疫注射：35 日龄断奶，40 日龄注射瘟、巴、魏三联疫苗，每只 2 毫升；50 日龄注射波氏杆菌疫苗，每只 2 毫升；60 日龄加强注射瘟、巴、魏三联疫苗 1 次，每只 2 毫升，增强幼兔的免疫力。

（5）控光饲养：光线是兴奋剂，可以促进性腺发育。在动物的生长发育过程中，生长和发育是两个不同的概念。生长是指体重的增加，发育是指性腺的生长和完善。生长和发育是一组矛盾的两个方面。生长快的发育慢，发育快的生长慢。肉兔品种和品系中，大型的兔早期生长快、性成熟迟，初配期需在 8 个月以上；而小体型的兔早期生长慢，性腺发育快，2.5 月龄就性成熟。幼兔期在光照时间较长、光照较强环境中饲养的幼兔，没有在光照时间较短、光线较弱环境中的同龄兔生长得快。因此，幼兔断奶适应期过后，应与种兔分舍饲养，幼兔舍每天的光照时间应控制在 8～10 小时，且光线要弱。采光条件好的兔舍，应用遮挡光线的方法降低光照强度。

第五节　家兔不同季节的饲养管理

家兔的生长发育与外界环境条件密切相关，不同的环境条件对家兔产生不同的影响。因此，应根据家兔的生物学特性和各地区的季节特点，采取相应的科学管理方法。

（一）春季

春季气温逐渐升高，阳光充足，青草萌芽生长，是一年中家兔生长、繁殖的最好季节。但也有不利因素，如早春青绿饲料相对缺乏，多种传染病容易发生，气候多变，家兔换毛。所以，应在克服各种不利因素的前提下满足家兔的营养需要，使兔尽快恢复体况，母兔早发情，早配种。春季的饲养管理应做好以下工作。

1. 保证饲料供应，抓好过渡 青绿饲料缺乏，应注意维生素类饲料的供应，早春要注意加喂胡萝卜、萝卜及蔬菜下脚料，最好与干饲料混合饲喂，防止腹泻。随着青草、野菜的萌芽生长，应逐渐增加青绿饲料的喂量，切不可一开始就大量投喂，以免因一冬喂干粗饲料，而后一接触青饲料就会贪吃致病。严格掌握饲料品质，不喂霉烂变质、带泥沙及堆积发热的青饲料和有毒的野菜以及有毒的菜芽；阴雨多湿天气要少喂高水分饲料，适当增喂干粗饲料。雨后收割的青草要晾干后再喂。饲料中最好经常拌入少量大蒜、洋葱、韭菜等杀菌性饲料，以防止兔肠炎的发生，增强抗病力。在粗饲料中拌入适量木炭粉，可减少和避免兔胀肚或拉稀。

2. 搞好环境卫生，预防疾病 注意保持兔舍清洁卫生，做到勤打扫、勤清理、勤洗刷、勤消毒，达到兔舍内无积粪，无臭味，无污物。同时做好兔瘟、巴氏杆菌、魏氏梭菌和传染性口腔炎的预防工作。兔舍要干燥，通风良好。地面湿度较大时，可铺撒些草木灰或生石灰。

3. 加强营养，搞好春繁 春天是家兔季节性的换毛期，要脱去冬毛，换上夏毛，再加上配种的需要，饲料要求有充足的蛋白质、能量、维生素。

4. 加强配种 春节是家兔发情高峰期，母兔发情周期短，受胎率高，温度适宜，青草丰富，此时，应掌握有利季节，抓紧配种，提高幼兔产量。

（二）夏季

夏季气温高，湿度大，尤其在南方各地，气温可达38℃以上。家兔因汗腺不发达，常因炎热而食欲减退，抗病力降低。因此，家兔有"寒冬易过，盛夏难养"之说。在饲养管理上，应做好以下工作：

1. 防暑降温 高温对家兔的生长发育和健康状况影响很大。室内兔舍应打开门窗，使空气流通，但要避免阳光直射兔笼舍。当室内温度高于30℃时，可向地面泼水降温；露天兔场要及时搭好凉棚或种植瓜类、葡萄等攀藤植物。

2. 精心饲养 夏季中午炎热，家兔食欲不振。因此，每天喂料一定要做到早餐早喂，晚餐晚喂，中餐多喂青绿饲料。为降低消化道疾病，可饮0.01%高锰酸钾水；为防暑解渴，可饮1%～2%食盐水；为防球虫病，可饮0.01%～0.02%稀碘水。

3. 搞好卫生 及时清除兔舍内的粪便和污物，防止蚊蝇滋生。食盆每天洗涤1次，每周用消毒药喷洒消毒地面1次。消毒兔笼、兔舍、粪道、粪池等可用10%～20%石灰水喷洒。3%～5%过氧乙酸喷洒笼舍，对细菌、霉菌、病毒等都有很好的杀灭作用。

4. 预防疾病 夏季因兔体消瘦，抵抗力减弱，特别容易暴发球虫病，常常导致幼兔的大批死亡。预防球虫病除投喂药物（如氯苯胍、球虫宁、克球粉、敌菌净等）外，最好实行母仔分养、定期哺乳、大小分养，以防相互感染。

5. 控制配种繁殖 高温会影响家兔的繁殖性能，在无防暑降温条件的地区，凡兔舍在30℃以上的时节，应停止配种繁殖。同时要对种公兔采取特殊的降温保护措施。

（三）秋季

秋季温度适宜，阳光充足，青饲料丰富，是兔生长和繁殖的黄金季节。此时成年兔进入每年的第二次换毛季节，体质弱，采食量小，应加强饲养管理。

1. 调口粮 根据兔的不同年龄，按饲养标准配制，适当提高蛋白质水平，降低能量饲料，要求饲料营养丰富，适口性好容易消化。保证家兔每天有充足的青饲料如青草、青菜等，饲料应新鲜、洁净、无发霉变质。

2. 壮秋膘 秋季饲草丰富，气候适宜，壮好秋膘利于秋季繁殖和安全越冬。因此，应配制营养丰富的全价饲料，充分供给优质青饲料。喂料要定时、定量，做到早餐早喂、晚餐迟喂、午餐多喂青绿料，晚间加喂一次料。幼兔每天喂5～6次，青年兔3～4次，成年兔2～3次，并供给洁净充足的饮水。

3. 抓繁殖 秋季出生的仔兔发育良好，体质健康，成活率高。但因种兔刚度过盛夏，体质较瘦弱，且秋季日照逐渐缩短，配种受胎率较低。此时应该从饲养管理多方面入手，提高家兔繁殖率。为提高配种率，在饲养方面种公兔和怀孕母兔应控制膘情，肥瘦适中。哺乳期母兔应喂给蛋白质、矿物质及维生素丰富的全价饲料，适当多增加青草。在管理方面增加光照，配种时要选择优良的种兔，母兔可采取重复配种或双重配种和人工授精相结合的办法。

4. 整兔群 将繁殖力强、后代整齐、生长迅速的兔子留作种用，老弱病残种兔应立即淘汰，选留优良后备兔补充种兔群。

5. 防应激 在饲料中添加适量的多维或0.5%维生素B，0.5%维生素C，能增强家兔抗应激能力，利于家兔生长。

6. 精管理 秋季气温早晚与午间的温差大，幼兔易患感冒、肺炎、肠炎等疾病，严重者会造成死亡。同时秋季湿度较大，兔舍应搞好通风，保持干燥和防潮，可在舍内撒一些石灰或草木灰。经常清洗饲槽、食槽和笼底板，搞好清洁卫生。常用3%～5%来苏儿定期消毒圈舍内外。定期注射兔瘟、兔巴氏杆菌苗。定期在饲料中加球虫素、氯苯胍精粉等饲喂，搞好球虫病的预防。每天坚持观察兔群，以便及时发现问题，做好无病早防、有病早治。

（四）冬季

冬季气候寒冷，昼短夜长，青饲料缺乏，给养兔工作带来很大的麻烦。因此，应做好以下几个方面的工作。

1. 防寒保暖 因冬季气温低，防寒保暖是冬季饲养管理的重点。对兔舍要做保暖措施，防止低温大风的侵袭。温度在5℃以下时，对繁殖种兔和幼兔要加强管理，必要时可采用取暖措施。

2. 调整饲喂结构　由于天寒地冷，兔散热多，要对日粮配方及饲喂结构进行适当的调整。适当增加能量饲料的比例（10%～15%），增加饲喂量15%～30%，加喂菜叶、胡萝卜、大麦芽等补充维生素的含量。

3. 做好冬繁　冬繁是提高种用年限，增加经济效益的措施之一。实现冬繁的关键技术是保温工作和维生素类饲料的添加，采用综合措施使温度保持5℃以上，生产中多采用母仔分离的方法，即仔兔放于温暖处，定时哺乳。同时补充维生素饲料，也可加喂维生素添加剂。人工补光使光照时间达到14～16小时。

4. 加强管理　冬季兔舍密封性强，通风不良，有害气体增多，易诱发呼吸道疾病。因此，在晴朗的中午，打开门窗，排出浊气。仔兔巢箱勤清理，勤换草，保持清洁干燥。

5. 调整兔群　秋末冬初要全面调整兔群，留良去差。对商品兔快速育肥，以提高产品质量。

第六节　家兔不同生产用途的饲养管理

一、毛用兔的饲养管理

（一）增加营养

兔毛纤维是由蛋白质组成的，一只高产长毛兔，可年产毛1 000～1 500克，毛中蛋白质绝对量超过2千克，相当于肉兔长7千克肉所需的蛋白质，对蛋氨酸和胱氨酸的需要量更高。长毛兔营养水平建议为：消化能10～11.3兆焦/千克，粗蛋白质17%～20%，粗纤维14%，含硫氨基酸0.7%～0.8%。长毛兔日粮中添加适量的钴、锌、铜等微量元素，对产毛量有明显的促进作用。

采毛后第一个月采食量最大，对饲料的需要量最大，应加强营养，第二个月兔毛生长速度快，营养要充足，第三个月兔毛生长趋缓，采食量下降，可根据兔毛的生长周期调节饲喂量。

（二）科学采毛

1. 梳毛　梳毛的目的是防止兔毛缠结，提高兔毛质量，也是一种积少成多收集兔毛的方法。

（1）梳毛次数：梳毛是养好长毛兔的一项经常性的管理工作。一般仔兔断奶后即应开始梳毛，此后每隔10～15天梳理1次。凡被毛稀疏、排列松散、凌乱的个体容易结块，需经常梳理；被毛密度大、毛丛结构明显，排列紧密的个体被毛不易缠结，梳毛次数可适当减少。所以，饲养良种长毛兔，增加被毛密度，是防止兔毛缠结、减少梳毛次数的有力措施。

（2）梳毛方法：梳毛一般采用金属梳或木梳。梳毛顺序是先颈后及两肩，再梳背部、体侧、臀部、尾部及后肢，然后提起颈部皮肤梳理前胸、腹部、大腿两侧，最后整理额、颊及耳毛。遇到结块毛时，可先用手指慢慢撕开后再梳理，如果确难撕开时，即可剪除结块毛。

（3）注意事项：梳毛是一项细致而费时的工作，特别是被毛稀疏、容易结块的长毛兔应坚持定期梳毛。长毛兔的皮肤较薄，尤其是靠近尾根周围的皮肤更薄，要防止撕裂皮肤。梳毛时应由上而下，右手持梳自顺毛方向插入，朝逆毛方向托起梳子。

2. 剪毛　科学的采毛方法能提高兔毛的产量和质量，有利于兔的健康。适当的采毛间隔，有利于毛兔发挥正常的生理功能，减少皮肤病的发生。采毛方法对毛纤维也有明显的影响，粗毛型兔宜拔毛，绒毛型兔宜剪毛。

长毛兔第一次采毛在出生后 2~3 月进行，以后每隔 10~12 周采毛 1 次。

剪毛是采毛主要方法。目前有些地区已建立了"代客剪毛站"，专人剪毛，技术熟练，很受养兔农户的欢迎。

（1）剪毛次数：以年剪毛 4~5 次为宜。根据兔毛生长规律，养毛期为 90 天者可获得特级毛，70~80 天者可获得一级毛，60 天者可获得二级毛。为满足长毛兔喜欢冬暖夏凉的习性，年剪 5 次的剪毛时间可分别安排在 3 月上旬（养毛期 80 天）、5 月中旬（养毛期 70 天）、7 月下旬（养毛期 60 天）、10 月上旬（养毛期 80 天）和 12 月中旬（养毛期 70 天）。

（2）剪毛方法：剪毛一般采用专用剪毛剪，也可用理发剪或裁衣剪，技术熟练的剪毛员，每 5~10 分钟可剪完 1 只兔子。剪毛顺序为背部中线—体侧—臀部—颈部—颌下—腹部—四肢—头部。将剪下的兔毛应按长度、色泽及优劣程度分别装箱，毛丝方向最好一致。

（3）注意事项：

第一，剪毛时剪子应贴紧皮肤，切忌提起兔毛剪，特别是皮肤皱褶处，以免剪破凸起的皮肤。

第二，防剪二刀毛（重剪毛）。如一刀剪下后留茬过高，不可修剪，以免因短毛而影响兔毛质量。

第三，剪腹部毛时要特别注意，切不可剪破母兔的乳头和公兔的阴囊，接近分娩母兔可暂不剪胸毛和腹毛。

第四，剪毛宜选择在晴天、无风时进行，特别是冬季剪毛后要注意防寒保温，兔笼内应铺垫干草，以防感冒。

第五，患有疥癣、霉菌病及其他传染病的兔子，应单独剪毛，工具专用，防止疾病传播。凡有剪破皮肤者应用碘酊消毒，以防细菌感染。

3. 拔毛 拔毛也是一种重要的采毛方法，已越来越受到人们的重视。

（1）拔毛优点：

第一，拔毛有利于提高优质毛比例，拔毛可促使毛囊增粗，粗毛比例增加。据试验，拔毛可使优质毛比例提高40%~50%，粗毛率提高8%~10%。

第二，拔毛可促进皮肤的代谢功能，促进毛囊发育，加速兔毛生长。据试验，拔毛可使产毛量提高8%~12%。

第三，拔毛时可拔长留短，有利于兔体保温，留在兔身上的兔毛不易结块，而且还可防止蚊蝇叮咬。

（2）拔毛方法：拔毛可分为拔长留短和全部拔光两种。前者适于寒冷或换毛季节，每隔30~40天拔毛1次；后者适于温暖季节，每隔70~90天拔毛1次。拔毛时应先用梳子梳理被毛，然后用左手固定兔子，用右手拇指将兔毛按压在示指上，均匀用力拔取一小撮一小撮的长毛，也可用拇指将长毛压在镊子上拔取小束长毛。

（3）注意事项：

第一，幼兔皮肤嫩薄，第一、二次采毛不宜采用拔毛法，否则易损伤皮肤，影响产毛量。

第二，妊娠、哺乳母兔及配种期公兔不宜采用拔毛法，否则易引起流产、泌乳量下降及影响公兔的配种效果。

第三，拔毛适用于被毛密度较小的个体和品种，对被毛密度较大的兔子应以剪毛为主。养毛期短，拔毛费力时不宜强行拔毛，以免损伤皮肤。

二、肉兔的饲养管理

育肥是肉兔和皮肉兼用品种用于兔肉生产的最后环节，其主要目的就是增加营养积累，减少养分消耗，生产品质好的兔肉。

（一）育肥兔的饲养

育肥期适当增加精饲料的比例，降低草粉的比例。每天、每只供给全价颗粒饲料150克、每天再增加煮熟的玉米30~50克，增加热量饲料的比例，相对减少了粗饲料的比例，有利于促肥。

（二）育肥兔的管理

1. 实行全进全出的方法 繁殖时实行中药促情的方法，使母兔发情相对集中；产仔时凡到预产期的母兔进行催产，使产仔相对集中。育肥时可以采取全进全出的方法，便于管理。

2. 合理组群 按体重相近、体质强弱分群，根笼的大小，每群5~10只不等，主要原则是使其活动范围小、活动量减少，减少能量消耗，有利肥育。

3. 优化环境条件 育肥兔舍温度应控制在 15 ~ 25℃，并创造安静、黑暗的条件，有利于迅速催肥。

4. 饲料添加中草药添加剂 中药青皮、枳实、神曲等含有多量芳香性挥发油，对胃有缓和刺激作用，有利胃肠积气排出，增加胃液分泌，促进消化；柏子仁、五味子、松针粉具有安神定惊作用，育肥兔食后能安定、嗜睡。以上几种中草药配成的中药添加剂在育肥兔饲料中添加 1%，可以增强食欲，活动量减少，静卧养神时间增多，能催肥长膘。

三、獭兔的饲养管理

（一）提高獭兔饲养水平

獭兔的营养水平建议：消化能 9.8 ~ 11 兆焦/千克，粗蛋白质 16% ~ 17%，粗纤维 14%。

（二）精细饲养，保证獭兔皮毛品质

保证獭兔营养全面的颗粒饲料，并多喂优质的青绿饲料。獭兔 3 月龄以后实行单笼饲养，预防家兔疥癣病、霉菌脱毛病、皮下囊肿等疾病。

（三）合理配种，适时取皮

獭兔配种时间不宜早于 6 个月，过早配种，不但影响妊娠母兔的生长和皮毛质量，而且影响后代品质。獭兔夏季皮毛质量较差，冬季皮毛质量较好，所以要根据其生长规律，合理掌握配种、产仔、育成时间，保证最佳的取皮时间。

第七章　兔病防治的基本知识

第一节　兔病发生的原因

兔病是养兔业的最大障碍，特别是传染病，发病率和死亡率都很高，严重时甚至全群覆灭，造成巨大的经济损失。因此，搞好防疫卫生工作，积极预防家兔疾病的发生，是保障养兔业的发展，提高养兔经济效益的重要措施。要预防兔病，必须了解兔病发生的原因，才能采取切实可行的措施，达到预防的效果。

兔病的发生都是由一定的病因作用于机体而引起的。兔病发生的原因可分为外界致病因素和内部致病因素两大类，一般疾病的发生是由于内外两种因素综合作用的结果。

一、外界致病因素

外界致病因素主要指存在于外界环境中的各种致病因素，可分为生物性、化学性、物理性、机械性和管理性五大类。

（一）生物性致病因素

生物性致病因素主要包括由病原微生物（细菌、病毒、真菌、螺旋体等）引起的传染病和由寄生虫（如球虫、原虫、蠕虫等）引起的寄生虫病，如兔瘟、兔痘、野兔热、兔巴氏杆菌病、兔球虫病等，对养兔业威胁最大，可以给养兔场造成严重损失，以致全群覆灭。

（二）物理性致病因素

物理性致病因素是指高温、低温、电流、光照、噪声、气压、湿度和放射线等达到一定强度或作用时间较长时，可使兔出现体发生物理性损伤，如冻伤、烧伤、中暑等。

（三）化学性致病因素

化学性致病因素主要有强酸、强碱、重金属盐类、农药、化学毒物、氨气、一氧化碳、硫化氢等化学物质引起的中毒性疾病，如有机磷中毒、食盐中毒、亚硝酸盐中毒、敌鼠钠中毒等。

（四）机械性致病因素

机械性致病因素常见的有因外界各种机械因素直接作用于兔体引起的外伤，如跌伤、打伤、扭伤、刺伤和骨折等。

（五）营养和管理因素

饲养管理不当和饲料中各种营养物质不平衡（营养过剩或不足），常可引起兔病的发生。饲养管理不当，如饲养密度过大、惊吓、停水、通风不良、长途运输和突然更换饲料等，都可使家兔自身抵抗力下降，引起应激综合征，导致兔病的发生。

家兔对营养要求较高，在缺乏青绿饲料又没有补充各种维生素的情况下，即可发生维生素缺乏症，以及母兔的胚胎发育不良。兔缺乏维生素 A 时，出现生长缓慢、神经受损、运动失调及眼结膜干燥等症状。母兔长期缺乏维生素 A 时，所产的仔兔大部分发生脑水肿。缺乏矿物质及微量元素也会出现各种病态。如经常使用发霉饲料会造成家兔黄曲霉菌毒素中毒而死亡。有时青绿饲料使用不当，例如含水量过多，或使用有露水的青饲料，也会出现家兔消化不良等疾病，严重者死亡。

二、内部致病因素

家兔疾病的发生通常与外界致病因素有关，更重要的是与机体本身的内在因素关系更大。兔病发生的内部因素主要反映在兔体对外界致病因素的易感性和机体的遗传性两个方面。

（一）兔体对外界致病因素的易感性

兔体对致病因素的易感性和抵抗能力与兔体的免疫状态、遗传性能、性别、年龄、品种、内分泌等因素有关。兔体免疫功能低下时，容易引起感染性疾病，如兔的一些细菌性传染病、病毒性传染病和寄生虫病。不同年龄的兔对同一致病因素的易感性不同，如兔病毒性出血症主要危害青年兔和成年兔，幼兔特别是哺乳仔兔仅有少数易感，而兔传染性水疱性口炎主要危害 1~2 月龄幼兔，而成年兔较少发生；兔的品种不同，其抗病力也不同，如日本白兔的抗病力较差，而丹麦白兔的抗病力则较强。

（二）机体的遗传性

遗传性是动物机体在种系的传递过程中，把自身的特征和某些疾病遗传给后代。遗传的相对稳定性可继续保留良种的优势，如生长速度快、繁殖性能好、抗病能力强等，这些是非常有利的。但某些疾病也可传递给后代，使兔出现生长缓慢、抗病力差、生产性能低下等不良现象，如兔的癫痫病、脊髓空洞症等疾病。

第二节　兔病的分类

　　根据疾病发生的原因可以把兔病分为传染病、寄生虫病、普通病和遗传病四种类型；按疾病的病程长短可分为最急性、急性、亚急性和慢性四种类型；按机体主要患病系统可分为呼吸系统疾病、消化系统疾病、神经系统疾病、血液循环疾病、泌尿系统疾病、生殖系统疾病和内分泌系统疾病以及感觉器官疾病。

一、传染病

　　传染病是一类能在动物与动物之间以及人与动物之间或者人与人之间进行传播的疾病。它是一类由病原微生物引起的疾病。

　　传染病是指由致病微生物（病原微生物）侵入机体而引起的具有一定潜伏期和临床表现，并能够传播给其他个体的疾病，这些病原微生物包括病毒、细菌、真菌等。传染病是临床上最多见的一类疾病，而且一旦发生，常会造成严重的经济损失，对养兔业来说危害是相当大的。常见的传染病有以下三大类。

　　1. 病毒性传染病　如兔病毒性出血症（兔瘟）、兔痘、兔传染性水疱性口炎、仔兔的轮状病毒病、兔黏液瘤病等。

　　2. 细菌性传染病　如兔巴氏杆菌病、魏氏梭菌病、野兔热、大肠杆菌病、兔坏死杆菌病、兔支气管败血波氏杆菌病、兔伪结核病、兔泰泽氏病等。

　　3. 真菌性传染病　如皮肤真菌病、深部真菌病（曲霉菌性肺炎）、兔密螺旋体病等。

二、寄生虫病

　　寄生虫病是由寄生虫暂时或永久性寄生于宿主的体表或体内，夺取宿主营养，并给宿主造成不同程度危害的一类疾病。某些寄生虫如疥螨、痒螨等寄生于宿主的体表或者皮内所引起的疾病称为外寄生虫病；而寄生于宿主体内某些器官、组织或血液内的寄生虫如球虫、吸虫、绦虫、线虫等所引起的疾病称为内寄生虫病。在临床上，家兔寄生虫病的感染和发生比较普遍，有的能引起严重的疾病并导致死亡，如兔球虫病；有的虽不引起严重的疾病，却常常表现为带虫者或亚临床症状，如栓尾线虫、囊尾蚴等感染。常见的兔寄生虫病有三类：家兔的原虫病（主要有兔球虫病、弓形虫病和住肉孢子虫病等）、家兔的蠕虫病（主要包括囊尾蚴病、蛔虫病、棘球蚴病和肝片吸虫病等）、家兔的体外寄生虫病（主要包括兔虱病、兔蚤病和兔疥螨病等）。

三、普通病

普通病（非传染病）是由一般性致病因素引起的一类疾病，如维生素的缺乏病、矿物质的缺乏病、有机磷中毒等。临床上比较常见的普通病有营养代谢病、中毒性疾病、内外科病等。

营养代谢病主要是因饲养管理不当或其他慢性疾病所引起的，如各种维生素缺乏症、骨软症等。中毒病是指由各种有毒物质通过各种途径进入兔体而引起的疾病，如黄曲霉毒素中毒、氟中毒、有机磷化合物中毒、食盐中毒、有机氯化合物中毒等。内外科及其他病包括内科病的口炎、便秘、积食、腹泻、中暑等；外科的冻伤、创伤、眼结膜炎等；产科病的难产、乳房炎、不孕症等。

四、遗传病

遗传病是指由于遗传物质发生了变异而对动物机体造成有害影响，表现为身体结构缺陷或功能障碍，并且这种现象能按一定遗传方式传递给其后代的疾病，如家兔的短趾、八字腿、白内障、牛眼等。

第三节　兔传染病的防治

一、传染病流行的基本条件

传染病是由病原微生物（细菌、病毒等）引起的一类疾病。病原微生物经一定的传播途径侵入兔体后，并在一定部位定居、生长、繁殖，与机体各种防御功能相互作用，如果病原微生物具有相当的毒力和数量，而兔体的抵抗力相对比较弱，不能抵抗病原的感染时，病原微生物就可以大量生长繁殖而使兔发病。另一方面，病兔或者携带病原体的兔可向体外排出病原微生物，又可引起其他健康兔感染与发病。由个体发病引起群体发病，即传染病的流行。

因此，传染病的发生与传播需具备三个基本条件：传染源、传播途径（传播媒介）、易感兔群，其中缺少任何一个环节，传染病都不可能发生，只有同时存在并相互关联时，才会造成传染病的流行与传播。

（一）传染源

传染源是指某种传染病的病原体在其中寄居、生长、繁殖，并能排出体外的动物机体。具体地说，传染源就是受到感染的病兔，包括发病兔、带有病原微生物的兔和死兔，因为它们可向外界排出病原体。兔群在暴发急性疾病过程中或在病情急性发作期可排出大量病原体，故此时传染源的危害最大。

（二）传播途径

病原体从传染源排出体外，经过一定的方式再侵入其他易感动物所经过的途径为传播途径。了解传染病的传播途径的目的在于切断病原体的继续传播，防止易感动物受到感染。

从传播形式上，病原体在宿主间的传播可以分为水平传播和垂直传播。大多数传播途径是传染源在群体之间或个体之间以水平方式横向传播，可经消化道、呼吸道或皮肤黏膜创伤等在同一代动物之间的横向传播，即水平传播。有的传染病经卵巢、子宫内感染而传播到下一代，即为垂直传播。

从传播方式上，病原体在宿主间的传播可以分为直接接触和间接接触。直接接触传播是在没有其他外界因素的参与下，病原体通过被感染的病、死兔（传染源）与易感兔直接接触而引起的传播。间接接触传播是指在外界因素的参与下，易感兔因接触被传染源的排泄物或分泌物所污染的物品（传播媒介）而引起感染造成疾病传播。被污染的土壤、空气、饲料、饮水、工具、用具以及携带病原微生物的猫、狗、老鼠和人都可以成为传播媒介。

（三）易感兔群（易感性）

易感兔群指对某些传染病没有抵抗力的兔群，即兔对某种传染病病原体的感受性的大小。它是兔病发生与传播的重要环节之一，直接影响到传染病是否造成流行以及疫病的严重程度。兔群易感性的高低一方面与病原体的种类和毒力强弱有关，另一方面主要还是由兔群的内在因素（遗传因素、年龄差异）、兔群的外界因素（饲养管理水平）和机体的免疫状态所决定。因此平时应该注意保护易感动物，降低其易感性。

二、传染病的流行特征

传染病是由致病微生物引起的，在临床上，不同的致病微生物引起的疾病表现是千差万别的，同一种传染病在不同品种的家兔身上的表现也是多种多样，更不用说同一种病原在不同种类的动物身上引起的疾病了。虽然传染病的临床表现不尽相同，但是与其他非传染病相比传染性疾病具有一些共同的特征。

（一）传染病是由病原微生物引起的

传染病是在一定的环境条件下病原微生物与机体相互作用的结果。每一种传染病都有它特定的致病源，如兔痘是由兔痘病毒引起的，而兔瘟是由兔病毒性出血症病毒引起的，野兔热是由土拉杆菌引起的，兔巴氏杆菌病是由多杀性巴氏杆菌引起的。

（二）传染病具有传染性和流行性

从患传染病的兔体排出的病原微生物，以一定的途径侵入另一有易感性的动物体内，能够引起同样症状的疾病。当病原体在患病动物体内增殖并不断排出体外，在经过相应的传播途径感染另外的易感动物时而引发其他动物具有相似临床症状的疾病，这种疾病不断散播病原体传染其他动物的现象，是区别非传染病与传染病的一个重要特征。病原体种类、数量、毒力、易感动物的免疫状态等因素决定了传染病的传染强度。传染病在一定地区和一定时间内很容易从动物群中以个体发病慢慢地扩展到整个群体感染发病的过程，就造成了传染病大面积的暴发流行。

（三）动物机体感染传染病后能够出现相应的免疫学反应

家兔感染上传染病之后，病原微生物会在机体内大量繁殖，机体在病原体或其代谢产物的刺激下，就会出现特异性的免疫学变化，随后会产生相应的抗体和（或）变态反应等。病原体引起的这些微细变化或反应，可通过血清学试验等实验室诊断方法检测出，对病原体的确诊具有实质性的指导意义。

（四）动物耐过之后可获得相应的免疫力

大多数传染病感染动物之后，经过一段时间的发展，没有死亡的患病动物体内会产生抵抗该传染病相应抗原的抗体，具有对该病特异性的免疫力，并在相当长的一段时间或终生不再发生有该病原体引起的相应传染病。

（五）具有特征性的病程经过、临床症状和病理变化

家兔感染传染病之后，不同的病原体在机体内的感染部位是不一样的，根据病原体在不同部位繁殖，对机体造成的损伤能够通过外表表现出来。在临床诊断时，经验丰富的兽医可根据自己多年的临床经验迅速做出判断，采取措施，为传染病的扑灭与降低经济损失打下坚实的基础。

（六）传染病具有相应的阶段性和流行规律

大多数传染病的暴发与流行在个体发病动物身上都表现出相同的阶段性即潜伏期、前驱期、临床明显期和转归期4个阶段。各种传染病在动物群体内都有相对稳定的流行规律，多表现为流行的地区性和季节性。传染病的地区性是指某些传染病、寄生虫病和自然疫源性疾病只限于一定地区和范围内发生；传染病的季节性是指传染病的发病率随季节的变化而升降，不同的传染病大致上有不同的季节性。

（七）传染病可预防

传染病通过控制传染源，切除传染途径，增强机体抵抗力，使用疫苗等措施可以防控。

三、传染病的流行过程

传染病的流行过程是指传染病在动物群中的发生、发展与终止的过程，在传染病流行过程中虽然不同的病原体在临床上的表现千差万别，但是对于个体动物发病时的病程来说经过具有明显的规律性，一般将其分为潜伏期、前驱期、临床

明显期和转归期 4 个阶段。

（一）潜伏期

每一种传染病的潜伏期不同，但都是从病原体侵入兔体开始，经一段时间的生长繁殖达到该病临床症状开始出现时的一段时间。传染病的潜伏期一方面根据病原体的性质（例如病原体的种类、数量、毒力、侵入途径或部位等方面的差异），另一方面是由于不同种属、品种和个体动物对病原体易感性不同造成的，同种疾病的潜伏期长短也有很大差别。临床上虽然潜伏期的长短不一，但还是具有一定的规律性，比如兔病毒性出血症潜伏期通常为 48~72 小时，最急性型兔病毒性出血症的潜伏期则为 6~8 小时，急性型兔瘟的病程 1~2 天，慢性型兔瘟的病程至少 1 个月之久。

一般而言，急性传染病的潜伏期相对较短且变动范围较小，慢性或亚急性传染病的潜伏期较长且变动范围也较大。了解传染病的潜伏期具有重要意义，传染病的传播特性与传染病的潜伏期有较大的关系，一般潜伏期短的疾病通常来势凶猛、传播速度快；传染病的潜伏期能帮助我们判断感染了多长时间，还有利于我们查找感染病原体的来源和传播方式；能够确定传染病封锁和解除封锁的时间，以及决定对动物的隔离观察时间；免疫接种的类型的依据，如处于传染病潜伏期内动物需要被动免疫接种，其他动物则需要紧急疫苗接种等；可以帮助我们评价防治措施的临床效果，实施新的防疫制度后需要经过该病潜伏期的观察，根据前后病例数变化就可以评价该措施是否有效；预测传染病的严重程度，如潜伏期短促时病情常较为严重。

（二）前驱期

前驱期是指疾病的临床症状开始出现后，直到该病典型症状显露的一段时间。临床上患病动物主要表现是体温升高、食欲减退、精神异常等。不同传染病的前驱期长短有一定差异，有时同种传染病不同病例的前驱期也不同，但前驱期通常只有数小时至一两天。

（三）临床明显期

临床明显期是指疾病典型症状充分表现出来的一段时间。该阶段是传染病发展和病原体增殖的高峰阶段，典型临床症状和病理变化也相继出现，因而进行临床诊断比较容易。同时，由于患病动物体内排出的病原体数量多、毒力强，故应加强发病动物的饲养管理，防止病原微生物的散播和蔓延。

（四）转归期

转归期指传染病发展到了最后的阶段。如果病原体的致病能力很强，或动物体的抵抗力很弱，会以动物的死亡而宣告结束。反之，动物体获得了免疫力，抵抗力逐渐增强，机体则逐步恢复健康，表现为临床症状逐渐消退，体内的病理变化逐渐消失，正常的生理功能逐步恢复。在疾病转归期，机体能够在一定时期内保留免疫学反应，同时在机体内也存在有病原微生物，但这种免疫学反应和带菌（毒）现象存在时间的长短则与传染病的种类有关。

四、预防兔传染病的基本措施

家兔体型小且抵抗外界的突变环境能力差，造成家兔死亡的很多疾病，根本很难发现任何明显症状。有时即使是慢性疾病，进行治疗的效果也不十分理想，治疗的成本往往高出家兔本身价值。因此，生产中必须坚持"预防为主，养防结合"的方针，加强防疫人员防病意识，采取必要的防疫措施。真正做到从环境上预防疾病、饲料防病、引种防病、饲养管理防病、配种繁殖防病和药物防病。家兔传染病的综合预防措施是：

（一）坚持自繁自养，搞好引种检疫

选养健康的优种公兔和母兔，自行繁殖仔兔。防止因引进兔源而带入兔病，造成病的传播。不要到疫区或发病场引进种兔，请兽医协助检疫，对购入的新兔应隔离观察一段时间，确证无病才能混群。

（二）加强饲养管理，搞好环境卫生和消毒

合理搭配饲料，保证其营养需要。做到冬防寒、夏防暑，保持兔舍通风、干燥、清洁卫生。坚持每天清扫兔舍和兔笼的粪便和污物，并将其堆积发酵。兔舍和兔笼要定期和不定期地用消毒剂进行消毒。同时做好灭鼠和灭蚊蝇工作。

（三）做好预防接种

有目的、有计划地进行预防接种是控制家兔传染病的有效措施。对于某些传染病如兔瘟、兔巴氏杆菌病等，预防接种更起到关键作用。在某些传染病的多发地区或受到邻近兔场某些传染病威胁时应及时接种疫苗。当兔场发生了某种传染病时，对其他假定健康的兔也要紧急接种疫苗，这样可避免疾病流行而造成更大损失。

（四）做好药物预防

定期或不定期地给兔群投以药物，也是预防兔传染病的有效措施。选用廉价安全有效的药物，添加到饲料或饮水中，可收到明显的预防效果。如痢特灵可减少沙门菌和大肠杆菌病的发生；磺胺二甲基嘧啶能降低败血波氏杆菌、巴氏杆菌病的发病率。但必须注意长期应用某种药物可产生耐药性而影响预防效果，需更换药物，或请有关部门做药敏试验，慎重选择使用敏感药物。

五、发生传染病时应采取的措施

兔场一旦发生传染病或疑似传染病时，必须按照"早、快、严、小"的原则及早诊断，及早扑灭。

（一）做好封锁、隔离工作

对发生传染病或疑似传染病的兔场或兔舍进行严密封锁，迅速将可疑病兔隔离治疗。喂料、饮水应有专人负责，无关人员不要入内，在隔离的进出山口要设消毒池，争取把疫病控制在最小范围，及时通知周围养兔场（户）采取预防措施，防止疫情扩大。

（二）尽早诊断，确定疫病

兔场发生疫病时，应及时组织技术人员到现场会诊，根据临床症状、流行病学、病理变化和实验室检查等手段进行确诊，提出防治病兔的紧急补救措施。如果本场不能确诊，应把病兔或刚死的兔盛在严密的容器内，立即送有关单位进行检验、诊断。

（三）兔场严格消毒

当疫病已在本场发生和流行时，应对疫区和受威胁的兔群实施紧急疫情消灭措施。对污染过的兔笼饲料、食槽、饮水器和各种用具等进行彻底消毒，以切断各种传播媒介。

（四）紧急预防接种

发生传染病的兔场经过消毒隔离后，还应对假定健康兔群实施紧急预防接种，有的传染病可用药物进行预防性治疗。如兔巴氏杆菌病可用青霉素、链霉素、磺胺类药进行防治。与此同时，还需加强兔的饲养管理，增加有营养的饲料，以提高兔群的抵抗力。

（五）保护健康兔，挽救病兔

在消除传染源、净化环境、治疗病兔来减少兔场损失的同时，还要及时安全处理病兔和死兔。有治疗价值的种兔要精心治疗，无治疗价值的兔应及时淘汰。妥善处理好病兔，可做深埋或烧毁处理，严禁食用和当作商品兔出售。

第四节　兔寄生虫病的防治

一、寄生虫病的危害

寄生虫侵袭兔体或在兔体内移行、寄生时，不仅危害养兔业，造成经济损失，甚至威胁人类健康。由于各种寄生虫的生物学特性及其寄生部位不同，因而对兔的致病作用和危害程度也不同，寄生虫病的发病特点和危害性主要表现在如下几个方面。

（一）机械性损害

吸血昆虫叮咬，或寄生虫侵入兔体及其在体内移行过程中和在特定部位寄生的机械性刺激，可使兔的器官、组织遭受不同程度的损害，如创伤、发炎、充血、出血、肿胀、堵塞、挤压、萎缩、穿孔和破裂等，严重时可引起死亡。

（二）吸取营养和血液

寄生虫经口吃入或由体表吸收的方式，把兔的营养物质变为虫体自身的营养，有的则直接吸取兔的血液或淋巴液作为营养，致使兔发生营养不良、贫血、消瘦、抗病能力和生产性能降低等。

（三）毒素的毒害作用

寄生虫在生长、发育和繁殖过程中产生的分泌物、排泄物、脱鞘液和死亡崩解产物等，可对兔产生不同程度的局部性或全身性毒性作用，尤其对神经系统和血液循环系统的毒害作用较为严重。

（四）引入其他病原体，传播疾病

寄生虫不仅本身对兔有害，还可在侵害兔时，将某些病原体如细菌、病毒和原虫等直接带入兔体内，或为其他病原体的侵入创造条件，使兔遭受感染而发病。

（五）降低兔产品的质量和数量

多种寄生虫病可使兔肉、皮、毛产量下降，质量降低。如兔螨病可导致被毛脱落，产量减少，质量降低。某些人畜共患寄生虫病，尤其是肉源性人畜共患寄生虫病，其肉品甚至整个肉尸常需无害化处理或依法废弃。

二、兔寄生虫病流行的基本环节

和兔传染病一样，兔寄生虫病的传播和流行也必须具备三个基本环节，即传染源、传播途径和易感动物，切断或控制任一个环节，就可以有效地阻止某种寄生虫病的发生与流行。此外，寄生虫病的传播和流行，还受自然条件和社会因素的影响与制约。

（一）传染源

传染源通常是指寄生有某种寄生虫的病兔和带虫兔，寄生虫能在其体内寄居、生长、发育、繁殖并排到体外。寄生虫常通过血、粪、尿及其他分泌物、排泄物等，不断地把某一发育阶段的寄生虫（虫体、虫卵、幼虫或节片等）排到外界环境中，污染土壤、饲料、饮水、用具，然后经一定途径转移到易感动物或中间宿主。

（二）传播途径

传播途径是指寄生虫从传染源排出，经一定方式再侵入其他易感兔所经过的途径。寄生虫感染进入兔体的常见途径有：经口感染、经皮肤感染、经媒介节肢动物感染、接触感染、经胎盘感染等。

1. 经口感染 经口吃入是兔感染寄生虫的主要途径。兔吞食了被感染性幼虫或虫卵污染的饲草、饲料、饮水或土壤等，或吞食了带有感染性阶段虫体的中间宿主、延续宿主、补充宿主等之后而遭受感染，如胃肠道线虫、球虫等。

2. 经皮肤感染　某些寄生虫的感染性幼虫可主动钻入兔皮肤而引起感染。吸血昆虫在叮咬、刺蛰兔吸血时，可把感染期的虫体注入兔体内引起感染，如锥虫、孢子虫等。

3. 接触感染　健康兔与病兔通过皮肤或黏膜接触而直接感染，或与被感染阶段虫体污染的圈舍、垫料、用具及运动场等接触而间接感染，如兔螨病、滴虫病等。

4. 经胎盘感染　某些寄生虫如弓形虫等，其在妊娠母体内寄生或移行时，可经胎盘进入胎儿体内而使胎儿感染。

（三）易感动物

易感动物是指某种寄生虫可以感染、寄生的兔。

三、兔寄生虫病流行的影响因素

寄生虫病的流行与传播是从寄生虫生活史中某一阶段离开宿主开始，经过外界环境，传入其他新宿主的过程，因此，寄生虫病的传播受自然条件、生物因素和社会因素的制约和影响。

（一）自然条件

自然条件包括气候条件，如气候、温度、湿度和雨量等因素；地理条件，如经纬度、地形、海拔高低、湖泊与河流分布情况、交通状况等和动植物区系（终末宿主、中间宿主、媒介及植被）等。气候和地理条件的不同，必将影响到植被和动物区系的不同，后者又直接地影响到寄生虫的分布及寄生虫病的传播与流行。

（二）生物因素

生物因素是指寄生虫的各个生长发育阶段与宿主之间的关系，即是否需要中间宿主。生活史不需要中间宿主的寄生虫，有的从宿主体内排出后就有感染性，有的在外界直接发育为感染阶段，经适宜途径即可侵入新宿主。有些寄生虫生活时需要中间宿主，甚至需要两种中间宿主（如肺吸虫、肝吸虫等），它们从宿主排出后就已具备对中间宿主的感染能力，或尚需发育才能侵入中间宿主，待发育至感染阶段后再进入终末宿主，并在其体内发育、繁殖。

（三）社会因素

社会因素包括经济状况、居住条件、风俗习惯以及防疫保健等，这些都是制约寄生虫病传播的重要因素。

四、兔寄生虫的防治

防治兔寄生虫病是一项复杂的工作，必须在正确诊断的基础上，贯彻"预防为主，防治结合，防重于治"的原则，采取消除传染源、切断传播途径、保护易感兔的综合防治措施，其中以利用多种手段杀灭各个发育阶段的虫体（虫卵、幼虫或成虫）最为重要。

（一）用药驱虫，控制或消除传染源

在流行区普查普治寄生虫病患兔、带虫兔和保虫宿主，是消除传染源的重要措施；在非流行区，加强疫情监测，控制来自疫区的兔，是防止寄生虫病传入和扩散的必要手段。通过用药物杀灭或驱除寄生于兔体的各种寄生虫，以消灭传染源。一般来讲，兔有外寄生虫时，称之为杀虫，有内寄生虫时，称之为驱虫。因此，根据治虫目的的不同，可分为治疗性驱（杀）虫和预防性驱（杀）虫两类。

1. 治疗性驱（杀）虫　即发现病兔，及时用药治疗，驱除或杀灭寄生于兔体内或体表的寄生虫，对病兔既具有治疗作用，有助于恢复兔体健康，还可以防止病原体散播，减少环境污染。

2. 预防性驱（杀）虫　预防性驱（杀）虫也叫计划性驱（杀）虫，根据各种寄生虫的生长发育规律，有计划地进行定期驱虫，防患于未然。

无论是预防性驱虫还是治疗性驱虫，驱虫完成后都应及时收集排出的虫体和粪便进行无害化处理，防止病原体散播。在组织大规模驱虫、杀虫工作时，应先选小群进行药敏及药物安全性试验，然后再大规模用药。所选用的驱虫药物，应尽量考虑具备安全、广谱、高效、价廉、使用方便、适口性好等特点。

（二）切断传播途径

寄生虫的发育，一般都要经过外界环境，采取措施杀灭外界散布的虫卵、幼虫、卵囊或寄生虫的中间宿主、传播媒介等，使兔尽可能地避开传染源。

加强粪便、水源管理，搞好饮食、环境及个人卫生，控制或杀灭媒介节肢动物和中间宿主，是切断寄生虫病传播途径的重要手段。大多数寄生虫的虫卵、幼虫或卵囊等是随宿主粪便排出体外的，因此，应加强粪便管理，将动物粪便集中在远离畜舍的固定地点进行生物热发酵处理，当温度上升到 60～75℃时，经 1 周就可杀死粪便中的病原。

（三）保护易感兔

保护易感兔是指提高兔抵抗寄生虫感染的能力和减少兔接触病原体机会的一些措施，免遭各种寄生虫的侵袭。加强饲养管理，给予全价、优质饲料，减少应激因素，提高兔抵抗力；防止饲料、饮水、用具等被病原体污染；在动物体上喷洒杀虫剂、驱虫剂，防止吸血昆虫叮咬等。

第五节　中毒性疾病的防治

　　中毒即指兔接触或服（吸）入某些有毒物质，从而引起机体内一系列的病理变化，乃至危及生命的一类疾病的总称。中毒病多具有群体发病特点，发病急，死亡率高，常常表现为食欲较好、体型较大的青壮年兔最先发病，发病兔体温一般正常或偏低，这些症状与传染性疾病的群体发病特点不同，有利于中毒病的初步诊断。

　　毒物的种类很多，因此中毒病的原因也很复杂。常见的中毒有农药中毒、灭鼠药中毒、霉饲料中毒和有毒植物中毒等。根据症状出现的轻重、迟早，把中毒分为 3 个类型。

　　（1）急性中毒：在 24 小时内有毒物质可迅速引起兔的病理变化，并有明显的症状者称为急性中毒。急性中毒的死亡率较高。

　　（2）慢性中毒：少量毒物逐渐进入体内，蓄积到一定时间与一定程度时才出现中毒症状者称为慢性中毒。

　　（3）亚急性中毒：介于两者之间者称为亚急性中毒。

一、中毒性疾病的诊断要点

　　（1）发生中毒后，一般消化系统的症状最明显，表现不食、呕吐、腹痛、腹泻，有时可见粪便带血和皮肤发紫。

　　（2）其他还可见到兴奋不安、流涎、呼吸困难、痉挛抽搐等神经症状，严重的迅速死亡。

　　（3）必要时，可采取病料送兽医诊断室化验，进行确诊。

二、中毒性疾病的防治原则

（一）维持疗法

　　由于毒物的作用，中毒家兔经常出现兴奋、惊厥、发热或体温低下、脱水、腹泻或呼吸抑制等症状，这些症状出现得快，经过急，经常是死亡的直接原因，所以应及时采取相应措施，消除有害应激效应。

　　1. 预防惊厥发生　可用苯巴比妥类药物，但该类药物有抑制呼吸的作用，会加剧因某些毒物引起的呼吸抑制。氯丙嗪、氯胺酮与麻醉剂或安定剂配合使用，对惊厥的疗效较好。

　　2. 维持呼吸功能　中毒死亡多是由于呼吸抑制或麻痹所致，人工呼吸可帮助家兔换气。呼吸功能衰竭时，可应用尼可刹米，以兴奋呼吸中枢。

3. 纠正体温的改变　不同毒物可引起家兔的体温过低或过高，治疗中应注意体温的变化，及时纠正。因为体温的变化可影响家兔对毒物的敏感性、脱水程度及毒物在体内的代谢速率。发热时可应用解热镇痛药或输液疗法。体温过低时，应注意环境保温或应用能量合剂（三磷酸腺苷、辅酶 A 及胞二磷胆碱等）。

4. 及时治疗休克、补充电解质　目的是保持体液的平衡，改善心脏功能，这对于抢救中毒家兔具有重要意义。

（二）促进毒物排出，减少毒物吸收

1. 洗胃　有毒物质经口摄入，在摄食后 2~4 小时毒物尚在胃内。洗胃前最好进行镇静或全身麻醉，经口插入导管，用温水反复冲洗，排出胃内容物。在洗胃水中加入适量的活性炭可提高洗胃效果。

2. 缓泻　中毒时间较长，大部分已进入肠道时，应灌服泻剂。在泻剂中加活性炭，以吸附毒物，效果较好。一般用盐类泻剂，常用硫酸钠，内服量为每千克体重 1 克。

3. 利尿与放血　为促进已被吸收的毒物排泄，可应用渗透性利尿剂（如甘露醇）或化学性利尿剂（如速尿等）促进毒物从尿液中排出。也可采取耳静脉放血，一般可放 10~20 毫升。

（三）应用解毒剂

解毒剂分为通用解毒剂、一般解毒剂和特效解毒剂三种。

1. 通用解毒剂　对一般毒物都有一定的解毒作用，在毒物性质未确定之前用。常用的配方是：活性炭或木屑 2 份，鞣酸 1 份，混合均匀，内服 5~10 克。

2. 一般解毒剂　毒物在胃内未被吸收的时候选用一般消毒剂。

（1）中和解毒剂。酸类中毒内服碳酸氢钠、石灰水等；碱类中毒内服食用醋等。

（2）沉淀解毒剂。用于生物碱及重金属盐类中毒。

（3）氧化解毒剂。使毒物氧化而失去毒性。

3. 特效解毒剂　只是对某种毒物具有特异性解毒作用。如解磷定对有机磷化合物中毒有解毒作用，而对其他毒物却没有解毒作用。

（四）维护全身功能，对症处理

稀释毒物，促进毒物排出，增强肝的解毒功能，可采取大量输液疗法。心脏衰竭时，可应用强心剂，如安钠咖等；家兔不安时，可应用镇静剂，如溴化钠、氨溴等；呼吸功能衰竭时，可应用尼可刹米，以兴奋呼吸中枢。

第六节　营养代谢病的防治

家兔在生长发育、繁殖过程中，需要从外界或饲粮中摄取适当数量和质量的营养物质，以保证其正常的生命活动和生长发育。除水分外，家兔维持生命、生长和生产性能所必需的营养物质还有蛋白质、糖类、脂肪、维生素、矿物质（包括常量元素和微量元素）。这些营养物质各有其生理功能，并以不同的方式和途径在家兔体内发挥着极其重要的作用，当其缺乏（或过量）和代谢失调时，均可造成机体内营养物质代谢过程障碍，由此而引起的疾病，称为营养代谢疾病。与其他种类疾病相比，这类疾病往往容易被忽视，但它造成的经济损失重大，应引起注意。

一、营养代谢病对兔群健康的影响

（一）直接影响兔体的免疫力
日粮中蛋白质、维生素、微量元素等摄入不足或者过量可增加兔群的患病率与死亡率。如维生素 A、维生素 E、维生素 C、锌、铁等与动物机体的免疫功能有关。

（二）营养与传染病相互作用，相互影响
营养良好时，兔体的免疫力好，抗感染能力强，患传染病的机会就少；相反，营养不良，兔体容易受病原体感染而发病，甚至引起死亡。而当兔群患传染病后，因食欲下降和染疫过程中免疫反应引起的代谢失调，对兔群的营养摄入、生长发育以及生产性能的影响极为突出。

（三）营养与寄生虫的关系密切
不论体内、体外寄生虫的存在，均需要掠夺兔体营养而生存。当兔体营养良好时，能在一定程度上拮抗寄生虫的不良影响，而兔体营养不良时，寄生虫的不良影响表现得更为明显、更为突出。

二、兔营养代谢疾病的种类

按照营养物质分类，家兔营养代谢疾病主要包括以下三大类。

（一）蛋白质、糖类、脂肪代谢障碍
蛋白质、脂肪、糖代谢障碍可引起多种疾病，危害最大的为酮病，其次为衰竭症、妊娠毒血症、肌红蛋白尿症等。

（二）矿物质代谢疾病
矿物质代谢疾病主要有钙、磷、锰、硒、锌、钼、铁、铜、碘、氟等缺乏或

过量导致的营养代谢病，如纤维性骨营养不良、佝偻病、骨软病等。

（三）维生素代谢疾病

维生素代谢疾病可分为脂溶性维生素代谢病和水溶性维生素代谢病两类。脂溶性维生素代谢疾病包括维生素 A、维生素 D、维生素 E、维生素 K 缺乏或过量。水溶性维生素代谢疾病包括维生素 B_1、维生素 B_2、维生素 B_6、维生素 B_{12} 和泛酸、烟酸、胆碱等缺乏或代谢障碍。家兔通过生理食粪，可以获取部分 B 族维生素，但在规模生产条件下也易缺乏。

三、兔营养代谢病的特点

（一）群发性

多见于日粮配合不当、过量使用饲料添加剂或者使用饲料物质质量存在严重缺陷，导致兔体吸收的营养物质不能满足生长发育和生产性能的需求，引发代谢紊乱而发病。一般多发于规模或集约化兔场，规模化养殖场多采用笼养方式，完全靠饲料给家兔提供所需的营养成分，如果家兔长期采食营养不全或不平衡的日粮，就会导致营养代谢疾病。

另外，有些还具有地方性流行特点，其原因主要是地区性土壤营养元素缺乏或含量低于正常值，或者营养元素过剩。前者引起缺乏症，后者引起中毒症。群发性或地方性流行特点类似于传染病的一些流行特征，故容易与其混淆；因此，临床诊断时应注意与传染病、寄生虫病相鉴别。

（二）多与不同生理阶段或生产性能相关

有些营养代谢病多发生在不同的生理、生产阶段。如缺铁性贫血多发生于幼兔，低血钙性瘫痪多见于哺乳母兔。

（三）发病缓慢、病程较长

家兔从营养物质缺乏或过量，使机体物质代谢障碍或紊乱，到出现临床症状的过程，往往需要数周甚至更长时间，发病率高，病程较长，大多数病程较长的病例呈隐性经过。营养代谢疾病发生后，除严重缺乏或过量引起急性死亡外，大多数自然发生病例病程较长。

（四）无传染性，体温正常或偏低

病兔除非发生继发感染，一般不会发生传染性流行特点，只要改善了营养和机体的代谢状况后，就可在短期内恢复。家兔体温一般为正常或偏低，兔群之间不发生接触传染，这是营养代谢病早期发病时与其他传染性疾病的一个显著差异。病兔大多有生长发育停止、贫血、消化和生殖功能紊乱等多样化的临床症状。

（五）无特征性临床症状

大多营养代谢疾病缺乏特征性的临床症状，多表现为精神不振、食欲不佳、消化障碍、生长发育停滞、贫血、异嗜、生产性能下降、生殖功能紊乱等，容易与一般的营养不良、寄生虫病或一般中毒相混淆。早期诊断困难，但该类病具有特征性血液或尿液生化指标的改变或器官组织病理变化。通过对饲料或土壤、水质检验和分析，可查明病因。缺乏症时补充某一营养物质或元素，或过多症时减少某一物质的供给，能预防或治疗该病症。

四、营养代谢病的防治措施

生产中家兔营养代谢病虽然影响缓慢，但发病往往比较急，也只有通过补充缺乏的营养物质才能根本改善。所以家兔营养代谢疾病防治的关键在于加强饲养管理，合理调配日粮，特别是不同生产阶段应根据兔群不同需要，及时、准确、合理地调整日粮结构，保证全价饲料；开展营养代谢病的监测，定期对兔群进行抽样调查，了解各种营养物质代谢的变动，正确估价或预测家兔的营养需要，早期发现病兔。实施综合防治措施，如地区性矿物元素缺乏，可采用改良植被、土壤施肥、植物喷洒、饲料调换等方法，提高饲料中相关元素的含量，尽力做到早预测、早应对。

第八章 兔病基本诊断技术

兔病基本诊断技术是兔场兽医师必须具备的专业技能，了解兔病诊断基本知识，掌握基本诊疗方法和技术，以便及时、准确地诊断出疾病，并采取有效的防治措施。兔病的诊断主要依靠流行病学调查、临床诊断技术、病理学诊断技术、实验室诊断技术等进行综合分析。

第一节　流行病学调查

流行病学调查在疾病诊断方面十分重要。通过询访、调查，搜集有关资料进行分析研究，帮助诊断疾病。调查内容主要是以下几方面：

第一，发病地区家兔有哪些传染病，最早发病时间、地点、季节、传播速度及蔓延情况，发病兔的年龄、性别、品种及其感染率、发病率和死亡率。

第二，了解家兔饲养管理、饲料配方、饲料调制方法、卫生条件及临近地区有无疫情发生。

第三，发病前注射过哪些疫（菌）苗以及发病后的治疗情况。

第四，临床症状、病理变化及治疗效果。

第五，发病区域的地形、气候、昆虫及野生动物等疫病发生的情况。

第二节　临床诊断技术

临床诊断技术是在流行病学调查之后，通过视诊、触诊、叩诊、听诊、嗅诊等方法对病兔进行详细客观的检查。

一、一般检查

1. 体质和膘情　体格良好发育的家兔，体躯各部匀称，肌肉结实、丰满，被毛光滑，骨骼棱角不突出；发育不良的家兔，则表现躯体矮小，结构不匀称，多半是因为在幼兔阶段发育迟缓或停滞，表现消瘦，被毛粗乱、无光泽，皮肤缺乏弹性，骨形外露，也很有可能是慢性消耗性疾病或寄生虫等所致。发育良好的家兔一般在肩部、背部及后躯有坚实的肌肉。家兔有宽深的胸部，预示其肺脏和心脏发育良好。反之，窄胸则预示体弱易患病。

2. 姿势和神情 健康兔姿势自然，动作灵活而协调。蹲伏时前肢伸直平行，后肢合适地置于体下。走动时轻快敏捷。休息时完全觉醒，呼吸动作明显。假眠时眼睛半闭，呼吸动作轻微，稍有动静，立刻睁眼。完全睡眠时双眼全闭，呼吸微弱。如出现异常姿势，则反映了骨骼、肌肉、内脏和神经系统的疾患或功能障碍；如转圈运动可能是李氏杆菌病；如歪头可能是中耳炎或巴氏杆菌病；如行走蹲卧异常，可能是骨折；如回头顾腹，可能是腹痛、便秘、肠套叠、肠痉挛等。

3. 眼睛和精神 健康兔双眼明亮有神，对外界时常保持警戒状态，活泼机灵，结膜红润，眼角洁净。病兔则目光呆滞或暗淡，眼睛半张半闭，变小，眼睑干燥，嗜眠喜卧，动作缓慢，反应迟钝。如结膜潮红，有脓性分泌物，精神萎靡，多为急性传染病、结膜炎等；如结膜苍白，多为营养不良或贫血；如结膜发黄，多为肝炎或黄疸病。

4. 被毛和皮肤 健康家兔被毛浓密、柔软，富于弹性，有光泽。被毛稀疏蓬乱，暗淡无光，沾污粪便不洁，则为不健康表现，疑患有腹泻病、寄生虫病等。如兔患霉菌病则背部、腿部、颈部被毛成块脱落，并有疱疹和结痂。皮肤检查应注意皮肤的完整性，皮肤温度、湿度、弹性、肿胀及外伤等。母兔腹部呈暗紫色或硬结，可能患有乳房炎。幼兔腹部发青，可能是膨胀或消化不良。如腹部和背部有脓性结痂，可能患有葡萄球菌病。公兔睾丸皮肤若有糠麸样皮屑，肛门及外生殖器官的皮肤有结痂，可能患有梅毒病等。

5. 可视黏膜检查 家兔的可视黏膜包括眼结膜、鼻腔黏膜、口腔黏膜和阴道黏膜，正常状态时均呈粉红色。最易检查的是眼结膜，可用左手固定头部，右手示指、拇指拨开眼睑即可观察。眼结膜颜色病理变化有下列几种情况。

（1）结膜潮红：结膜呈弥漫性潮红，是充血的表现。多见于中暑、结膜炎等。

（2）结膜苍白：是贫血象征。多见于营养不良、寄生虫病及其他慢性消耗性疾病等。

（3）结膜黄染：可见于各种肝脏疾病、小肠黏膜卡他及寄生虫病。如肝片吸虫病、豆状囊尾蚴病等。

（4）结膜发绀：呈蓝紫色，是高度缺氧所致。见于肺炎、中毒病、心力衰竭等。另外，要检查眼结膜的分泌物（眼屎），凡有分泌物（眼屎）者，一般是不健康的表现。鼻腔黏膜异常见于鼻炎。口腔黏膜潮红、水疱、溃疡见于口腔炎。

6. 体表淋巴结 体表淋巴结检查在确定动物感染或诊断某些疾病上具有很

重要的意义。一般兔的体表淋巴结甚小,平时不易摸到,主要检查下颌淋巴结、肩前淋巴结、股前淋巴结、腘淋巴结。淋巴结发炎、肿胀、发热、疼痛多属急性传染病;无热无痛的淋巴结增生,可能与结核、肿瘤等有关。

7. 耳、鼻 健康兔的耳色红润,耳温正常。如耳色呈灰白色,说明体虚血亏;耳色过红,手感发烫,说明发热;耳色青紫,耳温过低,则疑有重症;耳郭内有黄褐色结痂积垢,可能是中耳炎;耳郭皮肤脱毛,有皮屑且有溃烂结痂,可能是耳癣。健康兔的鼻干燥洁净。如流鼻涕、打喷嚏、咳嗽,可能是鼻炎、咽炎、巴氏杆菌病、波氏杆菌病、气管炎和肺炎等。

8. 体温测定 将兔抱住,把体温表放在兔前腿或后腿窝夹住,3 分钟后取出、读数;也可将兔用左手臂固定,或用布袋装住,使其臀尾部露出,将兽用体温表水银柱甩至 35 ℃以下,再涂上润滑油,缓慢插入肛门内 5 ~ 8 厘米,停 3 ~ 5 分钟取出,读数后,用酒精棉球消毒。家兔的正常体温为 38.5 ~ 39.5 ℃,一般相差 0.5 ℃左右。高于正常体温 3 ℃为发高热。兔患传染病时,体温均升高;体温降低,多见于贫血;体温急剧下降,为死前征兆。

9. 呼吸数测定 观察家兔的胸腹部起伏动作,一起一伏为一次呼吸。也可用听诊器听诊气管或胸廓,直接听取其呼吸数。一般计数 0.5 ~ 1 分钟,算出 1 分钟的呼吸数。正常家兔的呼吸次数为 36 ~ 56 次/分钟。当患有心、肺、胃、肠、肝、脑病时,呼吸频率可能减少或增加;当患有肺炎、传染病、中毒病时,出现呼吸困难。兔发生鼻炎、喉炎、气管炎、肺炎时,除有鼻液(黏液性或黏液脓性)外,尚可能有咳嗽症状。患支气管炎、肺炎时,肺部听诊常有杂音。

10. 脉搏(心搏) 脉搏检查位置在兔左前肢腋下,用示指和中指稍微触摸即可体会到,查每分跳动次数。健康成年兔的脉搏为 80 ~ 100 次/分钟,强弱中等;幼兔的脉搏为 100 ~ 160 次/分钟,脉力强;老年兔的脉搏为 70 ~ 90 次/分钟,脉力弱。患急性传染病时,脉搏次数增加;患慢性疾病时,脉搏次数减慢;热天比冷天稍快,运动及捕捉时增快。

11. 采食 家兔对采食的饲料很敏感,一旦变换新的料草,要先嗅一阵子,若没恶味,便开始少量采食,并逐渐加大采食量。健康兔食欲旺盛,咀嚼食物有清脆声。正常喂量的饲料在 15 ~ 30 分钟吃完。食欲不振、食欲减少、食欲废绝是许多疾病的共同症状,也是疾病最早出现的特征之一。

12. 粪便 健康兔粪呈豌豆大小的圆球形或椭圆形,多呈褐色、黑色或草黄色,内含草纤维,表面光滑。若粪便干硬细小,排量减少或停止排粪,可能是便秘或毛球病;若粪便呈长条形、堆状或水样,可能是消化道炎症;若粪球呈两头尖且有纤维串连,为胃肠炎、兔瘟的初期表现;粪便湿烂、味臭为伤食;粪便稀薄带透明胶状物且有臭味,为大肠杆菌病;粪便水样或呈牛粪堆状且臭味较大为魏氏梭菌病。

二、系统检查

1. 消化系统检查 兔消化系统健康与否直接影响到兔的生长发育和养殖户的经济效益，而且兔消化系统疾病在养兔生产中占所发疾病的一半以上，严重制约了养兔业的发展。通常检查的内容有口腔黏膜是否有炎症、有无流口水、唇周围颜面部是否洁净、采食姿势和食欲是否正常、腹围是否增大、俯卧姿势是否异常、粪便性状和颜色是否正常等。健康家兔口腔黏膜呈粉红色，唇周围颜面部洁净，粪便形状呈球形或椭圆形。若有流口水现象，可能是口炎、传染性口炎、中暑、中毒等疾病；若腹围增大，呼吸困难，可能是胃肠鼓气、流行性腹胀病、毛球病、便秘等疾病；若粪便有时大，有时小，有时破碎，且被毛粗乱，体况消瘦，可能是球虫病、豆状囊尾蚴病及其他寄生虫病；若粪便干小发黏，有时呈串珠状，可能是热性病或饲料粗纤维的质量有问题；若粪便中加有黏液，可能是大肠杆菌病；若粪便呈水样，盲肠拉空（无内容物），可能是急性胃肠炎、魏氏梭菌病、沙门杆菌病等；若粪便内有消化不全的物质，与饲料颜色一样，可能是消化不良或伤食；若粪便呈绿色，可能是绿脓杆菌病。总之，凡是消化道疾病主要表现在粪便上，只要发现粪便不正常首先考虑的是消化道疾病。

2. 呼吸系统检查 呼吸系统疾病是兔的常见病，其检查内容有呼吸方式、咳嗽、鼻液、胸部。健康家兔呈胸腹式（混合式）呼吸，即呼吸时，胸壁和腹壁的运动协调，强度一致。若胸式呼吸，则表明病变在腹部，如腹膜炎；若腹式呼吸，则表明病变在胸部，如胸膜炎、肋骨骨折等。健康兔偶尔咳一两声，借以排除呼吸道内的分泌物和异物，是一种保护性反应。如频繁或连续性的咳嗽，则是一种病态。病变多在上呼吸道，如喉炎、气管炎等。健康家兔鼻孔清洁、干燥。当鼻孔周围有泥土黏着，说明鼻液分泌增加，则须对它的表现、鼻液性状做进一步的检查。如鼻液增加，并伴有瘙痒感，用两前肢搔抓鼻部或向周围物体上摩擦并打喷嚏，提示为鼻道的炎症；如鼻液中混有新鲜血液、血丝或血凝块时，多为鼻黏膜损伤；如鼻液污秽不洁，且有恶臭味，可能为坏疽性肺炎，这时可配合做鼻液的弹力纤维检查。家兔的胸部可进行胸部透视或摄片检查，可以提供比较可靠的诊断。

3. 泌尿系统检查 泌尿系统检查主要有排尿姿势、排尿次数和排尿量的检查。排尿姿势异常主要有排尿失禁和排尿带痛。尿失禁是家兔不能采取正常排尿姿势，不自主地经常或周期性地排出少量尿液，是排尿中枢损伤的表现。排尿带痛是家兔排尿时表现不安、呻吟、鸣叫，见于尿路感染、尿道结石等。健康家兔日排尿量为 100~250 毫升。尿色常与饲料种类有关，幼兔的尿液多呈无色，不含任何沉淀物；成年兔的尿液多呈柠檬色、琥珀色或红棕色。排尿量增多见于大量饮水后、慢性肾炎或渗出性疾病（渗出性胸膜炎等）的吸收期；排尿量减少，次数也减少，见于急性肾炎、大出汗或剧烈腹泻等。产生血尿的疾病有肾炎、膀胱炎；茶色尿主要为肝脏损伤性疾病，如肝片吸虫、豆状囊尾蚴病、肝硬化等；乳白色尿为腹腔结核病、肿瘤等；尿中带脓液为肾盂肾炎或尿路感染，妊娠母兔也可出现乳糜尿。

4. 生殖系统检查　公兔检查睾丸、阴茎及包皮；母兔检查外阴。如果发现外生殖器的皮肤和黏膜发生水疱性炎症、结节和粉红色溃疡，则可疑为密螺旋体病；如阴囊水肿，包皮、尿道口、阴唇出现丘疹，则可疑为兔痘；患李氏杆菌病时可见母兔流产，并从阴道内流出红褐色的分泌物；患葡萄球菌病时也可致外生殖器炎症；患巴氏杆菌病时，也会有生殖器官感染。

5. 循环系统检查　主要检查心率，心率的加快或减慢，意味着家兔发病的表现。兔耳的血管浅表而丰富，除天气变化外，耳温的变化、血管的充盈程度反映心血管系统的健康状况。

6. 神经系统检查　主要检查精神状态和运动功能。家兔中枢神经系统功能紊乱，表现兴奋不安或沉郁、昏迷。兴奋表现为狂躁不安、惊恐、蹦跳或做圆圈运动、偏颈、痉挛，如中耳炎（斜颈）、病毒性出血症（兔瘟）、中毒病、寄生虫病等，都可以出现神经症状。精神抑制因表现程度不同分为沉郁（眼半闭，反应迟钝，见于传染病、中毒病或瘫痪）、昏睡（陷入睡眠状态，躺卧）和昏迷（卧地不起，角膜与瞳孔反射消失，肢体松弛，呼吸、心跳节律不齐，见于严重中毒、濒死期）等。健康家兔经常保持运动的协调性。一旦中枢神经受损，即可出现共济失调（如小脑疾病）、运动麻痹（如脊髓损伤造成的截瘫或偏瘫）。

三、症状学提要

家兔患病后，通常会出现一些异常的症状，如精神不振、食欲减退、体温升高、脉搏加快、呼吸加速或减慢、体重减轻或生长缓慢、眼和鼻溢液、可视黏膜颜色变化、腹泻、排泄物带血、皮肤损害和脱毛等。这些症状以不同形式多种多样地表现出来。不同疾病常常出现相同的症状，而这些共同症状对诊断思路、确定病性和推测预后都具有一定的意义。

1. 发热　发热意味着在动物体内存在明显或潜在的病变而引起致热源作用，找到致热源，查明病变的部位和性质，以确定病情。发热主要由以下几种情况引起。

（1）感染性：由细菌、病毒、真菌、立克次体、螺旋体、原虫等感染引起的发热。所以，发热是大多数急性传染病的共同症状。

（2）无菌性组织损伤：物理化学因素（如机械损伤、高温、化学毒物等）损伤组织器官并引起炎症反应；体内组织损伤（如内出血、肝坏死、肠梗阻等）引起的炎症反应；外科手术后由于坏死组织和血液的分解也常常出现微热。

（3）产热或散热：异常产热过多或散热减少，致使热量在体内蓄积而引起发热。如甲状腺功能亢进常引起产热异常；如果持久脱水导致泌汗、排尿显著减少时，常引起散热异常。

（4）中枢神经性发热：由于脑炎、中毒性脑病等疾病导致神经系统受到严重损害，丧失调节能力而出现高热。

（5）药物热：动物机体对药物的一种超敏反应，同时并发其他超敏反应的症状（荨麻疹、血象变化等），一般于停药后48小时内退热。

（6）输液反应发热：输入液体（生理盐水、葡萄糖溶液）可能引起寒战和发热，这是由于药液被细菌内毒素污染所致。

（7）肿瘤性发热：某些肿瘤，如淋巴肉瘤，常伴有高热。

2. 呼吸困难　呼吸困难是指病兔用力呼吸，呼吸肌和辅助呼吸肌都参与呼吸运动，通气增加，呼吸次数、呼吸深度和呼吸节律都发生变化。

（1）吸气性呼吸困难：很可能是上呼吸道（鼻腔、咽、喉和气管）狭窄或不全阻塞，如上呼吸道感染、鼻腔狭窄、喉水肿等；也可能是肺顺应性降低，如广泛性肺炎、肺间质增生等。

（2）呼气性呼吸困难：大部分是下呼吸道不全阻塞的原因，如支气管炎、慢性肺气肿。

（3）混合性呼吸困难：肺源性呼吸困难，主要是肺部疾病（各型肺炎、侵害肺部的传染病等），胸膜或胸廓疾病（胸腔积液、胸壁创伤等），呼吸运动受限（胃肠臌胀、腹腔积液等使膈肌运动受到限制）；心源性呼吸困难，与心力衰竭密切相关；中毒性呼吸困难，常见于化学毒物中毒（一氧化碳、氰化物、亚硝酸盐中毒等）、热性病；血源性呼吸困难，主要与贫血有关；神经源性呼吸困难，主要与重度脑部疾病（脑炎、颅脑损伤等）时呼吸中枢受到抑制或损害有关，此类型较多见。

3. 脱水　因动物机体水分和电解质丢失，引起体液量减少和代谢功能紊乱的病理状况，称作脱水。表现为皮肤干皱，眼球深陷，面部和躯体呈皱缩外观，皮肤皱襞松开后恢复缓慢；尿量少而色深；体重迅速减轻，肌肉无力。脱水量为体重的4%~6%时，两眼稍凹陷，面部皱缩；脱水量达体重的8%~10%时，两眼明显凹陷，皮肤皱褶保留6~10秒；脱水量达体重的10%~12%时，皮肤皱褶可保留20~45秒。脱水主要分为以下几个方面：

（1）高渗性脱水（又称单纯性脱水）：以水分丢失为主，钠丢失较少。常见于水摄入不足（如口腔、咽、食管疾病等妨碍动物进食或饮水），水丢失过多（如持久腹泻、呕吐等经消化道失水过多，发热、高温引起皮肤、呼吸道失水过多等，慢性肾炎、应用大量利尿剂等引起肾失水过多），需水量增加，如动物处于高温环境、缺水地区。

（2）低渗性脱水（又称缺盐性脱水）：主要失钠，水分的丢失相对较少。见于：患消化道疾病（肠炎、肠阻塞等）时丢失大量消化液后只补充水分；经皮肤大量丢失钠（如大出汗、大面积烧伤）后只补充水分而不补钠；经肾失钠过多，如肾小管上皮细胞变性，对钠的重吸收减少，导致排钠过多。

（3）等渗性脱水：水和钠按比例共同丢失，故称为等渗性脱水或混合性脱水。主要见于机体丢失过多的等渗体液，如消化液（肠炎时引起的腹泻、肠阻塞时肠液大量分泌）、大量胸水或腹水的流失、血浆（广泛创伤时大量血浆成分从创面流失）。

4. 流涎 腮腺、颌下腺、舌下腺 3 对主要唾液腺和口腔黏膜中许多小腺体所分泌的混合液称唾液，多呈白色泡沫或牵缕状。口腔中唾液流出口外，称为流涎。流涎属于异常行为。

（1）当口腔黏膜受到机械、化学刺激，可引起腺体分泌增多，引起流涎症状的疾病主要有兔传染性口炎、口膜炎、腮腺炎、有机磷中毒、食管炎等。

（2）当吞咽障碍（如咽炎、食管阻塞）时，一方面唾液分泌增多不能吞咽，另一方面咽腺或食管腺受刺激而分泌增加，就造成流涎。

5. 流鼻涕 健康兔一般无或有少量鼻液，鼻涕的成分主要有呼吸道黏膜的分泌物、炎性渗出物和脱落的上皮细胞等，有时混杂有唾液、饲料残屑、呕吐物等。有鼻液意味着呼吸器官疾病，如上呼吸道、支气管和肺的疾病等。

6. 咳嗽 健康家兔偶尔也咳嗽，主要是排出呼吸道中的异物或分泌物，是一种保护性反应。若出现连续性咳嗽，则是患病的表现。病变部位在呼吸道，如气管炎、喉炎等。

7. 腹泻 排粪次数增多，粪便稀薄或水样，粪量增加，称为腹泻。粪便内有时混有病理产物、血液脱落的黏膜组织等，为诊断疾病提供依据。

（1）感染性腹泻：肠道感染（如大肠杆菌）、肠道寄生虫病（如球虫病）、急性中毒（如重金属中毒）、引起胃肠道炎症的传染病（如轮状病毒感染）等，因肠液分泌增多、肠管吸收不良及大量炎性渗出而发生腹泻。

（2）吸收不良性腹泻：如严重肝病、胆管阻塞时，在小肠上部缺乏胆酸，影响脂肪吸收，引起脂肪泻。

（3）肠管运动异常引起的腹泻：肠管运动亢进，则内容物迅速通过，使吸收减少；肠管运动减弱，则内容物停滞，细菌过度滋生，而诱发腹泻。

（4）渗透性腹泻：内服不易吸收的盐类泻剂引起的腹泻。

8. 便秘 便秘指排粪困难或不畅，粪便呈干燥坚硬、色深，排粪量和排粪次数减少。

（1）热性病、慢性胃肠卡他引起的肠管平滑肌张力低下或肠管弛缓。

（2）肠阻塞、慢性肠炎、肠内寄生虫所致的肠腔闭塞或肠狭窄等，使内容物运行受阻。

（3）排粪动力不足：排粪动力主要靠腹肌、膈肌、骨盆底肌及肠平滑肌，如果它们因衰弱而使排粪动力不足，则易造成便秘。如见于慢性消耗性疾病、大量腹水时。

（4）中枢、外周神经的功能障碍或器质性损害，使脑与脊髓间的联系中断，影响到排粪反射中某一环节失去作用，如见于脊髓挫伤。

（5）肠管缺乏有效刺激：如采食量减少，长期饲喂粉碎太细的饲料、饲料中长期缺乏足够的粗纤维。

（6）医源性便秘：如应用抗胆碱药、肠管收敛药不当。

9. 黄疸　黄疸是许多疾病的共同症状。在正常情况下，胆红素的合成和排泄维持着动态平衡。若胆红素代谢发生障碍，打破平衡，血中胆红素含量升高，使可视黏膜、巩膜、皮肤等黄染的现象，称为黄疸。兔发生黄疸病，应结合病史、体征及实验室检查，确定诊断。黄疸主要有以下几种类型。

（1）溶血性黄疸：红细胞大量被破坏，胆红素生成过多，以致血液中间接胆红素含量增高，称为溶血性黄疸。常见于血液原虫病（焦虫病、边虫病、附红细胞体病等）、传染病（钩端螺旋体病）、中毒、免疫病。溶血性黄疸的临诊特点：组织黄染程度不深；血液中间接胆红素增多，粪胆素原增多，粪色加深而呈深黄色；尿液中尿胆素原增加，尿色变深，但尿液中无胆红素；伴有溶血性疾病的其他表现（贫血、血红蛋白尿等）。

（2）阻塞性黄疸：又称机械性黄疸，因胆管阻塞或肝内胆汁瘀积，使胆红素排泄障碍，以致在肝细胞内形成的结合胆红素在血液内增多，称为阻塞性黄疸。胆管阻塞常见于胆管结石、胆管炎、寄生虫病、总胆管受肿瘤压迫等。胆汁排入肠道受阻，引起胆管内压升高，使胆汁逆流，经血窦或淋巴管而进入血液；同时胆管扩张，管壁通透性增高或胆小管破裂，胆汁直接流入血窦或淋巴管，接着进入血液，导致血液中直接胆红素含量大大增加。肝内胆汁瘀积见于病毒性肝炎、原发性胆汁性肝硬化、药物的作用（如氯丙嗪、甲基睾酮、炔雌醇）。阻塞性黄疸的临诊特点：组织黄染的程度较深，血中胆红素增加，尿液中出现直接胆红素，尿色加深，但尿液中尿胆素原缺乏或减少；粪胆素原缺乏或减少，粪色变淡；皮肤瘙痒；心率变慢和血压下降。

（3）肝细胞性黄疸（又称实质性黄疸）：肝细胞受到损害，胆红素的摄取、结合以及排泄发生障碍，使血液中间接胆红素和直接胆红素含量升高引起的黄疸，称为肝细胞性黄疸。常见于感染（一般败血症、传染病）、中毒（砷中毒、磺胺类药中毒、四氯化碳中毒、黄曲霉毒素中毒等）、营养障碍（如蛋氨酸、胱氨酸、维生素 E 和硒缺乏）。肝细胞性黄疸的临诊特点：血清中总胆红素含量增多；组织黄染明显；尿液中出现直接胆红素，尿胆素原增加，尿色变深；粪中粪胆素原减少，粪色稍变淡。

10. 应激 应激是指动物受外界环境的刺激，引起机体的神经性反应，提高机体防御能力。应激有良性和劣性之分。引起应激反应的刺激称应激原。常见的应激原有尖叫、捕捉或保定、驱赶、运输、过冷过热、混群、争斗、环境突变、电刺激、地震感应、空气污染乃至外科手术和药物麻醉、创伤、感染等。

（1）应激反应有以下几种类型：

1）应激急性死亡：是之前没有任何症状突然死亡，也查不出原因。主要是在受抓捕、惊吓、注射、车船运输中突然死亡的，一般称为"突毙综合征"。

2）急性应激综合征：因运输、过热、拥挤等，表现浑身颤抖，继而呼吸困难，皮肤充血或有紫斑，体温上升，最后全身无力而死。宰后胴体肉酸度高，肉质白软而多水。这类应激会降低兔的抵抗力。

3）慢性应激：应激作用的强度不大，但持续或间断反复作用，可能反应也较隐蔽。一般与饲养管理、环境卫生等方面存在的问题有联系，如噪声应激、热应激、冷应激、饥饿、离群独居等。

（2）临床上判断应激反应的依据：

1）一般不易辨明特异性病因，只能查出应激原。

2）突然发病，兔惊恐骚动，体温升高或降低，心率和呼吸加快，四肢衰弱或僵直，甚至突然倒毙。病程延长，则体重减轻，体质下降，易感染，生产性能降低。

3）测定血浆糖皮质激素的含量作为判断机体处于应激状态和应激反应强度的指标。

4）其他生化指标：血乳酸升高，血无机磷和血钾升高，血液酶活性升高。

第三节　病理学诊断技术

病理学诊断也是诊疗疾病的重要方法。各种疾病都有不同的病理变化，有些是特征性病变，对确诊具有重大意义。因此，在剖检时应选具有代表性的、患病期长、濒死期的病兔。

病理学诊断技术通常包括剖检方法、剖检内容和剖检注意事项。

一、剖检方法

病兔死后，应立即进行剖检，以便更清楚地了解病情，查找死因，做出正确诊断，采取积极有效的防治措施，减少损失。

1. 术式 采取仰卧式，腹部向上，置于搪瓷盘内或解剖台上，四足分开固定，腹部用消毒液消毒。

2. 剖检程序

（1）剥皮：沿腹中线，上起下颌部，下至耻骨缝处切开皮肤，再沿中线切口向每条腿切开，然后分离皮肤，检查皮下有无出血及病变。

（2）剖腹：沿腹白线在骨盆联合前方不远处切开腹壁，切口为10～15厘米，大约可以插进中指和示指或镊子为宜，撑起腹壁，沿腹白线至剑状软骨处切开腹壁防止刺破肠管，暴露腹腔器官。

（3）腹腔脏器检查：打开腹腔后，依次检查腹膜、肝、胆囊、胃、脾脏、肠道、胰、肠系膜及其淋巴结、肾脏、膀胱和生殖器官。

（4）胸腔检查：用骨剪剪断两侧肋骨、胸骨。拿掉前胸廓，使胸腔暴露后，依次检查心、肺、胸膜、肋骨、胸腺。

（5）气管检查：从咽部至胸前找出气管剪开，查看气管壁。

（6）口腔、鼻腔和脑的检查：打开口腔、鼻腔及颅腔，检查口腔黏膜、鼻腔黏膜和脑膜及实质的病变。

二、剖检内容

按照病理剖检要求进行解剖，认真检查，按由外向内、由头至尾的顺序检查。

1. 体表和皮下检查　主要检查有无脱毛、污染、创伤、出血、水肿、化脓、炎症、色泽等。

（1）体表脱毛、结痂，可能为螨病、霉菌病；体毛污染可能是由球虫病、大肠杆菌病等引起的拉稀。

（2）皮下出血，可能为兔病毒性出血症；皮下水肿，可能为黏液瘤病；颈前淋巴结肿大或水肿，可能为李氏杆菌病。

（3）皮下化脓病灶，可能为葡萄球菌病、多杀性巴氏杆菌病。

（4）皮下脂肪、肌肉及黏膜黄染，可能为肝片吸虫病。

2. 上呼吸道检查　主要查鼻腔、喉头黏膜及气管环间是否有炎性分泌物、充血及出血。

（1）鼻腔内有白色黏稠的分泌物，可能为巴氏杆菌病、波氏杆菌病等；鼻腔出血，可能为中毒、中暑、兔病毒性出血症等。

（2）鼻腔流浆液性或脓性分泌物，可能为巴氏杆菌病、波氏杆菌病、李氏杆菌病、兔痘、黏液瘤病、绿脓杆菌病等。

3. 胸腔脏器检查　主要检查胸腔积液色泽，胸膜、心包、心肌是否充血、出血、变性、坏死等。

（1）肺：重点检查肺有无炎症、水肿、出血、化脓和结节等。如肺有较多的出血点和出血斑，多为兔病毒性出血症；若肺充血或肝变，尤其是大叶，可能是巴氏杆菌病；肺脓肿可能是支气管败血波氏杆菌病、巴氏杆菌病。胸膜与肺、心包粘连、化脓或纤维素性渗出提示兔巴氏杆菌病、葡萄球菌病、波氏杆菌病等。

（2）心脏：主要检查心肌、心包病变情况。如胸腔积脓，心包粘连并有纤维素性附着物，可能是支气管败血波氏杆菌病、巴氏杆菌病、葡萄球菌病和绿脓假单胞菌病；心肌有白色条纹，提示泰泽氏病。

4. 腹腔脏器检查　腹腔主要检查腹水，寄生虫结节，脏器色泽、质地和是否肿胀、充血、出血、化脓、坏死、粘连、纤维素渗出等。

（1）腹水：腹水透明、增多，多为球虫病及其他寄生虫病；有葡萄串状包囊或附着于大网膜上，为兔豆状囊尾蚴病；腹腔有纤维素渗出物，多为葡萄球菌病、巴氏杆菌病等。

（2）肝脏：肝脏表面有灰白色或淡黄色结节，当结节为针尖大小时多为沙门菌病、巴氏杆菌病、野兔热等；当结节为绿豆大时多为肝球虫病；肝肿大、硬化、胆管扩张多为肝球虫病、肝片吸虫病；肝实质呈淡黄色，细胞间质增宽多为病毒性出血症。

（3）脾：脾肿大、瘀血多是兔病毒性出血症。脾表面有大小不等的灰白色结节，结节切开有脓或干酪样物多为伪结核病、沙门菌病。

（4）肾：肾充血、出血提示病毒性出血症；局部肿大、突出、似鱼肉样病变则提示肾母细胞瘤、淋巴肉瘤等。

（5）胃肠：胃肠黏膜充血、出血、炎症、溃疡多是大肠杆菌病、魏氏梭菌病、巴氏杆菌病；肠壁有灰色小结节多是肠球虫病；盲肠蚓突、圆小囊肿大，有灰白色小结节多为伪结核病、沙门杆菌病；盲肠、回肠后段、结肠前段黏膜充血、出血、水肿、坏死、纤维素渗出等提示大肠杆菌病、泰泽氏病。若患大肠杆菌病时，小肠肿大，充满半透明胶样液体，并伴有气泡，盲肠内粪便呈糊状，也有的兔肠道内粪便像大白鼠粪便，外面包有白色黏液。

（6）膀胱：在盆腔内，暂时储存尿液，无尿时为肉质袋状，尿液充盈时可突出于腹腔。尿量随饲料种类和饮水量不同而有变化。仔兔尿液较清，随生长和采食青饲料和谷粒饲料后则变为棕黄色或乳浊状，并有以磷酸铵镁和碳酸钙为主的沉淀。家兔患病时常见有膀胱积尿，如球虫病、魏氏梭菌病等。

（7）卵巢、子宫：卵巢小如米粒，内含发育的卵子，位于肾脏后方。子宫一般与体壁颜色相似。若子宫肿大、充血，有粟粒样坏死结节，多为沙门菌病；子宫呈灰白色，宫内蓄脓，多为葡萄球菌病、巴氏杆菌病。

（8）阴囊、睾丸、阴茎：睾丸炎，睾丸肿胀；阴茎溃疡，周围皮肤龟裂、红肿、阴囊皮肤及其周围有结节等，多为兔梅毒病。

三、剖检的注意事项

（一）剖检场所的选择

通常在室内剖检，为便于消毒和防止病原的扩散。如条件不许可，在室外剖检时，要选择离兔舍远，地势高而又干燥的偏僻地点。并挖深达 1.5 米左右的土坑，待剖检完毕将尸体和被污染的垫物及场地的表面土层等一起投入坑内，再撒些生石灰或喷洒消毒液，然后用土掩埋，坑旁的地面也应注意消毒。焚烧处理更好。

（二）剖检人员的防护

剖检人员要穿工作服，戴胶皮手套（胶皮手套最好用一次性的）、穿胶靴等，条件不具备时，可在手臂上涂上凡士林或其他油类，以防感染。剖检传染病的尸体后，应将器械、衣物等用消毒液充分消毒，再用清水洗净，擦干、撒上滑石粉。金属器械消毒后一定要擦干，以免生锈。

（三）剖检器械和药品的准备

剖检最常用的器械有解剖刀、镊子、剪刀、骨钳等。剖检时常用的消毒液有 0.1% 新洁尔灭溶液或 3% 来苏儿溶液。常用的固定液是 10% 甲醛溶液或 95% 的酒精。此外，为了预防人员的受伤感染，还应准备 3% 碘酊、2% 硼酸水，70% 酒精和棉花、纱布等。

（四）剖检记录

尸体剖检的记录，是死亡报告的主要依据，也是进行综合分析研究的原始材料。记录的内容力求完整详细，要能如实、准确地反映尸体的各种病理变化。因此，记录最好在检查病变过程中进行，不具备这些条件时，可在剖检结束后及时补记。对病变的形态、位置、性质变化等，要客观地描述说明，切不要用诊断术语或名词来代替。

在进行尸体剖检时应特别注意尸体的消毒和无菌操作，以便对特殊的病例可以采取病料送实验室诊断。

第四节 实验室诊断技术

通过以上检查仍不能确定病因时，可将病死兔或病料送有关实验室做进一步检验。

一、病料采集、保存与运送

1. 病料采集

（1）怀疑是某种传染病时，应采取病原侵害的部位。尽可能以无菌手术采取肝、脾、肾、淋巴结等组织，如兔瘟。

（2）病兔死亡查不出死于何种疾病，则可将死兔包装妥善后将整个死兔送检。

（3）检查血清抗体的，则采取血液，待凝固析出血清后，分离血清，装入灭菌的小瓶送检。

2. 病料保存 采取病料后要及时进行检验，如不能及时进行检验，或需要送往外地检验时，应尽量使病料保持新鲜，以便获得正确的结果。

（1）细菌检验材料的保存：将采取的组织块，保存于饱和盐水或 30% 甘油缓冲液中，容器加塞封固。饱和盐水配制：蒸馏水 100 毫升，加入氯化钠 39 克，充分搅拌溶解后，用 3~4 层纱布过滤，滤液装瓶高压灭菌后备用。30% 甘油缓冲溶液的配制：化学纯甘油 30 毫升，氯化钠 0.5 克，碱性磷酸钠 1 克，蒸馏水加至 100 毫升，混合后高压灭菌备用。

（2）病毒检验材料的保存：将采取的组织块保存于 50% 甘油生理盐水或鸡蛋生理盐水中，容器加塞封固。50% 甘油生理盐水的配制：中性甘油 500 mL，氯化钠 8.5 克，蒸馏水 500 毫升，混合后分装，高压灭菌后备用。鸡蛋生理盐水的配制：先将新鲜鸡蛋表面用碘酊消毒，然后打开，将内容物倾入灭菌的容器内，按全蛋 9 份加入灭菌生理盐水 1 份，搅匀后用纱布滤过，然后加热至 56 ℃，持续 30 分钟，第二天和第三天各按上法加热 1 次，冷却后即可使用。

（3）病理组织学检验材料的保存：将采取的组织块放入 10% 的甲醛或 95% 的酒精中固定，固定液的用量应是标本体积的 10 倍以上。如加 10% 福尔马林固定，应在 24 小时后换新鲜溶液 1 次。严冬季节可将组织块（已固定的）保存在甘油和 10% 福尔马林等量混合液中，以防组织块冻结。

3. 病料运送

（1）装病料的容器上要写明编号，附上病料详细记录和送检单位。

（2）送检病料应按要求包装，如微生物材料怕热，应用冰瓶冷藏包装。病理材料怕冻应放入保存液包装后送检等。

（3）病料经包装装箱后，要尽快送到检验单位，最好派专人送去，长途最好空运。

4. 注意事项

（1）对病死兔剖检前：应首先了解病情和病史，并详细记录，还要进行剖检前的检查。采取病料的家兔最好未经任何药物治疗，以免影响检出结果。采取病料要及时，应在死后立即进行，最迟不要超过 6 小时，特别在夏天，如拖延时间太长，组织变性或腐败，会影响病原微生物的检出及病理组织学检验的正确性。

（2）采取适宜的病料：应选择症状和病变典型的病死兔，有条件最好能采取不同病程的病料。为能取得较好的检验结果，应尽量减少污染，病料应以无菌操作采取。一般先采取微生物学检验材料，然后采取病理检验材料。病料应放入装有冰块的保温瓶内送检。

二、血液学检查

1. 血液常规检查 血液学检查最常用的是血液常规检查。内容包括：血沉测定、血红蛋白测定、红细胞计数、白细胞计数和白细胞分类计数等 5 项。有时还做血浆二氧化碳结合力测定和红细胞压积测定。方法及临床意义可参照其他家畜的血液检查。现将健康家兔血液有关项目生理指标的平均值及变动范围介绍如下。

血沉（魏氏法）：15 分钟为 0，30 分钟为 0.3，45 分钟为 0.9，60 分钟为 1.5；

血红蛋白（每升血液内的克数）：117；

红细胞（每升血液内的数量）：$(5.5 \sim 7.7) \times 10^{12}$；

白细胞（每升血液内的数量）：$(7 \sim 8) \times 10^{9}$；

白细胞分类（每升血液内的克数）：嗜碱性粒细胞 0.04，嗜酸性粒细胞 0.015，幼稚型嗜中性粒细胞 0.01，杆状核嗜中性粒细胞 0.015，分叶核嗜中性粒细胞 0.3，淋巴细胞 0.52，单核细胞 0.04，其他细胞 0.06；

红细胞压积容量：0.31 ~ 0.5；

血浆二氧化碳结合力（毫摩/升）：17.84 ± 3.26。

2. 血液常规检查结果异常的意义

（1）红细胞数增多：一般为机体脱水造成血液浓缩，使红细胞数相对增多，见于剧烈腹泻、渗出液与漏出的形成、广泛性水肿及传染病与其他发热性疾病。红细胞数减少见于引起贫血的各种疾病，如消化道寄生虫病、白血病、某些中毒及营养不良等。

（2）血红蛋白含量的测定：对血液疾病，尤其对贫血的诊断非常重要，血液中血红蛋白含量与红细胞数的增减多数成正比。

（3）白细胞数增加：常见于各种细菌感染性疾病，另外，在某些中毒病、注射疫苗时也有所增加，还见于白血病。白细胞数减少主要见于某些病毒性疾病及慢性中毒，白细胞数急剧下降，表示病情严重，提示预后不良。

（4）白细胞分类计数时中性粒细胞增多，见于某些急性和慢性细菌性传染病，减少往往见于病毒性疾病。嗜酸性粒细胞增多见于某些内寄生虫病（如肝片吸虫、球虫等）、某些过敏性疾病、湿疹、疥癣等皮肤病，嗜酸性粒细胞减少见于毒血症、尿毒症、中毒、饥饿等。淋巴细胞增多见于某些慢性传染病（如结核病）、急性传染病的恢复期、某些病毒性疾病（如流行性感冒）。当中性粒细胞绝对值增多，常常伴随淋巴细胞减少。

（5）白细胞出现下列情况时，表示预后不良：白细胞总数与中性粒细胞比例显著升高者；白细胞总数未能随着病情的发展而适时增加者；嗜中性杆状核白细胞显著增多者；嗜酸性粒细胞完全消失者。白细胞出现下列情况者，提示病情好转：白细胞总数与中性粒细胞百分比随着病情的好转而逐渐下降者；嗜中性杆状核白细胞逐渐减少，而分叶核白细胞相应恢复者；大单核白细胞暂时增多者；嗜酸性粒细胞重新出现或暂时增多者；淋巴细胞百分比逐渐恢复者。

三、微生物学检验

1. 细菌学检验

（1）病料的采取：采取有病变的内脏器官，如心脏、肝、脾、肾、空肠、回肠、淋巴结等作为被检病料。为了提高病原微生物的阳性分离率，采取的病料要尽可能齐全，除了内脏、淋巴结和局部病变组织外，还应采取脑组织和骨髓。

（2）染色与镜检：取清洁玻片作被检病料的触片或涂片，自然干燥后，火焰固定，用革兰氏、美蓝或姬姆萨染液染色，待干后在显微镜下检查。由于不同致病菌染色结果和形态大小都不一样，如 A 型魏氏梭菌呈革兰氏阳性大杆菌，较少能看到芽孢；巴氏杆菌呈革兰氏阴性菌，大小一致的卵圆形两极着色的小杆菌。故可以根据细菌的形态特征来诊断兔病。

（3）分离培养：用不同的培养基，如营养琼脂、绵羊鲜血琼脂、血清琼脂等培养基。将病料分离接种于上述培养基中，置 37 ℃温箱中培养 20～24 小时，观察细菌生长状态，菌落的形态、大小、色泽等。再做涂片检查及生化反应、动物接种和血清学检验等。

（4）生化试验：由于不同细菌所含的酶不同，利用的营养物质不同，其代谢产物不同，以此可以准确地判断细菌性疾病。

（5）动物接种：可以取被检兔的脏器磨细，用灭菌生理盐水做 1∶5 或 1∶10 稀释，也可以用分离菌培养菌落接种的马丁肉汤作为接种材料。一般以皮下、肌肉、腹腔、静脉或滴鼻接种家兔或小白鼠，剂量：兔 0.5 毫升，小白鼠 0.2 毫升。若接种 1 周后接种的动物发病或死亡，且有典型的病理变化，并能分离到所接种的细菌即可确诊。如超过 1 周死亡，则应重复试验。

（6）药敏试验：为了保证治疗效果，防止出现耐药性，可以用病兔分离出的细菌做药物敏感性试验，根据药敏试验结果选择最敏感的药物进行治疗，这样可以得到最佳的治疗效果。

（7）血清学检验：其目的在于应用血清学方法对兔群进行疫病普查诊断。方法有试管法和玻片法。

①试管法：将待检血清稀释不同倍数，分别加入等量细菌诊断性抗原，摇匀后放置于37℃温箱或室温内一定时间后观察结果，按要求做出判断。

②玻片法：取被检血清0.1毫升加于玻片上，同时加入等量诊断抗原，于15~20 ℃下摇动玻片使抗原与被检血清均匀混合，作用后在1~3分钟观察有无絮状物。如有絮状物出现而液体透明者为阳性，否则为阴性。

2. 病毒学检验 由于各种病毒在不同组织中含毒量不同，所以必须要采取含病毒量最多的组织，并要求病料新鲜，如兔病毒性出血症含毒量最多者是肝组织，兔痘病毒则在肝、淋巴结、肾等存在较多。

（1）病毒分离培养：被检材料接种于新鲜琼脂培养基或血清血红素培养基，将结果均为阴性者的被检材料磨细或液体材料用无菌生理盐水（pH 值 7.2 左右）、磷酸盐缓冲液稀释10倍，用6号玻璃滤器过滤，将滤液作为接种材料，同时在接种液中加入青霉素或链霉素（每毫升1 000 单位）。

（2）接种：根据接种材料可以将接种分为下面3 种方式。

鸡胚接种：取9~10日龄的鸡胚，每胚绒尿腔接种0.2毫升，一般在接种后48~72 小时内死亡。组织细胞接种：用各种动物组织的原代细胞或传代细胞接种，病毒能在细胞上繁殖，同时能使细胞产生病变。动物接种：通常用小白鼠、豚鼠和家兔接种病料，接种家兔一般皮下、肌内或腹腔注射0.5 毫升，有的用豚鼠皮内接种，如水疱性口炎。同时注意观察试验动物的发病情况和病变。

（3）病毒鉴定：分离得到的病毒材料一般以电子显微镜检查，血清学试验即可确认。进一步可做理化特性和生物学特性鉴定。

（4）中和试验：在被检病料上清液中加入等量该病标准高免血清，混匀后于37℃温箱作用30 分钟；对照组用生理盐水代替血清。两组材料分别接种易感动物，一般观察7 天。如果血清组获得保护，而对照组发病死亡即可确诊。

四、免疫学诊断

免疫学诊断是一种重要的诊断技术，这些方法具有灵敏、快速、简易、准确的特点，用于传染病的诊断，大大地提高了诊断水平，至今应用已十分广泛。在动物传染病的免疫学检验中，除了凝集反应、沉淀反应、补体结合反应、中和反应等血清学检验方法外，还可用免疫扩散、变态反应、荧光抗体、酶标、单克隆抗体等技术。

（一）皮内试验

家兔在抗原刺激后，体内产生亲细胞性抗体。当其与相应抗原结合后，肥大细胞和嗜碱性粒细胞脱颗粒，释放生物活性物质，引起注射抗原的局部皮肤出现皮丘及红晕，以此便可判断体内是否有种特异性抗体存在。皮内试验用于多种蠕虫病，如血吸虫病、肺吸虫病、姜片吸虫病、囊虫病、棘球蚴病等的辅助诊断和流行病学调查。本法简单、快速，尤适用于现场应用，但假阳性率较高。

（二）免疫扩散和免疫电泳

1. 免疫扩散　一定条件下，抗原与抗体在琼脂凝胶中相遇，在二者含量比例合适时形成肉眼可见的白色沉淀。本法有两种类型：

（1）单相免疫扩散：将一定量的抗体混入琼脂凝胶中，使抗原溶液在凝胶中扩散而形成沉淀环，其大小与抗原量成正比。

（2）双相免疫扩散：将抗原与抗体分别置于凝胶板的相对位置，二者可自由扩散并在中间形成沉淀线。用双相免疫扩散法既可用已知抗原检测未知抗体，也可用已知抗体检测未知抗原。

2. 免疫电泳　免疫电泳是将免疫扩散与蛋白质凝胶电泳相结合的一项技术。事先将抗原在凝胶板中电泳，之后在凝胶槽中加入相应抗体，抗原和抗体双相扩散后，在比例合适的位置，产生肉眼可见的弧形沉淀线。

免疫扩散法和免疫电泳法，除可用于某些寄生虫病的免疫诊断外，还可用于寄生虫抗原鉴定和检测免疫血清的滴度。

（三）间接红细胞凝集试验

以红细胞作为可溶性抗原的载体并使之致敏。致敏的红细胞与特异性抗体结合而产生凝集，抗原与抗体间的特异性反应即由此而显现。常用的红细胞为绵羊或 O 型人红细胞。

间接红细胞凝集试验操作简便，特异性和敏感性均较理想，适宜寄生虫病的辅助诊断和现场流行病学调查。现已用于诊断疟疾、阿米巴病、弓形虫病、血吸虫病、囊虫病、旋毛虫病、肺吸虫病和肝吸虫病等。

（四）间接荧光抗体试验

本法用荧光素（异硫氰基荧光素）标记第二抗体，可以进行多种特异性抗原抗体反应，既可检测抗原又可检测抗体。本法具有较高的敏感性、特异性和重现性等优点，除可用于寄生虫病的快速诊断，流行病学调查和疫情监测外，还可用于组织切片中抗原定位以及在细胞和亚细胞水平观察和鉴定抗原、抗体和免疫复合物。在诊断方面，已用于疟疾、丝虫病、血吸虫病、肺吸虫病、华支睾吸虫病、包虫病及弓形虫病。

（五）对流免疫电泳试验

对流免疫电泳试验是以琼脂或琼脂糖凝胶为基质的一种快速、敏感的电泳技术。既可用已知抗原检测抗体，又可用已知抗体检测抗原。反应结果可信度高，适用范围广。以本法为基础改进的技术有酶标记抗原对流免疫电泳和放射对流免疫电泳自显影等技术。二者克服了电泳技术本身不够灵敏的弱点。本法可用于血吸虫病、肺吸虫病、阿米巴病、贾第虫病、锥虫病、棘球蚴病和旋毛虫病等的血清学诊断和流行病学调查。

（六）酶联免疫吸附试验

酶联免疫吸附试验原理是将抗原或抗体与底物（酶）结合，使其保持免疫反应和酶的活性。把标记的抗原或抗体与包被于固相载体上的配体结合，再使之与相应的无色底物作用而显示颜色，根据显色深浅程度目测或用酶标仪测定吸光度值判定结果。

本法可用于宿主体液、排泄物和分泌物内特异抗体或抗原的检测。已用于多种寄生虫感染的诊断和血清流行病学调查。

（七）免疫酶染色试验

免疫酶染色试验以含寄生虫病原的组织切片、印片或培养物涂片为固相抗原，当其与待测标本中的特异性抗体结合后，可再与酶标记的第二抗体反应形成酶标记免疫复合物，后者可与酶的相应底物作用而出现肉眼或光镜下可见的呈色反应。本法适用于血吸虫病、肺吸虫病、肝吸虫病、丝虫病、囊虫病和弓形虫病等的诊断和流行病学调查。

（八）免疫印迹试验

免疫印迹试验又称免疫印渍，是由十二烷基硫酸钠—聚丙烯酸氨凝胶电泳、电转印及固相酶免疫试验三项技术结合为一体的一种特殊的分析检测技术。本法具有高度敏感性和特异性，可用于寄生虫抗原分析和寄生虫病的免疫诊断。

五、寄生虫检查

（一）粪便检查

粪便检查是寄生虫病生前诊断的主要检查方法。因为寄生蠕虫的卵、幼虫、虫体及其节片以及某些原虫的卵囊、包囊都是通过粪便排出的，采取新鲜粪便，进行虫卵的检查，是临床上常用的方法。

1. 直接涂片法 本法简便易行，但检出率较低。在干净的载玻片上滴上 1 ~ 2 滴清水，用火柴棒挑取粪便少许放在玻片上，调匀后盖上盖玻片，即可镜检。

2. 沉淀法 取兔粪便 5 ~ 10 克，放入 500 毫升杯内，加入少量清水，用玻璃棒将粪球捣碎，再加 5 倍量的清水调成稀糊状，用 50 目的铜筛过滤，静置 15 分钟，弃去上清液，保留沉淀。如此反复 3 ~ 4 次，将沉淀涂于玻片上，置显微镜下检查，本法为自然沉淀法。

3. 漂浮法 本法是利用体积质量大的溶液稀释粪便，可将粪便中体积质量小的虫卵漂浮到溶液的表面，再收取表面的液体进行检查，容易发现虫卵。如球虫卵囊的检查：取新鲜兔粪便 5 ~ 10 克，放在容量为 50 毫升的小玻璃杯内，然后加入少量的饱和盐水（1 000 毫升沸水中加入约 380 克的食盐，充分搅匀溶化即可），用竹筷或玻璃棒将兔粪捣碎，再加入饱和盐水将此粪液用 60 ~ 80 目的筛子或双层纱布过滤到另一个杯内，将滤液静置 30 分钟左右，此时，比饱和盐水溶液轻的球虫卵囊就浮到液面上来，可用直径 4 ~ 5 毫米的小铁丝圈接触液面，蘸取一层水膜，将其涂在载玻片上，然后加盖玻片进行镜检。本法容易发现虫卵。

（二）寄生虫虫体检查

1. 蠕虫虫体检查法　取兔粪 5 ~ 10 克，放入烧杯或盆内，加 10 倍生理盐水，搅拌均匀，静置沉淀 20 分钟左右，弃去上清液。将沉淀物重新加入生理盐水，搅匀，静置后弃上清液，如此反复 3 ~ 4 次，弃去上清液后，挑取少量沉渣置于黑色背景下，用放大镜寻找虫体。

2. 线虫幼虫检查法　取兔粪 5 ~ 10 克，放入培养皿内，加入 40 ℃温水以浸没粪球为宜，经 15 分钟左右，取出粪球，将留下的液体在低倍镜下检查，即可检出幼虫。

3. 螨虫检查法　选择患病皮肤和健康皮肤交界处，取小刀在酒精灯上消毒后，用手握刀，使刀刃与皮肤表面垂直，刮去皮屑（直到皮肤轻微出血），置于玻片上，加 1 ~ 2 滴煤油，盖上另一洁净的盖玻片，来回压搓病料，用低倍镜检查。

除此之外，血清学、分子生物学均可应用于寄生虫病的检测。

第五节　兔病常用治疗技术

一、家兔的捕捉、搬运和保定方法

家兔是小动物，被毛光滑，性情温和，但行动敏捷，具有防御的天性，常会用牙齿和爪来防卫。在诊治时，稍有不慎，会被兔抓伤或咬伤。兔胆小怕惊，在捕捉和保定时会挣扎，如果方法不当，对兔会造成不必要的损伤。

1. 家兔的捕捉　疾病的诊断、治疗，母兔的发情鉴定及妊娠检查等，均需先捕捉家兔。一般人习惯抓住兔的两耳或后肢，常会使兔挣扎或跳跃，损伤耳、腰、后肢，甚至会造成脑缺血或充血，这是错误的。对成年兔直接抓其腰部也不对，这样会损伤皮下组织或内脏，影响健康。有时会造成孕兔流产。

正确的方法是：对仔兔，因其个体小，体重轻，可以直接抓其背部皮肤；或围绕胸部大把松松抓起，切不可抓握太紧。对幼兔，应悄悄接近，切不可突然接近，先用手抚摸，消除兔的恐惧感，静伏后连同两耳将颈肩部皮肤一起抓住，这样可以使兔体平衡，不会造成兔子的挣扎。对成年兔，方法同幼兔，但由于成年兔体重大，操作者需两手配合。一只手捕捉，一手置于股后托住兔臀部，以支持体重。这样既不会伤害兔，也避免兔抓伤人。

2. 家兔的搬运　一手抓住两耳和颈肩部皮肤，虎口方向与兔头方向一致，将兔头置于另一手臂与身体之间，上臂与前臂呈90°角夹住兔体，手置于兔的股后部，以支持兔的体重；搬运中应遮住兔眼，使兔既无不适感，又表现安定。

3. 家兔的保定方法

（1）徒手保定法：一只手将颈肩部皮肤连同两耳大把抓起，另一只手抓住臀部皮肤和尾即可。使腹部向上，适用于眼、腹、乳房、四肢等疾病的诊治及肌内注射；将兔的口、鼻从臂部露出，适用于口、鼻的采样。

（2）器械保定法：①保定筒、保定箱保定。保定筒分筒身和前套两个部分，将兔从筒身后部塞入，当兔头在筒身前部缺口处露出时，迅速抓住两耳，随即将前套推进筒身，两者合拢卡住兔颈。保定箱分箱体和箱盖两部分，箱盖上挖有一个半圆形缺口，将兔放入箱内，拉出兔头，盖上箱盖，使兔头卡在箱外。适用于治疗头部疾病、耳静脉注射及内服药物。②包布保定。用边长1米的正方形或正三角形包布，其中一角缝上2条30~40厘米长的带子，保定时把包布展开，将兔置包布中心，把包布折起，包裹兔体，露出兔耳及头部，最后用带子围绕兔体并打结固定。适用于耳静脉注射、经口给药或胃管灌药。③悬空保定法。将一边长为30厘米的正方形帆布中间按家兔四肢距离剪出4个圆孔。保定时，把兔四肢穿入孔内，四角绳子拢在一起把兔吊在空中即可。此法保定家兔四肢无法用力，挣扎无效，对家兔是一个很好的保护，而且快速方便。④手术台保定。将兔四肢分开，仰卧于手术台上，然后分别固定头和四肢。市售有定型的小动物手术台。适用于兔的阉割术、乳房疾病治疗及腹部手术等。

（3）化学保定法：主要是应用镇静剂和肌松剂，如静松灵、戊巴比妥钠等，使家兔安静，无力挣扎。

二、公兔阉割术

1. 阉兔目的　为提高兔产品的质量，增加经济效益，除少数留种兔外，其余公兔应在2.5~3月龄时阉割。若为淘汰的种公兔，或患有睾丸疾病的兔，阉割则不受年龄限制。家兔阉割后性情温顺，便于饲养管理，避免殴斗撕咬，生长速度快，节省饲料。

2. 保定方法

（1）横卧保定：术者左手提起公兔颈、背部的皮肤，右手托住臀部，使公兔左侧着地横卧，术者左脚掌踩住兔的两耳根部，右脚掌踩住尾根部。左手腕向前压住兔右后肢，充分显露术部。

（2）抱起保定：保定者坐在小板凳上，将兔头向上，臀部向下，背朝保定者怀内，腹朝外，夹于两大腿间，两手分别抓住两侧前后肢保持固定。

3. 操作方法

（1）切翻法：阴囊部先用2%碘酊消毒。术者左手中指、无名指、小指屈曲，拇指和示指伸直开张呈"八"字形，由前向后逐渐推挤腹壁皮肤，将两侧睾丸挤入阴囊内，并用拇指和示指固定住睾丸。右手持刀，纵向切开阴囊皮肤及内肉膜，但不要切开总鞘膜。连同总鞘膜一起挤出睾丸，将总鞘膜外向上分离，在精索明显变细处，连同总鞘膜结扎，离结扎处0.3厘米割断，摘除睾丸。同法除去另一睾丸。皮肤切口涂碘酊消毒，可不做缝合。

（2）皮外结扎法：简单易行，不出血。先用2%碘酊消毒阴囊部皮肤，然后左手推挤睾丸，使其位于阴囊内，并用两指捏住睾丸。用橡皮筋或丝线，将两侧精索连同阴囊皮肤一起结扎，阻断睾丸部的血液供应。10天左右，睾丸部枯萎脱落。

（3）化学法：将1克氯化钙溶于10毫升蒸馏水中，再加入0.1毫升甲醛溶液，制成灭菌液备用。使用时视兔体大小，每侧睾丸内注射药液1～2毫升。注射时从睾丸两端进针。注射后睾丸部开始肿胀，3～5天后逐渐消退，7～8天后睾丸明显萎缩。

三、家兔快速无痛处死法

在屠宰兔时，应使其尽快死亡，以减少挣扎和痛苦，提高屠体和毛皮的品质。

1. 棒击法　提起兔的两耳，使兔体垂直，然后用圆木棒猛击兔的后脑部，使其迅速死亡。

2. 灌醋法　兔对食醋特别敏感，给兔灌数汤勺食醋后，可使兔心力衰竭，呼吸麻痹，口吐白沫，片刻便死。

3. 颈椎移位法　固定兔的头部和后腿，尽量伸长兔身，然后用力突然一拉，或固定兔的颈肌部和头部，突然用力扭转头部，使其颈椎移位迅速致死。

4. 放血法　将兔倒挂，用小刀割断颈动脉，使兔失血致死，此法兔肉色好。

5. 注射空气法　向兔耳静脉内快速注入5～10毫升空气，使兔发生脑或心脏血管气栓而死。

四、家兔给药方法

给药途径不同，作用的快慢和强弱也不同。所以，临床上应根据病情的需要、药物的性质、动物的大小等选择适当的给药途径；否则，起不到预期效果，甚至会改变药物的基本作用。如内服硫酸镁产生泻下作用，而静脉注射则产生镇静、抗惊厥等中枢作用。如油类制剂不能静脉内注射，氯化钙等强刺激剂只能静脉注射，而不能肌内注射；否则，会引起局部发炎坏死。

1. 经口给药 此法操作简单、方便，适用于多种药物，尤其是治疗消化道疾病。缺点是药物易受胃、肠内环境的影响，药量不易掌握，显效慢，吸收不完全。

（1）混饲或饮水法：将药物按一定比例拌入饲料或饮水中，让兔自由采食或饮用。适用于毒性小、适口性好、无不良气味的药物，多用于大群预防性给药或驱虫。治疗性药物混饲法所用饲料不能多，含药的料最好让兔子在短时间内吃完，存放太久影响药效。当药量小、饲料多时，要注意混合均匀，常采用"倍量递增法"。

（2）投服法：适用于药量小，有异味的片、丸剂药物，或食欲废绝的病兔。由助手保定病兔，操作者一手按住兔头部并捏住兔面颊使口张开，用弯头止血钳、镊子或筷子夹取药片（丸），送入会厌部，使兔吞下。

（3）灌服法：适用于用药量大、有异味的药物或食欲废绝的病兔。把药碾细，加少量水调匀，用注射器或滴管吸取药液，从口角齿槽间隙处向口腔后部插入，徐徐注入药液，使病兔自行吞咽，也可用小药匙盛药插入口角，让病兔一口一口地咽下。注意，不要误灌入气管内，造成异物性肺炎。

（4）胃管投药：直接把药液注入胃内的方法最精确，对刺激性大或有不良气味的药物可采用此法。助手保定家兔，固定头部，用开口器（木或竹制，长10厘米，宽1.8～2.2厘米，厚0.5厘米，正中开一比胃管稍大的小圆孔）插入左右齿槽间隙处，压住舌部。用人医8号导尿管作为兔的胃管。涂上润滑油或肥皂，由开口器小孔插入，沿咽后壁徐徐送入食道下部，深度约20厘米即到达胃部。插入过程中要使兔头、颈、躯干成一直线，不要弯曲。然后将管的外端插入一盛水的杯中，如随呼吸运动无气泡溢出，即证明确在胃中，误插入气管时，会随呼吸运动而有气泡出现。当确认已进入胃内后，连接漏斗或注射器，即可投药；投药完毕，用手指堵住管口，慢慢拔出胃管，取下开口器。

2. 注射给药方法 在注射前，要对所使用的注射器、针头严格消毒（高压蒸汽后煮沸消毒），对注射部位要经剪毛和使用70%～75%酒精棉球局部消毒，以防止感染。常采用方法如下：

（1）皮下注射：一般选在耳根后部、颈部、腋下、股内侧或腹下皮肤薄、松软、易移动的部位。先用碘酊消毒后，再用70%酒精棉球擦去碘。左手拇指、示指和中指捏起皮肤呈三角形，右手如执笔式持注射器于三角形基部垂直于皮肤迅速刺入皮下约1.5厘米，松开皮肤，不见回血后注药。注射完毕，拔出针头，用酒精棉球压迫针孔片刻。操作正确时可见局部隆起。对新生仔兔皮下注射时，可选用2～7号针头。注入药液量最大限度是每千克体重0.01毫升。多用于防疫注射、药液注射量较大或不易吸收的油乳剂。

（2）皮内注射：通常在腰部和胶部。局部剪毛消毒后，将皮肤展平，针头与皮肤呈30°角刺入真皮，缓慢注射药液。注射完毕，拔出针头，用酒精棉球轻轻压迫针孔，以免药液外溢，注意每点注射药量不应超过0.5毫升，推药时感到阻力很大，在注药部出现一小丘疹状隆起为正确。皮内注射多用于预防接种、过敏试验、诊断等。

（3）肌内注射：选在臀肌和大腿部肌肉丰满处。局部剪毛消毒后，用左手固定注射部位的皮肤，针头垂直于皮肤迅速刺入一定深度，要稍微回抽以证明不会有血液吸出来，缓缓注入药液，注射完后用酒精棉按压片刻。注意不要损伤大的血管、神经和骨骼。肌内注射适用于多种药物，水剂、油剂、混悬剂均可。

（4）静脉注射：注射部位通常选在兔两耳外缘的耳静脉，助手将兔确实保定妥当，术者将注射部位清洁消毒后，以左手把握兔耳，并压迫耳根部以使静脉怒张，右手持连接3～7号针头的注射器，先与血管平行刺入皮肤，这样针尖就位于扩张的静脉血管的皮下组织，然后将针头斜面向上，与静脉血管呈30°角准确地刺入血管，再慢慢地将药液注入。若不见回血，应轻轻移动针头或重新刺入，必须见到回血方可注射药液。注射时应避免将气泡注入，否则可因栓塞造成死亡。注射完毕拔出针头，需用酒精棉球压迫针眼片刻，以防出血。注射时，如发现针头接触处皮下有凸包或觉有阻力者，应拔出针头重新注射。注射药液量大时，尚应加温到与兔体温等同。

（5）腹腔内注射：主要用于补液（当静脉内注射困难或心力衰竭时）。注射部位选在脐后部腹底壁，偏腹中线左侧3毫米处，剪毛消毒后，使兔后躯抬高，对着脊柱向下刺针，回抽活塞，如无气体、液体及血液后注药，刺针不应过深，以免伤及内脏。注射宜选择在兔胃、肠及膀胱空虚时进行。当药液量大时应将其加热至与兔体温等同为宜。

（6）气管内注射：在颈上1/3下界正中线上。剪毛消毒后，垂直刺针，刺入气管后阻力消失，回抽有气体，然后慢慢注药。气管内注射用于治疗气管、肺部疾病及肺部驱虫等。但药液应加温，每次用药的剂量不宜过多。药液应为可溶性并容易吸收。

3. 灌肠方法　当发生便秘、毛球病时，可用本法辅助治疗。先将药液加热接近体温，保定病兔，使其后躯稍高，用一条口径适中的橡皮管（如人用导尿管），在前端涂上滑润剂，缓慢地插入直肠8～10厘米，再接上吸有药液的注射器，把药液注入直肠内。根据灌肠的目的不同，采取不同方式。例如，若是为了排出粪便，捏住肛门15～10分钟，然后让其自由流出；若是为了取得其他治疗效果如营养灌肠、麻醉灌肠等，则要求药液在肠内保留吸收，所以须用少量溶液并采取低压力缓慢法注入。

4. 局部给药

（1）点眼：用手指将下眼睑内角处捏起，滴药液于眼睑与眼球间的结膜囊内，每次滴入2~3滴，每隔2~4小时滴1次。如为膏剂，则将药物挤入结膜囊内。药物滴入（挤入）结膜囊内后，稍活动一下眼睑，不要立即松开手指，以防药物被挤出。常用于结膜炎的治疗或眼球检查。

（2）洗涤：将药液配成适当浓度的水溶液，清洗眼结膜、鼻腔及口腔等部的黏膜、污染物或感染创的创面等。常用的有生理盐水、0.3%~1.0%过氧化氢溶液（双氧水）、0.1%新洁尔灭溶液、0.1%高锰酸钾溶液等。

（3）涂擦：将药液制成膏剂或溶液剂，涂擦于局部皮肤、黏膜或创面上。主要用于局部感染和疥螨病等的治疗。

（4）洗浴：将药液配制成适宜浓度溶液或混悬液，对兔进行洗浴。要掌握好时间，时间长易引起中毒。主要用于杀灭体表寄生虫。

五、用药剂量的确定

兔病用药剂量可以参考本书第十章，而一些新药的剂量可以参考人病用药剂量，因兔病用药与人病用药有许多相似之处，一般按体重计算。家兔的体重是人体重的1/20，理论上说用药量也应该是人用药量的1/20，但家兔是草食性动物，实际口服药物的计量应该大一些。如果以成年人用药量为1，则家兔口服药量为1/6~1/3。但因兔的年龄和投药方法不同其用药剂量也不同。

按家兔年龄计算的剂量概算如下：

成年兔（8个月以上）	1
中兔（4~8个月）	3/4
幼兔（断奶后4个月内）	1/2
仔兔（半个月至断奶前）	1/6

按兔投药方法不同计算的剂量概算法如下：

内服	1
灌肠	1.5
皮下注射	1/3~1/2
静脉注射	1/4
肌内注射	1/4~1/3

第九章　兔场常用药物及合理用药

第一节　兽药基础知识

一、兽药概念与分类

（一）兽药及相关概念

兽药是指用于预防、治疗、诊断动物疾病或者有目的地调节动物生理功能的物质（含药物饲料添加剂），主要包括血清制品、疫苗、诊断制品、微生态制品、中药材、中成药、化学药品、抗生素、生化药品、放射性药品及外用杀虫剂、消毒剂等。兽药来源于植物、动物、矿物、化学合成及生物合成。古代的药物大多是天然产物，主要是植物，其次是动物和矿物。而现代的药物多为天然药物的有效成分或人工合成品。

药物超过一定剂量，对动物也会产生毒害作用。能对动物产生毒害作用的物质，称为毒物。药物与毒物之间有着剂量的差别，没有明显的分界。

（二）兽药分类

兽药的种类很多，兔常用的药物一般可分为抗微生物药、抗寄生虫药、作用于内脏系统药物、解热镇痛抗炎药、解毒药、常用中成药、消毒防腐药等。

二、制剂和剂型

为适应治疗或预防的需要而制备的不同给药形式，称为药物剂型，简称剂型，属于集体名词。如预混剂、散剂、片剂、颗粒剂、注射剂、气雾剂等。制剂是适应治疗或预防的需要而制备的不同给药形式的具体品种，称为药物制剂，简称制剂。

在疾病防治中同一药物不同的剂型会产生不同的疗效。例如硫酸镁口服剂型用作泻下药，但5%注射液静脉滴注，能抑制大脑中枢神经，有镇静、解痉作用。又如甘露醇口服用作泻下药，静脉滴注则具有脱水作用；阿司匹林为解热镇痛药，而肠溶阿司匹林则为心血管系统用药等。兽药的剂型有多种，目前有多种分类方法。常用的有：

（一）按物质形态分类

1. 液体剂型　液体剂型一般有溶液剂、合剂、乳剂、注射剂、气雾剂、煎剂、浸剂。溶液剂、合剂，是两种以上药物制成的液体制剂。乳剂，是两种以上不相混合或部分混合的液体制剂，如鱼肝油乳剂。酊剂，是药物的酒精溶液。注射剂或针剂，其中有水针剂（如葡萄糖注射液）、粉针剂（如青霉素 G 钾）。煎剂和浸剂，一般是含有植物性药物中有效成分（如生物碱、苷类、有机酸、挥发油、鞣酸、氨基酸等）的混合物。

2. 固体剂型　固体剂型一般有粉剂、预混剂、片剂、胶囊剂、栓剂、微型胶囊 6 种。粉剂，如可用于直接内服、混饲或混入饮水中的可溶性粉末。预混剂是均匀地混合到饲料中服用的，如喹乙醇预混剂。片剂、胶囊剂，是用明胶制成的胶囊盛装药物原料，如土霉素胶囊。栓剂是专供塞入动物腔道的，如直肠栓和阴道栓。微型胶囊具有提高药物稳定性、延长药物疗效、掩盖气味、减少复方制剂中各种成分之间的影响等特点，如维生素 A 微囊。

3. 半固体剂型　一般有软膏、糊剂、浇注剂。软膏、糊剂，为一种黏稠的药剂，内服或外用。浇注剂，外用在皮肤上涂布，发挥穿透吸收作用。

4. 气体剂型　应用雾化器喷出的微粒状制剂，供吸入全身治疗或畜舍内消毒。

（二）按给药途径分类

按照给药途径分类，剂型通常可分成两大类。

1. 经胃肠道给药剂型　药物制剂经口服给药，经胃肠道吸收发挥作用，如口服溶液剂、乳剂、混悬剂、散剂、颗粒剂、胶囊剂、片剂等。

2. 非经胃肠道给药剂型

（1）注射给药　使用注射器直接将药物溶液、混悬液或乳剂等注射到不同部位的给药方式。如静脉注射、肌内注射、皮下注射、皮内注射、脊椎腔内注射等。

（2）呼吸道给药　利用抛射剂或压缩气体使药物雾化吸入或直接利用吸入空气将药物粉末雾化吸入肺部的给药方式，如气雾剂、喷雾剂、烟熏剂等。

（3）皮肤给药　给药后在局部起作用或经皮吸收发挥全身作用，如外用溶液、洗剂、搽剂、硬膏剂、糊剂等。

（4）黏膜给药　在眼部、鼻腔等部位的给药，药物在局部作用或经黏膜吸收发挥全身作用，如滴眼剂、滴鼻剂、眼用软膏、子宫植入片剂等。

（5）腔道给药　用于直肠、阴道、尿道等部位的给药，腔道给药可起局部作用或经吸收发挥全身作用。

（三）按一次用药防治动物数量分类

1. 群体给药制剂　一次用药可防治动物群体疾病的制剂，如粉（散）剂、预混剂、颗粒剂等。

2. 个体给药制剂　一次用药可防治动物个体疾病的制剂，如注射剂、片剂、胶囊剂、滴眼剂、滴鼻剂、眼膏剂、局部用粉剂等。

3. 既可群体用药又可个体用药制剂　如内服液体制剂等。

（四）按作用特点分类

按作用特点，药物可分为长效制剂、缓释制剂、控释制剂、靶向制剂等。

（五）综合分类法

上述分类方法，各有其优缺点，但均不完善。实际中常采用以剂型为基础的综合分类方法。

1. 给药途径与物态结合分类　如内服溶液剂、内服乳剂、内服混悬剂等。

2. 用药特点与物态结合分类　如群体给药固体制剂、群体给药液体制剂、个体给药固体制剂、个体给药液体制剂等。

三、兽药管理

兽药要保证安全、有效、稳定和使用方便。兽药安全包括兽药对靶动物，对生产、使用兽药的人，对动物性食品消费者的安全以及对环境的安全。我国目前有农业部、省、市、县等多层畜牧管理机构，负责动物养殖和兽药管理、使用、检验、残留监测等方面的工作。

（一）兽药管理法规和标准

1. 兽药管理条例　我国兽药管理的最高法规是《兽药管理条例》（以下简称《条例》），现行的《条例》于 2004 年 11 月 1 日起实施。

为保障条例的实施，与《条例》配套的规章有：《兽药注册办法》《兽药产品批准文号管理办法》《处方药和非处方药管理办法》《生物制品管理办法》《兽药进口管理办法》《兽药标签和说明书管理办法》《兽药广告管理办法》《兽药生产质量管理规范 GMP》《兽药经营质量管理规范 GSP》《兽药非临床研究质量管理规范 GLP》和《兽药临床试验质量管理规范 GCP》等。

2. 兽药国家标准　《条例》规定，"国家兽药典委员会拟定的、国务院兽医行政管理部门发布的《中华人民共和国兽药典》（以下简称《中国兽药典》）和国务院兽医行政管理部门发布的其他兽药标准为兽药国家标准"。兽药国家标准包括《中国兽药典》《兽药规范》和农业部发布的其他《兽药质量标准》。

《中国兽药典》先后于 1990 年、2000 年、2005 年、2010 年出版发行四版。2010 年版《中国兽药典》分为一、二、三部。一部收载化学药品、抗生素、生化药品原料及制剂；二部收载中药材、中药成方制剂；三部收载生物制品。

（二）兽用处方药和非处方药管理制度

为保障动物用药安全和人的食品安全，《条例》规定："国家实行兽用处方药和非处方药分类管理制度"，从法律上正式确立了兽药的处方药管理制度。但目前还没有具体的兽用处方药目录。兽用处方药，是指凭兽医师开写处方可购买和使用的兽药。兽用非处方药，是指国务院兽医行政管理部门公布的、不需要凭兽医处方就可以自行购买并按照说明书使用的兽药。

通过兽医开具处方后购买和使用兽药，可以防止滥用兽药尤其是抗菌药，避免或减少动物产品中发生兽药残留等问题，达到保障动物用药规范、安全、有效的目的。

（三）兽药安全使用制度

建立用药记录是保障遵守兽药的休药期，避免或减少兽药残留，保障动物产品质量的重要手段。新《条例》明确要求兽药使用单位要遵守兽药安全使用规定，建立用药记录。

兽药安全使用规定是指农业部发布的关于安全使用兽药以确保动物安全和人的食品安全等方面的有关规定。如食品动物禁用的兽药及其他化学物清单、饲料药物添加剂使用规范、动物性食品中兽药最高残留限量、兽药休药期规定等。用药记录是指由兽药使用者所记录的关于动物疾病的诊断、使用的兽药名称（一定记录药物的通用名而不要记录商品名）、用法用量、疗程、用药开始日期、预计休药日期、产品批号（要把产品的批准文号和生产批号区分开）、兽药生产企业名称、处方用药等的书面材料和档案。

新《条例》规定，除了禁止在饲料和动物饮水中添加激素类药品和国务院兽医行政管理部门规定的其他禁用药品外，经批准可在饲料中添加的兽药，应由兽药生产企业制成药物饲料添加剂后，方可用于动物的饲料添加，养殖者不得自行稀释添加，以免稀释不匀造成中毒。

新《条例》还规定，禁止将原料药直接加到饲料及动物饮水中或者直接饲喂动物。因为，一是有可能引起动物中毒死亡，二是国家规定的休药期一般都是针对制剂规定，原料药没有休药期数据，会造成严重兽药残留。

（四）不良反应报告制度

不良反应是指兽药按正常用法、用量应用药物预防、诊断或治疗疾病过程中产生的与用药目的无关或意外有害的反应。不良反应与兽药的应用有关，一般撤销使用兽药后即会消失，有的则需要采取一定的处理措施才会消失。

《条例》规定："国家实行兽药不良反应报告制度。兽药生产企业、经营企业、兽药使用单位和开具处方的兽医人员发现可能与兽药使用有关的严重不良反应，应当立即向所在地人民政府兽医行政管理部门报告"。首次以法律的形式规定了不良反应的报告制度。

四、兽药作用及影响兽药作用的因素

药物作用（药物效应）是指药物作用于机体所引起的生理生化功能的改变，也称药物的效应。实际上，药物的效应是机体器官原有功能水平的改变，而不是产生新的功能。根据用药目的和效果来说，可表现为治疗作用和不良作用。

（一）防治作用

动物用药后能达到防治疾病的目的称为防治作用，即预防作用和治疗作用。预防作用的常用药物有兽用生物制品、抗微生物药物和抗寄生虫药物。根据药物作用达到的治疗效果，可分为对因治疗和对症治疗。对因治疗是指药物作用能消除原发致病因子的药物。如抗生素类药物杀灭体内的致病微生物，解毒药促进体内毒物的消除等。对症治疗仅能改善疾病症状，如解热药退烧，止咳药减轻咳嗽症状等。休克、心力衰竭、惊厥等情况必须立即采取有效的对症治疗，此时对症治疗比对因治疗更为迫切。

（二）药物的不良反应

药物在防治疾病的同时表现出不利于机体的反应称为不良反应，药物的不良反应包括以下几种。

1. 副作用 药物的治疗剂量所引起的与防治目的无关的作用，称副作用。副作用的危害一般较毒性反应小。副作用与药物的选择作用低、作用范围广有关。为了减少副作用，要适当选用剂量，也可合并用药，以某个作用相反的药物，抵消可能发生的副作用。一般停药后可自然恢复。

2. 毒性反应 药物过量或反复应用对机体所产生的严重的功能紊乱、组织器官损害的作用，称毒性反应。剂量不当是引起毒性反应的主要原因。毒性反应可能立即发生（急性毒性）；可能经长期蓄积后逐渐发生（慢性毒性）。为了防止毒性反应，应严格掌握用量或用药间隔时间。另外，要警惕某些药物的可能致畸、致癌、致突变作用。

3. 变态反应 变态反应也叫超敏反应，是指机体对某些抗原初次应答后，再次接受相同抗原刺激时，发生的一种以机体生理功能紊乱或组织细胞损伤为主的特异性免疫应答。变态反应并不是药物固有的药理作用的一部分。变态反应的特点：

（1）只发生于少数个体。

（2）反应的发生与剂量无关或关系较小。

（3）在第一次用药时一般并不出现反应，经过一定时间后，当再次应用与原来相同的药物或结构近似的药物时，才出现变态反应。

（4）变态反应的共同表现是皮疹（如荨麻疹）、支气管哮喘（支气管平滑肌痉挛）、发热等，乃至严重的过敏性休克。

4. 继发反应　继发反应是指由于药物应用治疗疾病而造成的不良后果，如长期应用广谱抗生素时，体内敏感细菌被抑制，不敏感的细菌趁机大量繁殖，又引起新的感染，称为"二重感染"。此反应是继发于药物治疗作用之后的一种不良反应，是治疗剂量下治疗作用本身带来的后果，又称为治疗矛盾。如长期使用环丙沙星可引起由耐药菌或酵母样真菌导致的双重感染，长期使用阿莫西林可出现由念珠菌或耐药菌引起的二重感染。

（三）影响药物作用的因素

1. 动物方面

（1）种属差异：不同种类的动物对同一药物的反应是不同的；同种动物的不同品种对药物的敏感性也不相同。

（2）年龄、性别、体重差异：一般来说，幼龄、老龄动物和母畜（尤其在孕期）对药物比较敏感。在同一种动物，因体重不同，对药物的反应差别也很大，应按体重计算剂量。

（3）个体差异：不同动物存在个体差异，应用药物的小剂量就出现剧烈反应乃至中毒（高敏性）；应用药物超过中毒量，反应也不很明显（耐受性）。所以，建议个体化给药方案。

（4）动物的异常状态：体质弱、营养不良、病理状态、过度劳役的动物对药物的敏感性较高，易出现不良反应。当肝、肾功能不全时，药物的代谢和排泄减慢，其作用必然加强或延长，甚至引起中毒。

2. 药物方面

（1）剂量和剂型：药物的剂量是用药的关键因素，它决定了进入动物体内的血药浓度和药物的作用强度。准确地选择用量，才能获得预期药效。不同药物剂型，其吸收速度不同，必然会影响到药物作用的速度和强度。

（2）给药途径：不同给药途径会影响药物吸收的量和速度，进而改变药效强度。甚至不同给药途径，药效截然不同，如内服硫酸镁发生下泻作用，肌内或静脉注射则产生镇静、抗惊厥作用。

（3）用药时间、次数和疗程：适宜的给药时间可以提高疗效，如驱虫药应该空腹给药；对胃有刺激性的药物，宜在饲后服用；为了使药物在一定时间内持续地发挥作用，一般需要重复给药。给药的间隔，主要是根据药物在体内转化和排泄的快慢，有必要时参照药物的半衰期而定。对多数药物往往内服（每日3次），或注射（每日2次），以保证药物在体内维持有效浓度。为了病情需要，可连续用药一定时间段，这个时间段称为疗程。当连续使用某些在体内消除慢的药物后，药物通过蓄积作用（如强心苷）易发生中毒。

（4）联合用药：为了增强药效或减少药物的不良反应，在临诊实践中常采取联合用药。联合应用两种以上的药物时，能使药效增加的称为协同作用（相加作用和增强作用），如磺胺类药与增效剂合用，可提高药效十几倍；能使药效减弱的称为拮抗作用，如阿托品可解除吸入性麻醉药所引起的支气管腺体分泌增加。但是应注意，在联合用药时有可能产生的疗效性、物理性和化学性的配伍禁忌。如维生素 C 溶液与苯巴比妥钠配伍时，能使后者析出，同时前者亦部分分解；吸附药与抗菌药配合，抗菌药被吸附而使疗效降低等；同时还会出现产气、变色、燃烧、爆炸等。此外，水溶剂与油溶剂配合时会分层；含结晶水的药物相互配伍时，由于条件的改变使其中的结晶水析出，使固体药物变成半固体或泥糊状态；两种固体混合时，可由于熔点的降低而变成溶液即出现液化等。

3. 环境因素 饲养管理条件（饲喂方法、饮水、饲养密度、更换饲料、动物迁移、长途运输等）和外界环境（气温、湿度、光照、音响、空气质量等）会改变动物机体的生理状态，从而影响动物和环境对药物的敏感性。如甲醛熏蒸消毒须依赖提高室内温度来实现。

五、兽药储存保管

药品的储存保管要做到安全、合理和有效。药品储存保管不当会对药效产生较大影响。需将外用药与内服药分开储存，对化学性质相反的如酸类与碱类、氧化剂与还原剂等药品也要分开储存。要了解药品本身理化性质和外来因素对药品质量的影响，针对不同类别的药品采取有效的措施和方法进行储藏保管。药品的稳定性主要取决于药品的成分、化学结构以及剂型等内外因素，外界因素如空气、温度、湿度、光线等是引起药品性质发生变化的主要条件之一。

（一）影响药品性质的外界因素

1. 空气 空气中的氧气、水分、二氧化碳等均会影响药物的性质。空气中的氧，易使药物氧化变质，引起不良反应或无效。例如，硫酸亚铁氧化变成硫酸铁；维生素 C 氧化后变成深黄色。某些碱性药物吸收空气中的二氧化碳而变质等。例如磺胺类和苯巴比妥类药物的钠盐碳酸化后，难溶于水。粉剂药品能吸收水分、灰尘及空气中有害气体而影响本身质量。阿司匹林、青霉素等因吸潮而分解。凡含结晶水的药物，在干燥空气中会失去结晶水而出现风化。

2. 温度 温度过高或过低，均会使药物的质量发生变化。温度过高，会使药物失效、变形、体积减小、爆炸等。例如，抗生素类、维生素类等加速变质。温度过低也会使某些药品冻结、分层、析出结晶，甚至变质失效，如油乳剂、混悬剂等。

3. 光线 阳光中的紫外线常使许多药物发生变色、氧化、还原和分解等化学反应，称为光化反应。临床中对光敏感的药物有喹诺酮类药物、维生素 A 和维生素 B 等。

4. 微生物 空气中存在霉菌孢子，在药品生产和储存过程中，要注意防霉。

如中药散剂、浸膏、糖浆剂等，在 20～30 ℃、相对湿度 70% 以上的多雨季节，包装封口不严就易发生霉变。

5. 贮藏时间　为了保证用药安全有效，对这些药品规定了有效或失效的期限。有效期是指药品在规定的贮藏条件下能保证其质量的期限。过了有效期，药品必须按规定加以处理，不得使用。即使没有规定有效期的药物，储存过久也会使质量发生变化。而失效期系指药品超过安全有效范围的日期，药品超过此日期，必须废弃。此外，药品的生产工艺、包装所使用的容器和包装方法等，也对药品的质量有很大的影响，应予以重视。

（二）常用的兽药储存方法

一般大多数饲养户都会存放一些常用兽药。但如果兽药存放不当，如久放、高温、混放、受潮等均有可能造成兽药药效降低或失效。因此，必须合理储存保管兽药。

1. 密封保存　各种兽药受潮后都会发霉、黏结、变色、变形、变味、生虫等。有些兽药极易吸收空气中的水分，而且吸收水分后便开始缓慢分解，对动物的胃部刺激性增强。因此，饲养户存放兽药，一定注意防潮。装药的容器应当密闭，如是瓶装必须盖紧盖子，必要时用蜡封口。

对易吸潮发霉变质的药物如葡萄糖、碳酸氢钠、氯化铵等，应在密封干燥处存放；有些含有结晶水的药物，如硫酸钠、硫酸镁、硫酸铜、硫酸亚铁等，在干燥的空气中易失去部分或全部结晶水，应密封于阴凉处存放，不宜存放于过于干燥或通风的地方。此外，散剂的吸湿性比原料药大，一般均应在干燥处密封保存。但含有挥发性成分的散剂，受热后易挥发，应在干燥阴凉处密封保存。除另有规定外，片剂也应密闭在干燥处保存，防止发霉变质。

2. 避光保存　日光中的紫外线对大多数化学药类兽药起着催化作用，能加速兽药的氧化、分解等，使兽药加速变质。例如维生素、抗生素类药物，遇光后都会使颜色加深，药效降低。对这些遇光易发生变化的兽药，要用棕色瓶或用黑色纸包裹的玻璃器包装；需要避光保存的兽药，应储存在阴凉干燥、光线不易直射到的地方。有些药物如恩诺沙星、盐酸普鲁卡因，含有维生素 D、维生素 E 的散剂，维生素 C 和阿司匹林片、氯丙嗪等，遇光和热可发生化学变化生成有色物质，出现变色变质，导致药效降低或毒性增加，应放于避光容器内，密封于干燥处保存。片剂可保存于棕色瓶内，注射剂可放于避光的纸盒内。

3. 低温保存　受温度影响而变质的兽药，保管方法如下："室温"指 18～25 ℃，"阴凉处"是指不超过 20 ℃，"冷处"是指 2～10 ℃。一般兽药储存于室温即可。受热易挥发、分解和易变质的兽药，需在 4～10 ℃ 的温度下冷藏保存。易爆易挥发的药品如乙醚、挥发油、氯仿、过氧化氢等，以及含有挥发性药品的散剂，均应密闭于阴凉干燥处存放。

4. 防过期 兽药应分期、分批储存。如发现储存的兽药超过保质期，应及时处理和更换，避免使用超过保质期的兽药。

5. 防混放 存放兽药时应做到：内用药与外用药分别储存；消毒、杀虫、驱虫药物、农药、鼠药等危险药物，不应与普通兽药混放；且不要用空兽药瓶装别的兽药或农药、鼠药；兽药一定要放到儿童接触不到的地方，避免孩子和精神有异常的病人随时拿到误食。外用药品，最好用红色标签或红笔书写，以便区分，避免内服。名称容易混淆的药品，要注意分别存放，以免发生差错。

6. 防鼠咬虫蛀 对采用纸盒、纸袋、塑料袋等包装的兽药，储存时要放在其他密闭的容器中，以防止鼠咬及虫蛀。

第二节　常用抗微生物药物的作用与应用

一、概述

抗微生物药是指对细菌、真菌、支原体等病原微生物具有抑制或杀灭作用的化学物质，在兽医临床上和养殖生产中用量最大、使用范围最广的一类药物，在兽医领域中占有重要地位。抗微生物药具有一定的抗菌活性、抗菌谱和耐药性。

（一）抗菌活性

抗菌活性是指药物抑制或杀灭病原微生物的能力。通过体外抑菌试验，能够抑制培养基内细菌生长的最低药物浓度，称为最小抑菌浓度；能够杀灭培养基内细菌生长的最低药物浓度，称为最小杀菌浓度。有些抗菌药在低浓度呈抑菌作用，在高浓度呈杀菌作用，所以抗菌药的抑菌作用和杀菌作用有时是相对的。

（二）抗菌谱

抗菌谱是指药物抑制或杀灭病原微生物的范围。只对某个菌种或某属细菌是有效的，称窄谱抗菌药，如青霉素 G、链霉素；可对多种不同种属的细菌产生抗菌效果的，称广谱抗菌药，如喹诺酮、四环素类。

（三）耐药性（抗药性）

耐药性（抗药性）是指病原体与药物多次接触后对药物的敏感性逐渐降低，甚至消失，以致药物对耐药菌的疗效降低或无效。耐药性有交叉耐药性、固有耐药性和获得性耐药性。交叉耐药性指某种病原体对一种药物产生耐药性后，也引起对同一类的药物有了耐药性。固有耐药性（天然耐药性），是细菌的遗传特征，不可改变（如绿脓杆菌对大多数抗生素不敏感）。获得性耐药性，是病原体在接触药物后，产生了结构、生化和生理方面的改变，形成具有抗药性的变异菌株，这些菌株对药物的敏感性降低，甚至消失。这些获得性耐药性可以传代、转移、传播和扩散，也可以经转导、转变、结合等不同方式从耐药菌株转移给敏感菌株，从而使细菌耐药性逐年增加，后果日趋严重。据国内的监测报告（1998）表明，大肠杆菌对第三代头孢菌素的耐药率已高达35%～48%。

二、β－内酰胺类药物

β－内酰胺类抗生素是指其化学结构中含有β－内酰胺环的一类抗生素，主要包括青霉素类药物、头孢菌素类药物和β－内酰胺酶抑制剂。

（一）青霉素类药物

青霉素类的基本结构是由主核和侧链两部分结合而成，主核中含有一个β－内酰胺环，故称为β－内酰胺类。青霉素类分为天然青霉素和半合成青霉素。天然青霉素主要包括青霉素F、G、X、K和双氢F五种。半合成青霉素主要有耐青霉素酶的青霉素，如苯唑西林和氯唑西林等；广谱青霉素，如氨苄西林、阿莫西林、海他西林和羧苄西林等。此外也有一些长效青霉素如普鲁卡因青霉素和苄星青霉素。青霉素酶是指细菌产生的能够催化水解青霉素化学结构中β－内酰胺环，使青霉素失去作用的一类酶，又称为β－内酰胺酶。兔常用的青霉素类有以下几种。

1. 天然青霉素

青霉素（青霉素G）

【性状】 青霉素G是一种有机酸。一般制成稳定性高并溶于水的钾盐或钠盐，系白色粉末。遇酸、碱、重金属盐、氧化剂、加热和日光照射能迅速失效。干粉稳定在3年以上不失效。其水溶液在室温下不稳定，要及时用完。天然青霉素可被青霉素酶降解而失效，其效价用国际单位（IU）表示。

【作用与用途】 抗菌谱较窄，对革兰氏阳性菌（球菌和杆菌）、部分革兰氏阴性球菌、各种螺旋体和放线菌有抑菌（低浓度）和杀菌（高浓度）作用。对青霉素敏感的病原菌有葡萄球菌、链球菌、梭菌、化脓棒状杆菌、炭疽杆菌、李氏杆菌、放线菌、钩端螺旋体等，临床用于治疗各种敏感菌感染的疫病，如炭疽、气肿疽、放线菌病、肺炎、支气管炎、乳房炎、坏死杆菌病、链球菌病、葡萄球菌病、李氏杆菌病、子宫内膜炎等，也常用于支原体病、球虫病及病毒病的并发感染及各种呼吸道感染等。

【用法与用量】 青霉素G钾（或钠）盐，每支40万、80万、160万国际单位，粉针剂。以灭菌生理盐水或注射用水溶解，供肌内注射；以生理盐水或5%葡萄糖注射液稀释至每毫升5 000国际单位以下浓度，做静脉注射。每次每千克体重2万～4万国际单位，每日2～4次，1～2 h用完，连用3～5天。

【注意事项】 青霉素水溶液极不稳定，应现用现配，不宜与庆大霉素、卡那霉素、四环素、土霉素、维生素 C、碳酸钠、磺胺钠盐、去甲肾上腺素等混合使用，随着青霉素的广泛应用，耐药菌株逐渐增加，因而选用青霉素一定要给予足够的剂量和疗程，以免产生耐药性，目前临床应用中可适当加大剂量。青霉素钾（钠）遇湿易分解失效，其铝盖胶塞瓶装制剂不宜放置冰箱中。

普鲁卡因青霉素

【性状】 本品为青霉素的普鲁卡因盐，为白色结晶性粉末。在甲醇中易溶，在乙醇或三氯甲烷中略溶，在水中微溶。遇酸、碱或氧化剂等即迅速失效。

【作用与用途】 用于对青霉素敏感菌引起的慢性感染，以及放线菌及钩端螺旋体等感染。与青霉素相仿，肌内注射后，在局部缓慢释放和吸收。作用较青霉素持久，但血中有效浓度低，限用于对青霉素高度敏感的病原菌引起的慢性感染，不宜用于治疗严重感染。为能在较短时间内升高血药浓度，可与青霉素钠（钾）混合制成注射剂，以兼顾长效和速效。

【用法与用量】 临用前加灭菌注射用水适量制成混悬液，肌内注射：每次每千克体重3万~4万单位，每日1次，连用2~3天。

油制普鲁卡因青霉素

【性状】 本品为灭菌的乳白色油混悬液。

【作用与用途】 作用同普鲁卡因青霉素，但本品吸收慢，作用较慢而持久，不宜单独用于治疗严重感染。

【用法与用量】 肌内注射：每次每千克体重，兔0.3万~0.5万单位，每天1次。用时需用力摇匀。

2. 半合成青霉素 包括青霉素（如青霉素 V）、耐酶青霉素和广谱青霉素。青霉素耐酸，可供内服；耐酶青霉素，是不易被青霉素酶破坏的品种，包括异唑类青霉素和乙氧萘青霉素，对耐药金黄色葡萄球菌感染氨苄青霉素可作为首选药；广谱青霉素，对革兰氏阳性菌和革兰氏阴性菌都有杀灭作用。

氨苄青霉素（氨苄西林）

【性质】 本品为白色结晶或粉末，味微苦，微溶于水，有吸湿性，应密封保存于冷暗处。水溶液呈碱性，极不稳定，遇碱性物质能迅速分解失效。

【作用与用途】 本品为广谱抗生素。在器官组织的分布浓度以肾最高，心、肺、肌肉、脾次之。其对革兰氏阳性细菌和革兰氏阴性细菌（链球菌、葡萄球菌、炭疽杆菌、布鲁氏菌、巴氏杆菌、大肠杆菌和沙门菌）均有效，但对金黄色葡萄球菌、肺炎杆菌和绿脓杆菌无效。对革兰氏阳性细菌的作用不及青霉素 G，对革兰氏阴性细菌的作用不及庆大霉素、卡那霉素和多黏菌素，与四环素相似或略强。多用于防治上述敏感菌引起的消化道、呼吸道、尿路感染和败血症。

【用法与用量】　粉剂：2%、2.5%、5%预混剂，50克/袋，内服、拌料、饮水，每次按体重15~25毫克/千克，每日2~3次。针剂：每支0.5克，每次5~10毫克/千克，肌内或静脉注射，每日2次。

【注意事项】　同青霉素。

甲氧苯青霉素钠（新青霉素Ⅰ）

【性状】　本品为白色结晶性粉末。水溶液不稳定。

【作用与用途】　抗菌谱与青霉素G钾（钠）相似，而抗菌效力较弱，但对耐药性金黄色葡萄球菌产生的酶有较强的稳定性。主要用于耐药性金黄色葡萄球菌所致的感染，如乳房炎等。

【用法与用量】　甲氧苯青霉素钠粉针：肌内注射，兔每次每千克体重3~4毫克，每6小时1次。

（二）头孢菌素类

头孢菌素类是广谱半合成抗生素。从头孢菌的培养液中提取获得的头孢菌素C，因抗菌活性低、毒性大，不能实际应用，所以制出多种半合成产品。按发现先后有一代、二代、三代、四代头孢菌素。头孢菌素类的优点：抗菌谱广，杀菌力强，过敏反应较少，对酸和β-内酰胺酶比青霉素类稳定。

第一代头孢菌素的抗菌谱与广谱青霉素相似，对青霉素酶稳定，但仍可被多数革兰氏阴性菌产生的β-内酰胺酶水解，主要作用于由革兰氏阳性菌引起的感染。如青霉素的抗菌谱主要包括革兰氏阳性菌和某些阴性球菌，而链霉素的抗菌谱主要是部分革兰阴性杆菌。因此，青霉素和链霉素都属于窄谱抗生素，在临床中常采用联合用药增大其抗菌范围。常用的第一代头孢菌素主要有头孢菌素Ⅰ即先锋霉素Ⅰ、头孢氨苄即先锋霉素Ⅳ、头孢唑林即先锋霉素Ⅴ、头孢拉定即先锋霉素Ⅵ和头孢羟氨苄等。

第二代头孢菌素对革兰氏阳性菌的抗菌活性与第一代相近或稍弱，但抗菌谱较广。其中的多数品种能耐受β-内酰胺酶，对革兰氏阴性菌的抗菌活性增强。如一些革兰氏阴性菌（如大肠杆菌等）易对第一代头孢菌素耐药，而第二代头孢菌素对这些耐药株常可有效，主要品种有头孢西丁等。

第三代头孢菌素的抗菌谱比第二代更广一些，其对革兰氏阴性菌的抗菌活性比第二代强，但对金黄色葡萄球菌的抗菌活性不如第一代和第二代。主要品种有动物专用的头孢噻呋和头孢喹肟等。

第四代头孢菌素是指20世纪90年代以后问世的头孢菌素新品种。第四代头孢菌素抗菌谱比第三代更广，对β-内酰胺酶稳定，对金黄色葡萄球菌等革兰氏阳性菌的作用有所增强。目前医用头孢菌素有30多种，但由于价格昂贵，兽医上多用于宠物疾病和局部感染。临床中常用的动物用头孢菌素较少，主要有动物专用的头孢噻呋。

头孢菌素Ⅰ（先锋霉素Ⅰ）

【性状】 本品为白色结晶性粉末，易溶于水，有吸湿性。久置易变黄，应放置于避光、密封、阴凉干燥处。主要抗革兰氏阳性菌，对革兰氏阴性菌和钩端螺旋体也有较好疗效，但对绿脓杆菌、产气杆菌、结核杆菌、真菌、霉形体、病毒及原虫无效。

【作用与用途】 临床上多用于大肠杆菌、耐药性金黄色葡萄球菌、链球菌、肺炎球菌、巴氏杆菌、沙门杆菌等引起的呼吸道、泌尿道感染及牛乳房炎。

【用法与用量】 粉针，用之前加水溶解。肌内注射，每次按体重35毫克/千克，每日3次。

【注意事项】 内服吸收不良，只供注射。对肝、肾功能有影响，不宜与庆大霉素合用。

头孢氨苄（先锋霉素Ⅳ）

【性状】 本品为白色或乳黄色结晶性粉末，微臭，味苦，溶于水。

【作用与用途】 本品对溶血性链球菌、金黄色葡萄球菌、大肠杆菌、奇异变形杆菌等敏感菌所致的泌尿道、皮肤及软组织等部位感染有抗菌作用，对绿脓杆菌无效。内服易吸收，主要从尿道排泄。适用于尿路感染，但肾功能严重受损者应减量。

【用法与用量】 胶囊剂、片剂，内服，每次33毫克/千克，每日4次。

头孢噻呋

【性状】 本品为类白色至淡黄色粉末，在水中不溶，在丙酮中微溶，在酒精中几乎不溶。

【作用与用途】 主要用于大肠杆菌与奇异变形杆菌引起的泌尿道感染。

【用法与用量】 以头孢噻呋计。

（1）注射用头孢噻呋、注射用头孢噻呋钠：肌内注射，兔每次每千克体重1～2毫克，每日1次，连用3天。

（2）盐酸头孢噻呋注射液：肌内注射，兔每次1～2毫克/千克，每日1次，连用5～14天。

【注意事项】

（1）本品主要经肾排泄，对肾功能不全动物要注意调整剂量。

（2）注射用头孢噻呋钠用前以注射用水溶解，使之含头孢噻呋50毫克/千克。应现配现用。

（3）盐酸头孢噻呋注射液使用前应充分摇匀，不宜冷冻，第一次使用后需在 14 天内用完。

（三）β-内酰胺酶抑制剂

β-内酰胺酶抑制剂是一类新的 β-内酰胺类药物。质粒传递产生 β-内酰胺酶，致使一些药物 β-内酰胺环水解而失活，是病原菌对一些常见的 β-内酰胺类抗生素（青霉素类、头孢菌素类）耐药的主要方式。为了克服这种耐药性，除了研制具有耐酶性能的新抗生素外，还要不断寻找新的 β-内酰胺酶抑制剂。如邻氯青霉素、舒巴坦和他唑巴坦（青霉烷砜）、棒酸（氧青霉烷）、亚胺培南（碳青霉烯）和氨曲南（单环 β-内酰胺）等。

邻氯青霉素钠（氯唑西林钠）

【性状】　本品为白色结晶性粉末；微臭，味苦；有吸湿性。在水中易溶，在乙醇中溶解，在醋酸乙酯中几乎不溶。

【作用与用途】　用于产青霉素酶葡萄球菌引起的各种严重感染如败血症、骨髓炎、呼吸道感染、心内膜炎及化脓性关节炎等。

【用法与用量】　内服，用量按体重兔 20 ~ 40 毫克/千克，每日 2 次，连用 2 ~ 3 天。

【注意事项】　参见青霉素钠。①本品适用于内服和乳腺内投药。②肾功能严重减退时应适当减少剂量。

三、氨基糖苷类药物

常用的有链霉素、卡那霉素、庆大霉素、新霉素、阿米卡星、大观霉素及安普霉素。

硫酸链霉素

【性状】　本品为白色或类白色粉末。无臭，味微苦，能与酸类合成盐，盐类易溶于水。

【作用与用途】　对结核杆菌和多种革兰氏阴性杆菌，如大肠杆菌、巴氏杆菌、布鲁氏菌、沙门菌、志贺氏痢疾杆菌、嗜血杆菌、鼻疽杆菌和葡萄球菌的某些菌株及支原体等有抑菌（低浓度）和杀菌（高浓度）作用，可用于防治各种敏感菌引起的畜禽呼吸道感染、尿路感染、放线菌病、钩端螺旋体病、细菌性胃肠炎、乳腺炎、败血症等。

【用法与用量】　肌内注射，临用前用水稀释，成年兔每次每千克体重 10 万 ~ 20 万国际单位，幼兔用量减半，每日 2 次。内服每次用量 0.25 ~ 0.5 克，每日

2 次。

【注意事项】 本品遇酸、碱或氧化剂、还原剂均易受破坏而失活。在弱碱性环境中抗菌作用增强，治疗泌尿道感染时，宜同时内服碳酸氢钠。与两性霉素、红霉素、磺胺嘧啶钠在水中相遇会产生混浊沉淀，故在注射或饮水给药时不能合用。易产生耐药性，长期用药，对听神经等有不良反应。

硫酸庆大霉素（硫酸正泰霉素）

【性状】 本品为白色或类白色粉末。有吸湿性，易溶于水。应密封保存于干燥处。

【作用与用途】 广谱抗生素，对革兰氏阳性菌如葡萄球菌、链球菌、肺炎球菌、炭疽杆菌等和革兰氏阴性菌如大肠杆菌、沙门菌、绿脓杆菌、巴氏杆菌等均有良好抑杀作用，对支原体、结核杆菌的杀菌力也较强。用于上述敏感菌引起的消化道、呼吸道、泌尿道感染及败血症、乳腺炎、烧伤感染等。

【用法与用量】 内服，每次按体重 10 ~ 15 毫克/千克，分 2 ~ 3 次内服；肌内注射，每次按体重 3 ~ 5 毫克/千克，每日 2 次，连用 4 ~ 5 天。

【注意事项】 本品对肾脏和听神经有毒性，对兔肾脏毒性大，用时应注意。

硫酸卡那霉素

【性状】 本品为白色或类白色粉末；无臭，有吸湿性，易溶于水。应遮光、密封保存于阴凉干燥处。

【作用与用途】 广谱抗生素。内服用于治疗敏感菌所致的肠道感染。肌内注射用于敏感菌所致的各种严重感染，如败血症、泌尿生殖道感染、呼吸道感染、皮肤和软组织感染等。

【用法与用量】 肌内注射，每次每千克体重 10 ~ 20 毫克，每日 2 ~ 3 次。内服，20 ~ 30 毫克/千克，分 3 ~ 4 次内服。

【注意事项】 对肾脏和听神经有毒害作用。不宜与钙制剂合用。

硫酸新霉素

【性状】 同硫酸卡那霉素。

【作用与用途】 与卡那霉素相似，对革兰氏阴性菌和阳性菌，如大肠杆菌、沙门杆菌、葡萄球菌及放线菌、钩端螺旋体、阿米巴原虫等均有抑制作用。可内服或气雾给药治疗肠道、呼吸道感染，局部应用对皮肤、创伤和眼、耳感染及子宫内膜炎、乳腺炎等也有良效。注射毒性大，已禁用。

【用法与用量】 内服每次用量 10 ~ 25 毫克/千克，分 2 ~ 4 次服。硫酸新霉素眼膏、软膏供外用。

【注意事项】　对肾、耳毒性较强。供人食用的肉兔，不能用此药。

四、大环内酯类

红霉素

【性状】　本品为白色或微黄色结晶或粉末，微吸湿性，难溶于水；其盐类易溶于水，在碱性溶液中抗菌效能强，在酸性溶液中易破坏。

【作用与用途】　抗菌谱与青霉素相似，对革兰氏阳性菌（金黄色葡萄球菌、肺炎球菌、链球菌、炭疽杆菌、李氏杆菌、腐败梭菌、气肿疽梭菌）有较强抗菌作用，在革兰氏阴性菌中较敏感的有巴氏杆菌、布鲁氏菌、放线菌、嗜血杆菌，对某些螺旋体、支原体、立克次体、衣原体等也有抑制作用。临床适用于上述敏感病原菌引起的各种感染，亦可配成眼膏或软膏，用于皮肤和眼部感染。

【用法与用量】　粉针注射，用乳糖酸红霉素制剂，用前稀释成5%注射液，再用5%葡萄糖注射液稀释成0.5%注射液，缓缓静脉注射或分点肌内注射。静脉、肌内注射，1次用量50~100毫克，每日3次，连用3天。片剂，每天10毫克/千克，分2次内服，或按4毫克/千克混饮给药，连用3~5天。

强力米先（高力米先、硫氰酸红霉素、水溶性红霉素）：含硫代氰酸盐基的红霉素，能完全溶于水。有3种剂型。饲料预混剂：含红霉素11%，按每千克饲料中加入本品0.9~1.8克，混饲连用5天。注射剂：含红霉素50毫克/千克，肌内注射，1~5毫克/千克。水溶性粉剂：含红霉素46~56毫克/千克，饮水中加入2.2~2.5克/千克，连续饮用3~5天。

【注意事项】　本品忌与酸类药物配伍，粉针剂为乳糖酸盐，用生理盐水等含无机盐类溶液易稀释产生沉淀。

泰乐菌素

【性状】　本品为白色结晶，微溶于水，呈弱碱性，与酸形成盐类易溶于水且稳定。

【作用与用途】　对革兰氏阳性菌和部分革兰氏阴性菌，如金黄色葡萄球菌、化脓链球菌、肺炎链球菌、化脓棒状杆菌等有抗菌作用；对霉形体有特效，对螺旋体也有效，对革兰氏阳性菌的作用不如红霉素。

【用法与用量】　内服，按体重20~40毫克/千克，每日1~2次；混饮浓度，0.012%~0.03%，连服5天；混饲浓度，0.02%~0.05%，连服5天。肌内注射，10毫克/千克，每日1~2次。

【注意事项】　本品水溶液与铁、铜、铝、锡等离子多形成络合物而减效。

五、林可霉素类

林可霉素类主要有林可霉素和克林霉素。

林可霉素（洁霉素）

【性状】　本品为盐酸林可霉素，为白色结晶粉末，易溶于水。

【作用与用途】　主要对革兰氏阳性菌，如金黄色葡萄球菌、链球菌、肺炎球菌、破伤风杆菌、炭疽杆菌、大多数产气荚膜杆菌等有较强抗菌作用，特别适用于耐青霉素、红霉素菌株感染及对青霉素过敏的患兔，但抗菌活性不如克林霉素。对革兰氏阴性菌、肠球菌作用较差。也用做促生长饲料添加剂。

【用法与用量】　口服，混饮，肌内或静脉注射。口服，每次按体重 15～30 毫克/千克，每日 1 次，连服 3～5 天。肌内注射或静脉注射，每次按体重 10～20 毫克/千克，分 2 次注射，连用 3～5 天。

六、氯霉素类

氯霉素类药因产生的不良反应被国家规定禁用，但同类的甲砜霉素和氟苯尼考的抗菌活性、毒性、不良反应都小于氯霉素，可做替代品。

甲砜霉素

【性状】　本品为白色结晶粉末，无臭。在二甲基甲酰胺中易溶，在无水乙醇中略溶，在水中微溶。

【作用与用法】　对革兰氏阳性菌、阴性菌都有作用，以衣原体、立克次体都有作用，主要用于肠道感染，特别是大肠杆菌、沙门菌及巴氏杆菌引起的感染。

【用法与用量】　口服、肌内注射。口服 20～30 毫克/千克，每天 2 次，连用 3～5 天。肌内注射 20 毫克/千克，2 天 1 次，连用 2 次。

氟苯尼考（氟甲砜霉素）

【性状】　本品为白色或类白色的结晶性粉末，无臭。在二甲基甲酰胺中极易溶解，在甲醇中溶解，在冰醋酸中略溶解，在水或三氯甲烷中极微溶解。

【作用与用途】　该药制剂主要有氟苯尼考粉、氟苯尼考预混剂、氟苯尼考溶液、氟苯尼考注射液、氟苯尼考、甲硝唑滴耳液、盐酸林可霉素、硫酸大观霉素预混剂。用于兔的是氟苯尼考、甲硝唑滴耳液。主要用于抗菌、消炎和杀虫药。用于治疗兔由细菌、真菌（包括马拉色氏霉菌、酵母菌等）、耳螨、湿疹以及过敏等引起的耳道炎症。

【用法与用量】　滴入耳道内，一次 2～4 滴，每日 2 次。

【注意事项】

（1）持续用药不见效者，伴发有其他原因，如肿瘤、内分泌失调等全身性疾患，以及严重的耳道增生，药物无法滴入者，应改换其他疗法。

（2）对本品过敏者禁用。

（3）冷藏保存的药物应恢复至室温后使用。

七、四环素类

四环素类有天然和半合成两大类。天然的有四环素、土霉素、金霉素和去甲金霉素。半合成的有多西环素、美他霉素、米诺环素。其抗菌活性的大小顺序为：米诺环素＞多西环素＞美他环素＞去甲金霉素＞金霉素＞四环素＞土霉素。常用的有土霉素、四环素、金霉素、强力霉素（多西环素）。

土霉素

【性状】　本品为淡黄色结晶性粉末，无臭，在日光下颜色变暗，在碱溶液中易破坏失效，在水中极易溶解。应遮光、密封保存于干燥处。

【作用与用途】　为广谱抗生素。用于革兰氏阳性菌、阴性菌感染，特别是大肠杆菌、葡萄球菌、沙门菌，对螺旋体、放线菌、支原体、衣原体、立克次体和某些原虫，也都有抑制作用。可作为饲料添加剂促进动物生长。

【用法与用量】　家兔通常注射用盐酸土霉素，静脉或肌内注射，一次量，按体重40毫克/千克，每日2次。

【注意事项】　应用土霉素可引起肠道菌群失调、二重感染等不良反应，故家兔不宜内服此药。

盐酸四环素

【性状】　本品为黄色结晶性粉末。有吸湿性，可溶于水。应遮光、密封于阴凉干燥处。

【作用与用途】　同土霉素，对革兰氏阴性菌的作用较强。内服吸收良好。

【用法与用量】　肌内注射：按体重40毫克/千克，每日2次。口服：50毫克/千克，分2次服完，连用4天。

强力霉素（多西环素）

【性状】　本品为淡黄色或黄色结晶性粉末；无臭，味苦。室温中稳定，遇光变质。在水或甲醇中易溶，在乙醇或丙酮中微溶，在三氯甲烷中几乎不溶。

【作用与用途】　强力霉素是一种长效、高效、广谱的半合成四环素类抗生素，抗菌谱与土霉素相似，但抗菌效力较强，内服吸收较快。临床上主要用于治疗大肠杆菌病、沙门菌病、巴氏杆菌病等。尤适用于肾功能减退患兔。

【用法与用量】 片剂，内服，兔每次5～10毫克/千克，每日1次，连用3～5天。盐酸多西环素可溶性粉，以盐酸多西环素计，混饮，2.5毫克/升，集中用药，连用3～5天，预防量减半。混饲，饲料添加50毫克/千克，连用3～5天。

八、多肽类

多肽类主要有杆菌肽、多黏菌素B、黏菌素、维吉尼亚霉素、硫肽菌素等。

多黏菌素

【性状】 本品又叫抗敌素，由多黏芽孢杆菌产生，有A、B、C、D、E五种成分，常用的有B和E两种。其硫酸盐为白色或淡黄色粉末，易溶于水。

【作用与用途】 本品为窄谱杀菌剂，主要对革兰氏阴性菌有抗菌作用。尤其是对绿脓杆菌（铜绿假单胞菌）、大肠杆菌、沙门菌、巴氏杆菌等引起的败血症及呼吸系统、泌尿道、消化道、烧伤创面感染和乳腺炎。口服不吸收，可用于肠炎、下痢等，也可用于局部感染。与磺胺类、四环素类合用可产生协同作用。

【用法与用量】 多黏菌素内服，按体重1.5万～5万单位，每日1～2次。多黏菌素E和多黏菌素B肌内注射，每日按体重1万～5万单位，分2次注射。

杆菌肽

【性状】 本品为类白色或淡黄色的粉末；无臭，味苦；有吸湿性；易被氧化剂破坏，本品在干燥状态下稳定。本品的锌盐不溶于水，更稳定。

【作用与用法】 杆菌肽仅对革兰氏阳性菌有效，对革兰氏阴性菌无效，专门作为饲料添加剂使用，具有促生长作用。较高剂量亦可防治兔肠道的细菌性感染。

【用法与用量】 混饲拌料，每吨饲料添加4～40克。

九、喹诺酮类

喹诺酮类抗菌谱广，杀菌力强，不良反应小，本类药物间有交叉耐药性。品种多，有诺氟沙星、环丙沙星、恩诺沙星、氧氟沙星、洛美沙星等十几种。

氧氟沙星（氟嗪酸）

【性状】 本品为黄色或灰黄色结晶性粉末。无臭，味苦。微溶于水，易溶于冰醋酸。其盐酸盐溶于水。

【作用与用途】 本品为广谱抗生素。对葡萄球菌、链球菌、绿脓杆菌等革兰氏阳性菌有较强作用，对革兰氏阴性菌，如大肠杆菌、巴氏杆菌、沙门菌、嗜血杆菌、波氏杆菌、布氏杆菌、李氏杆菌及霉形体等有极强的抗菌作用。广泛适用于上述敏感菌所致的各种畜禽呼吸道、消化道、泌尿生殖道、胆管、皮肤及软组织、眼等部位的感染及创伤化脓、外耳炎等的防治，效果良好。有广谱、高效、低毒之优点。对使用其他喹诺酮类药物效果欠佳的畜禽细菌病，应用本品效果良好，是目前防治畜禽细菌病，尤其是急、慢性呼吸道病及顽固性腹泻的首选药物。

【用法与用量】　饮水 2.5 ~ 5 克/千克，连用 3 ~ 5 天；肌内注射 10 ~ 20毫克/千克，每日 2 次，连用 3 天。

【注意事项】　忌与含铝、镁等金属离子的药物同用。本药空腹用效果好。此外，本品与青霉素联用，对金黄色葡萄球菌有协同作用。

环丙沙星（环丙氟哌酸、丙氟哌酸）

【性状】　本品为白色或微黄色结晶性粉末。无臭，味苦。难溶于水。其乳酸盐或盐酸盐溶于水。

【作用与用途】　同氧氟沙星相似。

【用法与用量】　混饲浓度为 0.01%，连续喂服 2 ~ 3 天。肌内注射 10 ~ 20毫克/千克，每日 2 次，或每次 20 毫克/千克，每日 1 次，连用 3 ~ 5 天。饮水0.1 ~ 0.2 克/千克，连用 3 天。

【注意事项】　忌与含铝、镁等金属离子的药物同用。本药空腹用效果好。

恩诺沙星

【性状】　本品为白色或微黄色结晶性粉末。味苦，难溶于水，可溶于酸、碱溶液。其盐酸盐溶于水。

【作用与用途】　同环丙沙星和氟哌酸，抗菌作用更强，为氟哌酸的 2 ~ 10倍，是防治畜禽细菌病，尤其是急、慢性呼吸道病及顽固性腹泻的良好药物。

【用法与用量】　混饲浓度 0.1 ~ 0.2 克/千克，连用 3 ~ 5 天；饮水按 0.1 克/升，连用 3 ~ 5 天。

【注意事项】　同环丙沙星。

十、磺胺类药

磺胺类药物为人工合成的广谱慢效抑菌药，抗菌谱较广，对大多数革兰氏阴性菌和部分革兰氏阳性菌有效，甚至对一些衣原体和某些原虫也有效。在革兰氏阳性菌中对磺胺类药物高度敏感的有链球菌和肺炎球菌；中度敏感的有葡萄球菌和产气荚膜杆菌。在革兰氏阴性菌中对磺胺类药物敏感者有脑膜炎球菌、大肠杆菌、变形杆菌、痢疾杆菌等。对病毒、螺旋体、立克次氏体、锥虫无效。此外，该类药物具有性质稳定、使用简便等优点。磺胺类药物和抗菌增效剂——甲氧苄氨嘧啶（TMP）和二甲氧苄氨嘧啶（DVD）联合应用可使其抗菌谱扩大，抗菌活性增强，可从抑菌作用变为杀菌作用，治疗范围扩大。因此，磺胺类药已成为抗感染治疗中的重要药物。

磺胺类药物根据内服后的吸收情况及用途可分为肠道易吸收、肠道难吸收、外用和抗球虫四类。肠道易吸收的有：磺胺噻唑（ST）、磺胺嘧啶（SD）、磺胺二甲嘧啶（SM_2）、磺胺甲噁唑（SMZ）、磺胺对甲氧嘧啶（SMD）、磺胺间甲氧嘧啶（SMM）等。肠道难吸收的有：磺胺脒（SG）。肠道易吸收抗球虫的有：磺胺喹噁啉（SQ）、磺胺氯吡嗪。外用的有氨苯磺胺（SN）、磺胺醋酰钠（SA）、醋酸磺胺米隆又称甲磺灭脓（SML）。磺胺类药物抗菌作用强度顺序为：磺胺间甲氧嘧啶（SMM）＞磺胺甲噁唑（SMZ）＞磺胺嘧啶（SD）＞磺胺对甲氧嘧啶（SDM）＞磺胺二甲嘧啶（SM_2）＞磺胺多辛（SDM_2）。

磺胺嘧啶（磺胺达氧嗪，SD）

【性状】 本品为白色结晶性粉末，微不溶于水，其钠盐易溶于水。

【作用与用途】 本品抗菌力强，疗效较高，副作用小，吸收快，排泄慢，易进入组织和脑脊液，是治疗脑部感染的首选药物。常用于治疗巴氏杆菌病、沙门杆菌病、伪结核病、波氏杆菌病、大肠杆菌病、李氏杆菌病、野兔热、弓形虫病等，对肺炎、上呼吸道感染均具有良好作用。

【用法与用量】 内服或肌内注射，每次按体重0.07～0.1克/千克，每日2次，首次量加倍，连用3日。

【注意事项】 针剂呈碱性，忌与酸性药物配伍，不能与维生素C、氯化钙等药物混合使用。

磺胺甲基异噁唑（新诺明，SMZ）

【性状】 本品为白色结晶性粉末，几乎不溶于水。遮光、密封保存。

【作用与用途】 作用同磺胺嘧啶，抗菌作用较其他磺胺药强。与抗菌增效剂TMP合用，抗菌作用可增强数倍至数十倍。

【用法与用量】 内服或肌内注射，首次量0.1克/千克，维持量0.05克/千克，每日2次。

磺胺对甲氧嘧啶（消炎磺，SMD）

【性状】 本品为白色或微黄色晶粉。微溶于水，其钠盐溶于水。遮光、密封保存。

【作用与用途】 作用同磺胺嘧啶，对尿路感染疗效显著。与TMP合用可增强疗效。

【用法与用量】　内服，首次量 0.1 克/千克，维持量 0.05 克/千克体重，每日 1 次。增效磺胺对甲氧嘧啶钠注射液，肌内注射 1 次量，按体重 0.1~0.2 毫克/千克，每日 1~2 次。

甲氧苄氨嘧啶

【性状】　本品为白色或类白色结晶性粉末，无臭，味微苦。不溶于水，在乙醇或丙酮中微溶。

【作用与用途】　主要作为抗菌增效剂，常与磺胺药合用，用于链球菌、葡萄球菌和革兰氏阴性菌引起的呼吸道、泌尿道感染及创伤感染等。

【用法与用量】　本品易产生耐药性，很少单独使用，常以 1∶5 与磺胺药磺胺对甲氧嘧啶、磺胺间甲氧嘧啶、磺胺甲噁唑、磺胺嘧啶、磺胺喹噁啉等合用。

【注意事项】

（1）易产生耐药性，不宜单独使用。

（2）该品可穿过血胎盘屏障，有致畸作用，怀孕动物初期最好不用。

（3）甲氧苄啶与磺胺药的钠盐制成的注射液用于肌内注射时刺激性较强，宜做深部肌内注射。

（4）本品与氨基糖苷类药物、大环内酯类药物、青霉素、土霉素、林可霉素联用有增效作用。

二甲氧苄氨嘧啶

【性状】　本品为白色或微黄色结晶性粉末，不溶于水、乙醇和乙醚。在盐酸中溶解。

【作用与用途】　主要作为抗菌增效剂使用，常与磺胺类合用。主要用于防治兔球虫病及肠道感染等。

【用法用量】　参考剂量为：本品常以 1∶5 与抗球虫磺胺药磺胺喹噁啉（SQ）合用。混饲 200 克/吨。

【注意事项】　①与抗球虫磺胺药磺胺喹噁啉合用，有增效作用，其他与甲氧苄氨嘧啶相似。②怀孕初期不推荐使用。③长期大剂量使用会引起骨髓造血功能抑制。

十一、抗真菌药

抗真菌药有浅表抗真菌药和深部抗真菌药。浅表抗真菌药主要有灰黄霉素、制霉菌素、克霉唑，口服对各种皮肤真菌产生抑制作用，皮肤涂擦主要用于体表真菌病。深部抗真菌药主要有两性霉素、酮康唑，用于消化道、呼吸系统及全身感染。

灰黄霉素

【性状】 本品为白色或近白色细粉末。无臭,味苦,难溶于水。在15~30℃下密闭避光保存。

【作用与用途】 对小孢子菌、表皮癣菌和毛癣菌等皮肤真菌有强大抑制作用,但对深部真菌无效。主要用于治疗家畜浅表如毛发、趾甲、爪等真菌感染。

【用法与用量】 内服25毫克/千克,每日1次,皮肤毛癣连用3~4周,直至痊愈。

【注意事项】 肝脏病兔和妊娠家兔不宜应用。

制霉菌素

【性状】 本品为淡黄色或浅褐色粉末。有吸湿性,极微溶于水。

【作用与用途】 对念珠菌、曲霉菌、毛癣菌、表皮癣菌、小孢子菌、组织胞浆菌、皮炎芽生菌、球孢子菌等均有抑菌或杀菌作用。主要用于白色念珠菌病,内服治疗消化道真菌感染,外用治疗皮肤真菌感染,以及长期服用广谱抗生素所致的真菌性二重感染。气雾吸入对肺部霉菌感染效果好。

【用法与用量】 内服,兔每次10万~20万国际单位/只,每日3~4次。软膏剂、混悬剂(现用现配)供外用。

克霉唑(抗真菌1号)

【性状】 本品为白色或微黄色结晶性粉末。无臭无味,在甲醇或三氯甲烷中易溶,难溶于水。

【作用与用途】 广谱抗真菌药。外用治疗各种浅表真菌病感染,如皮肤癣菌、曲霉或念珠菌所致的皮肤黏膜感染,内服治疗各种深部真菌感染,如肺、尿路、消化道、子宫等的真菌感染。

【用法与用量】 口服:每只兔每日0.02~0.05克,分3次,连用5~7天。

两性霉素B

【性状】 本品为黄色至橙色结晶性粉末,不溶于水。

【作用与用途】 抗深部真菌感染。组织胞浆菌、念珠菌、皮炎芽生菌、球孢子菌等对本品敏感。主要用于治疗上述敏感菌所致的深部真菌感染,对曲霉病和毛霉病亦有一定疗效。对胃肠道、肺部真菌感染宜用内服或气雾吸入,以提高疗效。

【用法与用量】 静脉注射,按体重0.15~1.0毫克/千克,每周3次,连用

2～4周。

十二、抗病毒药

目前临床上有较多的抗病毒药在应用，但抗病毒的疗效难以肯定，配合治疗有一定疗效，但不如抗菌药物对细菌病疗效显著。在一些病毒病的治疗过程中使用，有助于提高疗效，减轻症状，缩短疗程，减少死亡。主要有金刚烷胺、吗啉胍、利巴韦林、干扰素等。

盐酸金刚烷胺

【性状】　本品为白色结晶性粉末。

【作用与用途】　主要用于亚洲 A－Ⅱ型流感病毒引起的呼吸道感染。有一定的退热作用，与解热止痛药合用时会增强疗效。对畜禽流行性病毒感冒有较好的疗效。

【用法与用量】　动物拌料内服，按体重 0.025 克/千克，饮水，连用 3～5天。

病毒灵

【性状】　本品为白色结晶性粉末，易溶于水。

【作用与用途】　可阻碍流感病毒脱氧核酸的合成，从而抑制病毒增殖。主要用于防治病毒性流感、疱疹。据报道，对病毒性肠炎有一定疗效。有一定的退热作用，与解热止痛药合用时会增强疗效。

【用法与用量】　片剂，内服每次 0.1 克。针剂：每次 5～15 毫升，肌内注射，每日 2 次。

利巴韦林

【性状】　本品为白色结晶性粉末，无臭、无味，溶于水。

【作用与用途】　能阻碍病毒核酸的合成，对多种 RNA 病毒均有明显的抑制作用，但不能直接杀死病毒。可用于病毒性呼吸道感染和疱疹病毒病，如腺病毒性肺炎、病毒性结膜炎等。

【用法与用量】　针剂：肌内注射或静脉滴注，按体重 10～15 毫克/千克，每日 2 次。眼药水：含本品 0.1%～0.5%，每日 6 次滴眼，每次 2～4 滴。

第三节　抗寄生虫药

　　寄生虫是指暂时或永久地在宿主体内或体表生活，并从宿主体内取得营养物质的生物。寄生虫主要是指原虫、蠕虫和节肢动物等无脊椎动物。寄生虫病是兔的常见疾病，抗寄生虫药物是指用于驱除或杀灭畜禽体内外寄生虫的药物。但对机体有一定毒性，使用时应严格掌握剂量和用药方法。理想的抗寄生虫药物应具备广谱、高效、低毒、方便给药、价格便宜、无残毒和不易产生耐药性等条件。常见兔抗寄生虫药有抗蠕虫药、抗原虫药和杀虫药。

一、抗蠕虫药

　　抗蠕虫药是指对在动物寄生的蠕虫具有驱除、杀灭或抑制作用的药物。根据寄生于动物体内蠕虫类别不同，抗蠕虫药可分为抗线虫药、抗吸虫药、抗绦虫药等。但有些药物兼具抗两种或三种以上蠕虫。如吡喹酮可以抗绦虫和吸虫，苯并咪唑类可以抗线虫、吸虫、绦虫。

　　因此兔常用抗蠕虫药主要有以下几种。

盐酸噻咪唑（驱虫净）

　　【性状】　本品为白色结晶粉末，无臭，味苦带涩，易溶于水。

　　【作用与用途】　本品是一种广谱、低毒驱虫药，对多种线虫的成虫和幼虫都有很好的驱虫效果，特别是对肺线虫病和肺丝虫病有特效。

　　【用法与用量】　盐酸噻咪唑片：内服，每次按体重 10～20 毫克/千克。盐酸噻咪唑注射液：每支 5 毫升（0.25 克）、10 毫升（0.5 克），肌内或皮下注射，每次按体重 12～15 毫克/千克。

盐酸左旋咪唑（左咪唑）

　　【性状】　本品为白色或带黄色针状结晶粉，无臭，易溶于水。应密封保存。

　　【作用与用途】　本品为驱虫药，作用同噻咪唑，驱虫活性是噻咪唑的 2 倍。

　　【用法与用量】　盐酸左旋咪唑片，内服，每次按体重 5～10 毫克/千克。盐酸左咪唑注射液，每支 2 毫升（0.1 克），每支 5 毫升（0.25 克）、10 毫升（1克），肌内或皮下注射，每次按体重 10 毫克/千克。

甲苯咪唑（甲苯唑）

　　【性状】　本品为米色或米黄色非结晶性粉末，无臭，不溶于水。应置遮光容器中密封保存。

【作用与用途】　本品为驱虫药。对多种胃肠道线虫和某些绦虫有良效，且是治疗旋毛虫的有效药品之一。

【用法与用量】　甲苯咪唑粉，用前应磨成极细粉末，可供内服或混到饲料中给药。每次按体重 22 毫克/千克。

硫苯咪唑

【性状】　本品为白色结晶粉末，无臭，不溶于水。应置遮光容器中密封保存。

【作用与用途】　本品为驱虫药，对胃肠道线虫的成虫和幼虫有高效，对吸虫、片形吸虫、绦虫也有较好药效，而且具有抑制产卵的作用。

【用法与用量】　拌料内服给药，兔每次用量 20～50 毫克（可直接投服或制成悬浮液灌服）。

灭绦灵（氯硝柳胺）

【性状】　本品为淡黄色结晶粉末，无臭、无味，不溶于水。

【作用与用途】　本品为驱虫药，对多种绦虫有高效，对移行在胃和小肠中前后盘吸虫的童虫、犬多头绦虫也有效。

【用法与用量】　氯硝柳胺粉，内服，每次按体重 200 毫克/千克。

吡喹酮

【性状】　本品为无色结晶粉末，味微苦，无臭，微溶于水。应密封保存。

【作用与用途】　本品为新型广谱驱虫药，对绦虫和血吸虫都有效。可使进入钉螺体的幼虫发育受阻，对绦虫成虫及未成熟虫体有效。

【用法与用量】　吡喹酮片，内服，每日按体重 50～60 毫克/千克连用 5 天。

阿维菌素（灭虫丁、虫克星）

【性状】　本品为白色或类白色粉末，有吸湿性，难溶于水。

【作用与用途】　本品广谱抗寄生虫，安全、高效、低毒、无残留。对家畜体内外寄生虫如线虫、蜱、螨等具有高效驱杀作用，一次用药可同时驱除体内多种寄生虫。

【用法与用量】　片剂：口服，按体重 0.3～0.4 毫克/千克，首次用药后 7 日可再用药 1 次。针剂：皮下注射，按体重 0.2 毫克/千克。

硫双二氯酚（硫氯酚、别丁）

【性状】 本品为白色或类白色粉末，无臭或微带酚臭，不溶于水，易溶于有机溶剂和稀碱液。应遮光、密封保存。

【作用与用途】 本品对畜禽的吸虫和绦虫有驱杀作用。一般对成虫和囊蚴效果好而对幼虫效果差。作用机制是降低虫体葡萄糖分解和氧化代谢，特别是抑制琥珀酸的氧化，阻断了吸虫能量的获得。

【用法与用量】 口服：按体重 50～100 毫克/千克，连用 5～7 天。

阿苯达唑

【性状】 本品为白色或类白色粉末，无臭，无味，在水和乙醇中不溶，在冰醋酸中溶解。

【作用与用途】 本品为高效、低毒、广谱驱虫药，临床可用于驱蛔虫、蛲虫、绦虫、鞭虫、钩虫、粪圆线虫等。其中线虫对其敏感，对绦虫和吸虫（但需较大剂量）也有较强作用，对血吸虫无效。本品不但对成虫作用强，对未成熟虫体和幼虫也有较强作用，还有杀虫作用。

【用法与用量】 内服：阿苯达唑片，每次按体重兔 15～30 毫克/千克。

【注意事项】 兔妊娠早期使用，可能伴有致畸和胚胎毒性作用。

二、抗原虫药

原虫病是由单细胞原生动物所引起的一类寄生虫病。包括球虫病、锥虫病和梨形虫病。其中球虫病危害最严重。

（一）抗球虫药

球虫的发育分为无性生殖阶段和有性生殖阶段。球虫的整个繁殖阶段共需约7 天时间，有性周期为 5 天，无性周期为 2 天。在发育过程中前两天为第一个无性周期，第 3～4 天为第二个无性周期，第 5～6 天为配子阶段。药物作用在感染后第 1～2 天，仅能起预防作用，无治疗意义。作用在感染后的第 3～4 天，既有预防作用又有治疗意义，且治疗作用比预防作用大。球虫的致病阶段是在发育史的裂殖生殖和配子生殖阶段，尤其是第二代裂殖生殖阶段（感染后的第 3～4 天），第 5 天开始进入有性繁殖阶段。因此，在治疗球虫病时，应选择作用峰期与球虫致病阶段相一致的抗球虫药物作为治疗性药物。

在临床应用中，球虫极易产生耐药性，耐药虫株会对结构和作用机制相似的药物产生交叉耐药。耐药虫株的出现，与使用球虫药的品种、剂量、浓度等有关。即长期小剂量或低浓度使用同一种抗球虫药，不能杀死球虫，只能暂时抑制球虫而使球虫产生耐药性。因此，在临床应用中必须正确合理使用抗球虫药，在治疗球虫病的同时减少或避免耐药虫株的出现。

1. 重视抗球虫药物的预防作用　当前使用的抗球虫药，多数是抑制球虫发育过程中的无性生殖阶段，待出现血便等症状时，球虫基本开始进入有性繁殖阶段，已是感染后的4~5天，这时使用预防用抗球药已无效。为了更有效地驱除球虫，养殖场应定期合理使用预防用抗球虫药，即以预防为主。

2. 合理选用不同作用峰期的药物　抗球虫药大多作用于球虫的无性繁殖阶段，掌握抗球虫药物作用的峰期，对正确使用抗球虫药物具有指导意义。常见的作用峰期在球虫感染后第1~2天的药物有：盐霉素、莫能菌素等聚醚类离子载体抗生素、氯羟吡啶、氨丙啉等。此类药物作用谱广，对多种球虫有效。但本类药物对宿主的毒性较大，使用时用量必须精确计算，以防中毒。此外，这些药主要起预防球虫的作用，对球虫的治疗作用较弱，在使用这些药物时要连续使用。作用峰期在感染后第3~4天的药物，主要有三嗪类、二硝基类、磺胺类药物等。此类药物不影响宿主的免疫力，作用于球虫第一代和第二代裂殖体。作用峰期在感染后第3~4天的药物，其抗球虫作用较强，多作为治疗应用。主要有氨丙啉、氯苯胍、尼卡巴嗪、托曲珠利、磺胺氯吡嗪、磺胺喹噁啉、磺胺二甲氧嘧啶等。

3. 用药方案　为减少球虫产生耐药性，应采用轮换用药、穿梭用药或联合用药方案。

（1）轮换用药：轮换用药是定期更换抗球虫药，即用一种抗球虫药物一段时间后换用另一种药物，一般是每隔3个月或一批动物饲养周期轮换用药一次。轮换用药的原则是替换药物和原来使用的抗球虫药物的化学结构或作用方式或作用峰期不同，并且两药之间不能有交叉耐药性。一般聚醚类抗生素中的单价离子药物和双价离子药物之间轮换；化学合成药物和聚醚类抗生素之间轮换。轮换用药时一般应有3~4种及以上的药物轮换使用。轮换用药是通过改变不同化学背景的药物来预防和控制球虫病，因而能较大限度地防止球虫产生耐药性，作用效果也较好。

（2）穿梭用药：穿梭用药是在同一饲养期内不同生长阶段交替使用不同药物。穿梭用药原则是先使用作用于第一代裂殖体的药物，再使用作用于第二代裂殖体的药物。穿梭用药使用的抗球虫药物的化学结构和作用方式不能相同。穿梭用药主要针对动物的不同生长阶段，在短时间内有效，长时间使用较易产生耐药性。

（3）联合用药：联合用药是一个饲养期内同时应用两种或两种以上的抗球虫药物。联合用药可以扩大抗球虫谱，延缓球虫耐药性的产生，提高药效，减少剂量。常见的联合用药为磺胺喹噁啉与氨丙啉联用，氯羟吡啶与苯甲氧喹啉联用，磺胺氯吡嗪和氨丙啉联用，氨丙啉与乙氧酰胺苯甲酯联用等。

4. 用药方法　选择适当的给药方法、合理的剂量、充足的疗程。抗球虫药一般添加在饲料（混饲）或饮水（混饮）中使用。治疗性用药一般宜提倡混饲给药。混饲给药时要掌握饲料中允许使用的抗球药品种，搅拌混合均匀使药物剂量准确。此外，为了保证药效和防止耐药性的产生，用药疗程一定要充足。

5. 注意配伍禁忌　有些抗球虫药与其他药物存在配伍禁忌，如盐霉素与泰妙菌素并用可引起动物体重减轻或死亡；盐霉素与磺胺喹噁啉或磺胺氯吡嗪联用可引起中毒等。常用的抗球虫药有：磺胺类（磺胺喹噁啉、磺胺氯吡嗪）、三嗪类（地克珠利、托曲珠利）、聚醚类离子载体抗生素（莫能菌素钠、盐霉素钠等）、二硝基类（二硝托胺、尼卡巴嗪等）、盐酸氨丙啉、氯羟吡啶及盐酸氯苯胍等。

磺胺喹噁啉

【性状】　本品为淡黄色结晶或粉末，无臭，难溶于水，其钠盐易溶于水。应遮光、密封保存。

【作用与用途】　本品属磺胺类药物，临床上主要用作抗球虫药。主要作用于球虫的无性繁殖期，抑制第二次裂殖体的发育，对第一次裂殖体也有一定作用。对肠球虫有良效，可减低卵囊的产生，增强畜禽的免疫力，降低感染的严重性，降低死亡率。

【用法与用量】　一般间断法给药，如与氨丙啉和增效剂合用效果更好。对兔球虫病预防可按 0.02%～0.03% 饮水浓度，连用 3～4 周。治疗用 0.025% 混饲，连用 1 个月，或以 0.1% 混饲，连用 2 周。

【注意事项】　用于肉用兔时，应在宰前 10 日内停药，并保持箱内干燥，饲槽和饮水器不得污染粪便。

氯苯胍（双氯苄氨胍、双氯苯胍）

【性状】　本品为白色或淡黄色结晶粉末，遇光颜色变深。不溶于水，有特异臭味。

【作用与用途】　本品主要作用于球虫第一代裂殖体，对其他发育阶段亦有作用，活性峰期在感染后第 3 天。主要用于兔球虫病的防治。

【用法与用量】　混饲连用，每千克饲料中，预防量 100 克、治疗量 150 克，混饲 3～7 天后改为预防量。内服按体重 10～15 毫克/千克，连用 2 周，停 1 周再服 1 周，连用 2 次。

球痢灵

【性状】　本品为无色结晶粉末。无臭，无味。难溶于水。

【作用与用途】　本品对兔的抗球虫效果强，主要作用于球虫第一代裂殖生殖后期，作用峰期在感染后第 3 天。特别是对毒害艾美耳球虫作用最强。

【用法与用量】　混饲，按体重 50 毫克/千克，内服，每天 2 次，连用 5 天。

氯嗪苯乙腈（地克珠利、杀球灵、球必清、球虫净）

【性状】　本品为白色至微黄色粉末，无臭，不溶于水，性质稳定。

【作用与用途】　本品广谱、高效、低毒，目前用药浓度最低的抗球虫药。抗球虫效果优于莫能菌素、氨丙啉、拉沙菌素、尼卡巴嗪等大多数抗球虫药。主要作用于球虫子孢子和裂殖生殖早期，对其他发育阶段亦有作用。临床上主要用于预防和治疗兔的各种球虫病，效果很好。

【用法与用量】　混饲 1 克/千克，连用 3 ~ 5 天。

甲基三嗪酮（百球清）

【性状】　本品为无色黏稠或淡黄色液体。性质稳定，在饮水中的稳定性可维持 48 小时以上。

【作用与用途】　本品为广谱、高效抗球虫新药。对球虫所有细胞内发育阶段的虫体均有显著杀灭作用，对第二代裂殖体作用最强。临床上主要做治疗用药，对兔球虫病均有极好治疗效果，对住肉孢子虫、弓形虫亦有活性。

【用法与用量】　饮水给药，每 1 000 升饮水中添加 25 克，连用 2 日。百球清为含 2.5% 甲基三嗪酮的液体制剂。

（二）抗锥虫药

锥虫病是由寄生于血液和组织细胞间的锥虫引起的一类疾病。兔常用的抗锥虫药有三氮脒、新胂凡纳明等。

三氮脒（贝尼尔）

【性状】　本品为黄色或橙色结晶性粉末，无臭，水中溶解，乙醇中不溶。

【作用与用途】　本品对动物锥虫（伊氏锥虫、媾疫锥虫）、梨形虫（巴贝斯梨形虫、泰勒梨形虫）均有作用，用药后血液中浓度高，但持续时间短，故主要用于治疗。

【用法与用量】　肌内注射，每次按体重 0.15 ~ 0.21 克/千克。因局部肌内注射有刺激性，故分点深层肌内注射。

【注意事项】

（1）三氮脒毒性较大，用药后常出现不安、起卧、频繁排尿、肌肉震颤等反应。过量使用可引起死亡。

（2）本品对局部肌内注射有刺激性，可引起肿胀，应分点深层肌内注射。

（3）本品毒性大、安全范围较小。应严格掌握用药剂量，不得超量使用。

（4）必要时可连续用药，但须间隔 24 小时，不得超过 3 次。

新肿凡纳明（九一四）

【性状】 本品为黄色干燥粉末或颗粒，无臭，易溶于水。

【作用与用途】 本品用于治疗兔螺旋体和附红细胞体病。

【用法与用量】 临用前用稀释成 5% 的注射液，耳静脉注射按体重 40 ~ 60 毫克/千克，若配合青霉素 G 效果会更好。静脉注射应缓缓注入，以免漏出血管外。

【注意事项】

（1）注射本品前 30 分钟可给动物注射强心药以减轻不良反应，且注射时不能漏出血管。

（2）使用本品中毒时可用二巯基丙醇、二巯基丙磺酸钠等解毒。

（3）本品易氧化，高温加速氧化，所以使用时应现配现用，禁止加温或振荡，变色禁用。

（三）抗梨形虫药

梨形虫病是一种寄生于红细胞内的原虫病，以前曾称为焦虫病。是以蜱或其他吸血昆虫为媒介传播的疾病。兔一般较少发生此类寄生虫病。

硫酸喹啉脲

【性状】 本品为淡绿色或黄色粉末，在水中易溶。

【作用与用途】 本品主要用于动物的巴贝斯虫病。

【用法用量】 肌内或皮下注射：每次量按体重兔 0.251 克/千克。

【注意事项】 ①本品有较强的副作用，给药时宜肌内注射阿托品，以防止发生副作用。②本品禁止静脉注射。

三、杀虫药

杀虫药是指能杀灭动物体外寄生虫，防治由蜱、螨、虱、蚤、蚊、蝇等动物体外寄生虫引起皮肤病的一类药物。体外寄生虫病对动物危害较大，可引起动物生长营养缺乏，发育受阻、饲料利用率降低，增重缓慢以及皮、毛质量受影响，而且有可能传播许多人畜共患病。一般情况下，所有杀虫药选择性较低，对哺乳动物均有一定毒性，即使按推荐剂量使用也会出现不同程度的不良反应。因此，选用安全、经济、有效、方便的杀虫药、使用剂量具有重要的公共卫生意义。

目前，国内控制体外寄生虫病的药物主要有有机磷类、拟除虫菊酯及双甲脒等，阿维菌素也被广泛用于驱除动物体表寄生虫。在使用杀虫药时不能直接将农药用作杀虫药，以免引起中毒。同时使用杀虫药时一定要注意剂量、浓度和使用方法，妥善处理好盛装杀虫药的容器和残存药液，加强人和动物防护。目前兔常用的杀虫药有：

敌百虫

【性状】　本品为白色结晶粉末。易吸湿结块或潮解。在水、乙醚、酒精、丙酮及苯中溶解。固态时稳定，碱性溶液中分解，在酸性溶液中较稳定。

【作用与用途】　本品为广谱驱虫杀虫药，广泛用于驱除家畜消化道线虫，对姜片吸虫、血吸虫等亦有一定效果。外用为杀虫药，可用于杀灭蝇蛆、螨、蜱、虱、蚤等。

【用法与用量】　外用，1%～2%水溶液，局部涂擦或喷洒背部，防治蜱、螨、虱等。可用0.1%～0.5%溶液喷洒环境，杀灭蚊、蝇、蠓等外寄生虫。

【注意事项】　在水溶液中易水解失效，应现用现配。忌与碱性药物，禁与胆碱酯酶抑制药配伍应用，否则毒性大为增强。若发生中毒，可用阿托品和胆碱酯酶复活剂解毒。

敌敌畏

【性状】　本品为白色或淡黄色结晶粉末，稍有芳香味。有挥发性，微溶于水，溶于有机溶剂。市售为80%乳油剂。

【作用与用途】　同敌百虫，但驱杀虫效果是敌百虫的8～10倍，毒性也高于敌百虫。

【用法与用量】　外用：配成0.1%～0.15%浓度的温水溶液涂擦患部。

【注意事项】　同敌百虫。

第四节　作用于内脏系统的药物

一、作用于消化系统的药物

人工矿泉盐（人工盐）

【性状】　本品为白色粉末，味咸，易吸食，易溶于水，水溶液呈弱碱性。

【作用与用途】　内服，小剂量能轻度刺激胃肠蠕动，增加消化液分泌，促进消化吸收。常用于消化不良、胃肠弛缓、慢性胃肠卡他等，小剂量还有利胆作用，用于胆道炎、肝炎。大剂量具缓泻作用，可用于早期大肠便秘，软化粪便。

【用法与用量】　内服，用于健胃量每次2～4克，加水适量灌服。缓泻量每次 6～10 克。

胃蛋白酶（胃液素）

【性状】 本品由家畜的胃黏膜提取而成，为淡黄色粉末，微臭，味微酸，能溶于水。

【作用与用途】 助消化药，有利于蛋白质的消化和吸收，多与稀盐酸配伍，治疗胃肠卡他、幼畜消化不良。

【用法与用量】 粉剂，内服，每次 0.5～1 克。

干酵母（食母生）

【性状】 本品为黄色至淡黄棕色干粉末，有酵母臭味，味微苦。

【作用与用途】 含有酵母及多种 B 族维生素，可用于 B 族维生素缺乏症和消化不良等。

【用法与用量】 片剂，内服 1 次量 0.2～0.4 克。

龙胆酊

【性状】 本品为棕色液体，味苦。

【作用与用途】 本品为苦味健胃药，能使胃液分泌增加，食欲增强。可用于治疗食欲减退、消化不良、肠炎等。

【用法与用量】 内服，每次 1～3 毫升。

鱼石脂

【性状】 本品为棕黑色浓稠液体，有特臭，能溶于水。

【作用与用途】 内服能抑制胃肠道内微生物的繁殖，促进胃肠蠕动，用于防腐、止酵。外用可治疗烧伤、湿疹、皮肤及软组织炎症，并能刺激肉芽生长。

【用法与用量】 内服时先用热水溶解、稀释后灌服，每次 1～2 克。患部涂擦用 20%～25% 的软膏。

乳酶生（表飞鸣）

【性状】 本品为白色或淡黄色干燥粉末，有微臭，难溶于水。应遮光密封在凉暗处保存。

【作用与用途】 本品为助消化药。本品是一种活乳酸杆菌制剂。内服后在肠内分解糖类产生乳酸，使肠内酸性增高，可抑制腐败菌的繁殖及防止蛋白质发酵，减少肠内产气。用于防治消化不良、肠胀气和幼畜腹泻等。本品为活菌制剂，不宜与抗菌药物、吸附剂、酊剂、鞣酸等配伍，以免失效。一般宜于饲前服药。

【用法与用量】　粉剂，内服量：每次 0.5~1 克。

硫酸钠（芒硝）

【性状】　本品为无色，透明柱状结晶，无臭，味清凉而苦咸，易溶于水（1:15）。

【作用与用途】　内服，可使消化道内保持大量水分，使肠道内容积增大，产生机械刺激作用，促使胃肠蠕动增加，同时能软化粪便，故而有良好的泻下作用。可用于治疗便秘及排除肠道内毒物。

【用法与用量】　健胃：内服，每次用量 1.5~2.5 克；下泻：内服，每次用量 5~10 克。

硫酸镁

【性状】　本品为本品为无色针状结晶，无臭，味苦、咸，能溶于水。

【作用与用途】　大量内服本品的作用同硫酸钠，具有下泻作用，但静脉注射有镇静作用。

【用法与用量】　内服同硫酸钠。

次硝酸铋

【性状】　本品为白色结晶性粉末，无臭，无味，不溶于水，溶于弱酸。

【作用与用途】　内服，在胃内形成氢氧化铋，到肠内形成不溶性的硫化铋，覆盖于黏膜表面，减少刺激，起到收敛、止泻作用。主要用于治疗肠炎和腹泻。

【用法与用量】　片剂，内服，每次 0.4~0.8 克。

鞣酸蛋白

【性状】　本品为棕褐色粉末，微臭，不溶于水和乙醇。

【作用与用途】　本品在胃内不发生变化，在小肠内遇碱液分解成鞣酸及蛋白，呈现收敛、消炎、止泻作用。可治疗非细菌性腹泻和急性肠炎。

【用法与用量】　片剂，每片有 0.25 克、0.5 克。内服，1 次量 1~3 克。

药用炭（活性炭）

【性状】　本品为褐色颗粒性粉末，无臭无味，不溶于水。

【作用与用途】　内服能减轻肠内容物对肠壁的刺激，使肠蠕动减弱，呈现止泻作用。还能吸附胃肠内有害物质。主要用于腹泻、肠炎、食物中毒等。

【用法与用量】　片剂，每片有 0.3 克、0.5 克。内服，1 次量，0.3~1 克。

颠茄酊

【性状】 本品为棕色液体,主要成分有阿托品、莨菪碱和东莨菪碱等。

【作用与用途】 本品能抑制胃肠蠕动、缓解平滑肌痉挛、减少腺体分泌等,但作用弱于阿托品。主要用于腹泻和肠痉挛等。

【用法与用量】 内服,每次0.1~1毫升,加水适量内服。

二、作用于呼吸系统的药物

作用于呼吸系统的药物是指治疗呼吸道炎症引起的痰、咳、喘等的药物,包括祛痰药、镇咳药、平喘药。兔常用的主要有下列药物。

氯化铵

【性状】 本品为无色或白色结晶性粉末,无臭,味咸,有吸湿性,易溶于水。

【作用与用途】 内服,使支气管腺体分泌增加,痰液变稀故有祛痰作用。主要用于急性支气管炎。与乌洛托品合用有助于治疗尿路感染。

【用法与用量】 片剂,内服,每次0.2~0.8克。

【注意事项】 对胃、肝、肾功能异常的患兔慎用。本药不能与碱性药物、磺胺类药物配合使用。

咳必清(维静宁)

【性状】 本品为白色结晶粉末,无臭,味苦,易溶于水。

【作用与用途】 本品为镇咳药。抑制咳嗽中枢,但不太明确。作用还同阿托品,可松弛支气管平滑肌,起到镇咳作用。可用于呼吸道炎症引起的干咳。

【用法与用量】 片剂,内服,每次10~20毫克。

复方甘草片

【性状】 本品为深棕色片剂,由甘草浸膏、阿片粉等组成。

【作用与用途】 本品为祛痰、镇咳药。此外,甘草还有解毒、抗炎效果。

【用法与用量】 片剂,每片0.3克,内服,每次1~2片,每日3次。

氨茶碱

【性状】 本品为白色或淡黄色的颗粒或粉末。微有氨味,味苦,易结块,易溶于水。

【作用与用途】 本品对支气管平滑肌有松弛作用,解痉、平喘效果较好。主要用于治疗痉挛性支气管炎、支气管喘息等。此外因有利尿作用还可用于急性心力衰竭和心性水肿的治疗。

【用法与用量】　注射液：静脉注射或肌内注射，每次 50～100 毫克。片剂：内服，每次 30～50 毫克。

三、作用于血液循环系统的药物

作用于血液循环系统的药物有强心药、止血药、抗贫血药等。兔病常用的此类药物有以下几种。

安钠咖（苯甲酸钠咖啡因）

【性状】　本品为白色粉末或颗粒，略溶于水。

【作用与用途】　本品能兴奋中枢神经系统。使心脏收缩加快、加强，皮肤、肾脏、脑及冠状血管扩张，内脏血管收缩。主要用于治疗严重传染病、麻醉药过量及各种毒物中毒引起的急性心脏衰弱和呼吸困难等。

【用法与用量】　粉剂：内服，每次 0.1～0.2 克；注射液：肌内、静脉注射，每次 0.03～0.1 克。

止血敏（酚磺乙胺）

【性状】　本品为白色结晶性粉末，无臭，味苦，能溶于水，怕光和热。应密闭在凉暗处保存。

【作用与用途】　本品能促进血小板增生，增强血小板功能，缩短凝血时间，增强毛细血管抵抗力，减少毛细血管壁的通透性，从而发挥止血作用。适用于各种出血，如消化道出血、内脏出血和鼻出血等。

【用法与用量】　肌内或静脉注射，每次 1～2 毫升，每日 2～3 次。

安络血（安特诺新）

【性状】　本品为橙红色结晶性粉末，难溶于水。应密闭在阴凉处保存。

【作用与用途】　本品能增强毛细血管壁的抵抗力，降低毛细血管的通透性，减少血液渗出。还能增强断裂毛细血管断端的回缩作用。可作为止血药用于肺出血、血尿、子宫出血等。

【用法与用量】　肌内注射，每次 1～2 毫升，每日 2～3 次。

仙鹤草素

【性状】　本品为黑色的小颗粒或粉末，热水中易溶。

【作用与用途】　本品适用于各种内脏出血及一般性外伤出血。能增加血钙和血小板数，可缩短凝血时间。

【用法与用量】 注射液：肌内注射，每次 1～2 毫升。

维生素 K₃

【性状】 本品为白色结晶性粉末，无臭或微有特臭，易溶于水。应遮光密闭保存。

【作用与用途】 本品主要用于治疗各种原因引起的维生素 K 缺乏或低凝血酶原所致的出血性疾病。

【用法与用量】 肌内注射，每次 1～2 毫克，每日 2～3 次。

【注意事项】 不宜与巴比妥类药合用。肝功能不良病兔应改用维生素 K_1，临产母畜不宜大剂量应用。

硫酸亚铁

【性状】 本品为淡蓝绿色柱状结晶或颗粒，无臭，味咸、涩，易溶于水，不溶于乙醇。须密封保存。

【作用与用途】 本品为二价铁剂，服后吸收率很高。用于治疗急、慢性失血，营养不良，孕畜或泌乳母畜，哺乳幼畜，胃酸缺乏及慢性腹泻等引起的缺铁性贫血。

【用法与用量】 内服，每次 0.03～0.2 克，连用 2 周。

【注意事项】 饲后投服为宜。不能与四环素类药物同时投服。禁用于消化道溃疡、肠炎等。

四、作用于泌尿生殖系统的药物

作用于泌尿系统的药物有利尿药与脱水药，作用于生殖系统的药物有黄体酮、催产素、绒毛膜促性腺激素等。

利尿酸

【性状】 本品为白色结晶性粉末，无臭，略溶于水，易溶于有机溶剂。

【作用与用途】 本品为强利尿药，能抑制肾小管和肾单位对水分、某些盐类的重吸收，从而使尿量增加。主要用于心脏、肾脏性水肿。

【用法与用量】 片剂，内服，每次用量按体重 1～2 毫克/千克，每日 2 次。

双氢克尿噻

【性状】 本品为白色结晶粉末，有特异微臭，微溶于水。

【作用与用途】 本品强利尿，毒性小，能抑制肾小管对钠离子的重吸收，使尿量显著增加，适用于心脏、肝脏及肾脏性水肿。

【用法与用量】　内服，每次10~25毫克，每日1~2次。肌内注射或静脉注射，1次量，5~10毫克。

绒毛膜促性腺激素

【性状】　本品为白色或类白色粉末，溶于水。

【作用与用途】　激素类药物，有促性腺的作用。主要用于排卵、同期发情、治疗习惯性流产、性功能障碍、卵巢囊肿等。

【用法与用量】　肌内注射，每次用量为50~200单位。

黄体酮

【性状】　本品为白色或类白色结晶粉末，不溶于水。

【作用与用途】　激素类药物，能抑制子宫收缩，降低子宫对缩宫素的敏感性，有安胎作用。还可促使母畜发情，与雌激素合用可促进乳腺发育。主要用于先兆性流产、习惯性流产等。

【用法与用量】　肌内注射，每次2~4毫克/千克。

催产素

【性状】　本品为白色无定形粉末，能溶于水，水溶液呈酸性。

【作用与用途】　本品为激素类药，用于产前子宫收缩无力时催产、引产及产后出血、胎衣不下等。作用同脑垂体后叶素，使子宫收缩。

【用法与用量】　皮下或肌内注射，每次用量为2~10单位。

五、作用于神经系统的药物

作用于神经系统的药物有中枢兴奋药、镇静药和抗惊厥药、麻醉药与化学保定药、拟胆碱药与抗胆碱药、拟肾上腺素药等。兔病常用此类药主要有以下几种。

咖啡因

【性状】　本品为白色或微黄绿色的针状结晶，无臭，味苦，在水、乙醇或丙酮中略微，在乙醚中极微溶解。

【作用与用途】　本品为中枢神经兴奋药。用于中枢性呼吸、循环抑制，如麻醉药的苏醒，解救镇静催眠药的过量中毒、毒物中毒和过度劳役等引起的呼吸、循环衰竭等。用于神经抑制、心脏衰弱和呼吸困难的疾患，如急性心膜炎、肺炎，以及重度劳役的体力衰竭和虚脱等，并可作为全身麻醉药中毒的解毒剂。

【用法与用量】 静脉、肌内或皮下注射，每次0.1～0.2克。一般每天给药1～2次，重症可隔4～6小时给药1次。

【注意事项】 ①咖啡因剂量过大时可引起中毒症状。可用溴化物、水合氯醛等进行急救，但禁止使用麻黄碱或肾上腺素等强心药物，以免加重毒性。对疝痛病畜不宜使用。②安钠咖注射液为碱性药液，禁止与酸性药液配伍，以免发生沉淀。

麻醉乙醚

【性状】 本品为无色透明液体，挥发性强，极易燃烧。有刺激性特殊气味。能溶于水，易与醇混合。

【适应证】 本品为比较安全的吸入麻醉药，麻醉过程缓慢，3～10分钟产生麻醉。主要用于中小动物或实验动物的全身麻醉药。

【用法与用量】 将兔置入麻醉箱，吸入乙醚蒸汽，或用麻醉口罩吸入。

【注意事项】 ①储存与使用时应避开明火，以免燃烧或爆炸。②开瓶后，在室温下超过24小时或在冰箱内保存3天后禁用。③久储易氧化变质，不宜再用。④肝功能严重损害、急性呼吸系统感染病畜忌用。

盐酸氯丙嗪（冬眠灵）

【性状】 本品为白色或乳白色结晶性粉末，微臭，味极苦，有吸湿性，易溶于水和乙醇。

【作用与用途】 本品主要用于治疗破伤风、脑炎、中枢兴奋药中毒引起的狂躁和惊厥。用作麻醉前给药。还可用于人工冬眠、止吐、止痛。

【用法与用量】 片剂：内服，每次1～2毫克/千克。注射液：肌内注射，每次1～2毫克/千克。

盐酸吗啡

【性状】 本品为白色、丝光结晶性粉末，无臭，在水中溶解，在乙醇中略溶。

【作用与用途】 本品对中枢神经有强大的镇痛作用，镇痛范围广，对各种痛觉都有效。主要用于缓解剧痛和犬的麻醉前给药。

【用法与用量】 麻醉前给药，皮下、肌内注射：每次0.2～0.5毫克/千克。

【注意事项】 ①本品可引起组胺释放、呼吸抑制、支气管收缩、中枢神经系统抑制。②对胃肠道的影响包括呕吐、肠蠕动减弱，以及兔体温降低。

氯化琥珀胆碱

【性状】　本品为白色结晶性粉末，无臭，味咸。在水中极易溶解，在乙醇或三氯甲烷中微溶，在乙醚中不溶。

【作用与用途】　本品用于动物的化学保定和外科辅助麻醉。用量过大，肋间肌和膈肌麻痹，动物可因窒息死亡。本品过量中毒只有人工呼吸或吸氧才能解救。

【用法与用量】　肌内注射：每次 0.05～0.1 毫克/千克。

【不良反应】　①过量易引起呼吸肌麻痹。②本品使肌肉持久去极化而释放钾离子，使血钾升高。

毛果芸香碱（匹罗卡）

【性状】　本品为无色或白色结晶粉末，无臭，味苦，易溶于水。

【作用与用途】　本品主要用于不完全阻塞性肠便秘、胃肠弛缓等治疗；与散瞳药交替滴眼可治疗虹膜炎。

【用法与用量】　皮下注射：每次 2～10 毫克。

【不良反应】　主要为流涎、呕吐和出汗等。

硫酸阿托品

【性状】　本品为无色或白色结晶性粉末，无臭，味苦；易溶于水与乙醇；遇光易变质。

【作用与用途】　本品主要用于解除胃肠道平滑肌痉挛、抑制唾液腺和汗腺分泌、扩大瞳孔、抢救感染性或中毒性休克，与碘解磷定等胆碱酯酶复活剂配合使用解除有机磷中毒、毛果芸香碱中毒等，还可用于麻醉前给药。

【用法与用量】　片剂：内服，每次 0.01～0.02 毫克/千克。皮下、肌内或静脉注射，麻醉前给药，0.01～0.02 毫克/千克。

【不良反应】　在麻醉前给药或治疗消化道疾病时，易致肠、瘤胃臌胀和便秘等。

肾上腺素

【性状】　本品为白色或类白色结晶粉末，无臭，味苦，水中微溶。

【作用与用途】　本品为拟肾上腺素药。具有使心脏兴奋，心跳加快，血管收缩，松弛支气管、膀胱及胃肠平滑肌等作用。主要用于心脏骤停、过敏性休克的抢救；缓解严重过敏性疾患的症状；与局部麻醉药配伍，延长局部麻醉的持续时间。

【用法与用量】 皮下注射：每次 0.1 ~ 0.2 毫升。静脉注射：每次 0.1 ~ 0.2 毫升。急救时，可用生理盐水或等渗葡萄糖注射液，将注射液稀释 10 倍，做静脉注射。必要时，可做心内注射。

【不良反应】 本品可诱发兴奋、不安、颤抖、呕吐、心律失常等；剂量过大可引起高血压；重复注射可引起局部坏死。

六、皮质激素类药物

皮质激素类药物很多，如氢化可的松、醋酸可的松、醋酸泼尼松、地塞米松磷酸钠、醋酸氟轻松等。

醋酸氟轻松

【性状】 本品为白色或类白色结晶性粉末，不溶于水。

【作用与用途】 本品主要外用于各种皮肤病，如湿疹、过敏性皮炎、皮肤瘙痒等，止痒效果特好，是目前皮质激素中疗效最显著、副作用较小的一种。

【用法与用量】 外用，涂患处，每日 2 ~ 3 次。

第五节　解热镇痛消炎药

解热镇痛药是一类具有退热、减轻局部疼痛的药物，其中大多数具有抗炎、抗风湿作用。兔用药物有以下几种：

氨基比林

【性状】 本品为白色结晶粉末，无臭，味微苦，溶于水，易溶于乙醇。

【作用与用途】 本品有明显的解热镇痛和消炎作用。可用于肌肉痛、关节炎、神经痛、发热疾患、急性关节风湿等。单一制剂已被淘汰，目前应用为复方制剂。

【用法与用量】 复方氨基比林注射液，氨基比林 7.15%、巴比妥 2.85%。皮下、肌内注射，每次 1 ~ 2 毫升。

安痛定

【性状】 本品为淡黄色灭菌水溶液，含氨基比林、安替比林和巴比妥。

【作用与用途】 本品为解热镇痛药。镇痛作用强，主要用于发热性疾病，关节、肌肉疼痛和风湿症等。

【用法与用量】 针剂，皮下、肌内注射，每次 1 ~ 2 毫升。

安乃近

【性状】 本品为白色或淡黄色结晶性粉末。无臭，味微苦，易溶于水。

【作用与用途】 本品为解热镇痛药，解热作用较氨基比林强，具有较强的镇痛作用，也有抗炎、抗风湿作用。也用于肠臌气、腹痛，具有不影响肠蠕动的优点。

【用法与用量】 注射液，皮下或肌内注射，每次 0.2～0.5 克。片剂，口服每次 0.25～0.5 克。

安替比林

【性状】 本品为无色或白色结晶性粉末，无臭，味微苦，易溶于水与乙醇。

【作用与用途】 本品为解热镇痛药。主要用作中小动物的解热镇痛剂。外用3%～6%溶液冲洗患部，对创伤、溃疡有止血（凝固血液）和消炎作用。由于本品疗效低，毒性强，目前很少单独应用，只出现在复方制剂或成药中。

【用法与用量】 皮下或肌内注射：每次用量 1～3 毫升。

阿司匹林（乙酰水杨酸）

【性状】 本品为白色结晶性粉末，味微酸；遇湿气即缓缓水解为醋酸和水杨酸。难溶于水，易溶于乙醇。

【适应证】 本品主要用于治疗发热，风湿症，神经、肌肉、关节疼痛，软组织炎症和痛风病等。本品解热、镇痛效果显著，消炎、抗风湿作用强，对急性风湿症有特效。

【用法与用量】 阿司匹林片：内服，每次用量 0.2～0.5 克。

【注意事项】 ①本品慎用于胃炎、胃溃疡患兔。②不宜空腹投药，与碳酸钙同服，可减少对胃的刺激。③本品用于解热时，动物应多饮水，以利于排汗和降温。④老龄兔、体弱或体温过高患兔解热时宜用小剂量，以兔大量出汗而引起虚脱。

第六节 解毒药

解毒药是能消除体内毒物毒性作用的特效药物。根据毒物的性质，临床常用的解毒药有有机磷中毒解毒药、有机氟中毒解毒药、重金属类金属中毒解毒药、亚硝酸盐中毒解毒药、氰化物中毒解毒药。

一、有机磷中毒解毒药

阿托品

【性状】 本品为白色粉末，无臭，味苦，易溶于水。

【作用与用途】 本品为抗胆碱药，是有机磷酸酯类中毒的特效解毒药。能阻断 M 胆碱受体的作用。主要用于有机磷中毒的解毒，用药越早越好，剂量可酌情加大或重复用药。

【用法与用量】 肌内注射或皮下注射，每次用量 0.1~0.15 毫克。

碘解磷定

【性状】 本品为黄色颗粒状结晶性粉末，略溶于水。

【作用与用途】 本品为胆碱酯酶复活剂，是有机磷中毒的特效解毒药。本品具有强大的亲磷酸酯作用，能将结合在胆碱酯酶上的磷酰基夺过来，恢复酶的水解能力；能使进入体内的有机磷酸酯失去毒性，因而常用于有机磷类中毒的解毒剂。早期用药效果较好，而治疗慢性有机磷中毒则无效。

【用法与用量】 注射液，缓慢静脉注射，按体重 30 毫克/千克。

氯解磷定

【性状】 本品为黄白色结晶性粉末，可溶于水。

【作用与用途】 本品作用机制同碘解磷定，但疗效较高。用于解救对硫磷、内吸磷疗效显著。与阿托品合用效果更好。

【用法与用量】 注射液，肌内或静脉注射，每次用量 30 毫克/千克。

二、有机氟中毒解毒药

乙酰胺（解氟灵）

【性状】 本品为白色透明结晶，易潮解。溶于水和乙醇。

【适应证】 本品能对抗有机氟阻断三羧酸循环的作用。是有机氟杀虫剂和杀鼠剂（氟乙酰胺、氟乙酸钠）中毒的解毒剂，具有延长中毒潜伏期，减轻发病症状或制止发病等作用。

【用法与用量】 肌内、静脉注射，每次用量 50~100 毫克/千克，每日 2 次。

【注意事项】 为防止肌内注射时局部疼痛，可配合应用普鲁卡因或利多卡因以减轻疼痛。

滑石粉

【性状】　本品为类白色无砂性粉末，无臭，无味，有吸附性和滑腻感，不溶于水。

【作用与用途】　本品可用作氟中毒的解毒剂和皮肤保护药。滑石粉分子中的镁原子，易与氟离子形成络合物，降低血中氟浓度，减少机体对氟的吸收。滑石粉毒性低，使用安全，疗效可靠。

【用法与用量】　内服：每次1克，混饲投药，每日2次，连用一周。

三、重金属、类金属中毒解毒药

二巯丙醇（巴尔）

【性状】　本品为无色易流动液体，有刺鼻的异臭；能溶于水，水溶液不稳定，故配成10%油溶液（其中加有9.6%苯甲酸苄酯）。

【作用与用途】　本品具有活性的巯基在体内能与游离的金属离子结合，并夺取已和巯基酶系统结合的金属离子，形成环状络合物。但二巯基丙醇在动物体内易被氧化，已经形成的络合物还能重新解离出金属离子。临床上必须反复给药，以保证有足量游离的二巯基丙醇存留在体液中，直至体内的有害金属完全排出为止。主要用于砷、汞、铋、锑中毒的解毒，对铅、银、铁中毒疗效较差。

【用法与用量】　肌内注射：每次用量2.5~5毫克/千克，每日3~4次；第2天后随着症状减轻，可酌情减少用量。

【注意事项】

（1）及早足量使用更好。

（2）仅供肌内注射，因注射后会引起剧烈疼痛，务必做深部肌内注射。肝、肾功能不良者慎用，碱化尿液可减轻肾损害。

（3）最后一次使用本品以后，至少经过24小时后才能应用硒、铁制剂。

（4）本品对机体有一定的毒性，大剂量可使毛细血管扩张，动物呼吸急促，大量流涎，严重时发生肌肉挛缩，故用时要控制剂量。

依地酸钙钠

【性状】　本品为白色结晶性或颗粒性粉末，无味无臭，有吸湿性，易溶于水。

【作用与用途】　本品主要用于铅中毒，也可用于锰、铜、镉等金属中毒及放射性元素如钇、镭、锆、钚中毒的解救，对汞、砷中毒无效。本品能与多价金属形成难解离的可溶性金属络合物而排出体外。

【用法与用量】 静脉注射：每次用量 0.4 克，每日 2 次，一般连用 4 天。临用时用生理盐水稀释成 0.25% ~0.5% 溶液。

青霉胺

【性状】 本品为类白色结晶性粉末，有臭味，能吸湿，性质稳定，极易溶于水。

【作用与用途】 青霉胺中含巯基的氨基酸，能与体内积聚的金属离子如铅、汞、砷、铁、铜络合后从尿中排出。青霉胺的解毒作用不如二巯丙醇和依地酸钙钠，但毒性较二巯丙醇低，且可内服，无蓄积作用。用于慢性铜、铅、汞中毒的治疗，对铜中毒的解毒效果强于二巯丙醇。

【用法与用量】 内服：每次 5 ~10 毫克/千克，每日 3 ~4 次，连用 5 ~7 天为 1 个疗程，停药 2 ~3 天，一般 1 ~3 疗程。

四、亚硝酸盐中毒解毒药

亚甲蓝（美蓝）

【性状】 本品为深绿色有铜光的柱状结晶或结晶性粉末，无臭。易溶于水或乙醇。

【作用与用途】 本品具有氧化还原作用。小剂量美蓝能使高铁血红蛋白还原为血红蛋白，恢复携氧功能。当氰化物中毒时，静脉注射大剂量美蓝，则可使血红蛋白氧化为高铁血红蛋白，后者能与体内的氰离子形成氰化高铁血红蛋白，解除组织的缺氧。

【用法与用量】 ①解除亚硝酸盐中毒时：静脉注射，每次用量 1 ~2 毫克/千克。②解除氰化物中毒时：静脉注射，每次用量 2.5 ~10 毫克/千克。

五、氰化物中毒解毒药

亚硝酸钠

【性状】 本品为微黄色或白色结晶性粉末，有吸湿性。易溶于水，但水溶液不稳定。

【作用与用途】 本品可用于各种动物的氰化物中毒。亚硝酸钠中亚硝酸离子能使体内血红蛋白氧化成高铁血红蛋白，后者能与体内的氰离子以及与细胞色氧化酶结合的氰离子形成氰化高铁血红蛋白而起解毒作用。但氰化高铁血红蛋白不稳定，能再解离出氰离子。为了避免解离的氰离子产生毒性，应再静脉注射硫代硫酸钠溶液，与氰离子生成无毒的硫氰化合物而排出体外。

【用法与用量】　静脉注射：每次量 0.05 ~ 0.1 克。

【注意事项】　①如亚硝酸钠用量过大，可能因变性血红蛋白过多，反而会发生亚硝酸盐中毒症状，家畜由于缺氧而黏膜发绀，此时可用亚甲蓝解救。②治疗氰化物中毒时，可引起血压下降，应密切注意血压变化。

硫代硫酸钠（大苏打）

【性状】　本品为无色透明结晶性细粒，无臭、味咸。极易溶于水，不溶于乙醇。水溶液呈弱碱性。

【作用与用途】　本品为氰化物中毒的特效解毒药。静脉注射后能与氰离子结合成无毒的硫氰化合物排出体外。解除氰化物中毒与亚硝酸钠配合使用效果更好。还可用于碘、汞、砷、铅、铋等中毒的解毒，但其解毒效果不如二巯基丙醇。

【用法与用量】　静脉或肌内注射：每次 1 ~ 2 克。

对二甲氨基苯酚

【性状】　本品为白色结晶性粉末，易溶于水。

【作用与用途】　本品作用快，药效强，副作用小，是氰化物中毒的有效解毒剂。用药后 2 ~ 8 分钟即可见症状缓解。对严重中毒病例则需要与硫代硫酸钠配合应用。为新的高铁血红蛋白形成剂。

【用法与用量】　肌内或静脉注射：每次用量 5 毫克/千克。

第七节　常用中成药

兔场常用中成药，根据兽医中草药的性味及其主要功能，一般分成以下几类。

一、解表药

解表药中属辛、温解表药的有麻黄、桂枝等，属辛、凉解表药的有薄荷、牛蒡子等。

麻　黄

【性味归经】　辛、微苦，温。归肺、膀胱经。

【功效】　发汗解表，宣肺平喘，利水消肿。

【作用与用量】　用于风寒感冒、咳嗽气喘、水肿等。每次用 1 ~ 3 克。

桂 枝

【性味归经】 辛、甘，温。归心、肺、膀胱经。

【功效】 发表解肌，温经通脉，通阳化气。

【作用与用量】 用于风寒感冒、风寒湿痹、水肿证。每次 1~2.5 克。

薄 荷

【性味归经】 辛，凉。归肺、肝经。

【功效】 疏散风热，清利头目，利咽透疹。

【作用与用量】 用于治疗风热感冒、目赤肿痛、痘疹等。每次 1~3 克。

牛蒡子

【性味归经】 辛、苦，寒。归肺，胃经。

【功效】 疏散风热，透疹利咽，解毒散肿。

【作用与用量】 用于风热感冒，咽喉肿痛，麻疹不透，痈肿疮毒等。每次 2~4 克。

二、清热药

清热药性属寒、凉，有清热泻火、解毒、凉血、燥湿、解暑等功效，如石膏、牡丹皮、黄连、龙胆草、金银花、板蓝根、香薷等。

石 膏

【性味归经】 辛、甘，大寒。归肺、胃经。

【功效】 清热泻火，除烦止渴，收敛生肌。

【作用与用量】 用于清气分热，清泻肺热、胃热，湿疹、外伤等。每次 1~3 克。

黄 连

【性味归经】 苦，温。归心、肝、胃、大肠经。

【功效】 清热燥湿，泻火解毒。

【作用与用量】 用于胃肠湿热、泻痢呕吐、热盛火炽、高热烦躁、痈疽疔毒、皮肤湿疮、胃火呕吐等。每次 1.5~2.5 克。

金银花

【性味归经】 甘，寒。归心、胃、肺经。

【功效】 清热解毒，疏散风热。

【作用与用量】 用于痈疽疔疮、外感风热、温病初起、热毒血痢等。每次1～3克。

龙胆草

【性味归经】 苦，寒。归肝、胆、膀胱经。

【功效】 清热燥湿，泻肝胆火。

【作用与用量】 用于湿疹、黄疸、尿赤、肝火、目赤肿痛、肝经热盛等。每次1～2克。

三、泻下药

泻下药能攻积、逐水，引起腹泻或润肠通便的药物。

大 黄

【性味归经】 苦，寒。归心、肝、胃、脾、大肠、心包经。

【功效】 攻积导滞，泻火凉血，清泻湿热，利胆退黄。

【作用与用量】 胃肠积滞，大便秘结、血热出血、瘀血诸症、黄疸、烧伤等。每次1.3～5克。

芒 硝

【性味归经】 咸、苦，寒。归胃、大肠经。

【功效】 泻热通便，润燥软坚，清火消肿。

【作用与用量】 用于实热积滞，大便燥结、口疮、咽喉肿痛、目赤等。每次1～2克。

郁李仁

【性味归经】 辛、苦，甘、平。归大肠、小肠经。

【功效】 润肠通便，利水消肿。

【作用与用量】 用于肠燥便秘、水肿等。每次1～2克。

牵牛子

【性味归经】 苦，寒。有毒。归肺、肾大肠经。

【功效】 泻下通便，利尿消肿，去积杀虫等。

【作用与用量】 用于水肿、臌胀、痰壅咳喘、肠胃实热积滞、大便干结、驱虫、杀虫等。每次0.5～1.5克。

四、消导药

消导药能健运脾胃，促进消化，具有消积导滞作用的药物，如山楂、麦芽、神曲等。

山 楂

【性味归经】 酸、甘、温。归胃、脾、肝经。

【功效】 消食健脾，活血行瘀。

【作用与用量】 用于伤食证，产后恶露不尽等。每次 1~2 克。

神 曲

【性味归经】 甘、辛、温。归脾、胃经。

【功效】 消食化积，健脾和中。

【作用与用量】 用于食物停滞、脾胃寒湿等。每次 1~2 克。

麦 芽

【性味归经】 甘、平。归脾、胃经。

【功效】 健脾消食，行滞回乳。

【作用与用量】 用于脾虚食积、回乳、乳房胀痛等。每次 1~2 克。

五、温里药

温里药又称祛寒药，是指药性温、热，能祛除寒邪的一类药物，如附子、干姜、肉桂等。

附 子

【性味归经】 大辛，大热。有大毒。归十二经。

【功效】 温中散寒，回阳救逆，除湿止痛。

【作用与用量】 用于寒伤脾胃证、阳虚证、风寒湿痹等。每次 1~2 克。

干 姜

【性味归经】 辛，温。归心、脾、胃、肾、肺、大肠经。

【功效】 温中散寒，回阳通脉，温肺化痰。

【作用与用量】 用于脾胃寒证、亡阳证、肺寒咳嗽等。每次 1~2 克。

肉 桂

【性味归经】 辛，甘，大热。有大毒。归脾、肾、肝经。

【功效】 补火助阳，温经通脉，散寒止痛。

【作用与用量】 用于命门火衰，寒凝血滞所致各种痛证，寒湿痹痛等。每次 1～2 克。

六、祛湿药

凡能祛除湿邪、治疗水湿症的药物称为祛湿药，如羌活、独活、茯苓、泽泻、车前子等。

羌 活

【性味归经】 辛，苦，温。归膀胱、肾经。

【功效】 解表散寒，祛风湿，止痛。

【作用与用量】 用于外感风寒表证，风寒湿痹证等。每次 0.5～1.5 克。

独 活

【性味归经】 辛、苦，温。归肾、膀胱经。

【功效】 祛风除湿，通痹止痛，解表。

【作用与用量】 用于风寒湿痹，风寒表证等。每次 0.5～1.5 克。

茯 苓

【性味归经】 甘、淡、平。归脾、胃、心、肺、肾经。

【功效】 利水渗湿，健脾补中，宁心安神，化痰。

【作用与用量】 用于小便不利、水肿、脾虚泄泻、痰饮咳嗽、痰湿入络、心悸、失眠等。每次 1.3～5 克。

七、化湿药

藿香、苍术等属化湿药。

藿 香

【性味归经】 辛，微温。归肺、脾、胃经。

【功效】 祛暑解表，和中化湿，行气化滞。

【作用与用量】 用于夏伤暑湿，治湿困脾土等。每次 1～2 克。

苍 术

【性味归经】 辛，苦，温。归脾、胃、肝经。

【功效】 燥湿运脾，发汗解表，祛风湿，明目。

【作用与用量】 用于湿阻脾胃证、风寒湿痹、外感风寒、夜盲症等。每次 1～2 克。

八、理气药

此类药大多辛、温、芳香，具有行气消胀、止痛、降气等作用，如陈皮、青皮、香附、厚朴等。

陈 皮

【性味归经】 苦、辛、温。归脾、肺经。

【功效】 理气健脾，燥湿化痰。

【作用与用量】 用于脾胃气滞证，痰湿壅滞，补益等。每次 1～2 克。

青 皮

【性味归经】 苦、辛、温。归肝、胆、脾经。

【功效】 疏肝止痛，破气化滞。

【作用与用量】 用于肝郁气滞证，治食积不化等。每次 1～2 克。

香 附

【性味归经】 辛、微苦、微甘、平。归肝、脾、三焦经。

【功效】 疏肝理气，活血调经，止痛。

【作用与用量】 用于肝郁气滞诸痛证，产后腹痛等。每次 1～2 克。

九、活血化瘀药

活血化瘀药指有活血祛瘀、止血等作用的一类药，如川芎、红花、乳香、没药、地榆、槐花等。

川 芎

【性味归经】 辛、温。归肝、胆、心包经。

【功效】 活血化瘀，行气止痛。

【作用与用量】 用于瘀血肿痛，产后诸症等。每次 1～3 克。

红　花

【性味归经】　辛、温。归心、肝经。

【功效】　活血通经，散瘀止痛。

【作用与用量】　用于产后血瘀、胎衣不下、胸脯痛等。每次1～3克。

乳　香

【性味归经】　苦、辛、温。归肝、心、脾经。

【功效】　活血止痛，消肿生肌。

【作用与用量】　用于跌打损伤、瘀血肿痛、疮疡等。每次1～3克。

十、收涩药

收涩药是指具有涩肠止泻等作用的药物，如乌梅、诃子、五味子等。

乌　梅

【性味归经】　酸、涩、平。归肝、脾、肺、大肠经。

【功效】　敛肺，涩肠，生津等。

【作用与用量】　用于肺虚咳嗽、久泻久痢、虚热消渴、蛔虫病等。每次2～4克。

诃　子

【性味归经】　苦、酸、涩温。归肺、胃、大肠经。

【功效】　涩肠止泻，敛肺利咽。

【作用与用量】　用于久泻久痢、肺虚咳嗽等。每次1～2克。

五味子

【性味归经】　酸、温。归肺、肾经。

【功效】　敛肺止咳，益肾固精，涩肠止泻，生津敛汗。

【作用与用量】　用于久咳虚喘、肾虚、津伤口渴、自汗、盗汗等。每次1～2克。

十一、补益药

补益药是指能补益气血阴阳之不足，治疗各种虚证的药物，如党参、黄芪、当归、杜仲、天门冬等。

党　参

【性味归经】　甘、平。归脾、肺经。

【功效】　益气，生津，养血。

【作用与用量】　用于气虚诸证，肺气亏虚，气津两伤等。每次 1~3 克。

黄　芪

【性味归经】　甘、微温。归脾、肺经。

【功效】　补气升阳，益卫固表，利水消肿，消疮生肌。

【作用与用量】　用于脾胃肺气虚、气血不足、疮疡内陷的脓成不溃或久溃不敛等。每次 1~2 克。

天门冬

【性味归经】　甘、苦、寒。归肺、肾经。

【功效】　养阴润燥，清火，生津。

【作用与用量】　用于阴虚肺热，肾阴不足诸症等。每次 1~2 克。

十二、催情药

催情药是指具有补气血、暖腰肾、壮阳益精、增强性欲功能的药物，可用于产科疾病，能促进家畜繁殖，如淫羊藿，有时这类药也列入补益类药中。

淫羊藿

【性味归经】　辛、甘，温。归肝、肾经。

【功效】　温肾壮阳，强筋健骨，祛风除湿。

【作用与用量】　用于肾阳虚、肝肾不足等。每次 1~3 克。

第八节　消毒药

在动物疾病防治过程中，我们不仅要借助于抗菌药物、免疫接种等手段来消灭侵入动物体内的病原微生物，而且还要杀灭或清除环境中的病原微生物，以阻止病原微生物的扩散，保护易感动物，这后项任务的完成就需要靠消毒工作。因此，消毒是防治动物疾病的必要措施。兔场常见消毒药如下。

碘酊（碘酒）

【性状】　碘酊为碘、碘化钾的乙醇溶液。红棕色澄明液体，有碘与乙醇的特臭。

【作用与用法】　有较强的杀菌能力，可杀死细菌、病毒、芽孢和霉菌，2%可用于手术、注射部位的消毒；1%碘甘油可用于治疗各种黏膜炎症，如口腔炎、口疮等。

新洁尔灭

【性状】　新洁尔灭无色或淡黄色胶状液体，易溶于水。

【作用与用法】　季铵盐类消毒药，杀菌效果显著，对病毒效力差。对组织刺激性较小。0.1%溶液消毒手、皮肤、器械；0.01%～0.05%溶液消毒黏膜及伤口。

高锰酸钾

【性状】　高锰酸钾为深紫色结晶，无臭，能溶于水。

【作用与用法】　本品为强氧化剂，与有机物相遇时放出新生态氧而将有机物氧化，其本身还原为二氧化锰。用于皮肤创伤如0.1%水溶液冲洗，腔道炎症0.2%水溶液冲洗子宫、膀胱等。

鱼石脂

【性状】　本品为糖浆状液体，能溶于水。

【作用与用法】　本品具有缓和的刺激作用，能消炎、消肿、促进肉芽生长。用于治疗慢性皮肤炎、蜂窝织炎、腱鞘炎、溃疡及湿疹等，常用10%的浓度局部患处涂用。

过氧化氢溶液（双氧水）

【性状】　本品为3%过氧化氢的无色澄明液体。

【作用与用途】　临床上主要用于清洗黏膜或化脓创面。双氧水在接触创面时，分解迅速，产生大量气泡，将创腔中的脓块和坏死组织排出，有利于清洁创面。但杀菌作用较弱。

【用法与用量】　清洗化脓创面，用1%～3%溶液；冲洗口腔黏膜，用0.3%～1%溶液。3%以上高浓度溶液对组织有刺激性和腐蚀性。

甲紫（龙胆紫）

【性状】 本品属碱性染料，为暗绿色带金属光泽的粉末，可溶于水及醇。

【作用与用途】 消毒防腐药。用于黏膜、皮肤的创伤、烧伤和溃疡。对革兰氏阳性菌有选择性抑制作用，对霉菌也有作用，其毒性小，对组织无刺激性，有收敛作用。

【用法与用量】 1%水溶液或乙醇溶液和2%～10%软膏，治疗皮肤、黏膜创伤及溃疡；0.1%～1%水溶液也用于治疗烧伤。

氢氧化钠（苛性钠）

【性状】 本品为白色块状、棒状或片状结晶，易溶于水及酒精，极易潮解，在空气中易吸收二氧化碳，形成碳酸盐。应密封保存。能溶解蛋白质，破坏细菌的酶系统与菌体结构，对机体组织细胞有腐蚀作用。

【用法与用量】 本品对细菌繁殖体、芽孢、病毒和寄生虫卵都有很强的杀灭作用。2%热溶液用于被病毒和细菌污染的兔舍、饲槽和运输车船等的消毒；3%～5%溶液用于炭疽芽孢污染的场地消毒；5%溶液用于腐蚀皮肤赘生物、新生角质等。

氧化钙（生石灰）

【性状】 本品为白色无定形粉末，无臭，易吸收水分，吸收二氧化碳，逐渐变成碳酸钙而失效。与水混合，生成氢氧化钙。

【用法与用量】 本品对繁殖型细菌有较强的消毒作用，但对炭疽芽孢和结核杆菌无效。加水配成20%石灰乳，涂刷兔舍墙壁、地面消毒。氧化钙1千克加水350毫升，生成消石灰的粉末，撒布在阴湿地面、粪池周围及污水沟等处消毒。

碘伏（强力碘）

【性状】 本品为棕红色液体，具有亲水、亲脂两重性。溶解度大，无味、无刺激，毒性较低。

【用法及用量】 本品为消毒防腐药。杀菌作用持久，能杀死病毒、细菌、细菌芽孢、真菌及原虫等。可用于畜舍、饲槽、饮水、皮肤和器械等的消毒。用5%溶液喷洒消毒畜舍，每立方米用药3～9毫升；5%～10%溶液刷洗或浸泡消毒室内用具、手术器械等。

漂白粉（氯石灰）

【性状】 本品为白色颗粒状粉末，有氯臭。微溶于水和乙醇，久露在空气中，能吸收水分潮解失效。新制漂白粉含有效氯25%～30%。遇水产生次氯酸，可放出活性氯和初生态氧，呈现杀菌作用。能杀灭细菌、芽孢、病毒及真菌。其杀菌作用强，但不持久。在酸性环境中杀菌作用强，碱性环境中杀菌作用减弱。

【用法与用量】 本品用于兔舍、饲槽、车辆等的消毒。用5%～20%混悬液喷洒，也可用干粉末撒布。每升水中加0.3～1.5克，用于饮水消毒。不能用于金属制品及有色棉织物的消毒。现用现配，久储易失效。保存于阴暗、干燥处，不可与易燃、易爆物品放在一起。

二氯异氰尿酸钠（优氯净）

【性状】 本品为白色结晶性粉末，有氯臭。易溶于水。杀菌力较氯胺强，对细菌繁殖体、芽孢、病毒、真菌孢子均有较强的杀灭作用。

【用法与用量】 本品为消毒药。用于水、加工器具及餐具、食品、车辆、厩舍、用具等的消毒。以有效氯含量计算消毒浓度，饮水浓度0.5毫克/千克，厩舍、用具、车辆消毒浓度50～100毫克/千克。

三氯异氰尿酸

【性状】 本品为白色结晶或颗粒状粉末，有强烈的次氯酸味，含有效氯在85%以上，遇酸或碱易分解。是一种极强的氧化剂和氯化剂，具有高效、广谱、安全的消毒作用，对细菌、病毒、真菌、芽孢等有杀灭作用，对球虫卵囊也有一定杀灭作用。

【用法与用量】 本品用于环境、饮水、饲槽等的消毒。用粉剂配制4～6毫克/千克浓度饮水消毒，用200～400毫克/千克浓度的溶液进行环境、用具消毒。

乙 醇

【性状】 本品为无色透明液体，微有特臭，易挥发，易燃烧。

【作用与用途】 本品为消毒防腐药。75%的乙醇水溶液用于皮肤消毒。可杀死一般病原菌的繁殖体、结核分枝杆菌、囊膜病毒，但对细菌芽孢无效。乙醇还可溶解类脂质，起到机械性除菌作用。高于95%浓度的乙醇杀菌作用微弱。常用75%（V/V）乙醇消毒皮肤和浸泡器械。用浓乙醇涂擦或热敷，可治疗急性关节炎、腱鞘炎、肌炎等。

【用法与用量】 手、皮肤、体温计、注射针头和小件医疗器械等消毒，以75%溶液（V/V）浸泡、擦拭、喷雾等。

甲酚（煤酚）

【性状】 本品为黄棕色至红棕色的黏稠液体；带甲酚的臭气。本品能与乙醇混合成澄清液体。

【适应证】　本品为消毒防腐药。用于器械、厩舍、场地、排泄物的消毒。

【用法与用量】　5%～10%溶液喷洒或浸泡用于器械、厩舍、场地、排泄物等消毒，1%～2%溶液用于体表、手消毒。

【注意事项】　①甲酚有特臭，不宜在肉联厂、乳牛厩舍、牛乳加工车间和食品加工厂等应用，以免影响食品质量。②由于色泽污染，不宜用于棉、毛纤织品的消毒。③本品对皮肤有刺激性，消毒手和皮肤，务必精确计量。

第九节　兔场常用疫（菌）苗及使用方法

一、兔场常用疫（菌）苗

兔常用的疫苗有10余种：兔瘟疫苗、大肠杆菌苗、波氏杆菌苗、巴氏杆菌苗、魏氏梭菌苗、葡萄球菌苗等单苗；兔瘟－巴氏杆菌二联苗、巴氏－波氏二联苗、兔瘟－巴氏－魏氏三联苗等。常用的疫苗如表9－1所示。

表9－1　兔场常用疫（菌）苗及使用方法

疫苗名称	预防疾病	使用方法	免疫期
兔瘟疫苗	兔瘟	断奶后，每只兔皮下注射1毫升，7天后产生免疫力，成年兔每年注射2次	6个月
巴氏杆菌灭活苗	巴氏杆菌病	30日龄以上兔，每只兔皮下注射1毫升，7天后产生免疫力，成年兔每年注射2次	4～6个月
魏氏梭菌灭活苗	魏氏梭菌性肠炎	30日龄以上兔，每只兔皮下注射1毫升，7天后产生免疫力，成年兔每年注射2次	4～6个月
败血波氏杆菌灭活苗	波氏杆菌病	孕兔产前2周，断奶前1周仔兔，青年兔、成年兔，每只兔皮下注射1毫升，7天后产生免疫力，每只兔每年注射2次	6个月
伪结核病灭活苗	伪结核病	断奶前1周仔兔，青年兔、成年兔，每只兔皮下注射1毫升，7天后产生免疫力，每只兔每年注射2次	6个月

续表

疫苗名称	预防疾病	使用方法	免疫期
沙门菌疫苗	沙门菌病（下痢或流产）	妊娠初期母兔，断奶前1周仔兔，青年兔、成年兔，每只兔皮下注射1毫升，7天后产生免疫力，每只兔每年注射2次	6个月
黏液瘤病毒疫苗	黏液瘤病	按瓶标签注明剂量加生理盐水稀释，断奶后，每只兔皮下注射1毫升，4天后产生免疫力	12个月
巴瘟二联苗	巴氏杆菌病、兔瘟	断奶后，每只兔皮下注射1毫升，7天后产生免疫力，成年兔每年注射2次	4~6个月
巴魏二联苗	巴氏杆菌病、魏氏梭菌性肠炎	20~30日龄仔兔，每只兔皮下注射1毫升，30日龄以上兔，每只兔皮下注射2毫升，7天后产生免疫力，成年兔每年注射2次	4~6个月
魏瘟二联苗	魏氏梭菌性肠炎、兔瘟	断奶后，每只兔皮下注射1.5毫升，7天后产生免疫力，成年兔每年注射2次	4~6个月
瘟巴魏三联苗	魏氏梭菌性肠炎、巴氏杆菌病、兔瘟	断奶后，每只兔皮下注射1.5毫升，7天后产生免疫力，成年兔每年注射2次	4~6个月

二、兔场建议免疫及预防用药程序

规模化兔场应根据养兔户所在地疫情、兔场的不同情况，设计科学合理的免疫和预防用药程序。规模化兔场建议免疫及预防用药程序如表9-2所示。

表9-2 兔场建议免疫及预防用药程序

月龄	预防疾病	防治方法
1月龄	球虫病	每吨饲料添加莫能菌素20~40克或盐霉素60克
	大肠杆菌病	氟哌酸口服，每千克体重10毫克，每日2次，连用3天
	波氏杆菌病	断奶前1周仔兔，每只兔皮下注射1毫升，支气管败血波氏杆菌灭活苗，7天后产生免疫力，以后每只兔每年注射2次
	伪结核病	断奶前1周仔兔，每只兔皮下注射1毫升，伪结核耶尔森菌灭活苗，7天后产生免疫力，以后每只兔每年注射2次
	沙门菌病	断奶前1周仔兔，每只兔皮下注射1毫升，沙门菌灭活苗，7天后产生免疫力，以后每只兔每年注射2次

续表

月龄	预防疾病	防治方法
2月龄	兔瘟 巴氏杆菌病 魏氏梭菌病	断奶后，用兔瘟疫苗、巴氏杆菌灭活苗、魏氏梭菌灭活苗每只兔皮下注射1毫升，7天后产生免疫力，以后每只兔每年注射2次，或用联苗注射
6月龄	消化道寄生虫	口服盐酸左咪唑每千克体重10毫克，或丙硫苯咪唑每千克体重15毫克
配种期	兔梅毒病	患部用0.1%新洁尔灭（苯扎溴铵）溶液或高锰酸钾溶液清洗后，涂擦青霉素软膏；肌内注射青霉素每千克体重3万国际单位，每日2次，连用5天
哺乳期	乳房炎	炎症表面可涂鱼石脂软膏或抗生素软膏，如已形成脓肿则应采取排脓措施；肌内注射青霉素每千克体重3万国际单位，每日2次，连用5天
日常	疥癣病	肌内注射灭虫丁（主要成分为伊维菌素），每千克体重0.2毫升，每日1次，连用3次；2%敌百虫（美曲磷脂）水溶液或软膏擦洗、浸泡或涂抹患部，每日1次，连用3天。
	消毒	每年3~4月和9~10月，用10%石灰水或其他消毒剂做好环境消毒工作

三、兔疫苗的保存、运输和使用方法

（一）疫苗的保存方法

疫苗属于生物制品，怕光、怕热，有些还怕冻结。因此在运输与保存疫苗时，稍不注意就会影响疫苗质量，影响免疫效果，甚至导致免疫失败。活疫苗一般在 -15℃条件下保存，灭活苗在2~8℃条件下保存。疫苗选购回来后应及时使用，避免长时间存放。若不能及时使用，可按标签说明妥善保存。通常距使用时间不超过2天者，可存放在2~15℃阴暗、干燥的环境中，如地窖、冰箱冷藏室；数量很少时，也可保存于盛有冰块的保温饭盒中。特别注意冻干苗最忌反复冻融，灭活苗不能冷冻保存，否则，疫苗会失活或降低效价。

（二）疫苗的运输方法

运输疫苗时须妥善包装，防止碰破流失。应在低温条件下运送疫苗，避免高温和日光直射。如果外界环境温度不超过8℃，疫苗可常规运输；当超过8℃以上时，须冷藏运输。通常大量运输时，使用冷藏车，少量时装入保温箱、盛有冰块的保温饭盒或盛有冰块的保温瓶内运送。但对灭活苗在寒冷季节要防止冻结。

（三）疫苗的使用方法

疫苗的使用方法主要有注射、滴鼻、点眼、饮水、口服、喷雾等，其中采用眼鼻静滴疫苗时，若通过鼻滴，要堵住另一侧鼻孔，人工控制令其完全通过一侧鼻孔吸入。通过眼滴，要从畜禽的下眼角滴，充分滴入了再进行下一只，杜绝图快，滴了就放手。采用饮水槽防疫，忌用金属容器，饮水槽要经常消毒处理，饮用水源不能用自来水或其他生水，最好使用深井水或凉白开。畜禽饮水前要停水4~6小时，时间长短可根据温度高低适当调整，要保证所有畜禽都能充分饮水。疫苗的接种具体采用什么方法，要根据说明书确定，也就是说，同一种疫苗，不同的生产批次，使用方法不一定相同，接种方法不当，就很可能导致免疫失败。

（四）疫苗使用时的注意事项

1. 使用前注意疫苗质量 免疫接种前，对使用疫苗的瓶签、瓶子外观、瓶内疫苗的色泽性状等仔细检查。要求瓶签上的说明（包括名称、批号、用法、用量、有效期）必须清楚；瓶子与瓶塞无裂缝破损；瓶内疫苗的色泽性状正常，无杂质异物，无霉菌生长。特别注意防止使用过期或没按要求储存的疫苗。

2. 严格消毒 不需要稀释的疫苗，先除去瓶塞上的封蜡，用酒精棉球消毒瓶塞。通过注射途径接种的疫苗，在瓶塞上固定一个消毒的针头专供吸取药液，吸液后不拔出，用酒精棉包裹，以便再次吸取。给动物注射用过的针头，不能吸液，以免污染疫苗。

3. 使用专用稀释液 需要稀释的疫苗，按要求加入专用稀释液，可用生理盐水或纯净的冷水稀释，不能用含氯的自来水和热水稀释。吸取和稀释疫苗时，必须充分振荡，使其混合均匀。

4. 疫苗开封后尽快用完 疫苗使用前应升至常温，开封或稀释后充分摇匀。灭活苗最好在开封后12小时内用完，最长不超过24小时。活苗稀释后应放在冷暗处，宜2小时内用完，最好不超过4小时。

5. 病孕畜禽不接种 接种疫苗的畜禽必须健康状况良好，体弱、发病、处于疫病潜伏期的畜禽则暂时不宜接种，等机体恢复正常后再接种。怀孕后期的畜禽应慎用或不用反应较强的疫苗。被接种的畜禽前后7天禁用抗生素、磺胺类药物，因为这些药物对细菌性活疫苗具有抑杀作用，对病毒性疫苗也有一定程度的影响。

6. 饮水免疫措施 饮水免疫时，兔群在饮水前要停水4~6小时（时间长短可根据温度高低适当调整），要保证每只兔子都能充分饮水，并在短时间内饮完，饮完后经1~2小时再正常给水。免疫用具须灭菌处理。接种期间，应加强饲养管理水平，提高机体的抗病力。所制定的免疫程序应合理。

7. 避高温 接种疫苗时应注意外界环境温度，尽量不在高温天气接种。如果在炎热季节可选在早晨或傍晚进行，避开中午高温时段。

8. 妥善处理废弃物　没用完的疫苗经加热处理后废弃，否则会造成环境污染。对吸入注射器内未用完的疫苗也不能随意废弃，也应注入专用空瓶内，经加热处理后废弃。对使用过的器械也应严格消毒处理，不得随意丢弃，否则会污染场地及畜禽舍。

四、疫苗接种后兔常见的不良反应

兔接种后一般不出现明显的反应，部分兔接种后可出现发热反应，一般属于轻度发热，持续时间 1~2 天，同时兔可出现采食量下降，不愿活动，部分孕兔可能会发生流产。注射局部可有轻度红肿现象，这些一般不需处理，需要注意的是，在免疫接种期间，可适当补充微量元素和多种维生素。

第十章　兔的主要传染病

第一节　主要细菌性传染病

一、兔巴氏杆菌病

兔巴氏杆菌病又称兔出血性败血症，它是由 Fo 型多杀性巴氏杆菌（又名两极杆菌）引起的多型性、散发或地方流行性的一种急性、热性、败血型的传染病。由于病原的毒力强弱、感染部位不同和病程的不同，故在临床症状和病理变化上存在一些差异。临床上主要有急性败血症、传染性鼻炎、地方流行性肺炎、中耳炎、结膜炎、生殖器官感染以及全身各部位发生脓肿等病症，各具其特征。

该病分布比较广泛，世界各地均有不同程度的发生。各年龄段的家兔对多杀性巴氏杆菌都十分敏感，发病率达60%以上，若未能采取有效的防控措施，会引起大批的发病和死亡。据资料统计，多杀性巴氏杆菌病是引起 60 ~ 180 日龄家兔死亡的主要原因。它给养兔业带来了严重的经济损失，因此，巴氏杆菌病是养兔业的一大危害。

（一）病原

兔巴氏杆菌为革兰氏阴性菌，它与引起牛、猪等哺乳动物以及家禽巴氏杆菌病的病原同属多杀性巴氏杆菌。多杀性巴氏杆菌是两端钝圆、中央微突、卵圆形的短杆菌，大小为（1 ~ 1.5）微米 ×（0.25 ~ 0.5）微米，单个存在，有时成双排列。该菌不形成芽孢，无鞭毛，不运动，用亚甲蓝染色呈两极浓染。新分离出的强菌株有荚膜，但经过长时间的培养后，荚膜消失。多杀性巴氏杆菌需氧或兼性厌氧，最适生长温度为 37 ℃，最适 pH 值 7.2 ~ 7.4；对营养要求严格，在鲜血或血清培养基上生长良好，生长出光滑、湿润而黏稠、边缘整齐、淡灰白小菌落，不溶血，折光时呈现蓝绿色或橘红色荧光；在普通培养基形成细小透明的露珠状菌落。该菌的抵抗力不强，在直射阳光和干燥情况下迅速死亡，加热 60 ℃ 10 分钟即能将其杀死，常用的消毒药在几分钟或者十几分钟内即可将其杀死。该菌在无菌蒸馏水和生理盐水中能迅速死亡，但在粪便中能生存 1 个月左右，在尸体内能生存 3 个月。

（二）流行特点

巴氏杆菌病主要危害 9 周龄至 6 月龄的兔，一年四季都可发病，主要在春秋两季及多雨闷热潮湿的季节较多发病，呈散发或地方性流行。本病发病率为 20% ~70%，死亡率为 20% ~50%。病兔和带菌兔是主要的传染源。病兔的粪便和分泌物不断排出有毒力的病菌，污染饲料、饮水、用具和外界环境，经消化道而传染给健康兔，或由咳嗽、喷嚏排出病菌，通过飞沫经呼吸道传染，吸血昆虫的媒介和皮肤、黏膜的伤口也可发生传染。30% ~75% 的家兔上呼吸道黏膜和扁桃体带有巴氏杆菌，不表现任何临床症状。但当各种因素（营养缺乏、饲养管理不良、气温突变、长途运输或有其他疾病等）使机体抵抗力降低时，体内的多杀性巴氏杆菌乘机侵入机体，大量增殖，使其毒力加强，从而引起发病。

（三）临床症状

由于病菌的毒力、数量、家兔的抵抗力以及侵入的部位等因素，潜伏期长短不一，一般几小时至 5 天或更长时间。因此在临床上根据病型可分为以下几种。

1. 全身败血症型　病程短者 24 小时内死亡，较长者 1~3 天死亡。急性型时常见往往未见明显症状而突然死亡的病例。病兔精神沉郁，对外界刺激无反应，食欲废绝，呼吸急促，体温升高至 41 ℃以上，流黏性或浆液脓性鼻液，偶有腹泻发生。临死前体温下降，全身震颤，四肢抽搐。该型能激发其他任何一型巴氏杆菌病，但在生产中多见肺炎和胸膜炎混合的败血症。

2. 传染性鼻炎型　传染性鼻炎型是兔场常见的一种病型。病初表现为鼻腔流出浆液性鼻液，后期转至黏液性至黏脓性鼻液。同时并发副鼻窦炎，病兔不断地打喷嚏、咳嗽，出现异常的呼吸音。鼻腔周围及前爪部被毛湿润，鼻黏膜潮红、肿胀。随病情发展，鼻涕在鼻孔周围形成结痂，堵塞鼻孔而导致呼吸困难，通过喷嚏能喷出脓块。病兔经常用爪抓，将多杀性巴氏杆菌带到眼内、耳内、皮下，从而引起角膜炎、化脓性结膜炎、中耳炎皮下脓肿并发症，最后衰竭而死亡。

3. 肺炎型　多发于成年兔，主要由传染性鼻炎继发而得。地方流行性的肺炎型常表现急性经过，自然发病时，很少见到肺炎型的临床症状，直到后期严重的时候才表现为呼吸困难。病兔食欲不振，体温升高，呼吸困难，最后因肺部出血、坏死，造成败血性感染而死亡。

4. 中耳炎型　单纯的中耳炎多无明显症状，但病菌扩散到内耳及脑部，则有斜颈症状，故又称"斜颈病"。病兔头颈常向一侧倾斜或扭转，其颈部歪斜的程度取决于感染的范围，发病的年龄也不一致。有些刚断奶的幼兔就出现头颈歪斜的症状，但大多数为成年兔。严重的病例，兔向头倾斜的方向侧滚转，一直倾斜到抵住围栏为止。由于两眼不能正视，所以病兔饮食受阻，体重减轻，可出现严重脱水情况。病程长短不一，最后因衰竭而死。

5. 结膜炎型　虽然发生于未断奶的仔兔和成年兔，但多见于幼兔。多杀性巴氏杆菌从鼻泪管进入结膜囊。病兔在临床上表现为流泪，出现明显的泪痕，结膜发红，眼睑肿胀，初期有多量黏性分泌物，后期变为脓性分泌物，常将上下眼睑粘住，导致眼球化脓，有的导致面部脓肿。结膜炎可转为慢性型，虽红肿消退，但流泪经久不止。

6. 生殖器官感染型　主要发生于成年兔，往往由交配引起，母兔的发病率高于公兔。公兔发生睾丸炎，一侧或两侧的睾丸肿大，质地坚实，阴囊肿大，触之敏感，热而发硬。母兔表现为子宫炎，常从阴道流出浆液性或脓性分泌物，患兔无繁殖力，此病为不妊娠症的原因之一。若继发败血型，病兔迅速死亡。

7. 脓肿型　全身各部位均可发生巴氏杆菌感染而引起脓肿、溃疡，体表易查出，内脏脓肿则不易查出。肝、肺、心、脑、肌肉或其他器官内发生脓肿，未发展到严重阶段，常不表现临床症状。脓肿内有白色或黄褐色的、奶油状的脓汁。慢性脓肿有干酪样坏死组织，脓肿被纤维性包膜包围，长期不消失。病兔发生脓肿后，也可引发脓毒败血症而死亡。

（四）病理变化

1. 败血型　急性死亡者，由于死亡比较迅速，剖检病理变化不太明显。胸、腹腔脏器有充血，浆膜和皮下可能有出血；心内外膜有出血点，肝变性，有灰白色坏死小点；脾脏和淋巴结肿大、大片出血；胃肠有出血点；胸、腹腔积有淡黄色液体，与其他型并发可出现其他病型病变。如鼻腔黏膜充血，鼻腔内有黏性、脓性分泌物；喉头及气管黏膜充血和出血，有红色泡沫，肺脏严重充血及出血。

2. 传染性鼻炎型　剖检可见鼻腔里积有多量鼻漏，其性质因病程长短而不同。当病从急性转向慢性时，鼻漏由浆液性变为黏性、黏性鼻脓；鼻腔黏膜充血，鼻窦和副鼻窦黏膜红肿或水肿；积有大量分泌液。慢性型病兔，鼻液为黏液性或黏液脓性，鼻黏膜有中度的水肿、增厚。

3. 肺炎型　剖检病变可以发生在肺脏的任何部位，但主要见于肺脏的前下部，变化为肺实质化脓，整个肺脏高度肿胀，出现灰白色小结节病灶。切开流出大量黄色黏稠脓汁；肺表面覆盖有纤维素性脓块；心脏、肺常与胸腔粘连，胸腔内积有多量淡黄色液体，若症状严重，还可见包围脓肿的纤维组织，甚至脓肿整个肺叶出现空洞。

4. 中耳炎型　解剖可见一侧或两侧的中耳有白色或灰白色奶油状脓性渗出物。病初，鼓膜和鼓室腔内膜呈红色，耳内皮肤红肿有溃疡，或有脓性渗出物流出外耳道。有时鼓膜破裂，细菌扩散到脑部时则出现脑膜炎的变化。

5. 生殖器官感染型　母兔感染时，子宫高度扩张，子宫壁变薄，呈淡黄褐色，子宫内充满水样或者奶油样脓性渗出物，公兔感染后开始在附睾出现病变，进而表现一侧或两侧睾丸肿大，质地坚硬，少数可能发生脓肿。

（五）诊断要点

鼻炎型和中耳炎型症状明显，可做出诊断。其他各型症状不明显，常同时或相继发生，临床诊断较困难。必须采取血液、肝、脾、渗出液或脓汁进行病原检查才能确诊。

1. 染色镜检　将被检病料做触片或涂片，待自然干燥后用火焰固定，经亚甲蓝染色或瑞氏、姬姆萨染色镜检，如发现大量的两极浓染、卵圆形的革兰氏阴性短小杆菌，可以确诊。

2. 动物接种　采集病料在灭菌乳钵中磨细，用灭菌生理盐水做 1：（5～10）稀释；或用分离培养物的菌液，加入 5～10 毫升灭菌生理盐水，皮下或腹腔注射小鼠 0.2～0.5 毫升，小鼠一般于 24～48 小时死亡。死后及时剖检，观察内脏器官呈败血症病理变化，并做镜检和培养，即可确诊。

本病应注意与兔病毒性出血症、野兔热、李氏杆菌病、支气管败血波氏杆菌病鉴别。

（1）与兔病毒性出血症的鉴别诊断。急性型的巴氏杆菌病与兔病毒性出血症有一些症状比较相似，如败血症、实质器官出血。但患病毒性出血症的病兔有神经症状，肝脏瘀血、肿大、细胞索明显增宽，无坏死病灶；肾脏瘀血、肿大，呈暗红色，有些病例皮质有散在性针头大暗红色出血点。而兔的巴氏杆菌病无神经症状、肝脏无肿大病变，可与之鉴别。另外，兔病毒性出血症常呈暴发性流行，成年兔及青壮年兔多发，短期内可使家兔死亡率达 90% 以上；而兔的巴氏杆菌病呈散发，死亡的兔无明显年龄界限。

（2）与野兔热鉴别诊断。两个病的急性型都呈突然败血死亡，肝脏均有弥漫性粟粒大的坏死病灶。但野兔热的淋巴结显著肿大，呈深红色，并有针头大的灰白色干酪样的坏死病灶；脾脏肿大，呈深红色，表面和切面有粟粒至豌豆大的灰白色或乳白色的坏死病灶；肾脏和骨髓也有坏死病灶。上述这些器官的病变特征是兔的巴氏杆菌病所没有的，可作为鉴别诊断要点。

（3）与李氏杆菌病鉴别诊断。李氏杆菌病的急性型临诊症状及肝脏的病理变化与兔的巴氏杆菌病相似，但肾、脾和心肌有散在性或弥漫性针头大、淡黄色或灰色的坏死病灶；淋巴结显著肿大，胸腔、腹腔和心包内有多量清亮的渗出液等特征性病理变化。这些是兔的巴氏杆菌病所没有的，可作为鉴别诊断要点。

（4）与支气管败血波氏杆菌病鉴别诊断。支气管败血波氏杆菌病以引起肺部和肝脏脓疱为特征，脓疱常由结缔组织形成包囊，有些病例还引起胸腔蓄脓和胸膜炎等病理变化。这些与兔的巴氏杆菌病有些病例比较相似。

（六）防治措施

1. 预防

（1）选择无多杀性巴氏杆菌病的健康兔进行自繁自养。

（2）严禁随便引进种兔。新引进的兔子，必须隔离观察 1 个月，确认健康者方可引进入兔场。对兔群经常进行临诊检查，将流鼻涕、打喷嚏、鼻毛潮湿蓬乱、结膜炎、斜颈病的兔子及时检出，隔离饲养、治疗或淘汰病兔。

（3）搞好舍内环境卫生，控制饲养密度，定期进行消毒。

（4）接种兔巴氏杆菌灭活菌苗进行预防，30 日龄以上的家兔，肌内或皮下注射 1 毫升，7 天后开始产生免疫力，免疫期为 4~6 个月。每只兔每年注射 2 次，种兔每年注射 2 次，可达到控制本病的流行。也可用兔病毒性出血症、巴氏杆菌病二联灭活苗进行紧急预防注射，每只 2 毫升。

（5）每 100 千克饲料中应用喹乙醇 25~50 克，混合后饲喂，有较好的预防效果。

2. 治疗

（1）首先是特异性疗法，皮下注射抗血清每千克体重 6 毫升，8~10 小时后再重复注射 1 次，疗效显著。

（2）其次是抗生素疗法，有条件的兔场可分离病原做药敏实验，选用最高效的药物进行防治。可用青霉素配合链霉素肌内注射，10 万~20 万单位，每日 2 次，连用 3~5 日；庆大霉素，每千克体重 2 万~4 万单位，肌内注射，每日 2 次，连用 4 天。环丙沙星注射液 0.5 毫升，肌内注射，每日 1 次，连用 5 天。此外，应用四环素、土霉素治疗效果也较好。还可选用磺胺类药物治疗，磺胺嘧啶每千克体重 0.05~0.2 克，配合等量的小苏打片服用，每日 2 次，连用 5 天。磺胺二甲基嘧啶和卡那霉素等可注射，也可滴鼻、点眼。

二、野兔热

野兔热又名土拉伦斯杆菌病或者兔热病，是由土拉伦斯杆菌引起的急性、热性、败血性传染病，也是一种人畜共患病。常通过扁虱或苍蝇传播，其特征为体温升高，淋巴结肿大并有针头大干酪样坏死灶，以及肝和脾脏肿大、充血，并伴发多发性灶性坏死或粟粒状坏死。

本病多发生在北半球，但从 1957 年以来，相继在我国的新疆、内蒙古、青海、西藏、黑龙江和河北等地的动物以及人体内分离出本细菌。

（一）病原

土拉伦斯杆菌为土拉弗朗细菌，它有两个主要的生物型，为革兰氏阴性多形态细菌。菌体大小为（0.3~0.5）微米×0.2 微米，菌体在患病动物的血液内近似球状，在培养基中则呈球状、杆状、豆状和丝状等，无鞭毛，不能运动，不形成芽孢，在动物组织内有荚膜。美蓝染色两极着染，经 3% 盐酸酒精固定标本，用碳酸龙胆紫或姬姆萨染液极易着色。

本菌为专性需氧菌，对营养的要求较高。在普通培养基上不能生长，只有在加入胱氨酸、血液或蛋黄的培养基上生长良好，能形成具有光泽的菌落，表面凹凸不平，边缘整齐。该菌能产生内毒素和外毒素，且内毒素能使动物组织坏死，而外毒素则能引起组织的水肿。病料接种在葡萄糖－胱氨酸－血琼脂培养基上，经37℃培养24小时，生长良好，很容易形成黏液型、灰白色、边缘整齐的露珠状菌落。该菌在鸡胚绒毛尿囊膜上也能生长，在卵黄囊中生长茂盛。该菌的最适生长温度35~37℃，pH值为6.8~7.2。若初次从动物或人体分离出来，一般需要培养3~5天。

本菌对外界环境的抵抗力较强，在低温条件下和在水中能生存较长的时间。可在13~17℃的自来水或井水中存活3个月，4℃水中存活5个月以上，可耐受-30℃低温。在肉品和皮毛中可存活数10天，但在冻肉中可存活3个月，在咸肉中也能存活1个月。在动物尸体中能存活40~133天，在蚊子体内能生存23~50天，但对热和化学消毒药等理化因素抵抗力弱，日光直射30分钟、56℃加热30分钟、60℃加热10~20分钟均能将其杀死；紫外线照射立即死亡。一般的消毒液，如0.1%升汞水、1%煤酚皂溶液、1.5%~3%来苏儿和3%~5%碳酸在5分钟内都能很快杀死组织中的细菌。

（二）流行病学

该菌分布比较广泛，且易感动物较多，各种野生动物、家畜和家禽都可感染，并且感染发病时无年龄界限。野兔和其他啮齿类动物是该病的主要传染源，啮齿类动物是本菌的自然储存宿主，而野兔群是最大的储存宿主。该病的传播媒介为吸血昆虫，共有83种节肢动物能传播该病，主要有蚊、蝇类、蜱、螨、牛虻、虱等，经常通过叮咬的方式或通过消化道、受损的皮肤或黏膜、伤口将病原体从患病动物传给健康动物，被污染的饮水、饲料也是重要的传染源。另外，鼠类在本病的传播过程中也起着非常重要的作用。人们常因食用未经处理的病肉或接触污染源而感染发病。

本病在许多国家都有发生，一年四季均可流行，一般多见于春末、夏初季节，也有在秋末冬初发病较多的报道。该病常呈地方流行性，特别是当兔群抵抗力降低时易引起大流行，造成严重的损失。当兔群受到各种环境因素影响、饲养管理不当时，易使兔体抵抗力降低，可促使本病发生。

（三）临床症状

本病潜伏期野兔为1~9天，《陆生动物卫生法典》规定为15天。有急性型和慢性型两种。急性型的病程较短，少数病兔因败血症迅速死亡，临床症状不明显。病兔体温升高2℃以上，病兔精神萎靡，厌食，高度消瘦和衰竭，发生浆液性鼻炎；全身淋巴结，如颌下、颈下、腋下和腹股沟等体表淋巴结肿大，化脓，唇部、口腔、面颊、四肢等皮下组织有坏死性炎症，肿胀或者溃疡，破溃后发出恶臭，迅速死亡。慢性型的病程较长，且主要是成年兔。体温升高1℃以上，症状大多不典型。病兔食欲下降，逐渐消瘦、衰竭，行动迟缓，步态不稳，体表淋巴结肿大、化脓。多经过 2～3 周痊愈或死亡。

（四）病理变化

根据病程长短而有所不同。急性死亡者，尸僵不全，尸体呈败血症变化，血凝不良，可见脾脏肿大，暗红色，肝脏充血肿大，都有小的、较多的坏死灶，淋巴结肿大并有出血点。慢性死亡者，特征为全身淋巴结周围组织充血、肿大明显，并有炎症，切面呈深红色，常有针尖大小的淡黄灰色干酪样坏死点；脾脏肿大，呈暗红色，表面和切面有灰白色或乳白色粟粒至豌豆大的坏死灶；肝脏肿大，伴有多发性针尖至粟粒大的白色坏死灶；肾脏病变跟肝脏相似；肺充血，可见斑驳实质区。

（五）诊断要点

根据临床症状和病理变化可做出初步诊断，确诊需进一步做实验室诊断。

1. 病原分离与鉴定　采集淋巴结、肝、肾和胎盘等病灶组织进行压片、固定切片或血液涂片检查细菌。也可进行免疫荧光抗体试验进行鉴定。还可通过接种豚鼠或鼠进行病原的分离和鉴定。

2. 血清学检查　可采用试管凝集试验、酶联免疫吸附试验、土拉杆菌皮内试验进行检查。

兔慢性型土拉杆菌病跟伪结核病、李氏杆菌病、慢性型巴氏杆菌病症状相似，应注意鉴别诊断。

（1）与伪结核病鉴别诊断。由伪结核耶森氏杆菌所致的家兔伪结核耶森氏杆菌病，病兔常出现脓性结膜炎，主要病变在盲肠的蚓突和回盲部的圆小囊浆膜和肠系膜淋巴结，有弥漫性或散在性灰白色、粟粒大的结节；而土拉杆菌病在上述两个器官无明显的变化，可作为鉴别诊断之一。伪结核病和土拉杆菌病（野兔热）的脾脏病变较为相似，因此需做微生物诊断才能加以鉴别；将伪结核耶森氏病的病料接种于普通培养基和麦康凯培养基上，有菌落生长，而土拉杆菌不能在此培养基上生长，可作为主要鉴别诊断之二。

（2）与李氏杆菌病鉴别诊断。患李氏杆菌的病兔常呈神经症状，灰白色坏死灶主要见于肝脏、心脏、肾脏，同时也有流产及单核细胞增多等临床症状，无淋巴结坏死灶；野兔热病兔呈慢性消瘦症状，体表淋巴结肿大而硬，呈深红色，并有坏死病灶；病料触片革兰氏染色，野兔热的菌体为阴性，呈多形态的小杆菌；而李氏杆菌为阳性小杆菌。

（3）与兔慢性巴氏杆菌病诊断。该病的典型症状是鼻炎，病死兔的内脏器官有不同程度的坏死灶，也容易区别开来。

（六）防治措施

1. 预防

（1）严把引种关，严禁从疫区引入家兔。为防止本病传入，引进的种兔应进行严格的检疫，通过隔离饲养和血清学凝集试验检查，呈阴性者才能进入兔场。

（2）消灭鼠类及吸血节肢动物以及体表寄生虫，同时防止野兔进入兔场，以切断传播途径。

（3）及时隔离治疗或淘汰病兔和阳性兔，杜绝后患。同时彻底消毒兔舍、兔笼和用具，尸体及分泌物和排泄物进行深埋或烧毁。剖检病尸时要注意防止感染人。

（4）在本病流行的地区，选用优质的疫苗进行免疫预防，以提高兔群的抗病力。

2. 治疗　为了有效地防治野兔热，对分离到的土拉杆菌，最好先做药敏试验，以便筛选出最敏感的药物用于治疗，提高疗效。最敏感的药物是链霉素类和四环素类抗生素。

病初可用链霉素每千克体重 5 万 ~ 8 万国际单位；或土霉素，每千克体重 20 毫克；或卡那霉素，每千克体重 10 ~ 30 毫克，采用肌内注射，每天 2 次，连用 3 天；或金霉素，每千克体重 0.5 片，口服，每日 2 次，连服 3 天。但在病后期治疗效果不佳。青霉素和磺胺类的药物对本菌无效。

三、兔大肠杆菌病

兔大肠杆菌病又称黏液性肠炎或黏液性肠病，是由致病性大肠杆菌及其产生的毒素所引起的一种暴发性肠道疾病，新生和幼龄动物易感染，也是一种重要的人兽共患病。在临床上，主要引起家兔严重腹泻、肠毒血症，粪便中常有胶冻样黏液，稍带腥臭味；还可引起败血症及胸膜性肺炎等。

兔大肠杆菌病广泛分布于全国，世界各国都有不同程度的发生和流行。

（一）病原

大肠杆菌的抗原构造非常复杂，可分为菌体抗原（O）、鞭毛抗原（H）和荚膜或被膜抗原（K），根据菌体抗原的不同，可将大肠杆菌分为 150 多型，其中有 16 个血清型为致病性大肠杆菌。能引起兔大肠杆菌病的大肠杆菌有几个血清型，如 O_{128}、O_{85}、O_{119} 和 O_{26}。大肠杆菌属革兰氏阴性短杆菌，大小为（1 ~ 3）微米 ×（0.4 ~ 0.7）微米，周身有鞭毛，能运动，不形成芽孢。有的菌株具有荚膜，能发酵多种糖类产酸、产气、兼性厌氧。在普通培养基上生长良好，在 15 ~ 45 ℃的范围均可生长，菌落圆整、表面光滑、凸起，不透明。常随粪便散布在周围环境中，在 0 ℃的粪便中能存活一年，在水中能生存数周至数月。

该菌具有中等抵抗力，55 ℃经 60 分钟或 60 ℃加热 15 分钟仍有部分细菌存活。对常用消毒剂敏感。但各地分离的大肠杆菌对抗菌药物的敏感性差异很大，容易产生抗药性。

（二）流行特点

本病一年四季均可发生，但主要发生于春秋两季，各种年龄的兔均易感，主要侵害 20 日龄与断奶前后的仔兔和幼兔。第一胎仔兔和笼养兔的发病率较高，这可能与母兔的免疫力有一定的关系。该病的暴发一般与气候骤变、饲养管理条件差、寄生虫寄生等因素均有关，这些应激因素致使肠道内的酸碱度发生变化，肠内大肠杆菌大量繁殖，侵入肠道上皮细胞，致使肠道上皮细胞及黏膜层被破坏，脱落于肠道内形成胶冻样，无法吸收营养，造成腹泻，同时引起组织器官病变和机体衰竭，以致死亡。同时应该考虑其他细菌的致病作用，如魏氏梭菌、沙门菌，以及轮状病毒和球虫等。

病兔体内排出大量的致病性大肠杆菌，污染饲料、食具、饮水、垫草、场地、兔笼等而成为新的传染源。然后再经过消化道而感染其他的健康兔，引起流行，造成大量死亡。

（三）临床症状

本病主要以腹泻和流涎为主。本病潜伏期为 4～6 天，最急性病兔无任何症状即突然死亡，急性者 1～2 天死亡，慢性者经 7～8 天。发病初期病兔体温不高，食欲下降，被毛蓬乱，精神不振，腹部由于充满气体和液体而膨胀，拉两头尖的粪便，之后是剧烈腹泻，肛门、后肢、腹部及足部的被毛被黏液及黄色水样稀便玷污，常拉粘有胶冻样黏液的粪便。渴欲增加，畏冷打颤，磨牙，流涎，迅速消瘦，最后绝食衰竭而死。

（四）病理变化

本病主要在消化道。剖开腹腔，有特殊的腥臭味。胃膨大，充满多量液体和气体，胃黏膜上有针尖状的出血点。十二指肠充满气体和染有胆汁的黏液状液体。小肠内容物充满黏液胶样黏液，将细长、两头尖的粪球包裹在其中。结肠扩张，有透明胶样黏液。有些病例结肠和盲肠的浆膜和黏膜充血，或有出血斑。有的盲肠壁呈半透明状，内有大量的气体。胆囊扩张，黏膜水肿。

（五）诊断要点

根据本病的流行特点和临床特征，结合病变特征可做出现场诊断。进一步确诊需要依靠病原的分离鉴定，进一步通过血清型实验和动物实验等综合判断。

1. 病原的分离　采取病、死兔的心、血、肝、脾、肠内容物等，将被检材料接种于肉汤培养基中进行增菌，或直接接种于麦康凯琼脂平皿、伊红美蓝平皿。根据大肠杆菌在上述平皿培养基上菌落特征，挑取可疑菌落接种于普通斜面培养基做染色镜检、生化反应等鉴定用。

2. 血清学检验　将被检菌株的培养物分别与大肠杆菌 O、K 多价血清做平板凝集或试管凝集试验，确定其血清型。

3. 鉴别诊断

（1）与魏氏梭菌性肠炎的区别。临床上，魏氏梭菌主要以急性腹泻，排黑色水样或带血液胶冻样的粪便，小肠充满气体，盲肠与结肠胀气并含有较黑绿色稀薄物质、有腐败气味，胃黏膜出血、溃疡，以及盲肠浆膜布满出血斑为特征。

（2）与肠球菌的区别。大肠杆菌病与肠球虫病有一定相似性，都引起断奶兔的腹泻，在临床上要注意区分。球虫病排黏液状或血样粪便，但粪便无胶冻样黏液；小肠和盲肠黏膜上有白色粟粒样球虫结节；粪便镜检有球虫卵囊。而大肠杆菌病的病例中，粪便镜检无球虫卵囊。

（六）防治措施

1. 预防

（1）平时要加强饲养管理，搞好兔舍卫生，谨防"病从口入"。兔舍和笼具定期消毒。一旦发现病兔，要及时隔离治疗或者淘汰，对病死兔进行深埋或者焚烧。

（2）搞好免疫工作。对常发生大肠杆菌病的兔场，先用该场分离并制作的自家氢氧化铝灭活苗进行预防接种。对繁殖母兔，在怀孕初期，每只兔可注射该苗 1~2 毫升，或在配种前接种大肠杆菌三价苗，可提高初生仔兔的免疫能力。仔兔断乳前后是大肠杆菌病的高发期，20~30 日龄接种一次大肠杆菌三价苗。

（3）加强仔兔管理。母兔分娩时用 0.01% 高锰酸钾或 0.1% 新洁尔灭消毒，初生仔兔注意保暖，净化仔兔圈舍及环境卫生，对假定健康的兔群和断奶前后的仔兔群进行药物预防，其饲料中加喂氟哌酸和大蒜水等，或在每 100 千克的饮水中添加恩诺沙星 5 克，连用 5 天，可预防本病的发生。

2. 治疗

一旦发现病兔，应该立即进行隔离治疗。由于大多数的致病性大肠杆菌都出现了耐药菌株，因此必须通过药敏实验才能选择有效的抗菌药物。最适宜的药物有青霉素、庆大霉素、头孢菌素、恩诺沙星等。也可选用痢特灵口服，每千克体重 20 毫克，每日 2 次，连用 3~5 天。对症治疗时，应及时补充体液，用收敛的药物防止脱水，以减轻症状。也有用微生态疗法，如使用促菌生口服治疗，它是一种无毒的蜡样芽孢杆菌制剂，用量为每千克体重 1 片，每天 3 次，可以取得很好的疗效。

四、兔沙门菌病

兔沙门菌病又称兔副伤寒，是由鼠伤寒沙门杆菌和肠炎沙门杆菌引起的一种多型性、暴发性、顽固性的传染病，临床上主要以严重腹泻、流产和败血症为特征，它也是一种重要的人兽共患病。该病多经过消化道感染，或内源性感染。

该病发生于世界各个养兔国家，目前已经有 2 000 多个菌型，该病常呈地方性暴发流行，对母兔和幼龄兔的健康带来严重威胁。

（一）病原

鼠伤寒沙门菌和肠炎沙门菌都属于肠杆菌科沙门菌属，该属细菌菌体两端钝圆，中等大小的短杆菌，不形成芽孢，无荚膜，革兰氏染色阴性。本菌需氧或兼性厌氧，在普通培养基上生长良好，在肉汤培养基中变混浊。在琼脂培养基上24小时后生成光滑、微隆起、圆形、半透明的灰白色小菌落。在培养中易发生从光滑型到粗糙型的变异。沙门菌能发酵葡萄糖、甘露醇、麦芽糖，产酸产气。但不能发酵乳糖、蔗糖，不水解尿素，不凝固牛乳，因此可与其他肠道菌群相互区别。

本属菌对外界环境的抵抗力较强，在各种菌种之间尤其是鼠伤寒沙门菌的抵抗力最强，肠炎沙门菌的抵抗力最弱。肠炎沙门菌在干燥的地方可存活 8 ~ 20 周，在干粪中存活 2 年 7 个月，在水中能存活 2 ~ 3 周，在潮湿温暖处可生存 4 ~ 5 周，在污水中还能繁殖。在常用的消毒剂，如 5% 石炭酸、2% 烧碱水、0.1% 升汞液中于数分钟内即可被灭活。本菌在 60 ℃经 15 分钟即可被杀死。该菌能产生耐热的肠毒素，即使加热到 100 ℃，也不丧失其毒性。在酸性介质则迅速死亡。

（二）流行特点

沙门菌为动物肠道寄生菌，人、各种家畜及其他动物均有易感性。本病一年四季均可发生，但以 1 ~ 4 月发病率最高，断奶幼兔和妊娠 25 天之后的母兔易感染发生本病。患病动物及带菌动物是主要的传染源，它们可由粪、尿、乳、流产的胎衣、胎儿、羊水、精液向外排菌。另外，野生啮齿类动物常被怀疑为传染源，蝇类也可能是本病的传播者。当饲养管理不良或气候突变，以及患其他疾病的时候，使其抵抗力下降，病菌趁机侵入机体内，并大量繁殖，使毒力增强，从而引起本病的发生。本病主要是因污染的饲料和水经消化道感染或内源性感染健康兔，另外幼兔也可经过子宫内或脐带感染，患病兔和健康兔交配或用患病兔的精液人工授精也可发生感染，造成兔的大量死亡，给养兔业造成很大的损失。

（三）临床症状

家兔感染后，除少数病兔无明显的症状而突然死亡外，多数病兔腹泻并排出有泡沫的黏液性粪便。该病潜伏期为 3 ~ 5 天，体温升高，精神沉郁，食欲废绝，渴欲增加，消瘦，行动迟缓。患兔排软粪，呈暗绿色或灰黄色，部分病兔排水样稀便，肛门周围被毛被粪便污染。也有流产型。母兔阴道黏膜充血水肿，从阴道排出黏液或脓性分泌物，流产胎儿皮下水肿，呈暗红色，很快死亡。孕兔常于流产后多数死亡，未死而康复的兔不能再怀孕产仔。由病兔产下的乳兔无明显异常而突然死亡，最快者在出生后一天，多为 2 ~ 3 天死亡。

（四）病理变化

病变因病程而异。急性型的病例无特征性的病变，一些脏器充血、出血、胸腹腔内有浆液或纤维素性渗出物。其他的病兔胸、腹腔脏器有瘀血点，肠黏膜充血、出血，肠道淋巴结肿胀、局部坏死形成溃疡。圆小囊和盲肠蚓突黏膜有粟粒大的坏死结节。肝脏有弥漫性或散在性淡黄色芝麻粒大的坏死灶，胆囊肿大，脾肿大1~3倍，呈暗红色。肾脏有散在性、针头大的出血点，消化道黏膜水肿，聚合淋巴滤泡有灰白色坏死灶。流产病兔子宫肿大，子宫壁增厚，浆膜和黏膜充血，并有化脓性子宫炎，局部黏膜覆盖一层淡黄色纤维素性污秽物。未流产的病兔的子宫内有木乃伊胎或者液化的胎儿，阴道黏膜充血，腔内有脓性分泌物。

（五）诊断要点

根据流行情况、临床症状和剖检变化可做初步诊断，确诊要依靠病原菌的分离鉴定特异性的病原菌，或证明血液中特异性抗体的滴度升高。

一般的分离病原菌，是采取病死兔的心、肝、脾进行涂片镜检和接种动物进行细菌分离鉴定，对病兔可采血液和粪便进行细菌分离培养。得到可疑为沙门菌的菌落时，要继续培养，同时用生化试验和凝集反应进行鉴定。

（六）防治措施

1. 预防

（1）加强兔群的饲养管理和清洁工作，严防怀孕母兔与传染源接触。

（2）定期应用鼠伤寒沙门杆菌诊断抗原普查兔群，对阳性兔进行隔离治疗；兔舍、兔笼和用具及兔场要彻底消毒。要消灭老鼠和苍蝇，因为它们在兔沙门菌病的传播过程中起着重要的作用。

（3）同时在饲料中添加允许使用的抗菌药物。采购种兔时，应充分了解该地区和兔场内部疫情流行情况，防止引进病兔。在发病率较高的场区，要经过重复的粪便培养和血清学实验，查出带菌者进行淘汰处理。

对怀孕前和怀孕初期的母兔可皮下或肌内注射鼠伤寒沙门杆菌灭活疫苗，每兔1毫升；疫区兔场的兔群可全部注射灭活疫苗，每年每兔注射2次，可防治本病的流行。

2. 治疗　为了有效地防治兔沙门菌病，对分离到的致病性鼠伤寒沙门菌，最好通过药敏试验选取敏感药物立即进行治疗。首选的药物为诺氟沙星，其次是土霉素和链霉素。

对急性患兔一般常用诺氟沙星肌内注射，每次1~2毫升，每日2次。也可内服土霉素，每千克体重20~50毫克，每日2次。内服磺胺二甲基嘧啶，每千克体重0.2~0.5克，每日1次。取洗净的大蒜充分捣烂，加适量的凉开水，制成大蒜汁灌服，每只兔每次内服5毫升，每日3次，连用5天，效果较好。

五、兔支气管败血波氏杆菌病

兔波氏杆菌病是由支气管败血波氏杆菌引起的一种常见的家兔呼吸道传染

病。幼兔主要呈支气管肺炎症状，而成年兔以鼻炎为主。

（一）病原

支气管败血波氏杆菌是波氏杆菌属中的一种。波氏杆菌为卵圆形至杆状的多形态小杆菌，革兰氏染色呈阴性，大小为（0.2～0.3）微米×（0.5～1.0）微米，周身鞭毛，能运动，不形成芽孢，常呈两极着染。该菌是严格需氧菌，在普通琼脂培养基上生长良好，菌落大、光滑、湿润、烟灰色、半透明。在鲜血培养基上不溶血，但具有溶血能力。本菌不发酵多糖类，MR 试验、V－P 试验、靛基质试验、枸橼酸盐利用试验均为阳性。

（二）流行特点

本病在秋冬季节和早春多发。不同年龄的兔均易感。本病主要通过空气传播，经呼吸道而感染。在自然条件下，多种哺乳动物上呼吸道中都有本菌寄生，常引起慢性呼吸道病的相互感染。病兔和带菌兔是主要传染源，常从鼻腔分泌物和呼出气体中排出病原菌。各种刺激因素如饲养管理不善，尤其在天气突变、兔的抵抗力下降、兔舍卫生不好、空气污浊等情况下，均可引起本病发生。幼兔发病率高，并且有死亡病例。成年兔发病较少。此菌在群养兔污染为64.4%，散养兔为20%。

（三）临床症状

本病可分为鼻炎型和支气管肺炎型。本病的潜伏期7～10天。仔兔多呈急性经过，初期刚见鼻炎病状后，即表现呼吸困难，食欲不振，迅速死亡，病程2～3天。成年兔表现鼻炎和支气管炎。鼻炎型，在家兔中常见，表现有多量的浆液性、黏液性鼻液流出。鼻炎长期不愈，鼻腔流出黏液性或脓性分泌物，打喷嚏，呼吸困难，不食，消瘦等。当诱因消除后，症状可自行消失，但常出现鼻中隔萎缩。

（四）病理变化

本病的主要病变为鼻炎、化脓性鼻气管炎、化脓性支气管肺炎，个别的出现败血病变化。鼻炎型主要表现鼻腔、气管黏膜充血、水肿，并有多量浆液或黏液性分泌物。在肺门支气管周围到肺的边缘见有支气管肺炎病灶。病变多见于心叶、尖叶，严重的病例波及全肺叶。病变部隆起、坚硬，呈暗红色，褐色，进而为灰黄色。支气管肺炎型主要病变为肺脏有局灶性暗红色炎性区，肝脏及肾脏表面有黄豆至蚕豆大的脓疱，数量不等，多者可占肺体积的90%以上。有些病例肺上有大小不等的脓疮。少数病例在脓疱内积满黏稠、乳油样乳白色或灰白色脓液。严重的占肺部的90%以上。有的肝脏表面有黄豆至蚕豆大的脓疮。脓疮破后可见黏稠的奶油状乳白色的脓汁。还见有心包炎、胸膜炎、胸腔积脓及肌肉脓肿等。

（五）诊断要点

根据临床病状及剖检变化可初步确诊。但必须进行细菌学检查，找出病原才能最后确诊。

1. 染色镜检 无菌取病兔肝脏、肺脏脓疱液抹片，革兰氏染色后镜检，能看到革兰氏阴性、小球杆菌；如用美蓝染色，镜检，可见多形态、两极染色的小杆菌。

2. 分离培养 无菌取病兔胸腔积液分别接种于营养琼脂平板、葡萄糖血液琼脂平板、麦康凯琼脂平板，37 ℃恒温培养 24～48 小时，均形成圆形、隆起、表面光滑、奶油状的小菌落。可用作涂片、染色、镜检，生化反应、动物接种、血清学实验等。

3. 动物试验 将本菌的培养物滴在家兔或豚鼠的鼻黏膜上，能引起典型的病变，如果在 48 小时内死亡，剖检呈现腹膜炎病变，并能分离出支气管败血波氏杆菌，则可诊断为本病。

4. 血清学反应 可用平板凝集试验，琼脂免疫扩散试验等。平板凝集试验：在洁净的玻片上，滴加 1 滴菌液（2 500 亿菌/毫升），再加 1 滴被检血清，充分混合，在 20～25℃条件下作用 2～5 分钟，出现颗粒絮状物，液体清亮为阳性。

（六）防治措施

1. 预防 加强饲养管理，搞好兔舍的卫生消毒工作，保持兔舍清洁，保持通风，减少灰尘，避免异常气体刺激；保持兔舍适宜的温度和湿度，避免兔舍潮湿和寒冷。对舍内的工具、兔笼、工作服等要定期消毒。做好兔群的日常观察，将流鼻涕，打喷嚏，鼻毛潮湿的病兔及时检出，首先将病兔隔离，然后进行治疗，或淘汰。同时要坚持自繁自养的养殖方式，尽量不要从外场引进新兔，从外地引种时，应隔离观察 30 天以上，确认无病后再混群饲养。

除做好上述工作外，还应坚持定期地给兔进行免疫注射疫苗。疫苗可用兔波氏杆菌、巴氏杆菌二联灭活苗，或兔瘟、兔巴氏杆菌、兔波氏杆菌三联蜂胶灭活苗。每只兔皮下或肌内注射 1 毫升，7 天后开始产生免疫力，免疫期为 4～6 个月，每年于春、秋两季各接种一次，可控制本病的流行。

2. 治疗 应用一般的抗革兰氏阴性菌抗生素及磺胺类药物，对病兔，尤其是鼻炎型的均有一定的疗效。但对肺脓肿病例无明显的疗效，故应及时淘汰。

常用的药物有庆大霉素、红霉素、四环素、卡那霉素及磺胺类药物。庆大霉素，肌内注射，1 万～2 万单位，每日 2 次。每千克体重磺胺二甲基嘧啶 0.1 克，滴眼。也可以用磺胺噻唑钠 0.06～0.1 克溶于 1 000 毫升水中饮服。

六、兔魏氏梭菌病

兔魏氏梭菌病又称兔魏氏梭菌性肠炎，是由 A 型魏氏梭菌产生的外毒素引起的一种以急性、剧烈腹泻、排黑色水样或带血的胶冻样腥臭粪便、盲肠浆膜出血斑和胃黏膜出血、溃疡为主要特征的急性、致死性传染病。

（一）病原

该病的病原为魏氏梭菌或称产气荚膜梭菌，为两端钝圆的革兰氏阳性大杆菌，大小为（4～8）微米×（1.0～1.5）微米，无鞭毛，能产生荚膜和芽孢，能产生多种强烈毒素。该菌根据其产生的外毒素可分为 A、B、C、D、E、F 6 种类型，我国引起家兔魏氏梭菌病的多为 A 型，少数为 E 型。该菌为厌氧菌。最适宜的生长温度是 37 ℃，pH 值为 7.2～7.6，在血液琼脂平板上可见双重溶血。它能发酵葡萄糖、麦芽糖、乳糖及蔗糖，产酸产气，液化明胶，不产生靛基质，能还原硝酸盐为亚硝酸盐。一般消毒药均能杀死本菌的繁殖体，但芽孢的抵抗力较强。在 95 ℃需 2.5 小时才能杀死，必须用强力消毒药如 20% 漂白粉、3%～5% 氢氧化钠进行环境消毒。

（二）流行特点

除哺乳仔兔外，不同年龄、品种、性别的家兔对 A 型魏氏梭菌均有易感性。但毛用兔高于皮肉用兔，尤其以纯种长毛兔和獭兔高于杂交毛兔。以 1～3 月龄的仔兔发病率最高，本病一年四季均可发生。病兔和带菌兔及其排泄物以及受污染的土壤、水源等均可构成传染源。主要经消化道和伤口途径传播。该菌广泛存在于土壤、粪便和消化道中，寒冷、饲养不当特别是当饲喂过多精料时可诱发本病。

（三）临床症状

病兔精神沉郁，拒绝采食，急剧腹泻，病初粪便呈水样，很快排带血、胶冻样或黑、褐色水样粪便，有特殊腥臭味，腹部臌胀。肛门周围、后肢及尾部被稀粪污染。病兔体温正常，严重脱水，多数于腹泻当天或次日死亡，少数病程可延至 1 周或更长时间。

（四）病理变化

可见病尸脱水，腹腔有特殊腥臭味。胃内充满食物，胃底黏膜脱落，有大小不等的溃疡灶。肠黏膜呈弥漫性出血，小肠充满胶冻样液体并混有大量气体，使肠壁变薄而透明；大肠内有多量气体和黑色水样粪便，有腥臭气味。肝脏稍肿、质地变脆、胆囊肿大、充满胆汁，脾呈深褐色，膀胱积有茶色尿液，肺充血、瘀血，心脏表面血管努张呈树枝状。

（五）诊断要点

根据病兔发病急，病程短，发病率高，死亡率高；临床剧烈水泻或排血痢，粪便呈黑色或胶冻样，消化道黏膜充血、出血等临床症状和病理变化可做出初步诊断。确诊需进行实验室诊断，如细菌涂片检查，细菌分离培养，毒素检查和生化试验等。

（六）防治措施

1. 预防 加强饲养管理，严禁引进病兔，消除诱发因素。一旦发现病兔或可疑病兔，应迅速做好隔离和消毒工作，及时淘汰病兔群；无病兔群，应定期注射兔魏氏梭菌灭活苗。有病史的兔场，在繁殖期的母兔于春、秋季各注射一次 A 型魏氏梭菌氢氧化铝灭活苗，仔兔断奶后立即注射疫苗。间隔一周后进行二次免疫，免疫期能维持 4～6 个月。兔笼、兔舍用 3% 热氢氧化钠溶液消毒，病兔分泌物、排泄物等一律烧毁或深埋处理。注意灭鼠灭蝇。

2. 治疗

（1）兔群一旦发生此病，应采取综合治疗措施，方可收到良好效果。

（2）紧急接种疫苗，每兔皮下注射 5 毫升。

（3）盐酸环丙沙星，肌内注射，每千克体重 5 毫克，每日 2 次，连用 3 天。

（4）卡那霉素，按每千克体重 20～30 毫克肌内注射，每天 2 次，连用 3 天。

（5）痢菌净，0.5% 溶液每千克体重 1～1.5 毫升，对未发病兔有预防作用，对早期病例有治愈和延长死亡时间的作用，对严重腹泻的病兔仍难治愈。

（6）饲料中添加清温败毒散和适量食母生或胃蛋白酶，连续饲喂 5 天；饮用葡萄糖盐水中添加适量乳酸环丙沙星或恩诺沙星，连续饮水 5 天。

七、兔坏死杆菌病

兔坏死杆菌病是由坏死杆菌引起的一种多型性、慢性、散发性传染病，它是一种人兽共患病。临床上主要表现为皮肤和皮下组织坏死、溃疡和脓肿为特征的传染病，尤其以侵害面部、头颈部、口舌部黏膜为主。

（一）病原

坏死梭状杆菌也称坏死杆菌，该菌为多型性革兰氏阴性细菌，小者呈球杆状，大小为（0.5～1.5）微米×1.5 微米，大者为长丝状，大小为（0.75～1.5）微米×（100～300）微米，但该菌无鞭毛，也无芽孢，不运动。染色时因原生质浓缩而呈串珠状。坏死杆菌生长要求严格，为专性厌氧菌，必须在厌氧条件下才能增殖，培养基中加血液、血清或半胱氨酸才适合细菌的生长，且生长很慢，3～5 天才能形成直径 2～3 毫米、表面有条纹半透明的菌落。在鲜血琼脂上，菌落周围发生溶血。培养物常发出恶臭气味，在病灶中常与其他细菌同时存在，初次分离比较困难，一般在培养基上加入亮绿（1:5 000～1:10 000）、结晶紫或龙胆紫（1:20 000）以抑制杂菌的生长。

坏死杆菌广泛存在于自然界，如土壤、动物的消化道和粪便中，但该菌抵抗力不强，在室温中只能生存一周，加热 60 ℃ 30 分钟，100 ℃ 1 分钟即可被杀死。一般化学消毒药品如 5% 的石炭酸溶液、5% 的来苏儿在短时间内即可将其杀死。家兔一般通过伤口、食粪等感染。

（二）流行特点

发病动物非常广泛，常见于牛、马、猪、鸡、鹿以及一些皮毛兽。病兔的分泌物、排泄物所污染的外界环境是主要的传染源。该细菌主要通过损伤的皮肤、口腔和消化道黏膜等传播。本病常为散发，偶呈地方性流行或群发。本病发生的季节性随地区的不同而不同，经常处于潮湿环境、拥挤闷热、吸血昆虫较多的环境较易发病。特别是当家兔营养状况低下，抵抗力较差时，都可能促成本病的发生。幼兔比成年兔更易感染发病。

（三）临床症状

该病的潜伏期长短不一，数小时至 1~2 周不等，一般为 3~5 天。该病最常见的症状为伴有脓肿和肿块型。主要在患兔的唇和皮下部、口腔黏膜和齿龈、颌下面部、颈部、胸部皮下，形成脓肿、溃疡，并向深部发展，病灶破溃后散发出恶臭气味。病变可能开始于口腔黏膜和齿龈，此时病兔不愿意采食，若伴发坏死性肝炎，病兔逐渐消瘦，精神沉郁，体温升高，几天后死亡。

（四）病理变化

病死兔剖检可见口腔黏膜、齿龈、舌面和胸前皮下散布有坏死灶。皮肤和皮下组织，以及肌肉内可见脓肿坏死区；下颌淋巴结及病变区淋巴结肿大，并伴有干酪样坏死；部分兔的肝、脾、肾等脏器也散布有数量不等的脓肿坏死灶；有些病例可见多处皮下脓肿，内含黏稠的、脓性或干酪样物质，各种坏死组织有特殊的臭味。组织切片镜检可见坏死杆菌呈特殊的放射状排列。

（五）诊断要点

根据流行病学特点和临床症状以及病理剖检，可做出初步诊断，但确诊需要进一步做实验室检查。

1. 涂片镜检 无菌操作，从病健交界处的皮肤、黏膜及组织处刮取病料涂片，将被检材料做成涂片或触片，然后用革兰氏染色和复红－亚甲蓝染色镜检，可见到染色不均，细菌呈蔷薇色，多呈长丝状排列，也有呈短链或单在的杆菌，为革兰氏阴性菌，可作为诊断依据之一。

2. 分离培养 直接分离培养，无菌取病死兔的肝、脾坏死灶周围的病健交界处的材料，接种于 10% 的血清半固体或鲜血培养基上，37 ℃厌氧培养 1~3 天。坏死杆菌呈云雾状混浊，并产生大量气体，菌落呈圆形、直径 1~2 毫米、中央微凹的呈波浪状边缘，其周围呈 β－型溶血。

3. 生化试验 将上述培养物接种于鲜血琼脂斜面或鲜血葡萄糖琼脂斜面培养基，该菌株能分解葡萄糖、果糖、麦芽糖、乳糖，不分解甘露糖，硫化氢试验阳性，靛基质试验阳性，不能液化明胶，不凝固牛乳，能产生硫化氢。

4. 动物试验 坏死杆菌从病料直接分离比较困难，而通过实验动物接种后再从病灶中分离比较容易。

（1）接种家兔：将病料研磨后用生理盐水制成1:10乳剂，在1月龄的健康家兔的耳外侧皮下注射0.5~1毫升，9天可见接种部位形成有干燥痂皮覆盖的坏死区，有的出现化脓性肿胀，12天全部死亡。从死亡的兔内脏可分离出坏死杆菌。

（2）接种小白鼠：将病料研磨后用生理盐水制成1:10乳剂，取0.2~0.4毫升注射于小鼠尾根皮下，接种3天后，小鼠逐渐消瘦，注射局部呈肿胀和化脓，5~6天出现坏死，于10~14天死亡，将死亡的小鼠进行剖检，出现四肢肌肉坏死，肝、肺和心脏发生转移性化脓灶。

5. 鉴别诊断　兔坏死杆菌病不管是脓肿型还是肿块型，跟很多疾病都有相似之处，在诊断时尤其要注意和兔葡萄球菌病、兔绿脓杆菌病进行区别。另外也要注意与传染性水疱口炎相区别。

（1）兔葡萄球菌病：兔葡萄球菌病的化脓性炎症以形成有包囊的脓肿为特征，脓肿虽多位于皮下或肌肉，但局部皮肤常无坏死和溃疡，脓液无恶臭气味。病料涂片镜检可见革兰氏阳性卵圆形的球形菌，可以此进行区别。

（2）兔绿脓杆菌病：常在肺等内脏和皮下形成脓肿，脓液呈淡绿色或褐色，有芳香气味。

（3）传染性水疱口炎：虽有流涎症状和口膜炎变化，但口膜炎的病变表现为水疱、糜烂和溃疡。其他组织器官常无病变。

（六）防治措施

1. 预防

（1）加强管理，保证兔舍干燥，通风和阳光充足，清洁卫生。防止外伤，一旦发生外伤及时治疗，防止感染。本病发生后及时隔离治疗，普遍检疫，清扫兔舍，进行彻底消毒，防止扩大传染。

（2）改善饲养条件。饲喂柔软饲料，给予足够的维生素、矿物质及微量元素。

（3）引进种兔时要严格检疫，隔离观察。一旦发生疫情，立即隔离病兔进行治疗，严重病兔应及时淘汰。并对兔舍及其活动场所进行彻底消毒，防止扩大传染。

2. 治疗　首先将局部彻底除去坏死组织，口腔以0.1%高锰酸钾溶液冲洗，然后涂擦碘甘油或10%氯霉素酒精溶液，每日2次，其他部位可用3%过氧化氢或1%速效碘冲洗，然后涂5%鱼石脂酒精或鱼石脂软膏。当患部出现溃疡时，在清理创面后，涂土霉素软膏或青霉素软膏。全身症状严重时，可肌内注射抗生素及磺胺类药物。如青霉素每千克体重4万单位，肌内注射，每日2次，也可用氯霉素、磺胺嘧啶等。

八、兔李氏杆菌病

李氏杆菌病又称李斯特杆菌病，它是一种单核白细胞增多症，是由李氏杆菌引起的家畜、家禽、鼠类及人畜共患的一种多型性、散发性细菌性传染病。临床上突然发病、脑膜炎、流产、急性死亡、出血性坏死性子宫炎和结膜炎以及单核细胞增多等为主要特征。

（一）病原

单核白细胞增多性李氏杆菌是一种两端钝圆、平直或弯曲细长的小杆菌，不能形成荚膜和芽孢，有周鞭毛，能运动，大小为（1.0~3.0）微米×0.5微米，染色呈革兰氏阳性。在涂片中，本菌在多数情况下单独存在，或两个排成"V"形或相互平行，或形成短链。本菌为需氧及兼厌氧性菌，培养温度37℃。在普通培养基上生长贫瘠；用含有氨基酸和0.1%~1.0%的葡萄糖培养基，可长出丰满的菌落；在鲜血琼脂上呈β型溶血；明胶穿刺培养形成像一棵倒栽的杉树生长。光滑型菌落呈圆形、光滑平坦、黏稠透明；粗糙型菌株，形成长丝，菌落较大而平坦，边缘如锯齿状，中间如脐状，在肉汤中轻度混浊。

李氏杆菌具有较强的抵抗力，在各种条件下均能长期存活，在土壤中能保存5个月以上，在冰块内、青贮饲料、干草和粪便中都能长期存活。本菌对高温抵抗力不强，85℃经40秒，55℃经30分钟足以将其杀死。常用的消毒药一般的浓度即可杀死该菌。

（二）流行特点

本病为散发性，有时呈地方流行性，发病率低但致死率高。幼畜和妊娠母畜易感性很高。该病一年四季都可发生，以冬、春季节多见，夏、秋季节只有个别病例。病畜和带菌者是该病的传染源。患病动物的粪、尿、乳汁、精液以及眼、鼻、生殖道的分泌物都可分离到病菌。特别是鼠类、野禽，常称为本菌在自然界中的储存所。本病经消化道、呼吸道、眼结膜及皮肤损伤等途径感染。饲料和饮水是主要的传播媒介。

（三）临床症状

本病潜伏期2~8天，也有的长达2个月。主要症状为脑膜炎、流产、结膜炎等。根据病程长短可分为急性型、亚急性型和慢性型。

1. 急性型　常见幼兔。病兔体温升高至40℃以上，幼兔群常常突然发病，病幼兔侧卧，口吐白沫，四肢抽搐，明显的结膜炎，鼻腔流出浆液性或黏液性分泌物，一般经几小时至3天内死亡。

2. 亚急性型　表现为脑膜炎、子宫内膜炎。母兔在临产前2~3天出现精神沉郁，食欲不振，口吐白沫，呼吸急促，出现四肢痉挛等神经症状，从阴道内流出暗红色或棕红色的液体。分娩前1~2天死亡，有的在流产后几天死亡，耐过的母兔不能怀孕。脑膜炎通常是个别病例，主要表现为头呈弯曲状态，失去采食能力，试图行动时，会接连翻滚，逐渐消瘦而死亡。

3. 慢性型　主要表现为子宫炎和脑膜炎。症状与亚急性相似，但病程长达6~8个月之久。康复后长期不孕。

（四）病理变化

最急性型病例主要表现败血症和内脏器官的充血和出血。肝、肾、脾、心肌有散在或弥漫性针尖大的淡黄色或灰白色坏死点；肠系膜淋巴结肿大或水肿；胸膜腔、腹膜腔和心包腔内有多量清澈的液体。皮下和肺出血性梗死或水肿。病兔的粪、尿、乳汁、精液以及眼、鼻、生殖道分泌物，均可分离到李氏杆菌。慢性病例同急性病例相似，脾和淋巴结肿大，结构模糊不清。怀孕母兔子宫内积有脓性渗出物或暗红色液体，子宫壁有坏死灶和增厚，子宫内也可见未被吸收的变形胎儿。病兔单核白细胞显著增加，可达白细胞总数的30%~50%。

（五）诊断要点

单纯根据本病的症状和病理变化很难做出初步诊断，需要进行实验室诊断之后才能确诊。实验室检查分以下3种。

1. 血象检查　病兔血象检查，单核白细胞显著增加，可占白细胞总数的30%~50%。

2. 显微镜检查　无菌采取急性死亡兔的肝、心血涂触片，自然干燥后，进行革兰氏染色镜检，如发现革兰氏阳性球杆菌，菌体呈散在或呈"V"形，两端钝圆，长约2微米，菌体弯曲，两极着色明显；新鲜病料接种于血液或血清培养基或2%葡萄糖和2%~3%甘油肝浸液琼脂培养基，污染病料接种于亚碲酸钾血液培养基，然后挑取可疑菌落接种于血液培养基。经37℃培养数天后可长出特征性细小菌落，可初步诊断为本病。

3. 动物实验　家兔、小鼠、豚鼠均有易感性，在家兔、小鼠腹腔、静脉内注射，都可引起败血症而死亡；鼠和家兔用病料点眼，一天后可出现化脓性结膜炎和角膜炎，之后发生败血症变化，妊娠动物病变与自然病例相同。

4. 鉴别诊断　由李氏杆菌引起家兔的疾病，其临床症状和病理变化表现多种多样，有些变化与其他疾病较为相似，因此，还需要与下列几种病加以鉴别：如出现神经症状需与兔巴氏杆菌引起的斜颈病鉴别诊断；流产需与兔沙门菌性流产，外生殖器炎、霉菌性流产相区别；内脏器官的病变还需与野兔热鉴别诊断。

（六）防治措施

1. 预防

（1）李氏杆菌在自然界分布很广，广泛存在于土壤、粪便、垃圾、污水中，且青贮饲料和干草上也可分离得到。因此，就必须搞好环境卫生，灭鼠，管理好饲料饲草和饮水卫生，防止被病菌污染、防止野兔及其他畜禽带菌入场。

（2）引进兔必须隔离观察，无病后才能入场。发现病兔立即隔离，并将兔笼、用具、场地消毒，死亡兔深埋，对病兔应早发现早治疗。对病兔、死兔以及被污染的垫料等要进行焚烧、深埋和消毒。

2. 治疗　在发病初期，可用大剂量的广谱抗生素进行治疗。

（1）用磺胺嘧啶每千克体重 0.1 ~ 0.2 克肌内注射，增效磺胺嘧啶每千克体重 25 毫克肌内注射，或磺胺甲基异噁唑每千克体重 20 ~ 25 毫克口服，均 12 小时 1 次，连用 3 天。

（2）用四环素每只 200 毫克口服，24 小时 1 次，或青霉素每千克体重 2 万 ~ 4 万国际单位，或庆大霉素每千克体重 3 ~ 5 毫克肌内注射，均 12 小时 1 次，连用 3 天。

（3）还可用新霉素或青霉素混合饲料。

九、兔绿脓杆菌病

兔绿脓杆菌病又名假单胞杆菌病或出血性肺炎，是由绿脓假单胞菌（绿脓杆菌）所致，一般呈地方暴发流行性，也是一种重要的人兽共患病。临床上，患兔以出血性肠炎及肺炎为特征，但也有些病例以肺及其他器官形成淡绿色或褐色脓液的脓疱为特征。

（一）病原

绿脓假单胞菌为革兰氏阴性菌，大小为（1.5 ~ 3.0）微米 ×（0.5 ~ 0.8）微米，不形成芽孢，能形成荚膜，常单在、成对或偶尔呈短链排列。菌体一端有 1 ~ 3 条鞭毛，能运动。本菌为需氧或兼性厌氧菌，能在 4 ~ 42 ℃生长，但最适生长温度为 35 ℃。在普通培养基上生长良好，形成光滑、闪光、微隆起、边缘整齐波状的中等大小菌落。在有氧的条件下，由于产生水溶性的绿脓素（呈蓝绿色）和荧光素（呈黄绿色），故能渗入培养基内，使培养基变为黄绿色。数日后，培养基的绿色逐渐变深，菌落表面呈现金属光泽。在肉汤培养物中可以看到长丝状形态，培养液均匀混浊，呈黄绿色。

绿脓假单胞菌对外界的抵抗力较强，55 ℃经 1 小时才能被杀死，在干燥条件下能生存 9 天。对一般消毒剂敏感，5% 的石炭酸、0.05% 的洗必泰、0.05% 新洁尔灭溶液在 5 分钟内均可将其杀死，1% ~ 2% 可迅速将其杀灭。

（二）流行特点

绿脓假单胞菌广泛存在于土壤、水和空气中，在人畜的肠道、呼吸道、皮肤中也普遍存在。患病期间动物的粪便、尿液和分泌物所污染的饲料、饮水和用具是本病的重要传染源。在一定条件下才能致病，如不合理地应用抗生素预防或治疗兔病，也可诱发本病的发生。消化道和呼吸道为主要感染途径，也可通过伤口、生殖道和乳头感染。本病没有明显的季节性，各年龄阶段的兔、各个季节均易发生该病。

(三)临床症状

本病常突然发生,病兔突然食欲大减或拒食,精神高度沉郁,嗜睡、流泪、呼吸困难,体温升高和血样腹泻,从鼻腔和眼流出不同形状的分泌物。最急性型病例在出现腹泻数小时或24小时左右死亡,慢性病例的病程为1周左右,一般经1~3天死亡。少数病兔无任何症状而突然死亡,死后剖检才见有病理变化。

(四)病理变化

剖检可见死亡兔皮下形成脓肿,肝脏瘀血肿大,脾脏肿大,呈樱红色。实质脏器浆膜面充血、出血,体腔内有血样液体。肺脏发生实变并形成脓肿、出血。肠道尤其以十二指肠、空肠黏膜出血严重,肠腔内充满血样液体,多数病兔胃内也有血样液体。有些病例生前无任何症状,扑杀和屠宰后发现患兔肺部、胸腔、皮下、肌肉或其他器官形成脓疱,脓疱内的脓液呈淡绿色或灰褐色黏稠状。

(五)诊断要点

本病可通过流行病学、临床症状和病理变化做出初步诊断,确诊时可采集病料进行病原分离鉴定,并进行必要的实验室诊断。诊断时应注意与魏氏梭菌病、葡萄球菌病、兔泰泽氏病等加以鉴别诊断。

常取病兔的粪便、呼吸道分泌物、脓液以及病变器官等为被检材料。

1. 细菌分离培养　无菌采取上述病料,分别接种于以下培养基,普通琼脂平皿、麦康凯琼脂平皿或SS琼脂平皿,尤其用普通琼脂平皿可见菌落周围培养基有色素存在。

2. 动物接种　将被检菌株的肉汤培养物或斜面纯培养物,每管加入5~10毫升灭菌生理盐水洗下,作为接种材料。

(1)接种豚鼠:常用腹腔感染,每只鼠注射0.5毫升,一般于24~48小时呈败血症死亡。剖检可见肺部有数量不等的红、灰色相交的斑纹,有75%的肺实质发生肝变;有些病例,肺脏有点状出血,脾脏肿大,呈粉红色。也可皮下接种,每只鼠注射0.5毫升,除了具有上述病变外,注射部位的皮肤呈溃疡病变。

(2)接种大白鼠:静脉注射感染,每只鼠0.2~0.5毫升,一般于24~48小时发病死亡。肺部有散在性或弥漫性、粟粒状的干酪样坏死病灶;脾脏肿大,呈粉红色,注射部位静脉周围有干酪样、黄色的渗出物。腹腔感染,每只鼠0.5毫升,除了上述病变外,注射部位可见高度水肿,胶样浸润,并有出血斑块。

3. 鉴别诊断　兔的绿脓杆菌病应注意与兔魏氏梭菌性肠炎和兔泰泽氏病鉴别诊断。

(1)与兔魏氏梭菌性肠炎鉴别诊断。两种患兔粪便相似,但患绿脓杆菌病的兔的粪便没有恶腥味;其次,胃黏膜无黑色溃疡斑和出血斑,盲肠浆膜无出血斑,腔内无气体,胃和小肠内充满血样分泌物。患绿脓杆菌病的兔剖检可见脾脏肿大，呈粉红色；肺部有点状出血点。如需进一步确诊可将肠内容物涂片，革兰氏染色，镜检，如阳性大杆菌的则为魏氏梭菌感染；若革兰氏阴性、多形态杆菌则为绿脓杆菌感染。将肠内容物分别接种于鲜血琼脂平皿和熟肉培养基，厌氧培养，在鲜血平皿培养基上见有双溶血圈菌落，在熟肉培养基上经 6~12 小时培养，见有大量气体产生，为魏氏梭菌感染。在嗜氧鲜血平皿培养基上仅有单溶血圈菌落，菌落及周围培养基蓝绿色，在熟肉培养基上无气体产生，但液体呈淡蓝绿色—棕色色素，即为绿脓假单胞菌感染。

（2）与泰泽氏病鉴别诊断。患泰泽氏病的乳兔呈急性水样腹泻，其临诊症状不易与绿脓杆菌病相鉴别，但其病理变化明显不同。剖检泰泽氏病兔，胃和小肠肠腔内无血样内容物，脾脏不肿大，肺无点状出血。患绿脓杆菌病的兔剖检可见盲肠和结肠无出血和水肿，胃和小肠肠腔内充满血样内容物，脾脏肿大、呈粉红色，肺有点状出血点。进一步确诊可将病变实质器官分别接种于鲜血琼脂平养基，如呈溶血的菌落，菌落及周围培养基呈蓝绿色，即为绿脓假单胞菌；阴性者为毛样芽孢杆菌。

（六）防治措施

1. 预防　加强饲养管理，消除诱发因素。清除兔笼、用具中的锐利器物，避免拥挤，防止发生外伤或咬伤，保持兔舍的清洁卫生。发生外伤时应及时处理，手术、治疗或免疫接种时应严格消毒。做好防鼠灭鼠工作，防止鼠类污染。预防接种可采用绿脓假单胞菌的单价苗、多价苗和亚单位苗等。也可用本场分离的菌株试制自家菌苗进行免疫接种。

2. 治疗　由于绿脓假单胞菌有许多菌株，易产生抗药性，进行药物治疗时，应按照药物敏感试验结果选用药物。可选用多黏菌素肌内注射，每千克体重 1 万单位，一日 2 次；也可用新霉素、庆大霉素等药物进行治疗。

十、兔葡萄球菌病

兔葡萄球菌病是由溶血性金黄色葡萄球菌引起的兔的一种常见传染病。临床上以败血症、器官或局部组织的化脓性炎症为特征。该病是常发的一种细菌性疾病，对养兔业有一定的危害。

（一）病原

引起该病的病原是金黄色葡萄球菌，为革兰氏阳性球菌，无鞭毛和芽孢，一般不形成荚膜。该菌具有溶血性，需氧或兼性厌氧，镜检可见该菌常呈葡萄串状排列。

该菌在自然界中广泛分布，如空气、饮水、土壤、灰尘、物体表面，在动物的皮肤、毛发、黏膜、肠道、爪甲缝和乳房等处常有该菌寄生。本菌对自然界的适应性较好，抵抗力较强，但对龙胆紫、结晶紫很敏感。煮沸可迅速死亡。本菌容易产生耐药性。

(二) 流行特点

多种畜禽和人都有易感性，但家兔最敏感，由于兔体常带有本菌，在抵抗力降低时容易发生内源性感染。病兔是最主要的传染源，本菌可通过各种不同途径感染，创伤是本病发生的重要条件，也可经皮肤、呼吸道、消化道等途径感染，哺乳母兔的乳头是本菌进入机体的重要门户。

(三) 临床症状

葡萄球菌感染的潜伏期为 2~5 天。由于兔的年龄、抵抗力、病原侵入的部位和在体内继续扩散的情况不同，常表现以下几种病型：

1. 转移性脓毒血症 在皮下或内脏器官内形成一个或几个脓肿，由结缔组织囊包围着，触诊时柔软而有弹性，脓肿大小不等。如果患皮下脓肿，则全身症状不明显，如果内脏器官形成脓肿，其功能相应地受到影响。皮下脓肿经 1~2 月后可自行破溃，流出脓稠、白色酸奶油样的脓液，而破溃经久不愈。由于脓液对皮肤的污染和刺激，引起家兔搔抓，使皮肤损伤，病原菌又在该处侵入，遂形成新的脓肿，脓液中的病原菌侵入血液而转移到其他部位形成了脓肿，因此，称为转移性脓毒血症。在脓肿转移过程中，如发生全身性感染，即因败血症而迅速死亡。

2. 仔兔脓毒败血症 生后最初几天内的仔兔（大多是 2~3 日龄）最灵敏，在皮肤上出现谷粒大的脓肿，很多病例在 2~5 天后因败血症致死。幸存者因脓肿逐渐变干、消失而恢复。

3. 脚皮炎 在兔爪下面的表皮上，开始出现充血、轻微肿胀和脱毛，以后形成经久不愈、常带出血的溃疡，以致病兔不愿走动。食欲减退，消瘦，有时被全身感染而很快死亡。

4. 乳房炎 多出现在分娩后的最初几天内。急性型时乳房肿胀，发红甚至呈青紫色，乳汁中混有脓液、凝乳块，甚至有血液。病兔发热，沉郁，食欲减退。慢性型在皮下或乳房实质内形成大小不一、境界分明、坚硬的结晶节，以后软化变为脓肿。当深部脓肿向乳管破溃时，病程比较严重，可能造成全身性感染。

5. 仔兔急性肠炎 仔兔吸吮患乳房炎母兔的乳汁而引起急性肠炎。一般常常是全窝发生，病程 2~3 天，死亡率高。

6. 鼻炎 病兔常打喷嚏，鼻液增多，鼻腔周围结痂，呼吸困难，病兔常抓搔引起眼炎、结膜炎。

(四) 病理变化

1. 转移性脓毒败血症 病兔和死兔的皮下、肌肉、心脏、肺、肝、脾等内脏器官，以及睾丸、附睾和关节有脓肿。在多数情况下，内脏脓肿常由结缔组织构成包膜，脓汁呈乳白色乳油状。有些病例引起骨膜炎、脊髓炎、心包炎和胸、腹膜炎等。此外，引起胆囊脓肿、胃外部脓疱。

2. 仔兔脓毒败血症 患部的皮肤和皮下出现小脓疱为最明显的变化，脓汁呈乳白色乳油状，多数病例的肺和心脏上有很多白色小脓疱。

3. 乳房炎 患兔全部乳腺呈紫红色结缔组织，质地较硬，无脓性分泌物，乳腺内无乳汁分泌。

4. 化脓性脚皮炎 患部皮下有较多乳白色乳油样脓液。

5. 仔兔急性肠炎 患兔肠黏膜（尤其是小肠）充血、出血，肠腔充满黏液。膀胱极度扩张并充盈尿液。

（五）诊断要点

根据病兔的临床症状、流行特点和病理变化等可做出初步诊断，确诊则需要做进一步的实验室检查。

1. 实验室诊断 病料接种于鲜血琼脂平板时，菌落呈金黄色，有溶血环。以该菌培养物给健康兔皮下注射1毫升，能引起局部皮肤溃疡与坏死灶。

（1）显微镜检查。无菌采取病兔脓汁、渗出液或病变组织抹片，染色镜检。根据细菌的形态、排列特征和染色反应可做出初步诊断。

（2）细菌分离培养。取待检脓液接种绵羊鲜血琼脂平皿，37 ℃温箱培养24小时，挑取金黄色、具有溶血性的菌落做纯培养，供进一步做生化反应和凝固酶等试验。

（3）生化试验。将纯培养物接种葡萄糖、甘露醇、蔗糖发酵管和明胶。金黄色葡萄球菌能液化明胶，对上述的糖类产酸不产气。能发酵甘露醇使培养基变为黄色。

（4）动物接种。

①皮下接种：家兔皮下接种1.0毫升肉汤培养物，致病性葡萄球菌可引起局部皮肤溃疡坏死。②静脉接种：家兔耳静脉接种0.1～0.5毫升肉汤培养物，致病性葡萄球菌于24～48小时使家兔死亡。剖检可见浆膜出血，肾、心脏、心肌及其他器官组织有大小不一的脓肿病变。

2. 鉴别诊断 致病性葡萄球菌除引起外观可见的皮肤脓性溃疡和不同部位的皮下脓肿外，内脏的病变仅在剖检后才能发现。皮下和肌肉的化脓灶是本病的特征性病变。内脏器官（尤其是肺）的化脓灶还可能由多杀性巴氏杆菌、支气管败血波氏杆菌和绿脓假单胞菌所致，故除考虑流行病学、临床症状、病理变化外，主要通过病原学进行鉴别。

（1）与多杀性巴氏杆菌病鉴别诊断：多杀性巴氏杆菌病能引起家兔胸腔蓄脓和脓肿等病灶。从病灶中取脓液进行病原检查，可检出多杀性巴氏杆菌。将待检病料接种于鲜血琼脂培养基，多杀性巴氏杆菌呈露珠状、淡灰色、不溶血的菌落；而葡萄球菌则呈稍大、凸起、不透明、周围有溶血圈的金黄色菌落。

（2）与绿脓假单胞菌病鉴别诊断：绿脓假单胞菌感染可引起肺脏形成脓疱，而脓液呈黄绿色、蓝绿色或棕色，在普通培养基上的菌落及其周围呈蓝绿色，并散发芳香味。脓液涂片镜检可见革兰氏阴性杆菌。

（3）与兔波氏菌病鉴别诊断：兔波氏菌病的自然病例仅能鼻炎和成年兔的支气管肺炎。从病灶中取脓性分泌物作涂片，支气管败血波氏杆菌为革兰氏阴性、多形态小杆菌；而葡萄球菌为革兰氏阳性的球菌。

（六）防治措施

1. 预防

（1）必须保持兔笼和运动场的清洁卫生，清除一切锋利的物体，如钉子、铁丝网的尖端、碎木屑等，以免引起创伤。笼饲时避免拥挤，并把喜欢咬斗的仔兔从兔群内分出单独喂养。哺乳母兔笼内要铺上柔软、干燥、清洁的垫草，以免新生仔兔的皮肤擦伤。

（2）要仔细观察母兔的乳汁是否充足，如果乳汁过少，乳头就容易被仔兔咬破，葡萄球菌便可乘机侵入。若母兔乳汁不足时，可适当增加优质饲料和多汁饲料，或调剂部分仔兔让其他母兔哺喂。如果乳汁很多，而仔兔又不能充分吸吮，则乳房就会膨胀，乳头管就会扩大，葡萄球菌也容易侵入。这样可在产仔前后适当减少精料，以防产后几天内乳汁过多，或寄养一些仔兔充分吸吮。

2. 治疗　局部治疗按外科常规处理，涂擦的药物以 5% 龙胆紫酒精溶液、3% 石炭酸溶液、碘酊、青霉素软膏等效果较好。

全身治疗时，可用磺胺类药或抗生素。对耐青霉素金黄色葡萄球菌的感染，应选用苯甲异噁青霉素钠（新青霉素Ⅱ），内服或肌内注射，每千克体重 10~15 毫克，每日 2~4 次；也可选用乙氧萘青霉素钠（新青霉素Ⅲ），内服，每千克体重 10~15 毫克，每日 2~4 次，或肌内注射，每千克体重 22 毫克，每日 2 次。对金黄色葡萄球菌感染的联合用药，可考虑红霉素加氯霉素，其中红霉素每千克体重用 4~8 毫克，每日 2 次，静脉注射，注射浓度每千克体重 10 毫克为宜。先用蒸馏水溶解，再用 5% 葡萄糖溶液稀释；氯霉素试用每千克体重 5~10 毫克，每日 3~4 次，肌内注射或静脉注射。或氯霉素加卡那霉素，其中卡那霉素试用每千克体重 5~15 毫克，每日 2 次，肌内注射。

十一、兔肺炎球菌病

兔肺炎球菌病又称肺炎双链球菌病，是由肺炎链球菌所引起兔的一种呼吸道疾病。主要以体温升高、咳嗽、流鼻涕及突然死亡为特征。

（一）病原

兔肺炎球菌病的病原体为肺炎链球菌，是链球菌属的成员之一。菌体较大，呈矛头状，常成双排列，有时单个存在、成双或短链状排列，在液体培养基中常呈典型的短链排列。在血清培养基中的该菌，具有明显的荚膜，革兰氏染色阳性。

本菌抵抗力较弱，直射阳光下 1 小时或 52 ℃经 10 分钟即可杀死。对一般消毒剂敏感，如 5% 石炭酸、0.01% 高锰酸钾等很快使其死亡。对青霉素、红霉素、林可霉素等敏感，但亦有耐药菌株出现。

（二）流行特点

本病发生有明显的季节性，以春末夏初、秋末冬季多发。由于本菌是家兔呼吸道的常在菌群，当机体抵抗力下降或是出现一些严重的应激，比如气候突变、长途运输、兔舍卫生条件恶劣等均可诱发此病。不同品种、年龄、性别的兔对本病均有易感性，但仔兔和妊娠兔发病严重，能引起肺炎、败血症以及流产。幼兔多为地方性流行，成兔多为散发。

（三）临床症状

病兔精神不振、食欲减退、体温升高、咳嗽、流鼻涕。孕兔流产或产出弱仔，成活率低；母兔产仔率和受孕率下降；有的病兔发生中耳炎，出现恶心、滚转等神经症状。幼兔患病后常突然死亡，呈败血症病变。

（四）病理变化

本病的病变主要在呼吸道。气管黏膜充血、出血，气管和支气管有粉红色黏液和纤维素性渗出物；肺部可见大片出血斑或水肿，严重的病例出现脓肿，整个肺化脓坏死，多数病例呈现纤维素性胸膜炎和心包炎，心包与肝脏或胸膜之间发生粘连；肝脏肿大，脂肪变性；脾脏肿大；子宫和阴道出血；两耳发生化脓性炎症。新生仔兔为败血症变化。

（五）诊断要点

本病根据发病情况、临床症状以及剖检变化可初步确诊，确诊需要进行实验室诊断。

1. 实验室诊断

（1）染色镜检：采取脓性分泌物或病变器官涂片，进行革兰氏染色，镜检，如见有两端呈矛状双球菌和短链状革兰氏染色阳性球菌即可确诊。

（2）分离培养：无菌采取病料接种于鲜血琼脂培养基进行细菌分离，于 37 ℃培养 24~28 小时，挑取细小、灰色、有光泽的扁平菌落做纯培养以及镜检，可供生化、动物接种实验和血清学鉴定用，以进一步确诊。

2. 鉴别诊断　本病应与败血波氏杆菌病、多杀性巴氏杆菌病等进行区别诊断。

（1）与败血波氏杆菌病鉴别诊断：波氏杆菌病的临床症状和病理变化与兔肺炎球菌病非常相似，鉴别诊断主要依靠细菌学检查。从病灶中取脓性分泌物涂片、革兰氏染色镜检，支气管败血波氏杆菌为革兰氏阴性、多形态小杆菌；而肺炎球菌的菌落形态较扁平，呈绿色溶血（α溶血），为革兰氏阴性、两端尖的双球菌。病料接种于普通琼脂培养基上，形成较大菌落的是败血波氏杆菌，而肺炎球菌在其上边不能生长。

（2）与多杀性巴氏杆菌病鉴别诊断：患巴氏杆菌病的病兔，肝脏有坏死病灶。可取病灶涂片、革兰氏染色镜检将其区分，多杀性巴氏杆菌为革兰氏阴性、两端钝圆、呈卵圆形的短小杆菌；肺炎球菌为革兰氏阴性、两端尖的双球菌。病料接种在鲜血琼脂培养基上，形成无溶血的小菌落为巴氏杆菌。

（六）防治措施

1. 预防

（1）加强饲养管理，搞好环境卫生和消毒工作，以控制本病的发生。

（2）冬季做好兔舍的防护工作，减少应激刺激。

（3）经常观察兔群，发现病兔马上隔离和治疗。对未发病的兔可用氟哌酸类药物进行预防。

2. 治疗

（1）用新霉素或青霉素4万～8万单位肌内注射，每日2次，连用3天。

（2）磺胺二甲基嘧啶，0.03～0.1克，每日2次，连用3天。

（3）用高免血清治疗效果也很好。每次10～15毫升，连用2～3天。

十二、兔链球菌病

兔链球菌病是由C型溶血性链球菌引起的一种以急性败血症或下痢为特征的传染病，也是一种人兽共患病。在临床上，主要危害幼兔，表现多种多样，如高热、呼吸困难，引起仔兔下痢或急性败血症，病程短，死亡快。兔链球菌病是一种急性、败血性、高度致死性的传染病。

（一）病原

本病主要由C型溶血性链球菌引起。该菌在病料中成对或成短链，不成丛，不成团。该菌为革兰氏阳性圆形球状杆菌，无芽孢，无鞭毛，不能运动，有时可形成荚膜。本菌对营养要求较高，在普通培养基上生长不良，在鲜血培养基上呈露珠状、闪光的小菌落，并有溶血现象。该菌能分解葡萄糖、蔗糖、乳糖，产酸不产气。

该菌对外界环境的抵抗力较强，在 -20 ℃条件下可生存一年以上，在室温条件下可生存100天以上。但本菌对普通消毒药的抵抗力不强，多数链球菌60 ℃经30分钟均可杀死，煮沸可立即杀死，日光直射2小时死亡；常用的消毒药如2%石炭酸、0.1%新洁尔灭（苯扎溴铵）均可在3～5分钟杀死，0.5%的漂白粉悬液在2小时之内可将其杀死。

（二）流行特点

本病一年四季均可发生。当饲养管理不当、受凉感冒、长途运输等使动物机体抵抗力下降时，均可诱发兔链球菌病，但天气变化是主要的诱发因素，因此在春、秋两季发病率高。带菌兔和病兔是主要传染源，病菌随着分泌物和排泄物污染饲料、用具、空气、水源等，健康动物经上呼吸道、眼结膜、口腔、生殖道、皮肤损伤而感染。幼兔比成年兔更容易感染。

（三）临床症状

病兔体温升高，不吃，精神沉郁，呼吸困难，呈脓毒败血症而死亡为特征。流浆液性鼻液或黄色脓性鼻液，病兔偶有腹泻症状；到后期病兔伏卧地面，四肢麻痹，头贴地，四肢麻痹、伸向外侧，强行运动呈爬行姿势。间歇性下痢，排出带有黏液或血液的粪便。如不及时治疗经 1～2 天死亡。少数病例发生局部脓肿，眼结膜发炎。

（四）病理变化

剖检主要是皮下组织出血性浆液性浸润，有时呈蜂窝织炎。胸腹水及心包液呈微黄色；喉头、器官黏膜出血；心外膜、肺脏有出血点，心肌色淡，质软；肝脏有大量条索状黄色坏死灶，有时连成片状，表面粗糙不平；脾脏肿大出血；肾出血，脂肪变性；肠黏膜充血、出血。

（五）诊断要点

根据病兔流行病学特点，临床特征结合病理变化可做出初步诊断。确诊需要进一步实验室诊断。

1. 实验室诊断

（1）显微镜检查。采取血液、脓汁或肝脏、脾脏等病料直接涂片、染色镜检，可见成对或成链存在的革兰氏阳性球菌，有荚膜。

（2）细菌分离培养。无菌采取病兔的肝、脾病料，分别接种鲜血琼脂培养基或血清琼脂培养基，37 ℃培养 24 小时，可见细小、圆整、凸起、光滑、灰白色的菌落。将分离的细菌涂片镜检，可见到链球菌。

（3）动物接种试验。将纯培养物静脉或皮下注射小鼠 0.3 毫升，小鼠应于 3～4 天死亡；另一组 2 只小鼠腹腔注射 0.2 毫升。剖检可见肝脏有针尖点大小的黄色坏死灶。气管黏膜有出血点，心外膜也有出血点。取心血、肝、脾、肾接种于血液琼脂平板，可分离出本菌，也可用家兔进行接种。

2. 鉴别诊断　在本病的诊断中，需与兔肺炎球菌病和金黄色葡萄球菌病进行鉴别诊断。

（1）与肺炎球菌病的鉴别诊断。肺炎球菌病多以肺脓肿、水肿，纤维素性胸膜炎、心包炎为特征，不易与本病鉴别。但镜检可见到革兰氏阳性球菌，菌体呈矛状。接种于鲜血培养基上，菌落形态扁平，呈绿色溶血环。

（2）与金黄色葡萄球菌鉴别诊断。金黄色葡萄球菌常引起各器官形成脓灶，与本病不易鉴别。可将脓汁涂片染色镜检，见有革兰氏阳性葡萄状的球菌，为葡萄球菌；呈短球或链球状为链球菌。将病料接种于鲜血平皿培养基，如菌落大，并呈金黄色为葡萄球菌，而菌落呈细小、半透明、灰白色为链球菌。

（六）防治措施

1. 预防　平时加强饲养管理，防止受凉感冒，减少诱发因素。发现病兔立即隔离治疗，兔舍、兔笼及用具全面消毒。可用 1% 碘王或用 0.1% 消毒净喷洒洗刷，未发病兔采用磺胺类药物预防，每只兔 100 ~ 200 毫克，每日分 2 次内服，连用 5 天。也用当地分离的链球菌制成灭活菌苗可预防本病。

2. 治疗　对病兔可用青霉素、氨苄青霉素、磺胺类药物治疗。青霉素每千克体重 2 万 ~ 4 万单位，每日 2 ~ 3 次肌内注射，连用 3 ~ 4 天。氨苄青霉素每千克体重 10 ~ 20 毫克，每日 2 次肌内注射，连用 3 ~ 4 天。磺胺嘧啶钠每千克体重 0.2 ~ 0.3 克，内服或肌内注射，每日 2 次，连用 4 天。

十三、兔结核病

兔结核病是由结核分枝杆菌引起的慢性细菌性传染病，也是一种重要的人兽共患病。临床上以肝、肺、肾、胸膜、心包、支气管和肠系膜淋巴结形成结节性肉芽肿为主要特征。

（一）病原

人型结核分枝杆菌、牛型分枝杆菌和禽型分枝杆菌都能引起兔结核病。但兔结核病的病原主要是牛型结核杆菌。结核分枝杆菌呈直的或微弯的细长杆菌，大小为（1.5 ~ 5）微米 ×（0.2 ~ 0.5）微米，无荚膜、无鞭毛，不产生芽孢，革兰氏染色呈阳性。在培养基上或干酪性淋巴结内的细菌有分枝现象。一般染色法较难对其着染，常用齐 - 尼二氏（Ziehl - Neelsen）抗酸染色法，结核杆菌染成红色，其他非抗酸性细菌及细胞质等呈蓝色。

该菌对外界环境的抵抗力较强，因含有丰富的脂类，对干燥和湿冷具有抵抗力，在水中、土壤、粪便中能生存 5 个月以上；结核分枝杆菌对一般的消毒药耐受性较强，70% 酒精、10% 漂白粉能很快将其杀死；碘化物效果较佳，5% 的石炭酸溶液、3% 的甲醛溶液也是行之有效的消毒方法。该菌对链霉素、异烟肼、对氨基水杨酸等药物敏感。

（二）流行特点

本病是人兽共患的一种慢性传染病。各种品种、年龄的兔均有易感性。兔结核病主要由于与结核病人、牛、禽类直接或间接的接触，通过呼吸道或消化道感染，或经飞沫传播，还可通过交配和皮肤创伤感染。有抵抗力的家兔感染较轻。在易感兔体内病原菌可迅速繁殖。饲养管理不良、兔舍潮湿和阴暗等，都可促发本病。本病一年四季均可发生，多呈散发性。

（三）临床症状

本病潜伏期长，常呈隐性经过，不表现明显的临床症状。发病兔体温稍高，食欲不振，日渐消瘦。体质衰弱，黏膜苍白，被毛粗乱，咳嗽气喘，呼吸困难，眼虹膜变色，晶状体混浊。肠结核病例有腹泻症状，呈进行性消瘦。有些病例常见肘关节、膝关节和跗关节的骨骼畸形，外观肿大，甚至发生脊椎炎和后躯麻痹。

（四）病理变化

尸体消瘦，体表淋巴结肿大，各脏器组织及淋巴均发生大小不一的结核结节性肉芽肿，结核结节最常见于肝、肺、肾、胸膜、腹膜、心包、支气管淋巴结、肠系膜淋巴结等，结核结节性病灶常表现为增生性炎症和渗出性炎症，增生性结核主要由细胞增生引起，为上皮样细胞和多核巨细胞集结于菌体周围，外围则为密集的淋巴细胞，这种病灶发生凝固性坏死而干酪化。渗出性结核主要表现为大量的纤维蛋白渗出，并伴有淋巴细胞的弥漫性沉积，最终发生干酪样坏死、化脓或钙化。

（五）诊断要点

根据兔结核病的流行特点，临床特征并结合病理变化可做出初步诊断。但确诊需要进一步实验室检查。

1. 实验室诊断

（1）直接镜检。采取新鲜的结核结节病灶做触片，经抗酸性染色，结核杆菌呈红色，形态为细长丝状并稍弯曲，其他菌为蓝色，可作为诊断依据。

（2）结核菌素病态反应。将25单位提纯的牛型结核菌素溶解于0.1毫升的生理盐水中，注射在耳外侧上1/3处皮下，48小时后进行判定。若注射部位可见到局限性红肿，即可判定为结核阳性。此方法可作为兔场结核病的定性检测。

（3）动物接种试验。无菌操作，将上述病料制成1∶5或1∶10的悬液，取1~1.5毫升皮下接种家兔，病死兔剖检后观察病变，并细菌分离培养。此法检出率较高。

2. 鉴别诊断　本病须与兔伪结核病相区别。

本病主要是通过病理变化和病原学检查进行鉴别。兔伪结核病主要病变在盲肠蚓突和圆囊浆膜硬肿，有结节；结核病剖检大部分内脏和淋巴结均发生结节性病灶。都以结节内容物涂片，用抗酸染色法染色镜检，结核菌呈红色，而伪结核耶尔森氏杆菌为非抗酸菌。将病料培养于麦康凯琼脂培养基上，生长者为伪结核耶尔森氏杆菌，而结核杆菌在此培养基上不生长。

（六）防治措施

由于本病生前难以确诊，因而难以实施有效的治疗方法。防治的重点应放在加强饲养管理和改善卫生条件的措施上。兔舍应远离其他动物如牛、猪和鸡等。对新引进的家兔应事先隔离观察，健康者方可混群。防止其他动物进入兔舍。一旦发现可疑的病兔，及时隔离，进行全面消毒。必要时对病兔可试用链霉素、异烟肼等药物进行治疗。

十四、兔伪结核病

兔伪结核病是由伪结核耶尔森氏杆菌所引起的一种慢性消耗性传染病，也是一种人兽共患病。临床上特征为肠道、内脏器官和淋巴结出现干酪样坏死，由于病灶与结核病很相似，故称为伪结核病。

（一）病原

本病的病原是伪结核耶尔森氏杆菌，为革兰氏阴性、多形态的短杆菌，大小为（0.8~6.0）微米×0.8微米。该菌无荚膜，不形成芽孢，但周身可见鞭毛。因该菌具有微抗酸性，常略微呈现两极染色。本菌在有氧或无氧条件下均可生长，最适生长温度为30℃。伪结核耶尔森氏菌在80℃经10分钟即可被杀死，并很易被阳光、干燥、加热或普通消毒药所破坏。5%的石炭酸在10分钟内也能杀死本菌。伪结核耶尔森氏菌具有嗜冷性，在低温下也能生长，在25℃下也能繁殖。

（二）流行特点

本菌于自然界广泛存在，感染动物和啮齿类动物（家兔、野兔、豚鼠等）是本菌的自然储存宿主和传染源。病原菌可随病兔的粪便排出。各年龄与各种品种的兔均有易感性。一般通过被污染的饲料和饮水经过消化道而感染，皮肤伤口、呼吸道和生殖器官接触也是病原菌侵入的部位和感染方式。当兔营养不良、患有寄生虫病时可使兔体抵抗力降低，易诱发该病。

本病一年四季均可发生，但多见于冬、春寒冷季节。该病多呈散发性，也有引起地方性流行的。

（三）临床症状

发病初期症状不明显。随着病情的发展，病兔出现下痢、食欲下降、逐渐消瘦、行动迟钝、极度衰弱。病兔也常出现结膜炎，腹部触诊可感到肿大的肠系膜淋巴结和肿硬的蚓突。

（四）病理变化

病死兔剖检可见蚓突肥硬肿呈腊肠状，浆膜下有大量的灰白色干酪样小结节，黏膜表面被干酪样坏死结节覆盖，肠系膜淋巴结节肿大数倍并有大面积的干酪样坏死。圆小囊肿大，浆膜下有同样的结节。小肠集合淋巴结肿大、坏死。脾有大面积的干酪样坏死。扁桃体、肺、肾和支气管淋巴结有时出现干酪样坏死灶。新形成的结节中有白色黏液状、陈旧的病灶为干酪样团块，浅表的结节常突出于器官的表面，其他组织器官的病变较为少见。若本病发生全身性败血症则表现为全身性脏器充血、瘀血和出血，尸体肌肉暗红色，无其他特征性变化。

（五）诊断要点

本病可通过流行病学、临床症状和典型的病理变化做出初步诊断，确诊需进行实验室诊断。诊断时应注意与兔结核病、兔沙门菌病和兔球虫病加以鉴别诊断。

1. 病原学检查

（1）细菌学检查。取肠系膜淋巴结、蚓突或圆小囊病料，用亚碲酸钾或麦康凯培养基分离培养。病变组织触片经美蓝染色，镜检可见两极着染的短棒状或多形态的细菌。

（2）分离培养鉴定。可接种普通培养基、鲜血琼脂培养基或麦康凯琼脂培养基，经 37 ℃培养 24 小时，挑取可疑的菌落，进一步做生化试验鉴定和血清学鉴定。

（3）动物接种实验。病料悬液或分离培养物皮下接种于家兔，家兔可于数日内死于败血症。剖检可见淋巴结肿大，内脏器官充血，肝、脾、肺等脏器有灰白色的小结节。

2. 鉴别诊断

（1）与兔结核病鉴别诊断。伪结核病变结节比结核结节发生和发展得快，早期即干酪化，而且伪结核病原菌为革兰氏阴性、不抗酸，病死兔的脾脏肿大数倍，盲肠和圆小囊病变明显，肾脏变化较少。而结核病菌为革兰氏阳性，抗酸，脾、盲肠蚓突和圆小囊病变少见，肾脏病变常见，质地坚硬。

（2）与兔球虫病鉴别诊断。在球虫病的病例中，肝和肠道病灶镜检可见到大量的卵囊，盲肠蚓突不肿大，脾、肾及淋巴结无结节病灶。

（六）防治措施

1. 预防 兔伪结核病病初症状不明显，难以发现，给诊断造成困难。因此，对该病应以预防为主。平时应搞好兔舍消毒卫生与饲养管理工作，加强灭鼠措施。发现可疑病兔应及时隔离或予以淘汰。引入新兔时，应隔离饲养，用间接血凝试验进行检疫，淘汰阳性兔。对本病常发饲养场，可制备自家菌苗进行预防接种。可用伪结核耶尔森氏杆菌多价灭活菌苗进行预防注射，每只兔颈部皮下或肌内注射 1 毫升，免疫期可达半年，每年注射 2 次，可获得一定的预防效果。

2. 治疗 由于本病生前难以确诊，因而难以实施有效的治疗方法。在病的初期可以用抗生素进行治疗，有一定疗效。据报道用链霉素与四环素有一定的疗效，链霉素的剂量为每千克体重 20 毫克，肌内注射，每日一次，连用 3~5 天，四环素剂量为 50~120 毫克/只，每日 2 次，口服给药，连用 3~5 天，还可选用卡那霉素。另外，磺胺类药物对本病也有一定的疗效。

十五、兔泰泽菌病

兔泰泽菌病是由在细胞质内生长的毛发状的芽孢杆菌引起的一种急性高度致死性的人兽共患病，临床上主要以严重腹泻、脱水和迅速死亡，以及病死兔肝脏多发性坏死灶和出血性、坏死性肠炎为特征。本病发生于很多国家和地区，死亡率高达95%，是养兔业的一大威胁，严重阻碍养兔业的发展。

（一）病原

本病的病原为毛样芽孢杆菌，为严格的细胞内寄生菌，是一种细长、多形性和非抗酸染色的革兰氏阴性菌。该菌大小为（8～10）微米×0.5微米，能形成芽孢，周身有鞭毛，能运动，在细胞内寄生，用姬姆萨染色，可见到病原体。

本菌对外界环境抵抗力较强，感染动物的肝病料储存于零下10℃经16个月仍有感染性，在土壤中可存活一年以上，一般消毒剂可在5分钟内杀灭该病原菌，但形成芽孢后其感染力可保持1年之久。

（二）流行特点

除家兔外，小白鼠、大白鼠、地鼠、麝香鼠、猫和恒河猴等多种动物都已发现有泰泽菌病流行。该病在秋末至春初多发，病初呈隐性感染。本病发病率和死亡率都很高，主要侵害3～12周龄的家兔，但断乳前的仔兔和成年兔也可染病。毛样芽孢杆菌从病兔的粪便中排出，污染周围环境，污染用具、饲料、饮水等，健康家兔接触以后即可感染，兔感染后不马上发病，而是侵入肠道中缓慢增殖，过热、拥挤、运输及饲养管理不良等应激因素存在时，可诱发本病，可引起肠黏膜和深层组织坏死。

（三）临床症状

本病发病急，临床上分有肠型和肝型。但自然病例主要症状为严重腹泻，粪便呈褐色糊状乃至水样。病兔精神沉郁，食欲废绝，迅速脱水，眼球下陷，一般发病后的12～48小时死亡。个别耐过急性期的病兔表现食欲不振，生长停滞。

（四）病理变化

剖检可见盲肠、结肠浆膜、黏膜弥漫性充血、出血，肠壁水肿；盲肠内充满气体和褐色糊状或水样内容物，盲肠水肿、增厚；蚓突部有暗红色坏死灶，回肠亦有类似变化。慢性病例有广泛坏死的肠段发生纤维素化狭窄。肝脏肿大，整个实质常有很多直径2毫米左右的灰白色条斑状坏死灶；心肌亦有类似坏死灶，痊愈期心肌病变中也出现巨细胞和钙化现象。胆囊充盈；脾脏萎缩。

（五）诊断要点

根据流行特点、临床特征，再结合病理变化可做出初步诊断。确诊需要进一步实验室检查。

1. 病料采集　采集肝脏、心脏、肠道等病变组织作为被检材料。

2. 染色镜检 将上述病料做涂片，革兰氏染色或雪夫氏高碘酸染色、镜检，在肝坏死区边缘活肝细胞的胞浆中有成束的革兰氏阳性杆菌，形似毛发状。在肠道上皮细胞胞浆内和肝细胞内有很多成束的杆菌。

3. 动物接种 接种小白鼠。用上述悬液接种，每只鼠经口服 0.1 ~ 0.5 毫升，或静脉注射断奶仔兔。发病症状及病变与自然病例相同。剖检病死动物，采集病料染色镜检，能够在病变部位的细胞内观察到该菌。

4. 血清学试验 选用荧光抗体技术检查病原，可选用补体结合试验、琼脂扩试验检测血清抗体以判定动物群是否有感染。

5. 鉴别诊断 本病需与兔魏氏梭菌性肠炎、兔沙门菌病和兔大肠杆菌病等鉴别诊断。

（1）与魏氏梭菌性肠炎鉴别诊断：魏氏梭菌性肠炎排带血胶冻样或黑色、褐色稀粪，散发恶臭、腥臭；胃黏膜多处有溃疡斑，盲肠浆膜有出血斑等特征性临诊症状及病变。

（2）与兔沙门菌病鉴别诊断：除下痢外，患兔肝脏有针头大、散在性或弥漫性灰白色病灶，孕兔有流产、胎儿发育不全、子宫炎等症状，泰泽菌病不具有上述病理变化。

（3）与大肠杆菌病鉴别诊断：大肠杆菌同样也引起腹泻，但粪便是淡黄色水样，并常伴有明胶样黏液和两头尖的干粪。另外大肠杆菌还引起空肠和结肠扩张、腹胀等，泰泽菌病不具有上述病理变化。

（六）防治措施

1. 预防

（1）加强饲养管理，坚持兽医卫生防疫措施，改善环境条件，尽量减少或消除各种应激因素。定期进行消毒，保持清洁卫生，灭鼠，防止其他动物进入兔场。

（2）只有及早发现和淘汰患病动物，以及适时定期进行消毒。在小的兔场，确诊了本病时，最好淘汰清场，彻底清除粪尿和消毒棚舍、笼具及全部设备，烧毁被污染的垫草和干草，兔场空置一段时间后，重新饲养完全健康的兔。

（3）在饲料和饮水中添加土霉素或青霉素，对控制本病的发生有一定作用。

2. 治疗 病初用抗生素治疗有一定的疗效。金霉素按每千克体重 40 毫克，加入 5% 葡萄糖中静脉注射，每日 2 次，连用 3 天；土霉素用 0.006% ~ 0.01% 饮水；青霉素 2 万 ~ 4 万单位与链霉素每千克体重 20 毫克溶解后混合肌内注射。

十六、兔肺炎克雷伯杆菌病

兔克雷伯杆菌病是由克雷伯杆菌引起的多种哺乳动物和禽类的传染病，它是一种多型性、散发性的细菌病。临床上主要引起青年兔、成年兔以肺炎及其他器官化脓性病灶为主要病变特征，幼兔以腹泻为特征。

（一）病原

克雷伯杆菌属为肠杆菌科中一类有荚膜的革兰氏阴性杆菌，本属中肺炎克雷伯菌（又称肺炎杆菌）。该菌为较短粗的杆菌，两端圆突或略尖，大小（0.5~0.8）微米×（1~2）微米，单独、成双或短链状排列。无芽孢，无鞭毛，有较厚的荚膜，多数有菌毛。营养要求不高，能在 15~40 ℃生长，在普通琼脂培养基上形成较大的灰白色黏液菌落，以接种环挑之，易拉成丝，有助鉴别。在肠道杆菌选择性培养基上能发酵乳糖，呈现有色菌落。

（二）流行特点

该菌常存在于人、畜的消化道中及水、土壤和饲料中，也是家兔呼吸道和肠道的常在菌，因此当应激因素（如忽冷忽热，空气不洁、长途运输、饲料突变等）抵抗力减弱，易引起发病。各种年龄、品种、性别的兔均易感，但以断奶前后的仔兔、怀孕母兔发病率最高。多散发，常呈地方流行性。

（三）临床症状

青年、成年患兔常由于病程长而无特殊临诊症状。一般表现为精神沉郁，消瘦，被毛粗乱，体温升高，喷嚏，流稀水样鼻液，呼吸急促，较重时呼吸困难，腹胀，排黑色糊状粪。仔兔剧烈腹泻，极度衰弱，很快死亡。孕兔发生流产。

（四）病理变化

气管环肌内出血，气管充满泡沫样液体，肺脏充血，出血，严重时肺脏呈大理石样，胸腹腔有红色液体，肝脏有粟粒大坏死灶，脾脏肿大。胃多膨满，十二指肠充满气体。空肠、回肠壁薄而透明，盲肠有多量气体和黑褐色稀粪（幼兔肠壁黏膜充血，肠道黏膜充血，腔内有多量黏稠物和少量气体）。患兔肺部或其他器官、皮下、肌肉有脓肿，脓液呈灰白色或白色黏稠物。

（五）防治措施

1. 预防　加强饲养管理和卫生消毒工作，灭鼠，妥善保管饲料，尽量减少应激因素刺激。幼兔断奶前后可注射克雷伯杆菌病灭活菌苗预防免疫。

2. 治疗

（1）用庆大霉素每千克体重 3~5 毫克，或链霉素每千克体重 20 毫克，或卡那霉素每千克体重 2 万国际单位肌内注射，12 小时 1 次，连用 3 天。

（2）也可用氟苯尼考每千克体重 20 毫克，或氟哌酸每千克体重 10 毫克，或环丙沙星肌内注射，12 小时 1 次，连用 3 天。

（3）用维生素 C、复合维生素 B 皮下注射，可增强抗病能力，加速痊愈。

第二节　主要病毒性传染病

一、兔瘟

兔病毒性出血症俗称"兔瘟"，是由兔病毒性出血症病毒引起的兔的一种急性、高度接触性致死性传染病，以传染性极强、呼吸系统出血、肝坏死、实质器官水肿、瘀血及出血性变化为特征。本病潜伏期短，发病急、病程短、传播快，发病率及病死率极高，常呈暴发性流行，给养兔业造成极大的经济损失，已成为危害养兔业最严重的一种疾病。

（一）病原

兔出血症病的病原为兔出血症病毒（Rabbit Hemorrhagic Disease Virus，RHDV），是杯状病毒科（Caliciviridae）兔病毒属（Lag ovirus）的成员。为单股正链 RAN 病毒，病毒粒子呈球形，直径 32~36 纳米，为正二十面体对称，无囊膜。该病毒不适应细胞和鸡胚培养，但可以在乳鼠体内生长繁殖，引起规律性发病和死亡，可利用乳鼠进行种毒保存。

该病毒对脂溶剂（乙醚、氯仿和脱氧胆碱盐）具有抵抗力；pH 值为 3 时失去活性，pH 值为 4~5 时稳定；50 ℃经 30 分钟灭活。可被 1% 氢氧化钠灭活。0.4% 甲醛在 40 ℃或 37 ℃条件下能够杀死全部病毒，但仍能保持病毒的免疫原性。

（二）流行特点

本病毒只感染家兔和野兔，其他动物不感染。本病全年均可发生，无明显的季节性，但北方常以冬、春季节多发，主要发生于 3 月龄以上的青年兔或成年兔，病毒一旦侵入易感兔群，发病率可达 100%，死亡率 90%。兔是本病唯一自然宿主。病兔、隐性感染兔和康复兔为主要传染源，其分泌物和排泄物均可带毒，经消化道、呼吸道、皮肤等途径感染。

（三）临床症状

本病的潜伏期短，据流行资料推测为 1~2 天；人工感染时潜伏期为 12~72 小时。根据其病程、表现可分为三型：最急性型、急性型、慢性型。

1. 最急性型　主要见于流行初期或来自非疫区的家兔，常无任何前驱临诊症状而突然发病死亡，多在夜间或采食中，病兔突然在短时间内出现神经症状，死前四肢呈划水状，四肢抽搐，惨叫而死，死后呈角弓反张姿势，天然孔流出泡沫状血样液体。病兔体温升高到 41 ℃。

2. 急性型　大多数病兔表现该种类型，呈地方流行性，潜伏期为 1~3 天。

患兔体温升高至41 ℃或更高，高热稽留。精神委顿，被毛粗乱，食欲减退，呼吸迫促，迅速消瘦。临死前表现短时间的神经症状，抽搐、尖叫，继而前肢俯伏，后肢支起，全身颤抖，倒向一侧，四肢划动，惨叫几声而死，死前肛门松弛，被毛有黄色黏液沾污，粪球外附黏液，少数病兔鼻孔流出泡沫状血液，一般在出现症状后6～8小时死亡，死后呈角弓反张姿势，整个病程1～2天。

3. 慢性型 在暴发疾病过程中，慢性型的病例很少见到，多见于流行后期或老疫区以及注射过疫苗但超过免疫期的成年兔。渴感明显，被毛杂乱无光，短时间内严重消瘦。少数患兔可以耐过而逐渐康复。

（四）病理变化

本病是一种全身性疾病，按各器官病变分述如下：本病以实质器官瘀血、出血为主要特征。肝、脾、肾等器官瘀血、肿大，鼻腔、喉头、气管黏膜瘀血及出血十分明显，有"红气管"之称；典型病例均可在气管内发现多量血色泡沫液体，肺脏高度瘀血、水肿，散在出血点或弥漫性出血斑，特征性变化是花斑肺和大红肺。肾脏肿大，呈紫褐色，呈"大红肾"外观，瘀血区与变性区相间，呈现花斑样外观，质脆，切口外翻，切面多汁。肝脏瘀血、肿大，质脆易碎，有散在出血点，肝脏表面有淡黄色或灰白色条纹，呈现"槟榔肝"外观。

（五）诊断要点

根据流行病学特点，典型的临床症状，结合剖检病理变化可做出初步诊断。确诊需要做出实验室检查。

1. 实验室诊断

（1）采样。因肝脏含病毒滴度最高，因此一般取肝脏作为检样。无菌采取急性死亡病兔的典型肝脏病料。

（2）电镜观察。从肝组织匀浆中收集病毒电镜观察。

（3）血凝试验（HA）与血凝抑制试验（HI）。兔瘟病毒可以凝集人O型血细胞和豚鼠血细胞，可用病死兔的肝脏悬液做常规HA与HI试验。

（4）动物接种。采取病死兔的肝、脾或肺，制成1∶5～1∶10悬液，经双抗处理，接种2～3只兔。若发病死亡，自然病例的症状和病变相同，即可做出诊断。

（5）另外还可用酶联免疫吸附试验（ELISA）、玻片凝集试验等可以进行该病的确诊。

2. 鉴别诊断 由于兔病毒性出血症病常易与急性巴氏杆菌病、魏氏梭菌性肠炎、兔痘、黏液瘤病、野兔热及欧洲棕色野兔综合征等病混淆，造成误诊，因此，需要加以区别。

（1）与急性巴氏杆菌病的鉴别诊断：巴氏杆菌病多呈散发性流行，病程较长，无兔瘟特征性病变。患兔无明显年龄界限和神经症状，鼻孔无流血症状，肝脏不肿大，间质不增宽，但有散在性或弥漫性灰白色坏死病灶，肾脏不肿大，可作为鉴别诊断症状之一。将巴氏杆菌病病兔的肝脏病料接种于鲜血琼脂平皿，有菌落生长，培养物和肝脏病料涂片染色镜检可见卵圆形巴氏杆菌，而兔病毒性出血症病的肝培养和肝脏触片染色镜检均为阴性。取被检肝脏病料，磨细并做1:(5~10)稀释，将无菌上清液接种4只青年小白鼠，每只皮下接种0.2~0.5毫升，如小白鼠死亡，并从肝脏分离到巴氏杆菌，而红细胞凝集呈阴性反应，即可确诊为巴氏杆菌病；如果小白鼠无反应，而红细胞凝集呈阳性反应，并被特异抗体所抑制，即可确诊为兔瘟，可作为鉴别诊断症状之二。

（2）与魏氏梭菌性肠炎的鉴别诊断：魏氏梭菌性肠炎以下痢和盲肠浆膜有鲜红出血斑为特征，而兔病毒性出血症无此特征，可作为鉴别诊断之一。应用肝脏病料做红细胞凝集反应，魏氏梭菌性肠炎为阴性，而兔病毒性出血症为阳性，并被抗兔病毒性出血症特异性抗体所抑制，即可确诊。

（六）防治措施

1. 预防　本病发病急、传播迅速、流行面广，又无特效治疗方法，因此重在预防。平时坚持自繁自养，从无该病地区购买种兔，并进行严格检疫与隔离观察，及时注射"兔瘟"灭活苗。确认无病时方可混群。

（1）加强饲养管理，坚持做好卫生防疫工作，加强检疫与隔离。

（2）深埋病兔，对兔笼、用具进行彻底消毒。

（3）用兔瘟组织灭活苗，对家兔进行免疫接种，40日龄进行第一次接种，间隔20~30天第二次接种，间隔2~3个月第三次接种，免疫期可达6个月，以后每隔4个月接种1次。

2. 治疗　由于本病是一种病毒病，发病迅速，死亡率高，使用药物难以收效。

（1）发病初期的兔皮下、肌内或静脉注射高免血清或阳性血清，成年兔每千克体重3毫升，治愈率可达75%~100%。病情稳定后，再注射兔瘟组织灭活苗。对尚未发病的兔群可使用兔瘟组织灭活苗或甲醛灭活苗进行紧急预防接种。

（2）同时排毒、解毒应在粗精饲料中以2:1的比例掺进消瘟散喂兔，让其自食，连用7~10天（消瘟散内含山苦菜4份、大青叶4份、山菊花2份）。

（3）一旦发现有兔瘟的病兔，应立即全群接种兔瘟疫苗和分别每千克体重肌内注射三氮唑核苷6~8毫克，每天2次。

二、兔痘

兔痘是由兔痘病毒引起的家兔的一种高度接触性、致死性传染病。临床上以鼻腔、结膜渗出液增加和皮肤红疹及内脏器官发生结节性坏死为特征。

（一）病原

兔痘病毒属于痘病毒科、正痘病毒属，为DNA型病毒。病毒颗粒呈砖形或卵圆形，有囊膜。兔痘病毒可以在 11～13 日龄鸡胚绒毛尿囊膜增殖，并产生出血性痘斑或白色混浊痘斑。病毒主要存在于血液、肝脏、脾脏等实质脏器；睾丸、卵巢、脑、胆汁、尿液也含有该病毒。病毒在受侵害的细胞内繁殖时，在胞浆内形成包涵体，但不容易找到。

该病毒抵抗力较强，该病毒耐干燥和低温，但不耐湿热，但在潮湿条件下 60 ℃经 10 分钟可被灭活，－70 ℃可存活多年。对紫外线和碱敏感，常用消毒药可将其杀死。

（二）流行特点

本病只有家兔能自然感染发病，各年龄家兔均易感，但幼兔和妊娠母兔致死率较高。幼兔的死亡率可达 70%，成年兔的死亡率则为 30%～40%。病兔为主要传染源，其鼻腔分泌物中含有大量病毒，污染环境，通过呼吸道、消化道和交配而感染。此外，皮肤和黏膜的伤口直接接触含病毒的分泌物也是重要的传播途径。本病在兔群中传播极为迅速，常呈地方性流行或散发，有时甚至杀灭并隔离病兔仍不能防止本病在兔群中蔓延。

（三）临床症状

一般来说，流行初期病程短，末期病程较长。本病潜伏期 2～14 天。痘疱型，初期发热，体温升至 41 ℃，厌食，流鼻液，呼吸困难。病毒最初在鼻黏膜内繁殖，后来则在呼吸道淋巴结、肺和脾中繁殖。腹股沟淋巴结肿大而坚硬。皮肤病变通常在感染后 5 天，此时皮肤上出现红斑，后发展为丘疹，中央凹陷坏死。颜面部和口腔有广泛水肿，硬腭和齿龈常发生灶性坏死。有时可引起腹泻和孕兔流产。公兔常出现严重睾丸炎，同时伴有阴囊水肿，包皮和尿道也出现丘疹。常在发病后 5～10 天出现死亡。

自然发生的非痘疱型兔痘不出现皮肤损害，仅表现为食欲减退，发烧，舌唇部黏膜有少量散在丘疹，有时发生结膜炎和腹泻，于感染 1 周后死亡。在实验条件下痘疱型和非痘疱型兔痘病毒均可引起皮肤病变。

（四）病理变化

病兔最显著的变化是皮肤损害，剖检可见皮肤、颜面、口腔、上呼吸道及肝、脾、肺等器官出现丘疹结节，周围组织水肿或出血。心脏有炎性损害；肺脏布满小的灰白色结节，有弥漫性肺炎及灶性坏死；肝肿大，呈黄色，有很多白色结节和小的坏死灶；脾脏肿大，有灶性结节和坏死区。睾丸水肿和坏死。子宫布满白色结节，有的发生灶性脓肿。淋巴结通常因严重水肿而增大；肾上腺、甲状腺、胸腺和唾液腺都有坏死灶。睾丸、卵巢、子宫布满白色结节，睾丸水肿和坏死。

（五）诊断要点

根据流行特点、临床症状和病理变化可做出初步诊断，确诊需要进行实验室诊断。

1. 实验室诊断 采取肝、脾等和呼吸道分泌物，以及水肿液等作为病毒检验材料。可做组织切片或触片，染色，镜检细胞浆内包涵体；也可用血凝和血凝抑制试验检查病毒抗原或血清抗体做出诊断。

（1）包涵体检验。将病料做触片、涂片，用姬姆萨染色，镜检可见细胞浆包涵体呈紫色；用维多利亚蓝染色，可见细胞浆包涵体呈蓝色。

（2）血清学实验。兔痘的确诊还可采用免疫荧光法、红细胞凝集抑制实验等。

（3）兔痘病毒分为痘疱型和非痘疱型，前者能凝集红细胞，后者不能。

2. 鉴别诊断 本病应与兔传染性黏液瘤病和兔纤维瘤病进行鉴别。

（1）与兔传染性黏液瘤病鉴别诊断：兔痘主要临床症状是皮肤丘疹、坏死、出血和内脏器官有灰白色的小结节病灶等；而兔传染性黏液瘤病的临床症状主要是眼睑、颜面部、耳朵及其他部位皮下和天然孔周围皮下发生黏液瘤性肿胀。

（2）与兔纤维瘤病鉴别诊断：兔纤维瘤病是一种良性肿瘤性传染病，只引起局部肿瘤病变；皮肤不出现丘疹、坏死、出血和内脏器官灰白色小结节病灶。

（六）防治措施

1. 预防 对兔痘的预防主要是加强平时饲养管理和卫生防疫工作，避免引入传染源，加强消毒，发现病兔及时隔离处理，以免发生疫情。发生疫情后，立即采取措施隔离消毒，扑杀病兔，病死兔尸深埋或焚烧。

用牛痘疫苗做皮内划痕接种，也可产生一定的免疫力。因此，兔群受到本病威胁时，可用牛痘疫苗做紧急预防接种。

2. 治疗 目前对兔痘的防治尚没有疫苗可使用，一般以采取对症治疗为主。发生兔痘病后，皮肤上或其他部位的痘疱，将病变剥离后，伤口用碘酊消毒，或用2%硼酸溶液洗涤；若痘疹已破溃，可先用3%的石炭酸或0.1%高锰酸钾溶液洗涤，擦干后涂抹紫药水或碘甘油。全身应用抗生素预防继发感染，如应用硫酸庆大霉素、盐酸强力霉素、氟喹诺酮类广谱抗生素。

三、兔黏液瘤病

兔黏液瘤病是由黏液瘤病毒引起的一种急性、高度接触性、致死性的传染病。临床上以全身皮下，尤其是眼睑和耳根皮下发生黏液瘤样肿胀。因切开黏液瘤时从切面流出黏液蛋白样渗出物而得名。本病被 OIE 列为 B 类疾病，我国将本病列为禁止输入的疾病。

（一）病原

该病的病原体是黏液瘤病毒，该病毒为一种较大的病毒，病毒粒子呈卵形，大小约为 290 纳米 ×230 纳米 ×75 纳米，病毒 DNA 约为 160kb。属于痘病毒属，虽然在形态上与牛痘病毒十分相似，与兔纤维瘤病毒具有共同的抗原性。病毒只有一个血清型，但不同毒株的毒力和抗原性存在很大的差异。病毒主要存在于病兔全身各处的体液和脏器中，尤以眼垢和病变部皮肤的渗出液中滴度最高。本病毒易在10~12日龄的鸡胚绒毛尿囊腔上生长繁殖，并形成痘斑。病毒还可在鸡胚成纤维细胞、兔肾细胞、兔睾丸细胞及人羊膜细胞上繁殖，产生典型的细胞病理变化，即形成脑浆包涵体和合胞体。

黏液瘤病毒对干燥具有较强的抵抗力，例如在干燥的黏液瘤结节中病毒可存活3周之久；在潮湿的环境中，8~10℃环境中可存活3个月，26~30℃可存活10天；在室温的50%甘油盐水中存活4个月，37℃盐水中存活6天；在节肢动物体内可存活达25天。但对热敏感，50℃经1小时或55~60℃经15分钟能被灭活；该病毒对乙醚敏感，但对石炭酸、硼酸、升汞和高锰酸钾有较强的抵抗力，但3%的甲醛溶液1小时内能使之灭活。

（二）流行特点

各种年龄的兔都可感染发病。在自然条件下，兔是本病唯一的易感动物，其他动物和人没有易感性。直接与病兔接触或与被污染的饲料、饮水和器具等接触能引起传染，但接触传播不是主要的传播方式。自然流行的黏液瘤病主要是由节肢动物口器中的病毒通过吸血从一个兔传到另一个兔，伊蚊、库蚊、按蚊、兔蚤、刺蝇等有可能是潜在的传播媒介。本病呈季节性发生，每年8~10月，在蚊子大量滋生的季节，尤其是洼湿地带发病最多，是发病高峰季节。冬季蚤类是主要的传播媒介。黏液瘤病毒在兔、蚤体内能存活105天以上，在蚊体内可越冬。本病还有周期性趋向，每8~10年流行一次。

（三）临床症状

由于毒株间毒力差异，兔的不同品种、品系对病毒的易感性不同，所以临床诊断比较复杂。黏液瘤病一般潜伏期为3~7天，最长可达14天。人工皮内、腹腔、静脉、眼结膜和鼻腔接种潜伏期为5~11天。

兔被带毒昆虫叮咬后，局部皮肤出现原发性肿瘤结节，5~6天后病毒传播到全身各处，病兔发热，眼睑、鼻、唇和耳水肿，流泪，眼、鼻分泌物先是乳白色，呈黏性，以后发展为脓性。病兔呼吸困难，喷鼻，头部广泛性肿胀，"狮子头"状。母兔的阴道、公兔的阴囊显著水肿。随后身体多处出现肿块。初期硬而凸起，进而充血、破溃，流出淡黄色的浆液，病兔死前不久仍保持食欲。病程一般8~15天，死前出现惊厥。

感染毒力较弱的南美毒株或澳大利亚毒株，病兔仅表现轻度水肿，有少量鼻漏和眼垢及界限明显的结节，病死率低。自然致弱的欧洲毒株，所致疾病比较轻微，肿块扁平，病死率较低。

近年来，在一些养兔业较发达的疫区，常表现为呼吸型。潜伏期长达20~28

天，经接触性传染，无媒介昆虫参与，一年四季都可发生。初期为卡他性，继而脓性的鼻炎和结膜炎，皮肤损伤轻微，仅在耳部和外生殖器的皮肤上见有炎症斑点，少数病例的背部皮肤有散在性肿瘤结节。

（四）病理变化

最显著的眼观病理变化是皮肤肿瘤结节、皮肤和皮下组织水肿，尤其是颜面和身体天然孔周围的皮下组织充血、水肿。患病部位的皮下组织聚集多量微黄色、清朗的胶样液体，常使组织分开，切开病变皮肤可见皮下胶冻状液体聚集。皮肤可出现出血，胃肠浆膜下、心内外膜可见出血点，有时脾肿大、淋巴结水肿或出血。

（五）诊断要点

根据本病的特征性临诊症状和病理变化，结合流行病学资料可做出初步诊断。但确诊要采取肿瘤组织做实验室诊断。

1. 实验室诊断 本病常采取病兔的肿瘤组织作为被检材料。

（1）包涵体检验。病毒存在于病兔全身的体液和脏器中，皮肤肿瘤切片检查，可见许多大型的星状细胞——未分化的间质细胞、上皮细胞肿胀和空泡化。胞浆内含有嗜酸性包涵体。包涵体内有蓝染的球菌样小颗粒——原生小体。

（2）动物接种试验。将病料磨细后加入每毫升含 1 000 单位青霉素和链霉素进行处理，然后取上清液作为接种材料。幼年仔兔每只皮下注射 0.5 ~ 1.0 毫升，接种后 7 天内注射部位出现特异性病理变化，并可检查到包涵体。

2. 鉴别诊断 主要应与兔纤维瘤病相区别。

与兔纤维瘤病鉴别诊断：兔纤维瘤病不能通过直接接触传播，是一种良性肿瘤性传染病。纤维瘤病细胞为梭形的结缔组织细胞，这与星状的黏液瘤细胞不同。以病料接种家兔，若是黏液瘤病，病兔发生急性致死，纤维瘤病则不会，只引起局部的纤维瘤，故两者可以区别。纤维瘤病细胞引起呼吸系统出血、肝坏死，实质脏器水肿、瘀血等，也可与黏液瘤病加以区别。

（六）防治措施

1. 预防 严禁从有黏液瘤病发生和流行的国家或地区进口兔及兔产品。毗邻国家发生本病流行时，应封锁国境。引进兔种及兔产品时，应严格港口检疫。新引进的兔须在防昆虫动物房内隔离饲养 14 天，检疫合格者方可混群饲养。在发现疑似本病发生时，应向有关业务单位报告疫情，并迅速做出确诊，及时采取扑杀病兔、销毁尸体、彻底用 2% ~ 5% 甲醛消毒污染场所、紧急接种疫苗、严防野兔进入饲养场以及杀灭吸血昆虫等综合性防治措施。

2. 治疗 目前对本病没有有效的治疗办法，应以预防措施为主。预防主要靠注射疫苗。国外使用的疫苗有 SImpe 氏黏液瘤病毒疫苗，预防注射 3 周龄以上的兔，4 ~ 7 天产生免疫力，免疫保护期为 1 年，免疫保护率达 90% 以上。近年来推荐使用的 MSD/S 株和 MEI116 - 5 株疫苗，都安全可靠，免疫效果更好。

四、仔兔轮状病毒病

仔兔轮状病毒病是由轮状病毒引起的断奶仔兔的一种急性、病毒性肠道传染病，也是一种人兽共患病。临床上主要特征是仔兔水样腹泻和脱水。

（一）病原

轮状病毒属于呼肠孤病毒科，轮状病毒属，是 RNA 病毒。病毒颗粒的直径为 70 ~ 75 纳米，该病毒具有典型的轮状病毒的形态，呈车轮状，具有双层衣壳。病毒主要存在于病兔的肠内容物及粪便中。该病毒对外界环境的抵抗力较强，粪中病毒在 18 ~ 20 ℃经 7 个月仍有感染力。但不耐热，56 ℃经半小时即可使其失去活力。该病毒能耐酸耐碱，在 pH 值 3 ~ 10 的条件下比较稳定。某些消毒药如碘酊、来苏儿、0.5% 游离氯消毒效果不好，但巴氏灭菌、70% 酒精、3.7% 甲醛、16.4% 有效氯等均可杀灭病毒。

（二）流行特点

本病多在春、冬两季暴发，传播迅速。病兔及带毒兔是主要的传染源，主要经消化道感染，发生于 2 ~ 6 周龄仔兔，尤以 4 ~ 6 周龄仔兔发病率和死亡率最高，发病率和死亡率均高，成年兔隐性感染而带毒，不表现临床症状。当饲养管理不当或寒冷潮湿时，以及其他疾病发生时，幼兔群抵抗力降低时极易诱发该病。该病往往呈暴发，兔场一旦流行此病就很难根治，以后每年都会连续发生。

（三）临床症状

不同年龄的家兔感染后表现不同的症状，主要发生于断奶后非预期的幼兔。该病的潜伏期为 18 ~ 96 小时。病兔体温升高，精神不振，昏睡、减食或绝食，排出稀薄或水样粪便，并含黏液或血液，有恶臭。病兔的会阴部或后肢的被毛都粘有粪便，体温不高，多数于下痢后 2 ~ 4 天因脱水衰竭而死亡，死亡率可达40%。青年兔、成年兔大多不表现症状，仅有少数表现短暂的食欲不振和排软便。

（四）病理变化

本病的病变主要在肠道，可见大小肠黏膜弥漫性出血，肠黏膜易脱落，内容物稀薄，呈灰黄色或灰黑色；结肠瘀血，盲肠扩张，内含大量液体等非特征性病变，肠道有恶臭味。其他脏器无明显病变。非特征性病变剖检可见空肠和回肠部的绒毛呈多灶性融合和中度缩短或变钝，肠细胞中度变扁平；肠腺轻度到中度变深；某些肠段的黏膜固有层和下层轻度水肿。

（五）诊断要点

根据流行特点，结合临床症状及病理变化便可做出初步诊断，但确诊还需要结合实验室诊断。

1. 实验室诊断　无菌采取病兔（腹泻24小时内）或者死亡兔的肠内容物磨碎，经负染后电镜观察，发现轮状病毒即可确诊。或用pH值7.2的磷酸盐缓冲液做1:10稀释，离心取上清液，用滤器过滤。感染兔肾原代上皮细胞，也可应用接种无本病流行的初生仔兔，或进行酶联免疫吸附试验等。

2. 鉴别诊断　本病须与兔魏氏梭菌病、兔球虫病相区别。

（1）与兔魏氏梭菌病鉴别：是一种肠毒血症，6～12周龄的兔易感。病兔腹泻，排黑色粪便，呈水样。剖检盲肠黏膜有出血斑，胃黏膜出血、溃疡。以病料涂片染色镜检，可见到革兰氏阳性、菌端钝圆的大杆菌，即可与兔轮状病毒病相区别。

（2）与兔球虫病鉴别：病兔一般较瘦弱，临床上有黄疸和贫血症状。剖检可见兔肠黏膜或肝脏表面有淡黄色结节，取结节压片镜检，可见球虫卵囊。

（六）防治措施

1. 预防　本病主要危害刚断奶的幼兔，目前尚无有效的疫苗。所以要特别注意加强断奶兔的饲养管理，同时增强母兔和仔兔的抵抗力，防寒保温，建立严格的兽医卫生制度，做好平时的消毒工作。用含高效价的轮状病毒抗体的初乳或高免血清饲喂幼兔有一定的预防作用。不从有病兔场引种，必须引进种兔时要严格隔离检疫，观察1个月，健康者方可入群。发生本病时要立即隔离，全面消毒，死兔及排泄物、污染物等一律烧毁。

2. 治疗　本病目前没有特异的治疗方法。本病尚无有效疫苗可用，亦无好的治疗方法。发生该病时，除隔离病兔，防止疾病传播外，可对病兔做一些对症治疗，例如试用口服补液盐和治疗下痢的中草药方剂治疗。或应用收敛止泻剂（如鞣酸蛋白），并应用抗菌药物防止继发细菌性感染。用2%硼酸溶液冲洗口腔，然后用病毒灵0.1～0.2克，维生素B_1片、维生素B_2片等内服。用0.1%高锰酸钾溶液冲洗口腔，然后涂抹甘草甘油合剂，每日1～2次，连用3天。

五、兔传染性水疱性口炎

兔传染性水疱性口炎，俗称流涎病，它是由水疱性口炎病毒引起的一种急性、热性致死率高的病毒性传染病，临床上表现为口腔黏膜发生水疱和伴有大量流涎。

（一）病原

兔传染性水疱口炎病的病原是水疱性口炎病毒，属弹状病毒科、水疱性病毒属，为单股负链RNA病毒，病毒颗粒大小为187纳米×70纳米。水疱性口炎病毒有2个型：新泽西和印地安纳血清型。该病毒在低温环境下能长期存活，在4℃时存活30天；-20℃时能长期存活；-70～-50℃低温下能无限期存活；但对热敏感，加热至60℃或在阳光的作用下，很快失去毒力。

（二）流行特点

本病具有明显的季节性，一般在 5 ~ 10 月发生，尤其是在 9 月发生较为频繁。本病主要危害 1 ~ 3 月龄的幼兔，最常见的是断乳后 1 ~ 2 周龄的仔兔，成年兔发生较少。传染源为本病的患病动物。本病自然感染途径主要是消化道，也可由双翅目昆虫的叮咬而传播。病兔口腔的分泌物或坏死黏膜内含有大量的病毒，从其水疱液和唾液中排出病毒，通过直接接触和同槽摄食、饮水而感染。饲喂发霉饲料或存在口腔损伤等情况时，都能诱发该病的发生。本病不感染其他家畜。

（三）临床症状

本病潜伏期长短不一，一般为 3 ~ 7 天。病兔多为急性型。体温大部分正常，少数可见升至 41 ℃。患兔精神不振，食欲减退或废绝，腹泻，渐进性消瘦，并常发生腹泻，终因衰竭而死亡，死亡率在 50% 以上。病初口腔黏膜潮红、充血，随后在唇、舌、硬腭及口腔黏膜等处出现数量不等、粟粒大小的水疱和白色结节，水疱内充满含纤维素的清澈液体，破溃后形成烂斑和溃疡，同时有大量的唾液沿口角流出。若继发细菌感染，则引起患部黏膜坏死，并有恶臭。外生殖器也可见溃疡性损害。

（四）病理变化

病兔尸体消瘦，舌、唇、口腔黏膜糜烂和溃疡，并散布数量不等的、大小不一的小水疱；咽喉部聚集多量泡沫状液体；唾液腺肿大、发红；胃部扩张，胃内积聚大量黏稠液体和稀薄的食物，酸度增高；肠黏膜尤其是小肠黏膜伴有卡他性炎症，其他无明显变化。

（五）诊断要点

根据流行特点、临床症状以及病理变化可做出现场诊断，但确诊应采取实验室诊断。

1. 实验室诊断　无菌采取病死兔的心、肝脏等实质器官做待检组织。将被检材料磨细灭菌生理盐水稀释，用青霉素和链霉素处理，或用滤器过滤的液体作为接种材料。

本病毒接种于 9 ~ 10 日龄的鸡胚，能引起鸡胚死亡；引起多种哺乳动物和禽类原代细胞以及 BHK - 21 传代细胞产生病变和蚀斑。豚鼠足掌皮下接种，能引起原发性和继发性水疱。小白鼠脑内接种能导致死亡。家兔口腔黏膜划痕感染，发病率可达 67%；肌内注射，经 5 ~ 7 天的潜伏期发生感染。

2. 鉴别诊断　根据口腔炎症和流涎等特征，较易做出诊断。但在本病定性过程中，须与兔痘相区别。

与兔痘鉴别：兔痘的病原是痘病毒，它以皮肤丘疹、坏死、出血，眼炎及内脏器官有灰白色的小结节病灶等为特征，兔痘病的表现是兔的口腔和唇部的黏膜上都有丘疹和水疱，这些特征易于与传染性水疱性口炎相区别，必要时，还可以进行病毒学鉴定加以区别。

（六）防治措施

1. 预防

（1）平时应加强兔群的饲养管理，不喂霉烂变质的饲料。特别是春、秋两季要严格卫生防疫措施。笼壁平整，以防尖锐物损伤口腔黏膜。防止引进病兔，引入种兔要隔离观察 1 个月以上，健康者方可混群。对兔舍定期消毒，消灭吸血昆虫。

（2）发生本病时要立即隔离病兔，进行对症治疗。对病兔用抗菌药物控制激发感染。病死兔及排泄物一律烧毁，消灭传染源。兔舍、兔笼及用具等用 2% 氢氧化钠溶液、20% 热草木灰水或 0.5% 过氧乙酸全面消毒。

（3）目前尚无用于预防本病的疫苗，但在发病季节或发生疫情时可用药物进行预防，对健康兔可用磺胺二甲基嘧啶预防，每千克精料拌入 5 克，或每千克体重口服 0.1 克，每日 1 次，连用 3 ~ 5 天。

2. 治疗　治疗原则是卫生消毒、局部处理、预防继发感染和对症治疗。

（1）发病后要立即隔离病兔，并加强饲养管理。兔舍、兔笼及用具等用 20% 氢氧化钠溶液、20% 热草木灰水或 0.5% 过氧乙酸消毒。

（2）进行局部治疗，可用消毒防腐药液（2% 硼酸溶液、2% 明矾溶液、0.1% 高锰酸钾溶液、1% 盐水等）冲洗口腔，然后涂擦碘甘油。

（3）用磺胺二甲基嘧啶治疗，每千克体重 0.1 克口服，每日 1 次，连服数日，并用碳酸氢钠溶液作为饮水。

（4）采用中药治疗，可用青黛散（青黛 10 克、黄连 10 克、黄芩 10 克、儿茶 6 克、冰片 6 克、明矾 3 克研细末即成）涂擦或撒布于病兔口腔，每日 2 次，连用 2 ~ 3 天。

第三节　兔其他类传染病

一、兔衣原体病

衣原体病又名鹦鹉热或鸟疫，是由鹦鹉热衣原体引起的以腹泻、妊娠母兔流产、产死胎为特征的一种人兽共患传染病，也是一种自然疫源性疾病。各种年龄兔均易感，常造成死亡。

（一）病原

衣原体对高温的抵抗力不强，在低温可存活较长时间，4 ℃可存活 5 天，0 ℃可存活数周。但对化学试剂敏感，0.1% 的甲醛、0.5% 石炭酸溶液在 24 小时内即可将其杀死；70% 的无水乙醇在数分钟能将其灭活。

（二）流行特点

各年龄、品种的兔都能感染而发病，但主要以 6～8 周龄的发病率最高。带菌兔和病兔是本病的主要传染源，病毒可经蜱、螨传播，病原随被感染动物的排泄物、分泌物排出。主要通过消化道、呼吸道和破损的皮肤感染，也可经交配而感染。本病一年四季均可发生，但以夏秋两季较多发，该病呈地方流行性或散发性。当饲养管理不当、长途运输或患有其他疾病时，能诱发本病的发生，造成大批死亡。

（三）临床症状

该病的潜伏期长短不一，主要取决于动物的种类。患病后，成年兔体温升高到 40 ℃以上，呈渐进性消瘦，精神不振，食欲降低或废绝、咳嗽、鼻卡他，眼、鼻出现分泌物，有时后肢瘫痪，多腹泻，而后死亡；妊娠母兔流产，产弱胎、死胎；幼兔尤其是断奶幼兔，易患肠炎型，呈水样腹泻，脱水，体温下降，极度消瘦，常因衰竭而急性死亡。也可导致孕兔流产或产死胎，母兔子宫及阴道黏膜发炎，胎儿水肿，皮下及肌肉出血。

（四）病理变化

剖检可见胃肠黏膜发炎、充血、出血，肠道前段充满液体或含有气体的内容物，结肠充满清亮的黏液；脾萎缩，有时可见结膜炎，肺出血或局灶性实变；有的气管、支气管黏膜弥漫性出血；孕兔子宫和阴道发炎，子宫内膜弥漫性出血，有白色脓性分泌物。死亡胎儿皮下水肿，呈灰色，皮肤和黏膜有小点状出血。

（五）诊断要点

根据该病的流行特点、临床症状和病理变化可做出初步诊断，但要确诊还要进行实验室诊断。

实验室诊断：可从病死兔的肠、肝、脾、子宫等采样涂片镜检，姬姆萨染色镜检，可见紫红色针尖大原生小体；或接种鸡胚进行病原的分离鉴定；还可分离病兔血清，用衣原体正向间接血凝试验（IHA）试剂盒进行检测。

（六）防治措施

1. 预防　应加强兔群的检疫，防止禽类入侵兔舍；对死兔、死胎和分泌物，兔舍、场地和所有用具用百毒杀和氢氧化钠进行彻底消毒。患病兔要及时隔离、消毒，并在兔群中给予含 0.04% 土霉素的饲料，连喂 2 周，或按每千克体重 0.1～0.2 克口服或饮水，母兔配种后饲喂土霉素 7～10 天预防，其他兔群可用四环素族抗生素定期饲喂进行预防。

2. 治疗　患病兔可用红霉素按每千克体重肌内注射 20～40 毫克，每日 1 次，连用 7 天；或内服土霉素或金霉素等抗生素，也可拌入饲料、饮水中，每千克体重 0.1～0.2 毫克，同时采用其他对症治疗措施。

二、兔支原体病

本病是由支原体引起的兔的一种慢性呼吸道传染病。临床上以呼吸道和关节炎症反应为主要特征。

（一）病原

支原体曾被称为霉形体，无细胞壁，只有三层极薄的膜组成的细胞膜，形态多样，有环状、球状、点状、杆状和两极状。对家兔危害严重的主要是肺炎支原体和关节炎支原体。本菌不易着色，可用姬姆萨或瑞氏染色。支原体专用培养基上呈荷包煎蛋状菌落。支原体广泛存在于土壤、污水和组织培养物中，是一种呼吸道寄生菌。

支原体对外界抵抗力不强，1~4℃环境中可存活4~7天，但耐低温，冻干保存于-25℃环境中可存活2~3年或以上。常用消毒剂均能很快将其杀灭。支原体对青霉素、先锋霉素有抵抗力，对四环素、强力霉素、红霉素、螺旋霉素、链霉素较敏感。

（二）流行特点

本病主要经呼吸道传播，也可通过内源性感染。各品种、年龄的兔均易感，幼兔发病率最高，长毛兔易感性最强。一年四季均可发生，多发于早春和秋冬寒冷季节。兔舍、空气及环境污染，天气突变，受寒感冒，饲养管理不良等均可诱发本病。

（三）临床症状

本病往往呈慢性经过，开始时咳嗽，流浆液性鼻液，随后出现呼吸加快，打喷嚏，食欲减少，不愿活动，渐进性消瘦、贫血，可视黏膜发绀。长时间流鼻液则成为黏液性。由于黏液黏附于鼻腔及周围，老是用前爪抓痒，常打喷嚏。有的病兔可见中耳炎症状，表现为斜颈、转圈，有的病兔四肢关节肿大，屈曲不灵活。

（四）病理变化

本病的主要病变在肺、肺门淋巴结。急性死亡的兔肺部有不同程度的气肿和水肿，肺尖叶和中间叶有紫红色病变。慢性病例肺肉变，将病变部位割下来放在水里可以下沉。淋巴结肿大，切面湿润，周缘水肿，气管及支气管充血、出血、管内有多量泡沫状浆液。后期出现纤维素性、化脓性和坏死性肺及胸膜炎。

（五）诊断要点

根据流行特点、临床症状和病理变化可做出初步诊断，确诊须做微生物学检查。

可采取病兔呼吸道分泌物及肺部病变组织，进行支原体分离培养，或做免疫荧光抗体试验和间接血凝试验等，可以确诊。

（六）防治措施

1. 预防 搞好饲养管理，保持兔舍的空气流通良好，消除各种应激因素。兔支原体病是一种高度接触性传染病，死亡兔及其排泄物一律烧毁，或消毒后深埋，兔肉不得食用。病兔和健康兔要做好隔离观察和及时治疗。对引进的种兔要进行严格检疫。隔离观察30天，健康无病方可混群饲养。兔舍、兔笼、用具等用0.3%过氧乙酸溶液或2%氢氧化钠溶液全面消毒。未发病兔群可用治疗药物拌料内服或饮水，进行药物预防。

2. 治疗

（1）肌内注射卡那霉素每千克体重10~20毫克；或四环素，每千克体重30~50毫克，每日2次，连用5天。

（2）也可选用泰乐菌素、林可霉素、恩诺沙星、环丙沙星等药治疗。

（3）肌内注射盐酸土霉素，每千克体重40毫克，每日1~2次，连用3~5天。或肌内注射土霉素油剂，即将土霉素粉剂与植物油或液状石蜡混合肌内注射，每日1次，连用3~5天。

（4）清温败毒散拌料喂兔，有协助治疗作用。

三、兔附红细胞体病

附红细胞体病是由附红细胞体寄生于多种动物和人的红细胞表面、血浆及骨髓液等部位所引起的一种人畜共患传染病。临床上以发热、贫血、黄疸、消瘦和脾脏、胆囊肿大为特征。近年来，家兔的附红细胞体病在我国的发生与流行有越来越严重之势。

（一）病原

附红细胞体是一种多形态微生物，多数为环形、球形和卵圆形，少数为顿号形和杆状。附红细胞体对干燥和化学药物比较敏感，常用的消毒药可在几分钟内将其杀死。

（二）流行特点

各种年龄、各种品种的家兔都有易感性。该病多在温暖季节，尤其是吸血昆虫大量滋生繁殖的夏秋季节感染，表现隐性经过或散在发生。本病可经直接接触传播，以及昆虫传播、针头注射传播和母子胎盘传播是本病传染的主要途径。但在应激因素如长途运输、饲养管理不良、气候恶劣、寒冷或其他疾病感染等情况下，可使隐性感染发病，症状较为严重，甚至发生大批死亡，呈地方流行性。

（三）临床症状

根据病程长短不同，该病分为以下几种病型。

1. 急性型 此型病例较少。病程1~3天。患兔多表现突然发病死亡，死后口鼻流血，全身红紫，指压退色。有的患病獭兔突然瘫痪，饮食俱废，无端嘶叫或痛苦呻吟，肌肉颤抖，四肢抽搐。死亡时，口内出血，肛门排血。

2. 亚急性型　患兔体温达 39.5~42 ℃，死前体温下降。病初精神委顿，食欲减退，饮水增加，而后食欲废绝，饮水量明显下降或不饮。患兔颤抖，转圈或不愿站立，离群卧地，尿少而黄。开始时兔便秘，粪球带有黏液或黏膜，后来拉稀，有时便秘和拉稀交替出现。后期病獭兔耳朵、颈下、胸前、腹下、四肢内侧等部位皮肤有出血点。有的病獭兔两后肢发生麻痹，不能站立，卧地不起。有的病獭兔流涎，呼吸困难，咳嗽，眼结膜发炎。病程 3~7 天，死亡或转为慢性经过。

（四）病理变化

尸体一般营养症状变化不明显，病程较长的病兔尸体表现异常消瘦，皮肤弹性降低，尸僵明显，可视黏膜苍白、黄染并有大小不等暗红色出血点或出血斑，眼角膜混浊，无光泽。皮下组织干燥或黄色胶冻样浸润。全身淋巴结肿大，呈紫红色或灰褐色，切面多汁，可见灰红相间或灰白色的髓样肿胀。血液稀薄、色淡、不易凝固。皮下组织及肌间水肿、黄疸。多数有胸水和腹水，胸腹脂肪、心冠沟脂肪轻度黄染。心包积水，心外膜有出血点，心肌松弛，颜色呈熟肉样，质地脆弱。肺脏肿胀，有出血斑或小叶性肺炎。肝脏有不同程度肿大、出血、黄染，表面有黄色条纹或灰白色坏死灶，胆囊膨胀，胆汁浓稠。脾脏肿大，呈暗黑色，质地柔软，切面结构模糊，边缘不齐，有的脾脏有坏死结节。肾脏肿大，有微细出血点或黄色斑点，肾盂水肿，膀胱充盈，黏膜黄染并有少量出血点。胃底出血、坏死，十二指肠充血，肠壁变薄，黏膜脱落，其他肠段也有不同程度的炎症变化。淋巴节肿大，切面外翻，有液体流出。软脑膜充血，脑实质有微细出血点，柔软，脑室内脑脊髓液增多。

（五）诊断要点

根据流行特点、临床症状和病理变化做出初步诊断，确诊则须做实验室检查。

实验室诊断：取活兔耳血或死亡患兔心血一滴于载玻片上，加等量生理盐水稀释，盖上盖玻片，在高倍镜和油镜下观察。可见受到损伤的红细胞及其附着在红细胞上的附红细胞体。被感染的红细胞失去原有的正常形态，边缘不整而呈齿轮状、星芒状、不规则多边形等。此外，还可应用补体结合试验、间接血凝试验、酶联免疫吸附试验与 DNA 技术进行确诊。

（六）防治措施

1. 预防　加强饲养管理，搞好环境卫生，定期消毒，在发病季节，消除污水、污物及杂草，使吸血昆虫无滋生之地。消除各种应激因素对兔体的影响，保持兔体健康，提高免疫力，减少应激因素，夏、秋季节可对兔体喷洒药物，防止昆虫叮咬，并内服抗生素药物，进行药物预防。在疫苗注射或药物注射时，坚持注射器的消毒和每兔用一个针头；对于降低发病率有良好效果。饲养管理人员接触病兔时，注意自身防护，以免感染本病。

2. 治疗

（1）四环素、土霉素，每千克体重40毫克，或金霉素每千克体重15毫克。口服、肌内注射或静脉注射，连用7～14天。

（2）新胂凡钠明，每千克体重40～60毫克，以5%葡萄糖溶液溶解成10%注射液，静脉缓慢注射，每日1次，隔3～6日重复用药1次。

（3）血虫净（或三氮脒，贝尼尔），每千克体重5～10毫克，用生理盐水稀释成10%溶液，静脉注射每日1次，连用3天。

（4）原虫散，每千克饲料3～5克，连用3～5天。

（5）磺胺-6-甲氧嘧啶钠复方全效注射液，每千克体重20毫克肌内注射，连用3天。此外，用安痛定等解热药，适当补充维生素C、维生素B等，病情严重者还应采取强心、补液，补右旋糖苷铁和抗菌药，注意精心饲养，进行辅助治疗。

四、兔密螺旋体病

兔密螺旋体病又称兔梅毒病，是兔的一种慢性传染病，也称性螺旋病、螺旋体病。临床上主要以外生殖器、颜面（口腔周围、鼻端）、肛门等皮肤及黏膜发生炎症、结节和溃疡，患部淋巴结发炎为特征。

（一）病原

兔密螺旋体，呈纤细的螺旋状构造，通常用姬姆萨或石炭酸复红染色，大小为0.25微米×（10～30）微米。属于革兰氏阴性菌，形态上和人梅毒的苍白螺旋体相似，仅引起家兔发病。兔密螺旋体着色困难，通常用暗视野显微镜检查，可见到旋转运动，呈细长、弯曲。本菌主要存在于病兔的外生殖器官病灶中，目前尚不能用人工培养基培养。密螺旋体的抵抗力不强，3%来苏儿、2%氢氧化钠溶液和2%甲醛溶液均能杀死该菌。

（二）流行特点

本病的易感动物是家兔和野兔，其他动物和人不感染。传染源主要是病兔。传染途径主要是通过在配种时经生殖道而传播，也可通过病兔用过的笼舍、垫草、饲料、用具等由损伤的皮肤传染。所以发病兔绝大多数是成年兔，育龄母兔的发病率比公兔高，极少见于幼兔。放养兔比笼养兔发病率高。本病在兔群中一旦发生，发病率很高，一般呈良性经过，几乎没有死亡。

（三）临床症状

潜伏期为2周。发病后呈慢性经过，可持续数月。病初可见外生殖器和肛门周围发红、水肿，阴茎水肿，龟头肿大，阴门水肿，肿胀部位流出黏液性或脓性分泌物，常伴有粟粒大小的结节；结节破溃后形成溃疡；由于局部不断有渗出物和出血，在溃疡面上形成棕红色痂皮；因局部疼痒，故兔多以爪擦搔或舐咬患部而引起自家接种，使感染扩散到颜面、下颌、鼻部等处，但不引起内脏变化，一般无全身症状；有时腹股沟淋巴结和腘窝淋巴结肿大。慢性病变多呈干燥的、鳞片状稍突起，容易被忽视。对公兔性欲影响不大，而母兔繁殖能力受影响较大，受胎率低，发生流产、死胎。本病可自行康复，但免疫力弱，可再度感染。

查。配种时要详细检查有无此病。

（2）兔群中发现此病，应停止配种，应立即隔离治疗，病重者应淘汰。彻底清除污物，受污染的笼舍、用具用1%～2%氢氧化钠或2%～3%的来苏儿严格消毒。

2. 治疗　初期可肌内注射青霉素，成年兔3只2万单位，每日5次，连用3天。新胂凡钠明（九一四），每千克体重232毫克，用注射用水或生理盐水配成溶液，耳静脉注射，隔2周重复一次。注意现配现用，否则分解有毒。同时应用青霉素，效果更好。患部用硼酸水或高锰酸钾溶液或肥皂水洗涤后，再涂擦青霉素软膏或碘甘油；或者涂青霉素花生油（食用花生油22毫升加青霉素钠33万单位拌匀即可），每日1次，20天可痊愈。也可用芫荽2克，枸杞根3克，洗净切碎，加水煎10分钟，再加少许明矾洗患处，每日1次，12天好转。

五、兔疏螺旋体病

兔疏螺旋体病又称莱姆病，它是由伯氏疏螺旋体引起的一种全身性、慢性炎性蜱媒螺旋体病，也是一种自然疫源性的人兽共患病。临床上主要以局部皮损，引起心脏、神经或关节病变为特征。

（一）病原

该病的病原是伯氏疏螺旋体，它是一种单细胞的革兰氏阴性螺旋体。菌体两端尖锐，呈疏松的左手螺旋状。菌体长5～40微米，直径0.2～0.3微米，能通过细菌滤器。

本菌对外界的抵抗力较弱，对常用化学消毒剂如酒精、戊二醛、漂白粉等敏感，对高温、紫外线等常用物理方法敏感，对青霉素、红霉素和四环素敏感。

（二）流行特点

某些脊椎动物被认为是莱姆病的重要传染源，不同地区传染源的种类有所不同。该病的传播媒介是蜱类，蜱叮咬宿主时，可通过带螺旋体的肠内容物反流，唾液或粪便而传播病原体。通过其他途径如母婴垂直传播、直接接触传播和节肢动物为媒介传播少见。因此，无蜱的地区基本无病例，硬蜱密度高的地区发病率高。该病在寒冷的冬季基本无新发病例，而气候温和的夏季发病率高。

（三）临床症状

该病的潜伏期为3～32天。发病后病原在皮肤中缓慢增殖和扩散，造成局部皮肤红肿、发炎等损伤。当菌体增殖到一定数量时，可引起病兔发热，关节肿胀、疼痛以及一些神经损伤，并表现一些相应的临床症状。

（四）病理变化

眼观可见病兔的四肢关节肿大，关节囊增厚，关节囊内含有多量的淡红色的滑液。剖检全身淋巴结肿胀，心肌炎和肾小球炎。

（五）诊断要点

根据流行特点和临床症状以及病理解剖变化可做出初步诊断，确诊还需实验室诊断。

实验室诊断：无菌采取病料或血清进行免疫荧光抗体试验、酶联免疫吸附试验等进行确认。

（六）防治措施

1. 预防　首先要彻底消灭蜱类、吸血昆虫类，夏秋两季用驱避剂和杀虫剂驱逐和杀灭蜱类和吸血昆虫，效果良好。当兔体被叮咬之后，立即消毒，同时工作人员要做好自身的防护，以免感染。其次，要搞好环境卫生，对兔舍定期用3%的氢氧化钠或20%的漂白粉混悬液进行彻底消毒。同时对引进的种兔要进行严格的检疫，确定健康之后才能混群饲养。发病之后要尽早做出诊断，并进行隔离治疗或淘汰。

2. 治疗　尽早治疗，效果较好。青霉素，每只兔10万～15万单位，肌内注射，每日2次，连用5天；头孢菌素类，每千克体重20～30毫克，肌内注射，每日2次，连用5天；每千克体重强力霉素5～10毫克，每日口服1次，连用5天。同时，结合对症治疗，效果更好。

六、兔体表真菌病

兔体表真菌病，又称皮肤真菌病、脱毛癣、钱癣等，是由致病性皮肤真菌感染皮肤表面及其附属结构毛囊和毛干所引起的一种真菌性疾病。它是一种人、兔共患的真菌性传染病。在临床上，其特征是感染皮肤出现不规则的块状或圆形的脱毛、断毛及皮肤炎症，对家兔生长发育和毛皮质量产生极大影响。

（一）病原

本病的病原为毛藓菌和大小孢霉菌，该菌依附于动植物体上，生存于土壤土中，或存在于各体外环境。

该菌的抵抗力很强，耐干燥，对一般的消毒剂抵抗力很强，但对湿热的抵抗力不太强。常用2%～5%的氢氧化钠溶液、5%的过氧化乙酸和2%的甲醛溶液进行消毒，一般的抗生素和磺胺类药物对本菌无效。制霉菌素、两性霉素B对本菌有一定的抑制作用。

（二）流行特点

不同性别、年龄，品种的兔均易感染，但主要以侵害仔兔和幼兔为主，侵害皮肤和被毛。主要通过直接接触和接触污染的土壤、饲料、饮水和用具等而感染。本病除感染兔外，也感染其他动物和人。该病一年四季均可发生，但以春季和秋季换毛季节多发。当卫生条件不好、拥挤、潮湿等时有利于本病的发生。

（三）临床症状

兔真菌病的症状有以下几种：

1. 毛癣真菌病 一般此类病兔大部分病变部位都主要发生在脑门和背部，但其他皮肤部位也同样会发生，体表症状表现为圆形脱毛，形成边缘整齐的秃毛斑状，露出淡粉红色皮肤，皮肤表面略粗糙并伴有明显的灰色鳞屑。

2. 小孢子霉菌病 病兔一开始大多发生在头部，如嘴巴周围、眼睛周围、耳朵、鼻子、面部以及颈皮部位等。病兔患部皮肤出现圆形或椭圆形突起，继而感染肢体和腹下、腿内侧。患部被毛容易折断，脱落形成环形或不规则的脱毛片区，如果你仔细观察，可见表面覆盖有灰白色较厚的鳞状屑片，最初为红斑、丘疹、水疱，最后形成凸起状结痂，结痂脱落后就会出现小的溃疡斑点。患兔奇痒难忍，骚动难安，食欲明显下降，并逐渐消瘦，或继发感染葡萄球菌、链球菌等，使病情更加恶化，最终导致死亡。

（四）诊断要点

根据流行特点、临床症状等可做出初步诊断，但确诊需实验室诊断。

1. 实验室诊断

（1）刮取病兔患部毛及皮屑，滴加氢氧化钾液 1~2 滴，在酒精灯上稍微加热，加热固定。在显微镜下可见到孢子或菌丝。有的真菌寄生于毛屑内。

（2）用病料或分离培养物做皮肤擦伤感染，观察 10 天，局部呈炎症反应。

（3）将病料在 70% 酒精中浸泡 5~10 分钟，再将其移种于沙氏琼脂平皿在 28℃ 下培养 4~5 天，可见须毛癣菌（或石膏样小孢子菌）等，菌落呈粉状，棉花状，或丝绒状，带淡红色的棕色，到白色。菌丝上小分生孢子为单个或成丛。

2. 鉴别诊断

（1）与兔疥癣病鉴别诊断：兔疥癣是由疥螨而引起，主要寄生于头部、掌部的短毛处，然后蔓延至躯干部、患部奇痒、脱毛、皮肤发生炎症和龟裂等。从深部皮肤刮皮屑可检出疥螨。

（2）与营养性脱毛病鉴别诊断：营养性脱毛病多发于夏秋季节，呈散发，成年兔和老年兔发生较多。但皮肤无异常，主要是断毛较整齐，根部有毛茬，发生部位一般在腿、肩部两侧和头部，与饲养管理情况密切相关。

（六）防治措施

1. 预防

（1）加强饲养管理，搞好圈舍卫生，千万不要喂发霉的饲料。

（2）消灭体外寄生虫，定期用咪康唑溶液进行药浴，同时消灭鼠类和吸血昆虫。

（3）本病为人兔共患病，特别是儿童，要注意自身的防护，防止人身感染。

（4）病兔使用过的兔笼和用具要用 40% 的甲醛溶液进行熏蒸消毒，将其排泄物清理消毒后深埋处理，病死兔一律烧毁，不准使用。

2. 治疗

（1）对患部剪毛，用0.1%的新洁尔灭溶液清洗患部，涂擦灰黄霉素、酮康唑软膏，连用一周。

（2）或用制霉菌素，每千克体重5万单位，口服，每日2次，连用5天。

（3）灰黄霉素制成水悬剂，口服，每千克体重25毫克，每日2次，连用2周。

第十一章 兔的主要寄生虫病

一、兔球虫病

兔球虫病是由寄生于家兔的肠上皮细胞和肝脏胆管上皮细胞内的艾美耳属的各种球虫引起的兔最常见的一种寄生虫病，临床上以腹胀、下痢、消瘦和贫血为特征。各品种的兔对球虫都有易感性，断奶后至 12 周龄幼兔感染最为严重，其感染率高达 100%，患病后的幼兔发育受阻，甚至大批死亡。兔舍卫生条件恶劣使饲料饮水污染，环境潮湿最易使本病发生流行，而且患球虫病的兔极易继发其他疾病，给养兔业造成巨大的损失。

（一）病原与生活史

球虫病病原体是艾美耳球虫，隶属于孢子虫纲、艾美耳科、艾美耳属，除斯氏艾美耳球虫寄生于胆管上皮细胞内之外，其他均寄生于肠黏膜上皮细胞内，危害最严重的是斯氏艾美耳球虫、肠艾美耳球虫、中型艾美耳球虫等。在我国各地常见的兔球虫有 14 个品种：

1. 斯氏艾美耳球虫　斯氏艾美耳球虫寄生于兔的肝脏胆管上皮细胞内，是最常见且危害最大的一种球虫。卵囊为长卵圆形或椭圆形，卵膜孔在较小的一端明显，稍凹陷或呈削平状。卵囊壁较薄，均匀光滑，无卵囊残体，呈淡黄或橘红色。孢子化时间为 41～51 小时。潜伏期为 14 天。

2. 大型艾美耳球虫　大型艾美耳球虫寄生于兔的大肠和小肠，致病作用很强。卵囊呈卵圆形，较大，呈淡黄色，卵膜孔极明显，呈明显的堤状突出于卵囊壁之外。卵囊壁较厚，呈橘黄色或黄褐色。孢子化的时间为 32～48 小时，潜伏期为 8 天。

3. 中型艾美耳球虫　中型艾美耳球寄生于兔的空肠和十二指肠，它可引起较严重的肠球虫病。卵囊为中等大小，短椭圆形，呈淡黄色，有卵膜孔，呈"金字塔"形。卵囊壁较厚，光滑。孢子化时间为 42～47 小时，潜伏期为 6 天。

4. 穿孔艾美耳球虫　穿孔艾美耳球虫寄生于兔的小肠上皮细胞，致病力较弱。卵囊较小，呈椭圆形，卵囊壁较薄，无色，卵膜孔不明显。孢子化时间为 24～48 小时。潜伏期为 6 天。

5. 无残艾美耳球虫 无残艾美耳球虫寄生于兔的小肠中部，致病力较强。卵囊为长圆形或卵圆形，呈淡黄色，卵膜孔明显，卵囊内无外残体，卵囊壁厚且均匀。孢子化时间为 72～96 小时。潜伏期为 8 天。

6. 小型艾美耳球虫 小型艾美耳球虫寄生于兔的肠道，卵囊呈卵圆形或近似于球形，卵囊壁光滑无色，卵膜孔不明显，卵囊孢子化后无残体。孢子化时间为 28 小时。潜伏期为 7 天。

7. 梨型艾美耳球虫 梨型艾美耳球虫寄生于兔的大肠和小肠，致病作用轻弱。卵囊为梨形，呈淡黄色或淡褐色，有明显的卵膜孔，位于卵囊的窄端，其周围的壁稍微增厚，其余部分均匀。孢子化时间为 44～57 小时。潜伏期为 9 天。

8. 长型艾美耳球虫 长型艾美耳球虫寄生于兔的小肠，卵囊呈长椭圆形，两侧平行，淡灰色，有卵膜孔，有外残体。孢子化时间为 96 小时。

9. 黄色艾美耳球虫 黄色艾美耳球虫寄生于兔的小肠后部、盲肠及大肠，有较强致病性。卵囊为卵圆形（倒梨形），卵囊壁光滑，呈黄色。在宽端有一明显的卵膜孔，卵囊孢子化后有一个小的斯氏体和一个残体。孢子化时间为 36 小时。潜伏期为 8 天。

10. 新兔艾美耳球虫 新兔艾美耳球虫寄生于兔的回肠和盲肠，具有轻度致病性。卵囊呈长圆形，囊壁光滑，呈淡黄色。卵膜孔位于稍窄的一端，卵膜孔凸起或削平，孢子囊有残体。孢子化时间为 44 小时。潜伏期为 10 天。

11. 盲肠艾美耳球虫 盲肠艾美耳球虫寄生于兔的小肠后部和盲肠，致病力不强。卵囊为卵圆形，呈淡黄色或淡褐色，卵膜孔明显，稍稍凸起。孢子化时间为 3 天。潜伏期为 8 天。

12. 肠艾美耳球虫 肠艾美耳球虫寄生于兔的小肠（十二指肠除外），致病力强。卵囊为卵圆形或梨形，卵囊壁光滑，呈橘黄色或黄褐色，卵膜孔在窄端明显。孢子化时间为 24～48 小时。潜伏期为 9 天。

13. 松林艾美耳球虫 松林艾美耳球虫寄生于兔的回肠。卵囊为宽卵圆形，卵壁光滑，呈淡黄色。窄端有明显的卵膜孔，有外残体，严重感染时引起回肠伪膜性肠炎。孢子化时间为 36 小时。潜伏期为 8 天。

14. 那格甫尔艾美耳球虫 那格甫尔艾美耳球虫主要寄生于兔的肠道，卵囊呈长椭圆形，卵囊壁光滑，呈无色或淡黄色。无卵膜孔，无外残体。孢子化时间为 36～48 小时。

球虫卵囊多呈圆形或卵圆形，一个孢子化后的卵囊内含有 4 个孢子囊，每个囊内有 2 个子孢子，卵囊只有经过孢子化后才具有感染力。子孢子进入肠道后从卵囊内钻出，并主动进入肠上皮或胆管上皮，变为圆形的滋养体，进行无性的裂殖生殖，产生大量裂殖子，经过几代裂殖生殖后，出现有性的配子生殖，产生大配子和小配子，二者结合形成合子，合子周围迅速形成一层卵囊壁，发育成卵囊。兔食入含有斯氏艾美耳球虫的感染性卵囊后，在肠道内经过胆汁和胰酶的作用释放出子孢子，然后进入肠上皮细胞，而后经门脉循环或淋巴循环而移行到肝脏，最后进入肠（或肝胆管）上皮细胞而开始裂殖增殖。

（二）流行病学

各种品种的家兔对球虫都有易感性，断奶后至 3 月龄的幼兔感染最为严重，且死亡率极高；尤其是卫生条件恶劣的兔场，幼兔感染球虫病的概率可达100%，死亡率达到80%左右；成年兔多为隐性感染，虽然成年兔对球虫病的抵抗力较强，但生长发育还是会受到影响。患病兔和带虫兔是重要的传染源。本病主要通过消化道传染，仔兔的感染主要是通过在哺乳时吃入母兔乳房上沾污的卵囊；幼兔的感染主要经口食入含有孢子化卵囊的水或饲料。此外，饲养员、工具、野鼠、苍蝇也可机械地搬运球虫囊卵而传播球虫病。兔球虫病一年四季均可发生，在南方梅雨季节常呈现发病高峰，在北方以夏、秋季多发，常呈地方性流行。

（三）致病机制

球虫对机体上皮细胞的破坏、有毒物质的产生以及肠道细菌的综合作用是致病的主要因素。胆管和肠上皮受到严重破坏时，正常的消化过程陷于紊乱，造成机体的营养缺乏，水肿，并出现稀血症和白细胞减少。由于肠上皮细胞的大量崩解，造成有利于细菌繁殖的环境，导致肠内容物中产生大量的有毒物质，被机体吸收后发生自体中毒，临床上表现痉挛、虚脱、肠膨胀和脑贫血等。

（四）临床症状

根据球虫寄生部位和种类的不同，本病可分为肠球虫病、肝球虫病及混合型球虫病，临床上以混合型居多。初期病兔精神沉郁，食欲减退，甚至废绝，喜卧，眼、鼻分泌物及唾液增多，尿频或常做排尿姿势，尿色黄而混浊，腹泻，或腹泻与便秘交替出现；发病后期，病兔消瘦，贫血，出现神经症状，四肢痉挛，麻痹，最终因极度衰竭而死亡，病兔死亡率高达80%以上。肠型呈急性经过，典型症状为顽固性腹泻，粪便带血，肛门周围被粪便污染，食欲减退，突然倒地，四肢抽搐，死亡快。肝型前期症状并不明显，后期肝脏肿大造成腹围增大，触诊有痛感，可视黏膜轻度黄染，有时也会出现神经功能障碍。

（五）病理变化

1. 肝球虫病　肝肿大，表面和实质有许多白色或淡黄色结节沿小胆管分布，呈圆形，大小不一，如粟粒至豌豆大，内含有大量卵囊，取结节做压片镜检，可见不同发育阶段的球虫；肝脏结缔组织增生，硬化，腹腔积液引起腹水症。切开病灶可见浓稠的淡黄色液体或有坚硬的钙化物。在慢性肝球虫病中，胆囊肿大，胆囊黏膜有卡他性炎症，胆汁浓稠色暗，内含有许多崩解的上皮细胞。肝小叶间和胆管周围有大量结缔组织增生并可引起肝硬化，管腔和肝组织中有大量球虫，使肝细胞萎缩，肝体积缩小，质地变硬。胆囊肿大，黏膜呈卡他性炎，胆汁浓稠色暗，内含有许多脱落的上皮细胞。

2. 肠球虫病　病变主要在十二指肠、空肠、回肠和盲肠，可见肠黏膜卡他性炎症，肠黏膜上皮坏死脱落，肠壁血管充血甚至出血，小肠肠腔充满气体和褐色糊状或水样内容物。慢性病例肠黏膜呈淡灰色，并有灰白色小结节或小化脓性、坏死性病灶，尤其盲肠蚓突部有弥漫性淡黄色结节。肠系膜淋巴结肿大，膀胱积尿，尿色黄而混浊，肠腔中有坏死物和大量球虫卵囊。

3. 混合型球虫病　上述两种类型病变同时存在，而且病变更为严重。

（六）诊断要点

根据该病的流行病学特点、临床症状、病理变化可做出初步诊断。确诊需结合实验室检查。一般多采用直接涂片法，将肠黏膜及肝脏病灶刮屑物制成涂片，镜检看是否有裂殖体、裂殖子及卵囊；或采用饱和食盐水漂浮法检查粪便中是否有卵囊。如果发现有卵囊或在病变部位发现大量不同发育阶段的球虫，即可确诊。

（七）防制措施

兔球虫病要坚持"预防为主、治疗为辅"的原则，因为一旦发病，即便采取了治疗措施，也会造成损失，所以应采取综合防治措施。

1. 预防

（1）养兔场应建于高燥向阳处，加强饲养管理，搞好兔场环境卫生，保持兔舍干燥、清洁、卫生，并做好消毒工作。

（2）仔兔、幼兔、成兔分群饲养，饲喂营养丰富的全价饲料，增强抗病能力；发现病兔，立即隔离治疗，同时全群紧急药物预防，病兔的尸体要烧毁或深埋。

（3）种兔要经过多次粪便检查，确定没有球虫卵囊后才可作为种用。

（4）新引进兔一定要隔离观察；对断奶前后至 4 月龄兔进行药物预防。

2. 治疗　由于大多数药物对球虫的早期发育阶段（裂殖生殖）有效，所以用药必须及时，当兔群中有个别家兔发病时，应立即使用药物对整群家兔进行防治。因球虫对任何一种药都会产生耐药性，要经常注意药物的交替使用，以免球虫对药物产生抗药性，一般一种药用 3～6 个月应改换为其他类型的抗球虫药。治疗过程中应注意对症治疗，如补液、补充维生素 K、补充维生素 A 等。在使用抗球虫药的同时，必须加强和改善饲养管理，以提高机体的抗病力，减少球虫病的传播，从而提高抗球虫药物防治效果。常用的抗兔球虫病药物如下：

（1）莫能霉素（莫能菌素）：对各种动物的各种球虫均有抑制作用，主要作用于球虫第一代裂殖体，作用峰期在感染后第二天。防治兔球虫病可按每千克饲料中添加 10～20 毫克，连用 1～2 个月，一般商品预混剂含莫能霉素 20%。

（2）磺胺二甲氧嘧啶：具有较强的抗球虫作用，常用于治疗暴发性球虫病。按0.1%浓度混饲，连用3~5天，停7天后再用1个疗程；或按每千克体重75毫克内服，连用3天，停7天后再用3天。

（3）磺胺二甲基嘧啶：治疗按0.5%浓度混饲，连用7天；或按每天每千克体重100毫克内服，连用3天，停药7天，再用3天。预防按0.2%浓度混饲或0.1%浓度饮水，连用2~4周。

（4）氯羟吡啶（可爱丹、克球粉）：主要作用于球虫子孢子和第一代裂殖体，作用峰期在感染后第一天，因此适合预防和早期治疗用药。按每千克饲料添加200毫克，连用4周，商品预混剂克球粉含氯羟吡啶25%。

（5）杀球灵（地克珠利、伏球、氯嗪苯乙腈）：杀球灵是一种广谱、高效、低毒类抗球虫药，也是目前用药浓度最低的抗球虫药，主要作用于球虫子孢子和裂殖生殖早期，对其他发育阶段亦有作用。临床上主要用于球虫病预防，按0.000 1%浓度混饲或0.000 05%浓度饮水，连服数天。一般商品预混剂含氯嗪苯乙腈0.5%。

（6）球痢灵（二硝苯甲酰胺）：主要作用于球虫第一代裂殖生殖后期，作用峰期在感染后第三天。与3倍的磷酸钙共同研成细末，配成含球痢灵25%的预混物，用于预防时按0.012 5%浓度拌料饲喂，治疗时按0.025%浓度拌料饲喂，连喂3~5天，能有效地防止球虫病暴发。

（7）氯苯胍：主要作用于球虫第一代裂殖体，对其他发育阶段亦有作用，作用峰期在感染后第三天。预防按0.03%的浓度拌料饲喂，连喂7日，间隔3天后改为用0.015%的浓度拌料长期饲喂。治疗按每千克饲料添加300毫克，连喂1~2周，待病情稳定后，再改用预防量。

（8）百球清（甲基三嗪酮）：为含2.5%甲基三嗪酮的液体制剂，属于广谱、高效抗球虫药，临床主要作治疗用药。对球虫所有细胞内发育阶段的虫体均有显著杀灭作用，以对第二代裂殖体作用最强。按0.002 5%浓度饮水，连用2~3天。

（9）盐霉素（球虫粉、优素精）：作用和用途与莫能霉素相似。按每千克体重50毫克，混入饲料中喂服，连用1个月。预混剂优素精含盐霉素10%。

二、兔弓形虫病

弓形虫病是由刚地弓形虫寄生于多种动物体内引起的一种人畜共患原虫病，临床上有急性与慢性两种类型，急性病例以高热、呼吸困难和神经症状为主要特点，慢性病例以消瘦、神经症状为主。

（一）病原与生活史

病原为龚地弓形体原虫，属于孢子虫纲、肉孢子虫科、弓形虫属。弓形虫在兔体内有两种类型：一是增殖型即滋养体，常出现于急性病例的细胞内或细胞外；二是包囊型，在慢性病例或隐性阶段可以看到，包囊在细胞内发育。

弓形虫的终末宿主为猫，寄生于猫的小肠上皮细胞；它对中间宿主的选择不严，中间宿主包括人、猪、犬、猫、兔等。兔食入带有孢子化卵囊（感染性卵囊）的猫粪或被带有其他发育阶段虫体的中间宿主的肉、分泌物、排泄物等污染的饲料和饮水，可引起感染和发病，也可通过胎盘感染胎兔。

（二）流行病学

弓形虫的终末宿主为猫，卵囊污染的饲草、饮水是兔弓形虫病的主要传播途径，消化道是主要感染途径，患病母兔也可经胎盘垂直感染给胎儿，幼兔发病率和死亡率高，成年兔死亡率较低。

（三）临床症状

急性型病例主要发生于仔兔，体温升高，升至 40 ℃以上，食欲废绝，呼吸加快，精神沉郁，嗜睡，眼、鼻流浆液性或脓性分泌物，腹部因有腹水而膨胀；几天内出现全身或局部运动失调及后躯麻痹等神经功能障碍；常在发病后 2～8 天死亡。

慢性型病例病期较长，主要见于成兔，仅表现食欲减退，有不同程度的消瘦，贫血，后躯麻痹；发病一段时间后突然死亡；但大多数病兔转为隐性感染，呈亚临床过程或一过性症状，有的甚至无症状。

（四）病理变化

1. 急性型　病兔的肠系膜淋巴结、脾、肝、肺、心可见明显的肿胀和广泛性坏死，肺显著水肿并有粟粒状坏死灶和斑点状出血，在心脏也可见不规则坏死灶，胸腔、腹腔内有大量黄色渗出液。

2. 慢性型　病变比急性的轻，肠系膜淋巴结明显肿胀，后期淋巴结发生坏死，肝、脾、肺肿胀，有白色坏死硬结节，并可查到弓形虫包囊，脾肉芽状肿胀。

（五）诊断要点

根据流行特点、临床症状、剖检变化可做出初步诊断，确诊需进行实验室检查。方法是：取病死兔的肝、脾、肺、淋巴结等病灶组织或腹腔渗出物涂片，经姬姆萨染色或瑞氏染色或革兰氏染色后在油镜下检查，查出虫体即可确诊。对隐性感染兔，可用染色试验、间接血凝试验、酶联免疫吸附试验和补体结合试验等血清学方法进行诊断。

（六）防治措施

1. 预防　及时淘汰病兔，防止猫、狗等有害动物进入兔舍，以免病猫粪便中的弓形虫卵囊污染兔的饲料、饮水。平时要加强兔舍的卫生管理，兔舍、兔笼保持清洁卫生，定期消毒，病兔场要用加热的消毒药水进行消毒，定期用磺胺类药物预防此病，病兔的尸体要烧毁或深埋。

2. 治疗 兔场一旦发生此病，选用磺胺类药物进行治疗，与抗菌增效剂合用效果更佳，早期治疗效果好。

(1) 磺胺嘧啶钠注射液，每千克体重 0.1 克，肌内注射，每日 2 次，连用 3~5 天。

(2) 内服磺胺嘧啶粉剂或片剂，每千克体重 0.1 克，内服，每日 2 次，连用 4~7 天。

(3) 磺胺二甲基嘧啶，每千克体重 0.2 克，每日 1 次，连用 3~5 天。

(4) 联合应用磺胺嘧啶（按每千克体重 70 毫克）和三甲氧苄氨嘧啶（按每千克体重 14 毫克），口服，每日 2 次，首次用量加倍，连用 3~5 日。

(5) 氯苯胍，每千克体重 0.015 克，每日 1 次，连用 4 天。

无论使用哪种磺胺类药，首次用量均应加倍，在使用磺胺类药治疗的同时，应视病情给予对症治疗。

三、兔脑炎原虫病

兔脑炎原虫病是由兔脑炎原虫引起的人畜共患的专性细胞内寄生虫病，是一种慢性、隐性或亚临床原虫病，主要寄生于脑和肾脏，临床上主要表现为非化脓性脑膜脑炎、间质性肾炎、间质性心肌炎及中枢神经组织中有肉芽肿形成。该虫可感染各种动物和人，其中以兔的感染较为严重。兔脑炎原虫病广泛分布于世界各地，近年来我国也常见对该病的研究报道。

（一）病原与生活史

兔脑炎原虫属于微孢子虫门、微孢子虫纲、微孢子虫目、微粒子虫科、脑原虫属。兔脑炎原虫的成熟孢子大小约 1.5 微米 × 2.5 微米，呈杆状，两端钝圆，或呈卵圆形，核致密呈圆形、卵圆形或带状，大小为虫体的 1/4~1/3，偏于虫体一端。兔脑炎原虫多寄生在神经细胞、内皮细胞、巨噬细胞和其他组织细胞内，在这些细胞内可发现无囊壁的虫体假囊（虫体集落），其中可含 100 个以上的虫体，也可在细胞外发现假囊和虫体。

兔脑炎原虫生活史目前尚未完全阐明，可能是通过二分裂方式或裂体增殖方式进行繁殖。初步认为，其传染性单体是孢子原浆，孢子原浆从孢子中释出的部位是极丝末端，孢子原浆进入宿主细胞后即进行增殖，并发育为孢子。随着孢子的成熟和分离，最后宿主细胞破裂，释出孢子，开始新的生活周期。

（二）流行特点

兔脑炎原虫具有广泛的宿主范围，对家畜、家禽、野生动物和实验动物等均有易感性，其中家兔的感染率最高，可高达 76%。各年龄、品种和性别的兔均可感染该病，且多呈隐性感染，病兔的尿液中含有兔脑炎原虫。自然感染途径目前还不清楚，通过口服病变材料、鼻内接种和注射等胃肠外途径已使兔和小白鼠发病的人工感染获得成功，健康兔与病兔的直接接触也可感染，另外可能通过胎盘感染。

（三）临床症状

本病一般为慢性或隐性感染，无明显临床症状，有时见脑炎和肾炎症状，如惊厥、颤抖、斜颈、麻痹、昏迷、平衡失调及腹泻、蛋白尿等，严重的3~5天死亡。

（四）病理变化

脑炎原虫侵入机体后，常随血液循环进入大脑和肾组织，分别引起非化脓性脑炎、间质性肾炎及肾小管上皮病变。其中以肾脏病变最明显，剖检可见肾脏肿大，肾表面密布针尖大的白色小点，在皮质表面有大小2~4毫米的灰色凹陷区，虫体位于肾小管上皮细胞内或游离于管腔中。如肾脏受害严重，则表现为肾脏体积缩小，质地坚硬，肾脏表面呈颗粒状或高低不平，组织上主要为间质性肾炎、纤维化和小肉芽肿（由淋巴细胞与浆细胞组成）。脑上分布有不规则的肉芽肿病灶，脑内的肉芽肿病灶中心发生坏死，有大量脑炎原虫聚集在坏死中心，周围有淋巴细胞、浆细胞、胶质细胞、上皮细胞和巨噬细胞浸润，尤其是与脑损害相邻区域的非化脓性脑膜炎也是本病的一个特征。

（五）诊断要点

因为本病并没有特征性的临床症状，因此一般根据病理剖检变化来初步诊断，然后再结合实验室检查确诊。实验室检查一般采用动物接种法。将待检兔的脑组织悬液腹腔接种给易感小鼠，接种2~3周抽取小鼠腹水，制成涂片，经姬姆萨染色后镜检，若发现虫体即可确诊。

此外，要特别注意与弓形虫病相区别。兔脑炎原虫与弓形虫可根据如下几方面进行区别：兔脑炎原虫的滋养体形态呈卵圆形，大小约为2.5微米×1.5微米；弓形虫的滋养体形态为月牙形，大小约为3微米×6微米。兔脑炎原虫的包囊为假囊，不规则形，无囊壁；弓形虫的包囊为球形，有明显囊壁。兔脑炎原虫和弓形虫可用各种染色法进行区别：用H.E染色，兔脑炎原虫不易着色，而弓形虫中度着色；用革兰氏染色，兔脑炎原虫呈阳性，而弓形虫为阴性；Good-pasture石炭酸品红染色，兔脑炎原虫为品红色，而弓形虫不着色；P.A.S染色，兔脑炎原虫呈弱阳性（小颗粒），而弓形虫呈强阳性（大颗粒）。

（六）防治措施

目前尚无有效的治疗药物。由于生前不易诊断，感染途径多，特别是通过胎盘感染等因素给防治工作带来很大困难。加强防疫、改善卫生条件、清除已感染的种用动物，建立健康兔群等有利于本病的预防。

四、兔住肉孢子虫病

兔住肉孢子虫病（兔肉孢子虫病）是由兔肉孢子虫寄生于兔的肌肉中所引起的一种原虫病，以局部肌肉变性和变色为特征。家兔的肉孢子虫病比较少见，少量感染时一般不出现临床症状，严重感染时，肌肉发炎、疼痛，呈现跛行或运动障碍，生长发育缓慢，肉质下降，从而带来经济损失。

（一）病原与生活史

兔住肉孢子虫隶属于孢子虫纲、肉孢子虫科、肉孢子虫属。肉孢子虫在肌肉中形成包囊，大小不等，外围有囊壁，囊壁上有放射状的刺。包囊内充满了滋养体，通过内芽生殖进行增殖，成熟的、具有感染力的滋养体呈香蕉形，一端稍尖，一端钝，细胞核偏于钝端，核周围有许多糖原颗粒。肉孢子虫的终末宿主是肉食动物，中间宿主是禽类、爬虫类和草食动物等，兔为中间宿主，终末宿主吞食了中间宿主肌肉内成熟的包囊后被感染，包囊在小肠释放出滋养体，滋养体越过裂殖生殖期，直接发育为有性阶段，进行配子生殖，产生卵囊，并在肠壁上完成孢子化。孢子化的卵囊内含有 2 个孢子囊，其中各含有 4 个子孢子。卵囊壁薄且脆弱，一般多能自行在肠内破裂，因此粪便中常见到的是孢子囊。中间宿主吞食孢子囊后，子孢子通过血液循环到达各个器官，并在血管内皮进行裂殖生殖，最后再侵入肌肉形成包囊。

（二）流行病学

终末宿主粪便中的孢子囊和卵囊是兔住肉孢子虫病的感染来源。终末宿主一次感染，可持续排出孢子囊和卵囊十几天至数月。孢子囊和卵囊对外界环境的抵抗力极强，在 4 ℃下可存活 1 年之久。各种年龄的兔都可以感染，随年龄增长感染率增加。

（三）临床症状

轻微感染时一般不出现临床症状，严重感染时，可出现肌肉发炎、疼痛、跛行、食欲下降、消瘦等症状，有的出现共济失调等神经症状。

（四）病理变化

在心肌和骨骼肌，特别是后肢、侧腹和腰部肌肉容易发现病变。严重时，全身的横纹肌以及心肌的肌肉可以发现许多白色的梭形包囊，若包囊破裂会导致严重的心肌炎和肌炎，淋巴细胞、浆性细胞、嗜酸性粒细胞浸润，后期可发生钙化。

（五）诊断要点

死后诊断较容易，可通过剖检，如果在肌肉组织中发现包囊即可确诊。制作涂片时，可剪去病变部位的肌肉压碎，镜检可看到香蕉形滋养体。也可用姬姆萨染色后观察。还可以采用血清学方法进行诊断。

（六）防治措施

目前的预防措施是加强饲养管理，禁止犬、猫进入兔舍。加强肉制品的检验检疫工作，严禁把有虫体的肌肉、内脏随地丢弃，应做无害化处理。加强对兔舍的消毒，以免粪便污染饲料及饮水。

该病目前尚无有效的治疗方法。对患病兔可试用氨丙啉或碘化钾治疗。

五、兔隐孢子虫病

兔隐孢子虫病是由微小隐孢子虫寄生于家兔等多种动物的黏膜上皮细胞表面所引起的一种原虫病。除家兔外，人、牛、羊、猪、马、狗、猫、鼠等多种哺乳动物都可以感染。家兔多呈隐性感染。本病分布广泛，危害严重。

（一）病原与生活史

本病病原为隐孢子虫。哺乳动物常见的隐孢子虫有两种，即小鼠隐孢子虫和小球隐孢子虫，两者大小不同，前者为 7 微米 ×6 微米，卵圆形；后者为 4 微米，球形。卵囊壁均光滑、无色、无微孔和极粒，有卵囊余体，完全孢子化的卵囊内有 4 个裸露的子孢子和 1 个残体。

隐孢子虫主要寄生于兔盲肠上皮细胞内，其生活史类似球虫，需要经过裂殖生殖、配子生殖和孢子生殖三个阶段，整个生活史需 5 ~ 11 天完成。兔等易感动物吞食成熟卵囊后，子孢子在消化液的作用下自囊内逸出，先附着于肠上皮细胞上，发育为滋养体，经 3 次核分裂发育成 I 型裂殖体，成熟的 I 型裂殖体含有 8 个裂殖子。裂殖子被释出后侵入其他上皮细胞，发育为第 2 代滋养体，第 2 代滋养体经 2 次核分裂发育为 II 型裂殖体。成熟的 II 型裂殖体含 4 个裂殖子，这种裂殖子释放出后发育成雌配子体或雄配子体，雌配子体进一步发育为雌配子，雄配子体产生 16 个雄配子，雌雄配子结合后形成合子，合子发育为卵囊。卵囊有薄壁和厚壁两种类型。薄壁卵囊约占 20%，仅有一层单位膜，其子孢子逸出后直接侵入宿主肠上皮细胞，继续无性繁殖，使宿主自身重复感染；厚壁卵囊约占 80%，在宿主细胞或肠腔内孢子化，形成子孢子。孢子化的卵囊随宿主粪便排出体外，污染环境，造成个体间相互感染。

（二）流行病学

隐孢子虫的宿主范围广泛，且宿主特异性不是很严格，除兔可感染隐孢子虫外，其他哺乳类、鸟类、鱼类、爬行类的多种动物都可感染，兔感染率为 40% 左右。隐孢子虫的传染来源是畜禽和人排出的卵囊，卵囊对外界环境的抵抗力很强，在潮湿环境中可存活数月，多数消毒剂对其无效。粪便中的卵囊污染饲料和饮水，经消化道发生感染，另外也可发生自身感染。隐孢子虫呈全球性分布，良好的环境卫生和饲养管理条件对防止感染非常重要。

（三）临床症状

多数感染为隐性经过，严重感染或兔的免疫力下降时出现临床症状。主要临床表现为水样腹泻，偶可带有黏液，有时出现体温升高，食欲下降，呕吐和消瘦等症状。在机体营养状况较差，免疫功能低下时，可造成死亡。

（四）病理变化

对病兔进行尸体剖解可见尸体消瘦，组织脱水，小肠黏膜充血，十二指肠和空肠壁变薄，肠系膜淋巴结轻度肿胀。组织学检查时，虫体主要集中在肠后半段至回肠的绒毛上皮上，盲肠和结肠的黏膜上皮细胞也有寄生，被寄生部位的肠绒毛萎缩，损伤脱落。

（五）诊断要点

由于本病缺乏特征性临床症状及病理变化，故临床诊断比较困难。同时本病常与其他疾病发生合并感染或继发感染，故在临床上往往造成误诊，主要靠实验室诊断。

取病兔粪便或剖检的肠内容物，以饱和盐水或饱和糖溶液漂浮检查孢子虫卵囊。用金胺—酚染色，在低倍镜下，卵囊为一圆形小亮点，光滑，致密，发出乳白色荧光。高倍镜下可见囊壁很薄，卵囊似环状，周围浓染，中央淡染。也可取粪便涂片以1%亚甲蓝和1%硼砂溶液固定，0.1%伊红染色镜检。

（六）防治措施

1. 预防　加强饲养管理，改善兔舍环境卫生条件，提高兔体免疫力。发现病兔及时隔离，防止其排泄物污染饲料、饮水和环境，切断经口传播途径。病愈兔能长期带虫并不断向外界排出卵囊，故必须注意其粪便管理，防止污染环境。对发病后的兔舍及流行区的兔舍，应定期用10%甲醛溶液或5%的氨水进行消毒。

2. 治疗　目前仍无有效的治疗药物和疫苗。临床上用大蒜及大蒜素对本病有较好的疗效，在治疗的同时可加用复方新诺明、多酶片等辅助药物。严重腹泻病例应及时输液，补充电解质，纠正酸碱平衡。

六、兔豆状囊尾蚴病

兔豆状囊尾蚴病是由豆状带绦虫的中绦期豆状囊尾蚴寄生于兔的肝脏、肠系膜和腹腔内引起的一种疾病，因其囊泡形如豌豆而得名。临床上表现为消化紊乱和消瘦，本病虽很少引起患兔死亡，但感染率比较高，可使兔生长发育缓慢，世界各地都有。

（一）病原与生活史

豆状带绦虫的幼虫称豆状囊尾蚴，虫体呈球形，似豌豆样水疱状，透明，囊内含有一个白色小头节，并具有成虫头节的特征。本病成虫寄生于犬科动物的小肠内。犬、猫和野生肉食动物吞食了带有豆状囊尾蚴的脏器后，囊尾蚴就在小肠翻出头节，头节上的吸盘吸附在小肠壁上并长成豆状带绦虫，绦虫成熟后排出含卵节片，兔食入这种被节片和虫卵污染的饲料后，六钩蚴便从绦虫卵中钻出，进入肠壁，随血流到达肝脏开始发育，在肝内穿行 15～30 天后，钻出肝被膜进入腹腔，黏附在内脏表面继续发育成熟。

（二）流行病学

本病呈世界性分布，我国各地均有发生。兔为豆状带绦虫的中间宿主，犬、猫等动物为终末宿主，随着养兔业发展和猫、狗等宠物的增多，形成了家养宠物和兔之间的循环流行，通过消化道传染。

（三）临床症状

家兔轻度感染豆状囊尾蚴病后一般没有明显的症状，仅表现为生长发育缓慢。感染严重时（囊尾蚴数目达 100～200 个），则可出现肝炎症状，出现肝功能障碍。急性发作时可突然死亡。慢性病例主要表现为仔兔生长发育迟缓，成兔消化紊乱，食欲障碍，口渴，因腹腔内有大量的豆状囊尾蚴包囊而使腹围增大，精神沉郁，嗜睡，逐渐消瘦，体力衰竭，最终死亡。

（四）病理变化

患兔表现为身体消瘦，皮下常发生水肿，腹腔有较多液体。主要病变多在肝脏和肠系膜。剖检时常在肠系膜、网膜、肝脏表面及肌肉中见到数量不等、大小不一的灰白色透明的囊泡，囊泡常呈葡萄串状；肝脏肿大，肝实质有幼虫移行的痕迹，肝表面有大小不等的虫体结节和形成的瘢痕条纹，后期实变、硬化。急性肝炎病兔，肝表面和切面有黑红色或黄白色条纹状病灶。

（五）诊断要点

由于本病没有典型的特异性症状，所以根据病因、身体状况、粪便性状、剖检有灰白色透明的囊泡即可做出诊断。生前诊断可采用囊尾蚴囊液抗原凝集反应、间接血凝试验和酶联免疫吸附试验，其中间接血凝试验较常用，但生前确诊较为困难，多数是死后剖检在腹腔内发现豆状囊尾蚴时确诊。

（六）防治措施

1. 预防　本病应以预防为主。加强管理，严禁犬、猫进入兔场，防止犬、猫粪便污染兔饲料、饮水，不用有豆状囊尾蚴的兔内脏和肉尸喂犬、猫。兔场不许养犬。定期驱虫，可用吡喹酮对兔进行驱虫，每千克体重 5 毫克拌入饲料内喂服。

2. 治疗

（1）吡喹酮，25 毫克/千克体重，皮下注射，每日 1 次，连用 5 天。

（2）甲苯咪唑，按 35 毫克/千克体重，口服，每日 1 次，连用 3 天。

（3）丙硫苯咪唑，每日 50 毫克，隔 3 天 1 次，连续 45 天。

七、兔连续多头蚴病

兔连续多头蚴病是由连续多头蚴的中绦期幼虫寄生于兔的皮下组织、肌间结缔组织内所引起的一种绦虫蚴病。其成虫为连续多头绦虫，寄生于终末宿主犬科动物小肠内。

（一）病原与生活史

连续多头绦虫寄生于犬科动物，主要的中间宿主为兔和松鼠等啮齿类动物，偶尔也可感染人。成熟的连续多头蚴的大小可自樱桃大至鸡蛋大，坚实而有弹性。囊泡呈白色，内充满透明液体，囊内壁上生有许多白色的头节，头节在囊上呈辐射状排列，亦有部分头节游离于囊液中。在囊内和囊外均可形成含有头节的子囊，在囊内的称为内生性子囊，在囊外的称外生性子囊，外生性子囊有柄与母囊相连。成虫长 10 ~ 70 厘米，头节的顶突上有 26 ~ 30 个小钩，排成两圈。孕卵节子宫每侧有 20 ~ 25 个侧枝，虫卵大小为（31 ~ 34）微米 ×（27 ~ 30）微米，内含六钩蚴。连续多头蚴寄生于中间宿主的肌间和皮下结缔组织中。

随犬的粪便排出的孕卵节或虫卵污染了食物与饮水，被兔等中间宿主吞入，六钩蚴在消化道内逸出，钻入肠壁，并随血流到达宿主的肌间和皮下结缔组织，并逐步发育为连续多头蚴。连续多头蚴经 45 天后发育成为樱桃大小的虫体，此时便可见到头节，于 4 个月左右时可长至核桃大至鸡蛋大，坚实而有弹性，并能移动，数目为 1 ~ 4 个，最多可达 70 个。当犬食入含连续多头蚴的兔肉时，连续多头蚴即在小肠中逐步发育为连续多头绦虫。连续多头蚴在兔体内最常累及的部位是外咀嚼肌、股肌及肩颈部和背部的肌肉，偶尔也可寄生于体腔和椎管中。

（二）临床症状

本病的临床症状可因幼虫的寄生部位不同而有所差异，如果寄生于脑或者脊髓，则会出现神经症状以及麻痹；寄生于肌间和皮下结缔组织则表现为关键活动不灵，皮下有肿块。

（三）病理变化

在病兔的肌间和皮下结缔组织，尤其是外咀嚼肌、股肌及肩颈部和背部的肌肉上有核桃至鸡蛋大小的虫囊结节，有弹性。虫囊内有许多子囊，子囊较小、透明，囊内壁上有头节，囊外也可形成子囊，通过柄与母囊相连。

（四）诊断要点

病兔皮下触诊发现特征性的、可移动的寄生虫包囊，可做出初步诊断。确诊还需通过实验室诊断，死后剖检发现连续多头蚴包囊，镜检观察到包囊内含有许多连续多头蚴头节即可确诊。

（五）防治措施

1. 预防 加强管理，定期驱虫。严禁犬、猫进入兔场，防止犬、猫粪便污染兔饲料、饮水，不用带有豆状囊尾蚴的兔内脏和肉尸喂犬、猫。

2. 治疗　可用外科手术的方法摘除。或用麝香草酚溶解于油质内，隔日注射1次，可使皮下包囊退化。也可试用丙硫苯咪唑进行治疗。

八、肝片吸虫病

兔肝片吸虫病是由寄生在兔的肝胆管内的肝片吸虫引起的一种世界性分布的人畜共患寄生虫病。临床表现为急性和慢性肝炎、胆管炎和营养障碍。特别是以青饲料为主的兔发病率和死亡率高，可造成严重的经济损失。

（一）病原与生活史

肝片吸虫属于片形科片形属的一种大型吸虫，虫体长20~35毫米，宽5~13毫米，似柳叶状，腹、背扁平，体表有很多小刺。虫卵呈长卵圆形，黄褐色，有一个不明显的卵盖。成虫在胆管中产出大量的虫卵，随胆汁进入肠道并随粪便排出体外，虫卵在有水环境中孵化出毛蚴，毛蚴钻入中间宿主——椎实螺体内，经胞蚴、母雷蚴、子雷蚴，最后发育成尾蚴，尾蚴从螺体逸出，附着在水草上，脱去尾部，形成感染性囊蚴。兔吃了带有感染性囊蚴的水草而被感染。幼虫在小肠内脱囊而出，穿过肠壁进入腹腔，然后穿过肝包膜、肝实质进胆管发育为成虫。自感染到发育为成虫需3~4个月，成虫可寄生3~5年。

（二）流行病学

本病为世界性分布，多发生于低洼和沼泽地区和多雨的年份，是我国分布最广、危害最严重的寄生虫病之一，多见于反刍动物，兔也可被寄生，特别是以青饲料为主的兔发病率和死亡率均高。本病的流行必须通过中间宿主完成，患病动物和带虫动物都是传染源。囊蚴附着在各种水草叶茎上，以水面附近最多。囊蚴在潮湿的干草和水内能存活3~5个月或以上，在干燥及直射阳光下3~4周死亡。

（三）临床症状

临床表现可因兔的免疫力、年龄和感染幼虫的数量等不同而有差异，可分为急性和慢性病例。急性病例主要表现为患兔突然发病，体温升高，精神沉郁，食欲减退，贫血，腹痛，腹泻，喜俯卧，黄疸，很快死亡，主要是由幼虫在肝组织中移行造成的。慢性病例主要表现为患兔消化紊乱，便秘腹泻交替，被毛粗乱，进行性消瘦，严重贫血，颌下、眼睑、胸下水肿明显，可视黏膜苍白，结膜黄染，经1~2个月死于恶病质。主要是由成虫寄生在胆管造成的，虫体与宿主争夺营养造成的。

（四）病理变化

肝脏出血和急性炎症是因为肝片吸虫的幼虫在肝组织内移行造成的。主要表现为胆管壁粗糙增厚，呈绳索样凸出于肝脏表面，内含糊状物和虫体，胆管壁结缔组织增生，其中有不少嗜酸粒细胞和单核细胞浸润，腺体也增生。严重病例可见到肝硬变，胆管黏膜上皮增生并坏死、脱落，胆管内有虫体、虫卵、坏死的细胞等。

（五）诊断要点

根据消瘦、贫血、黄疸、便秘与下痢交替，眼睑、颌下、胸腹下水肿等临床症状、流行特点、病理变化和粪检有虫卵可做出初步诊断，剖检可见胆管有虫体即可确诊。

（六）防治措施

1. 预防　要经常打扫兔舍，加强饲养管理，增强家兔的抵抗力。合理处理水生植物饲料，水生饲料可通过青贮发酵杀死囊蚴（青贮 1 个月以上）。消灭中间宿主椎实螺。不要给兔饮用江、河等地面水，不要从低洼和沼泽地割草喂兔，最好饮用自来水或深井水。定期驱虫，对喂青饲料为主的兔进行两次预防性驱虫，驱虫后的粪便应集中处理，达到灭虫灭卵的要求。

2. 治疗

（1）蛭得净，对幼虫、成虫均有效。每千克体重 10 ~ 15 毫克，口服，每日 1 次。

（2）硫双二氯酚，对动物吸虫成虫有驱除作用，对吸虫幼虫作用较差。按千克体重 50 ~ 80 毫克，内服，用药后可出现腹泻和食欲减退等副作用。

（3）丙硫苯咪唑，对成虫有效，对幼虫作用较差。按每千克体重 10 ~ 15 毫克给药，口服，每日 1 次。

（4）硝氯酚，每千克体重 3 ~ 5 毫克，口服；或按千克体重 1 ~ 2 毫克，肌内注射。

九、日本血吸虫病

兔血吸虫病是由寄生于兔门静脉和肠系膜静脉内的日本血吸虫引起的一种人畜共患寄生虫病。以腹泻、便血、贫血、腹水为特征。

（一）病原与生活史

日本血吸虫属于分体科、分体属，雌雄异体，雄虫短粗，乳白色，长 10 ~ 20 毫米，宽 0.5 ~ 0.55 毫米，有口、腹吸盘各一个。口吸盘位于体前端，腹吸盘较大，在口吸盘不远处。体壁自腹吸盘开始到尾部，两侧向腹面卷起形成抱雌沟。在寄生状态时，雌虫常位于抱雌沟内，成合抱状态。雌虫外观与雄虫相似，略比雄虫细长一些，长 15 ~ 26 毫米，宽 0.3 毫米。

血吸虫的生活史分为成虫、虫卵、毛蚴、母胞蚴、子胞蚴、尾蚴与童虫七个阶段。终末宿主为人或牛、猪等 40 多种哺乳类动物。终末宿主感染后第 21 天出现雌、雄成虫交配产卵。雌雄交配产的卵，一部分随血流至肝脏，在肝脏形成虫卵肉芽肿，一部分逆血流沉淀于肠壁，在肠壁或肝脏内发育变成毛蚴，毛蚴产生的毒素使肠壁发生溃疡，虫卵或者通过肠壁进入肠腔，随宿主粪便排出体外，排出的虫卵如果进入水中，在一定温度下即可孵出毛蚴。毛蚴钻入中间宿主——钉螺体内，经母胞蚴、子胞蚴发育成尾蚴，尾蚴发育成熟后自中间宿主体内逸出，兔通过饮水、采食或尾蚴钻入皮肤而感染。

（二）流行病学

本病宿主广泛，各种家畜和野生哺乳动物几乎都可以感染。家兔一般为圈养和笼养，因此，自然感染的机会较少，在疫区一般都是通过饮用"疫水"和采食带有尾蚴的青草而感染。家兔和野兔一年四季都可以感染，但是以夏秋季最多。

（三）临床症状

家兔少量感染时一般无明显的临床症状，大量感染时会出现腹泻、便血、贫血、消瘦、体温升高，严重时出现腹水过多，最后死亡。

（四）病理变化

病变部位主要在肝脏及结肠。发病初期，在肝表面和切面可见粟粒或绿豆大结节，将结节压片镜检，可见到虫卵。严重时，肝脏肿大，表面有大小不等结节，凹凸不平，形成肝硬化，脾脏也有不同程度的肿大。肠道疾病主要在小肠、直肠和盲肠，十二指肠病变最明显，肠壁肥厚，在直肠的黏膜表面可见灰白色的虫卵结节，展开肠系膜观察，可见临近病变肠段系膜静脉内的成虫。

（五）诊断要点

根据临床症状及病理剖检变化，在肠道和肝脏见到虫卵结节，可做出初步诊断。确诊可用毛蚴孵化法或者血清学诊断。

（六）防治措施

1. 预防　搞好卫生，加强饲养管理，发现病兔及时隔离治疗。经常打扫兔舍及兔场，重点保证饮水卫生，饮用开水或地下水，饲料要晒干或进行青贮后再喂兔。对饲槽和水盘等定期消毒。对兔群每年两次定期驱虫，并对粪便进行无害化处理。

2. 治疗　用于治疗人畜血吸虫病的药物如吡喹酮、硝硫氰胺、血防846等，都适用于兔。

（1）左旋咪唑，每千克体重5~6毫克，口服，每日1次，连用2天。

（2）丙硫苯咪唑，每千克体重10毫克，口服，每日1次，连用2天。

十、兔肝毛细线虫病

兔肝毛细线虫病是由兔感染毛细线虫引起的一种寄生虫病，它主要寄生于兔和鼠等啮齿动物的肝脏，偶尔感染人。

（一）病原与生活史

肝毛细线虫属于毛细科毛线属。虫体非常纤细，白色，成虫体长 4~5 厘米，最长可达 10~12 厘米。虫卵大小为（63~68）微米 ×（30~33）微米，椭圆形，两端各有 1 个结节，卵壳表面有许多小杆形线。成虫寄生于肝组织内，雌虫在肝组织内产卵，虫卵一般无法离开肝组织，在虫卵周围形成直径为 0.1~0.2 厘米大小、灰黄色的小结节而使肝脏明显肿大；仅有少数的虫卵可通过损伤的胆管随胆汁进入肠中，随粪便排出。感染动物的尸体腐烂和分解是虫卵释放的主要途径。含有虫卵的肝脏被其他动物吞食后，肝脏被消化，虫卵随粪排出；或者宿主尸体腐烂后，虫卵自肝脏释出，在外界适宜条件下经 2~6 周发育成为内含幼虫的感染性虫卵。这种感染性虫卵污染饲料和饮水，被兔等动物吞食，卵壳在肠内被消化，幼虫从卵壳内逸出钻入肠壁，随血流到达肝脏，发育为成虫，从感染到发育为成虫需要 28 天。

（二）临床症状及病理变化

病兔一般没有明显的症状，仅表现为精神沉郁，消瘦，食欲降低。

病兔死后可见肝脏肿大，肝脏表面有许多绿豆大小的或呈带状黄色结节，或广泛的肝硬化，且有纤维性结缔组织增生，结节周围肝周围组织可出现坏死灶。

（三）诊断要点

本病无明显的临床表现，同时因虫卵滞留于肝脏不能随粪排出，生前诊断十分困难。诊断必须依靠尸体剖检，剖检可见肝上有黄色条纹、斑状结节以及在肝脏中发现虫体和虫卵做出诊断。

（四）防治措施

1. 预防　加强饲养管理和卫生消毒工作，在兔舍附近消灭野生啮齿动物，禁止犬、猫进入兔舍，并防止狗、猫等动物粪便污染兔舍、饲料、饮水和用具。发现病兔应及时隔离治疗，病兔的尸体要烧毁或深埋，病死兔的肝脏不能喂犬、猫，防止虫卵污染。

2. 治疗

（1）甲苯咪唑，每千克体重 100~200 毫克，口服，每日 1 次，连用 4 天。

（2）丙硫苯咪唑，每千克体重 15~20 毫克，口服，每日 1 次，连用 4 天。

十一、栓尾线虫病

兔栓尾线虫病又名蛲虫病，是由兔栓尾线虫寄生于兔的盲肠、结肠和直肠等所引起的一种消化道线虫病，临床上表现为肛门周围发痒。

（一）病原与生活史

兔栓尾线虫属于尖尾目、尖尾科、栓尾属。寄生于兔的栓尾线虫有疑似栓尾线虫、无环栓尾线虫和不等刺栓尾线虫 3 种。虫体半透明，有后食道球，球前有一膨大部。雄虫长 4 ~ 5 毫米，宽 0.3 毫米，尾端尖细似鞭状，有尾翼和一根长的弯曲的交合刺。雌虫长 9 ~ 10 毫米，长而细尖，阴门位于前端，肛门后端有卵盖。虫卵壳薄，一侧扁平，呈半月形，大小为 90 微米 × 103 微米，排出时发育至桑葚期，在环境中发育成具有感染性的含幼虫虫卵。兔吃到虫卵感染，虫卵内的幼虫在肠道逸出，经过 2 次蜕皮发育为成虫。

（二）流行病学

该病分布较广，感染较普遍，各种兔，不分年龄、性别和品种均可感染，但幼龄兔比成年兔感染率和感染强度高，毛用兔比皮用兔感染率和感染强度高，感染率从 2% ~ 35% 不等，感染强度一般为数百条，最高达上万条。带虫兔是本病的传染源，虫卵经消化道感染，通过被虫卵污染的草料、饮水、用具和笼舍传播。卫生条件差的兔场很容易造成本病的传播。

（三）临床症状

少量感染时，家兔一般不表现临床症状，严重感染时，表现为心神不定、食欲减少、精神沉郁、被毛粗乱、逐渐消瘦、下痢，因肛门有蛲虫活动而发痒，用嘴舌啃舔肛门。病兔随粪便排出大量乳白色线头样栓尾线虫。严重者可导致死亡。

（四）病理变化

幼虫在盲肠黏膜内发育，并以黏膜为食，使肠黏膜受到损伤，有时发生溃疡及大肠炎症，剖检可见大肠和盲肠弥漫性炎症。剖检可在盲肠内有大量线状虫体，大肠内也有栓尾线虫。

（五）诊断要点

病兔生前诊断比较困难。发现肛门瘙痒的可疑兔，用蘸有 50% 甘油水的药勺刮取肛门周围的皮屑，在显微镜下检查有大量松子样的虫卵可做出诊断。剖检病死兔，在大肠和盲肠发现成虫方可确诊。

（六）防治措施

1. 预防 该病是土源性寄生虫，因此一定加强饲养管理。发现病兔及时隔离驱虫，驱虫后做好粪便和环境的消毒。加强兔舍的卫生管理，经常打扫兔舍及兔场；对饲槽和水盘等定期消毒，定期驱虫，所排粪便应堆肥发酵杀灭虫卵。新购入兔隔离检疫，确定无带虫者方可进入兔舍。有条件的最好采用剖腹取胎方法建立无虫兔群。

还应定期驱虫。用丙硫苯咪唑每千克体重 10 ~ 20 毫克口服，1 周内重复用药 1 次。平时春秋季节各驱虫 1 次。感染严重的兔场，隔 1 ~ 2 个月可驱虫 1 次。

2. 治疗

（1）丙硫咪唑（抗蠕敏），每千克体重 10 毫克，内服，每日 1 次，连用 2 天。

（2）左咪唑，每千克体重5~6毫克，一次内服，每日1次，连用2天。

（3）肛门周围涂擦汞软膏、石炭酸软膏或蛲虫膏（含百部浸膏30%，龙胆紫0.2%）杀虫卵止痒。

（4）选用消炎药、收敛药对症治疗肠炎，可选用磺胺脒、庆大霉素、土霉素、20%大蒜汁。

十二、兔螨病

兔螨病是各种螨虫寄生于兔的皮肤所引起的慢性皮肤病，较为常见的有疥螨科和痒螨科的几种螨虫。

兔疥螨病是由兔疥螨、兔背肛螨等寄生于兔皮肤真皮层内引起的一种慢性、接触性外寄生虫病，可致皮肤发炎、剧痒、脱毛等症状，严重时可造成死亡。

兔痒螨是寄生于兔的外耳道而引起的一种慢性、接触性皮肤病，对养兔业危害很大。

（一）病原与生活史

1. 兔疥螨 疥螨科虫危害兔的主要有两个属，即疥螨属和背肛疥螨属。

疥螨虫体较小，外观呈圆球形，浅黄白色，背部隆起，腹面扁平。雄螨体长0.2~0.23毫米，宽0.14~0.19毫米；雌螨体长0.33~0.45毫米，宽0.25~0.35毫米。躯体可分为两部分，前面称背胸部，上有第1和第2对足；后背称背腹部，上有第3和第4对足。体背面有细横纹、锥突、圆锥形鳞片及刚毛。躯体的前方为口器，又称假头，由一对螯肢和一对须肢组成。假头后方有一对粗短的垂直刚毛。背胸上有一块长方形的胸甲。肛门位于背腹部后端的边缘之上。躯体腹面有4对粗短的足，后两对足之间的距离较远。前两对足较大，超出虫体边缘，每对足上均有角质化病变，每个足的末端有两个爪和一个具有短柄的吸盘。后两对足较小，除有爪外，在雄虫的末端有长刚毛；雌虫的末端有刚毛，而且其第4对足的末端有吸盘。疥螨足上的吸盘呈钟形。雌虫的生殖孔位于第1对足的后枝条合并的长杆的后面。卵呈椭圆形，大小为150微米×100微米，多寄生于兔的嘴和鼻周围、脚爪部和躯体皮肤。

兔背肛螨的虫体较小，雌虫的大小为（0.2~0.45）毫米×（0.16~0.4）毫米，雄虫第3对足无吸盘，雌虫第3、4对足无吸盘，有长发状刚毛，肛门周围有环形角质皱纹。多寄生于兔的头部、嘴、鼻与耳，也可蔓延至生殖器。

疥螨属不完全变态的节肢动物，其全部生长发育和繁殖过程均在宿主皮内完成，属永久性寄生虫，其繁殖1代需8~22天，平均15天。疥螨的发育过程包括卵、幼虫、若虫和成虫四个阶段。疥螨钻进宿主表面挖凿隧道，虫体在隧道内进行发育和繁殖，雌虫在隧道内产卵，卵孵化为幼虫，每个雌虫一生可产40~50个卵。孵化出的幼虫爬到皮肤表面，在毛间的皮肤上开凿小穴，在里面蜕化变为若虫。若虫钻入皮肤，形成狭而浅的穴道，并在里面蜕化变为成虫。雄虫于交配后死亡，雌虫的寿命为4~5周。

2. 兔痒螨 痒螨科虫危害兔的主要有两个属，即痒螨属和足螨属。

痒螨虫体呈卵圆形，体长0.5~0.9毫米，口器长，呈圆锥形；螯肢细长，两趾上有三角形齿。躯体背面表皮有细皱纹。肛门位于躯体末端。足较长，特别是前两对。雌虫的第1、2、4对足和雄虫的前3对足都有吸盘，吸盘长在一个分三节的柄上。雌虫的第3对足上各有两根长刚毛。雄虫第4对足特别短，没有吸盘和刚毛。雄虫躯体末端有两个结节，其中各有长毛数根，腹面后部有两个性吸盘，生殖器位于第4基节之间。雌虫躯体腹面前部有一个宽阔的生殖孔，后端有纵裂的阴道，阴门背侧为肛门。

（二）流行病学

兔疥螨病是由于健康家兔接触了病兔或通过有疥螨的兔舍和接触用具而感染，工作人员的衣服和手等也可以成为疥螨的传播工具。疥螨病多发于冬季和秋末春初，因为在这些季节，日光照射不足，兔毛长而密，空气的湿度较大，最适合疥螨的发育和繁殖。疥螨离开兔体后在兔舍内、墙壁和各种工具上的存活期限随温度、湿度及阳光照射的强度等多种因素的变化而有显著的差异，一般仅能存活3周左右。在夏季兔体绒毛大量脱落，皮肤常受阳光照射，皮温增高，经常保持干燥状态，这些条件不利于疥螨的生存与繁殖，大部分虫体死亡，这时症状减轻或完全康复；但仍有少数螨潜伏在耳壳、腹股沟及被毛深处；或在非易感动物体上作短期停留，成为冬季疥螨病复发和传播的根源。幼兔易患疥螨，发病也较为严重，随着年龄的增长，即产生免疫力。免疫力的强弱取决于兔的健康状况、营养水平以及有无其他疾病等。

兔痒螨为接触传染，病兔和健康兔混在同一舍内即可造成相互感染，也可通过用具、工作人员的衣物和手传播。夏季对痒螨的发育不利，阳光照射及干燥的空气均对痒螨的发育和生存极为不利，特别是在剪毛或换毛后，皮肤表面湿度骤降，于是它们就潜伏在皮肤的皱襞中和其他阳光照射不到的部位如耳壳、尾根下、会阴、阴囊及爪间隙等处，使患兔转为潜伏型的痒螨病。一旦进入秋冬季节，它们即重新活跃起来，在一定条件下，引起疾病复发。在冬季，特别是潮湿阴暗又拥挤的兔舍内，传染和发病更为严重。

（三）临床症状

兔疥螨主要寄生于头部、脚趾和躯体皮肤。患部奇痒，一般先由嘴、鼻孔、眼周围和脚爪部发病，病兔不停用脚爪搔抓嘴、鼻、眼等处或用嘴啃咬脚部，继而引起炎症，皮肤表面出现脱毛、疱疹、龟裂，严重时可出现用前后脚抓地现象。病兔迅速消瘦，常衰弱死亡。病变部皮肤增厚，结痂，使患部变硬。并可向鼻梁、眼圈等处蔓延，严重者形成"石灰头"。足部则产生灰白色痂块，并向周围蔓延，呈现"石灰足"。

兔痒螨主要寄生于外耳道及耳郭内面，引起严重的外耳道炎，渗出物干燥后形成黄色痂皮塞满耳道如"卷纸样"，耳根出血肿胀，耳朵变重下垂，不断摇头和用脚搔抓耳朵。由于耳道被痂皮堵塞听觉不灵，严重者可造成耳朵缺损，病兔出现烦躁不安，严重时蔓延至筛骨及脑部，引起神经症状而死亡。

（四）诊断要点

兔表现出比较明显的临床症状的，再根据发病季节、剧痒、患病皮肤的变化等可初步确诊；症状不明显的，应采用特异诊断方法。实验室诊断检查到各个发育阶段的虫体——虫卵、幼虫、若虫或成虫均可确诊。一般多采用螨虫检查法。

螨虫检查法：在病变与健康皮肤交界处用小刀轻刮（以微出血为止）以获取痂皮，刮取物放入试管中，加10%氢氧化钠（或氢氧化钾）溶液，浸泡1～2小时或煮沸1～2分钟，待痂皮等固体有机物溶化，静置20分钟或离心，从管底取沉淀物滴于载玻片上镜检。也可将刮取物置载玻片上，加1滴50%甘油水溶液或液状石蜡，再加盖玻片后在低倍显微镜下检查虫体。此外，也可将刮取物放在黑纸上稍加热或置于阳光下，用放大镜或肉眼仔细观察，可见到螨虫在黑纸上爬动。

（五）防治措施

1. 预防 预防本病应当搞好兔舍卫生，经常保持兔舍清洁、干燥、通风，光照充足，勤清除粪便，勤换垫料，饲养密度不要过大。被病兔污染的笼舍及用具等可用10%～20%石灰水消毒，或用0.03%～0.05%高锰酸钾溶液、20%草木灰浸出液、强力消毒灵、过氧乙酸等进行浸泡消毒。应经常观察兔群，发现病兔立即隔离治疗。对新购入或已临床治愈的兔，应隔离饲养，观察一个月证明无本病时方可混群。兔群每年预防注射伊维菌素2次。

2. 治疗 兔群发生螨病后，应采取综合治疗措施。先消除患病部位及周围的毛绒和污物、痂皮，清理下来的皮毛、痂皮等应集中烧毁；然后用温肥皂水或2%温来苏儿水擦洗，最后涂上药物。对耳部及耳道患病的兔，应先用油类软化痂皮块，疏通耳道，再用2%敌百虫甘油滴入耳内并涂擦患部。治疗常用方剂有：敌百虫1份、甘油20份、水79份混合配成涂擦剂，隔日次，涂擦患部，轻者2次，重症者2～3次。用伊维菌素以每千克体重0.2毫克的剂量皮下注射1次，或用软膏涂擦患部；根据病情及体重，用0.03%～0.05%林丹乳油溶液擦洗患部及四周。用食醋500毫升、烟叶50克，混合煮沸10～15分钟，取煎汁液涂擦患部，每天2～3次。苯甲酸苄酯（苯甲酸33克、95%酒精50毫升、软肥皂10克，混合后备用），第1次涂药后，间隔1小时再涂第2次。敌百虫3～4克、硫黄粉8～10克、菜籽油100毫升，混合搅拌均匀涂擦患处，3～5天涂抹1次，2～3次可治愈。蛇床子20克、雄黄混合碾细与蛇床子粉一起倒入液状石蜡中，最后加入来苏儿水混匀装瓶备用，每5天涂擦1次患部，2~3次即可治愈。

用药后若发现中毒或皮肤炎，应立即用温水冲洗涂药的部位，并更换用药种类或减少用药量和涂药面积。考虑到螨虫的发育周期，必须在第1次治疗后的7~14天再进行1次重复治疗，以确保根治。并且要对栏舍用具等彻底清洗消毒。

十三、兔虱病

兔虱病是由兔血虱寄生于兔皮肤表面所引起的一种慢性、外寄生虫病。本病对兔，特别是幼兔的危害十分严重。

（一）病原与生活史

舍饲家兔发生虱病多为兔嗜血虱感染，此种虱靠吸兔血维持生命。兔虱体长1.2~1.5毫米，灰黑色，背腹扁平，分头、胸、腹3部分。头部较胸部窄，呈圆锥形，胸部腹面有3对粗短的腿。刺吸式口器，可穿刺皮肤吸血，不吸血时口器缩入咽下的刺囊内。成熟的雌虫排出带有胶黏物质的、圆桶形的卵，虫卵（0.8~1）毫米×0.3毫米，呈黄白色，长椭圆形，黏附在兔毛上。

兔虱的发育属不完全变态，一生经历虫卵、若虫、成虫三个阶段，终生不离开宿主。雌虫于交配后2~3天开始产卵，每昼夜可产1~4个虫卵，一生产卵50~80个。虫卵经9~20天孵出若虫，在2~3周经3次蜕皮发育为成虫。

（二）流行病学

兔虱主要通过病兔与健康兔的直接接触而传播，也可通过混用的污染笼具等传播。在阴暗、潮湿、污秽的环境中，兔易发生虱病。

（三）临床症状

少量虱寄生时症状不明显。大量寄生时，虱穿刺皮肤吸血时分泌的唾液的毒素作用刺激神经末梢，引起瘙痒、不安，影响休息与采食，病兔贫血、消瘦，幼兔发育不良，生产性能降低。病兔的啃咬、擦痒造成皮肤损伤，有时继发细菌感染可引发化脓性皮炎，并降低毛皮质量。

（四）诊断要点

兔有瘙痒症状，用手拨开患兔被毛，肉眼可以看到黑色小兔虱活动，在毛根可见淡黄色的虫卵，即可确诊。定性需做寄生虫鉴定。

（五）防治措施

1. 预防　经常观察兔群，发现病兔，立即隔离治疗。引进种兔时隔离观察，防止将虱病引入兔场。兔舍要经常保持清洁、干燥、阳光充足，并定期消毒。

2. 治疗　发现病兔，及时用敌杀死、杀灭菊酯、敌百虫、伊维菌素等杀虫药治疗。可用0.5%~1%敌百虫溶液涂擦；也可按每千克体重皮下注射0.02毫升虫克星注射液，注射前原药要用生理盐水10倍稀释；用二氯苯醚菊酯2万~2.5万倍稀释（1毫升的药液加水40~50千克）或2%~4%烟草浸出液涂擦患部，隔天1次，直至痊愈。药物治疗兔体虱的同时，应用杀虫药喷洒兔笼及环境同步杀虫，隔周1次，连用2~3次。

十四、硬蜱

兔硬蜱病是由蜱寄生于兔体皮肤的一种体外寄生虫病。蜱（俗称壁虱、草爬子、狗豆子）是一种靠吸血为生的体外寄生虫，可以寄生于多种动物和人。我国各地都有蜱侵袭兔群的报道。

（一）病原与生活史

目前全世界已发现有800多种蜱虫，硬壳蜱约700种，而中国有100多种。可以寄生于兔的蜱有很多种，在我国常见的有草原革蜱、森林草蜱、中华草蜱、微小牛蜱、扇头蜱、璃眼蜱等。不同的蜱形态各不相同，其共同的形态特点有头节、须肢。蜱背腹扁平，呈卵圆形，无明显头胸腹之分，通常分为假头和躯体两部分。假头是一对柱状须肢，中间腹面是一个口下板，背面是一对须肢。成蜱和若蜱有4对足，而幼蜱有3对足。

蜱的发育分为卵、幼蜱、若蜱及成蜱4个阶段。多数硬蜱在动物体上进行交配，交配后吸饱血离开宿主落地，爬到缝隙内或土块下静伏不动，一般经过4~8天待血液消化和卵发育后，开始产卵。硬蜱一生只产卵一次，可产数千个卵，甚至达万个以上。每个阶段吸血蜕皮一次，蜕皮后完成变态发育。硬蜱完成一代生活史所需时间由2个月至3年不等。硬蜱寿命自1个月到数十个月不等。不同种的蜱发育所需时间不同，各个阶段的宿主种类和变更宿主的次数也不同，并以此把蜱分为单宿主蜱、二宿主蜱、三宿主蜱和多宿主蜱。

1. 单宿主蜱 发育各期都在一个宿主体上，雌虫饱血后落地产卵，如微小牛蜱。

2. 二宿主蜱 幼虫发育为若虫在一个宿主体上，而成虫在另一个宿主体上寄生，如残缘璃眼蜱。

3. 三宿主蜱 幼虫、若虫、成虫分别在3个宿主体上寄生。如全沟硬蜱、草原革蜱，90%以上的硬蜱为三宿主蜱，蜱媒疾病的重要媒介大多是三宿主蜱。

4. 多宿主蜱 幼虫、各龄若虫和成虫以及雌蜱每次产卵前都需寻找宿主寄生吸血，每次饱饮血后离去，通常软蜱都属多宿主蜱。

（二）流行病学

不同地区、不同种类的蜱，活动周期不同。在我国南方一年四季都有，在北方一般是春夏秋三季较多。一般多发生在温暖季节，寒冷季节不发或少发。蜱可以传播许多病毒、细菌、立克次体等疾病。

（三）临床症状

硬蜱寄生于兔的体表，叮咬皮肤出血，造成皮肤机械性损伤，蜱寄生的部位又痛又痒，使兔躁动不安，影响采食和休息。在硬蜱吸食固着的部位，易造成继发感染。蜱大量寄生时，可引起消瘦、贫血、发育不良、毛皮质量下降。因硬蜱的唾液中含有大量毒素，硬蜱叮咬时可造成动物麻痹，多表现为后肢麻痹。

（四）诊断要点

蜱肉眼可见，检查时用手扒开兔毛，看见蜱即可确诊。

（五）防治措施

1. 预防 发现兔体上有少量的蜱寄生时，可用乙醚、煤油、凡士林等涂于蜱体，等其麻醉或窒息后再拔除。拔除蜱时，应保持蜱体与动物体表成垂直方向，否则蜱的口器会断落在皮肤内，引起局部炎症。兔舍是蜱生活和繁殖的适宜场所，通常生活在舍内墙壁、地面的缝隙内。可用石灰水（石灰1千克和水5升）加1克敌百虫粉喷洒这些缝隙，也可用2%敌百虫溶液洗刷。另外，消灭兔舍周围环境中的蜱也是非常必要的，在兔场周围变草场为耕地，消除适于蜱生存的条件。定期对兔群用伊维菌素进行预防投药，可有效预防本病。

2. 治疗 采用杀蜱药物对兔涂擦、喷洒或药浴，如有机磷类（1%敌敌畏、1%敌百虫、0.05%蝇毒磷溶液），鱼藤精乳剂（鱼藤精3份，肥皂4份，水100份），0.05%双甲脒溶液（原液为20%双甲脒乳油）等。

十五、蝇蛆病

蝇蛆病是由双翅目昆虫的幼虫侵入兔的组织或腔道内引起的疾病。不同种属蝇的幼虫在兔体的寄生部位略有不同，通常寄生在鼻、口、肛门、胃、肠道、生殖道、伤口及皮下组织内。本病全国各地均有发生，常发于夏季。

（一）病原与生活史

能引起兔蝇蛆病的蝇种类很多，有丽蝇属、污蝇属、胃蝇属等多种蝇。成虫属于双翅目，不同种属的蝇幼虫在兔体寄生的部位不同，通常寄生在鼻、口、肛门、胃、肠道、生殖道、伤口及皮下组织内。蝇类的发育属完全变态类型，一般都要经过卵、幼虫、蛹和成虫4个阶段。幼虫通过虫道与外界相通，以坏组织或血液为食，经过数周的发育，两次蜕皮变成三期幼虫。幼虫经过虫道离开兔体，落地，钻入浅层松土内化蛹，再经过一段时间的发育化成蝇。有的一年内可繁殖7~8代，有的一年只繁殖1代。

（二）流行病学

各种年龄的兔都可发病，但对幼兔危害严重。大多数成蝇常在果树园和苜蓿地栖息，不同种蝇的繁殖期及生物特性不尽相同，但一般的活动盛期在5~9月。因此，兔的蝇蛆病也多发生于夏秋季节。

（三）临床症状

蝇蛆多侵入兔的口、鼻、肛门、生殖孔、伤口及皮下组织，皮肤表面的寄生部位多在肩胛部、腋下、腹股沟、面部、颈部和臀部。一般情况下，感染初期兔的临床症状不明显，幼虫孵出后向深部移行，兔表现不安或尖叫，幼虫侵入部位出现局部红肿，有痛感，触诊敏感，有炎性分泌物。随着幼虫的生长，侵入腔道可造成相应器官的功能障碍；侵入皮下组织可形成中央有小洞或瘘管的肿胀，肿胀直径为10~20毫米，继发细菌感染后形成脓肿，破溃后流出恶臭红棕色脓汁，用手挤压局部有时可见蝇蛆。由于幼虫在宿主组织和腔道内生长，以寄生的组织为营养，并有向深部组织内钻行的特点，同时幼虫生长发育过程中，还代谢产生多种毒素。随着病情的发展，兔迅速消瘦，极易死亡，特别是幼兔死亡率更高。

（四）诊断要点

口、鼻、皮肤伤口、肛门和生殖孔有局部红肿，挤压流出恶臭红棕色脓液和蝇蛆。

（五）防治措施

1. 预防　加强饲养管理，发现病兔及时隔离治疗，加强兔舍的卫生管理，经常打扫兔舍及兔场，及时处理好粪便、垃圾，并拌撒杀虫剂，以消灭蝇蛆和蛹。夏秋季要定期喷洒敌百虫、除虫菊酯等杀虫剂。兔舍加装纱网，防止蝇类对兔的侵袭。

2. 治疗　发现兔体有蝇蛆寄生，应立即隔离治疗。如果寄生在体表部位，首先将肿胀的结节用手术刀片切一小创口，用眼科镊子把蝇蛆取出来，也可向患部洞口滴入1~2滴氯仿或乙醚，促使蝇蛆离开洞穴；也可用手指挤捏患部，挤出虫体，然后用0.1%的高锰酸钾溶液冲洗，然后再涂上消炎粉。如有化脓，可向洞内注射双氧水冲洗，除净坏死组织后，局部注射1万~2万单位青霉素，连用2次。如果蝇蛆寄生深部组织或胃肠道内，可皮下注射依维菌素，每千克体重0.02毫克；对体温升高，出现全身症状的病例，除局部杀虫外，还要进行全身治疗，直至全身症状消失。

第十二章 兔的常见普通病

第一节 营养代谢病

营养代谢病指的是动物机体因某种或者某类营养物质缺乏而引起的机体一个或者多个代谢环境异常的、非常复杂的多种疾病的总称，包括四大部分，分别是糖、蛋白质和脂肪代谢障碍性疾病，矿物质和水盐代谢障碍性疾病，维生素代谢障碍性疾病，微量元素代谢障碍性疾病。家兔营养代谢性病是家兔常发病，虽不像细菌性、病毒性、寄生虫性疾病对兔场危害大，但是一旦发生，往往也是成群或成批的发病，轻则影响家兔生长发育，造成兔生活力、抗病力下降，影响销售出栏；重则会危及生命，给养兔场带来较大的经济损失。本病目前主要采取综合防疫措施进行防控，平时兔场要注意加强饲养管理，饲喂全价平衡日粮，可以有效预防本病的发生。一旦发病要早发现、早诊断、早治疗，可以降低经济损失。本节内容就兔常见一些营养代谢性疾病展开叙述。

一、维生素 A 缺乏症

1. 病因　植物中的维生素 A 原（胡萝卜素）存在于各种青绿饲料以及黄玉米、青干草、胡萝卜中，其中胡萝卜中的胡萝卜素最高。胡萝卜素可以在兔肠道合成维生素 A，并储存于肝脏中。因此当饲料单一、缺乏青绿饲料、饲料加工储存不当、饲料霉败变质或者遭暴晒雨淋，就会导致胡萝卜素摄入不足。还有就是配合饲料中维生素 A 添加量不足或者未添加引起维生素 A 缺乏。兔患有消化系统疾病引起维生素 A 摄入不足，患有肝脏疾病引起维生素 A 储存障碍等都可引发本病。

2. 症状　维生素 A 缺乏患兔生长缓慢或者停止，被毛粗乱没有光泽，消化功能紊乱，活力下降，免疫力低下。眼睛损害是最常见的症状，成兔和幼兔都会不同程度地发生干眼病、夜盲症、化脓性结膜炎、角膜炎，病情恶化则出现溃疡性坏死。因为维生素 A 可以促进上皮细胞的完整，所以维生素 A 缺乏的患兔机体上皮细胞完整性受损，可以引起呼吸器官、消化器官以及泌尿器官的炎症。有个别兔会出现神经症状，即头向一侧弯曲并做转圈运动（可能与维生素 A 缺乏影响脑脊液的吸收而呈现脑积水有关），逐渐站立不稳，左右摇晃，进行性后驱瘫痪，腿麻痹倒地惊厥甚至死亡。不同年龄的兔发病症状也有差异。母兔缺乏维生素 A 时眼部角膜表现出模糊的白斑或白带，一般在角膜中央或稍偏一点，角膜混浊、粗糙、干燥，眼周围堆积干结痂或脓性分泌物，球结膜边缘发生色素沉着；若此时再不补充维生素 A，病症则进一步恶化，出现完全的角膜炎、虹膜睫状体炎，眼前房积脓，以致永久性失明，用显微镜检查眼底在视网膜上有白色斑点。此外，母兔的发情率和受胎率低，并出现妊娠障碍，即使能受精怀孕，也会发生早期胎儿死亡或被吸收，易流产，易产死胎、弱胎或畸形胎。即使能正常产仔，仔兔产后几周内也易发生脑积水；不发生脑积水的仔幼兔，则生长发育迟缓，体重减轻，到后期自发运动减少，不愿活动，甚至会出现神经症状。

3. 防治 本病重在预防，主要给母兔供给充足的维生素 A、鱼肝油或胡萝卜，以保证母兔的自身健康，正常发情，及时受孕，使胎儿正常发育，生产健壮的子代。饲喂富含胡萝卜素类的优质牧草及黄色玉米、胡萝卜、老南瓜、黄心甘薯等富含胡萝卜素的饲料，是预防维生素 A 缺乏的简单易行的可靠办法。对发病兔进行药剂治疗：

（1）内服维生素 A 胶丸，每丸含维生素 A 2.5 万国际单位，每只母兔内服 600 ~ 3 000 国际单位，每日 1 次，连续服 7 天为 1 个疗程。停服 7 天后再服 1 个疗程，直到母兔体况正常为止。

（2）内服维生素 AD 油（每毫升含维生素 A 5 000 国际单位，维生素 D 500 国际单位），每次 1 ~ 2 毫升，连用 2 ~ 3 次。

（3）内服鱼肝油（每毫升含维生素 A 1 500 国际单位，维生素 D 150 国际单位），每次 1 ~ 2 毫升，若混入饲料，可按每千克饲料 0.2 毫升的比例加入，连用 5 ~ 7 天，停药一周如果不见好转再服用 1 个疗程。

（4）肌内注射维生素 A，用 1 毫升含维生素 A 5 万国际单位、维生素 D 2.5 万国际单位联合或混合进行肌内注射。每只兔一次量 0.1 ~ 0.3 毫升，隔日用 1 次，连续 7 天。

（5）也可使用速补—14 等饮水。但要注意维生素 A 属于脂溶性维生素，一旦摄入过多会造成蓄积性中毒。动物急性毒性表现为兴奋、视力模糊、脑水肿、呕吐；慢性毒性表现为厌食、皮肤过度角化出现病变、内脏受损等。

二、维生素 B₁ 缺乏症

1. 病因 维生素 B₁ 又名硫胺素，属于水溶性维生素，一般青绿饲料、酵母、糠麸中含量丰富，健康兔肠道也可以合成满足身体需要。但是通常维生素 B₁ 不能在体内储存，需要每天从饲料中摄取。因此饲料中维生素 B₁ 添加不足或者饲料加工调配不合理，维生素 B_1 遭到破坏容易导致缺乏。兔患有慢性肠道疾病也会影响维生素 B_1 的合成和吸收，长期使用抗生素也可以抑制肠道微生物合成维生素 B_1。长期大量使用抗球虫药物如氨丙啉也可以拮抗维生素 B_1 的合成和吸收。

2. 症状 兔维生素 B_1 缺乏时主要表现消化功能紊乱，常有食欲减退、呕吐、腹胀、腹泻或便秘、逐渐消瘦、不爱活动等，不及时治疗会出现神经症状，患兔表现烦躁，精神沉郁，共济失调，全身软弱无力甚至瘫痪，深浅反射减弱甚至消失，严重者抽搐和痉挛，甚至昏迷，可引起死亡。怀孕母兔易发生死胎、畸形胎或木乃伊化胎，甚至引起妊娠母兔死亡。此外患兔泌尿功能也会受到影响，兔踝部水肿，甚至蔓延至全身或伴发心包、胸腔、腹腔积液。

3. 防治 首先注意兔日粮中使用维生素 B_1 含量丰富的饲料，可适当添加酵母和糠麸等，禁止饲喂霉败变质的饲草饲料。不能长期使用抗生素治疗肠道疾病，注意调节肠道菌群。在母兔妊娠期和哺乳期注意补充维生素 B_1 和多种维生素，使用抗球虫药物氨丙啉时也要注意补充维生素 B_1。当兔出现维生素 B_1 缺乏的症状时，早期可以在饲料中添加维生素 B_1，按 10～20 毫克/千克饲料，连用 1～2 周。口服维生素 B_1 片，每次 5～30 毫克，连用 3～5 天。也可以肌内注射维生素 B_1 注射液 5～20 毫克/次，每日 1 次，连用 3～5 天。注射时偶见过敏反应，甚至休克，可立即给予肾上腺素或者抗组胺药物治疗。

三、维生素 B_2 缺乏症

1. 病因 维生素 B_2 又称核黄素，水溶性维生素，许多蔬菜、酵母、蛋黄、肝脏中含量较丰富，几乎不会缺乏。但是当饲料单一，饲料变质或者加工不当时容易导致维生素 B_2 的缺乏。还有兔患有各种类型的胃肠炎、消化功能紊乱性疾病也导致维生素 B_2 吸收不良引起缺乏。

2. 症状 兔维生素 B_2 缺乏会引起物质和能量代谢紊乱，主要表现为厌食、消瘦，生长发育迟缓，被毛粗乱没有光泽，而且容易掉毛和脱色，皮肤增厚，可视黏膜黄染，口腔溃疡，流涎，羞明流泪，角膜混浊，母兔长期缺乏易患不孕症，哺乳兔泌乳量减少，新生仔兔体弱，易出现畸形。

3. 防治 由于维生素 B_2 也可由肠道细菌合成，一般只要保持兔肠道功能正常不会导致缺乏。日粮中添加高水平的碳水化合物有助于肠道细菌合成维生素 B_2。合理配合日粮，适当添加酵母和含维生素 B_2 丰富的饲料饲草可以有效预防本病。一旦症状明显，需要日粮中添加维生素 B_2 制剂，20 毫克/千克饲料，连用 1～2 周。或者给患兔口服维生素 B_2 片，5～10 毫克/次，每日 1 次，连用 5～7 天。也可以每日 1 次肌内、皮下注射维生素 B_2 注射液，5～10 毫克/次，一般连用 1 周，效果很好。也可用弥散性维生素制剂饮水。注意使用维生素 B_2 时尿液呈现黄色，停药即可恢复正常。

四、维生素 B$_6$ 缺乏症

1. 病因 维生素 B$_6$ 是吡哆醇、吡哆醛和吡哆胺的合称。广泛存在于各种植物性食物中，如马铃薯、豌豆、蚕豆、菠菜、胡萝卜、柑橘、玉米以及面粉等中。牛奶、乳酪、蛋、肉类、鱼类等含量也丰富。胃肠道微生物可合成维生素 B$_6$。当兔日粮中维生素 B$_6$ 不足，饲料加工调制不当维生素 B$_6$ 遭到破坏，肠道疾病使肠道不能合成等均可导致本病的发生。还有维生素 B$_6$ 参与蛋白质代谢过程中氨基酸的转氨基反应，所以当日粮中蛋白质饲料添加过多会继发维生素 B$_6$ 的缺乏。

2. 症状 兔维生素 B$_6$ 缺乏表现为食欲下降，生长不良，贫血，皮肤出现不同程度的损害，兔耳朵周围出现皮肤增厚和鳞屑，鼻端或爪出现疮痂，眼睛发生结膜炎，神经功能紊乱。母兔易发生流产、死胎和不孕。仔兔主要表现生长缓慢，贫血，而且呈现巨幼细胞性贫血，免疫力降低。

3. 防治 饲喂全价配合日粮，适当添加鱼粉、肉骨粉和酵母粉等含维生素 B$_6$ 多的食物。也可以在饲料中添加维生素 B$_6$ 制剂，0.6 ~ 1 毫克/千克饲料，添加复合维生素 B 制剂也可以有效预防本病。兔发情期间每天摄入维生素 B$_6$ 制剂 1.2 毫克/千克体重；生长前期摄入维生素 B$_6$ 制剂 0.9 毫克/千克体重；被毛生长后期 0.6 毫克/千克体重都可以有效预防治疗本病。

五、维生素 B$_{12}$ 缺乏症

1. 病因 维生素 B$_{12}$ 也称氰钴胺，是促红细胞生成因子，又名钴胺素。草食动物一般不容易缺乏。但是长期大量使用抗菌药物，饲料中钴、铁和蛋氨酸缺乏或不足，以及食物中存在钴的拮抗物质，胰腺功能不全，小肠炎症等都容易导致维生素 B$_{12}$ 缺乏；肝脏损伤，肝功能障碍时，也可产生维生素 B$_{12}$ 缺乏样症状。

2. 症状 患兔主要呈现食欲反常，生长缓慢，发育不良，贫血，消瘦，可视黏膜苍白，皮肤湿疹，神经兴奋性增高，触觉过敏，共济失调，抗病力下降等。幼兔仔兔生长发育停滞，呈现巨幼细胞性贫血，还有的表现胃肠炎症状。

3. 防治 兔日粮中添加维生素 B$_{12}$ 及含铁、钴制剂可有效预防本病的发生。饲料中添加酵母以及含维生素 B$_{12}$ 较多的动物性饲料等能起到补充作用。让兔适当采食健康兔的软粪也能获得维生素 B$_{12}$。药物通常用氰钴胺或羟钴胺治疗。也可以在每千克饲料添加维生素 B$_{12}$ 0.4 毫克，同时添加铁、钴制剂，起到治疗作用。

六、维生素 D 缺乏症

1. 病因 维生素 D 是对机体非常重要的维生素，它可以调节钙、磷的适当

比例，促进钙、磷的吸收，吸收后沿着骨骼生长的部位沉着，促进骨骼的成熟和提高骨骼的坚韧度。先天性维生素 D 的缺乏主要是由于母兔在妊娠期钙、磷和维生素 D 缺乏或不足，以及缺乏运动和日光照射引起的。后天性维生素 D 缺乏或不足主要是由于幼兔断奶过早，饲料中钙、磷和维生素 D 补充不足，兔舍阴冷潮湿、日光照射不足以及仔兔患有消化不良、肠道功能障碍等病导致的。日粮中维生素 A 补充过多也会拮抗维生素 D 的吸收。

2. 症状　患病幼兔最早呈现食欲下降，精神沉郁，异食癖，消化紊乱，容易受到惊吓，肌肉软弱无力，活动力下降，生长缓慢甚至停止，骨骼钙化不良，四肢骨骼、脊骨和头骨弯曲，骨端粗大，肋骨结节突起，呈畸形，呈现特征性的佝偻病症状，也有的发生肋骨骨折；成年兔也表现食欲减退，消化紊乱，四肢无力，行走迟缓、跛行，严重的完全不能行走至瘫痪，骨质疏松，头颅变大，关节肿大，肋骨与肋软骨接合处肿胀，易骨折。母兔受胎率低，怀孕母兔易发生流产和死产，胎儿发育不良，个体矮小或者畸形胎儿。妊娠母兔出现产后瘫痪，食欲下降和泌乳减少或者不能泌乳，严重者全身出现抽搐甚至死亡。实验室检查血钙浓度降低，血清中碱性磷酸酶浓度升高。

3. 防治　合理调配日粮，饲料中注意补充维生素添加剂，适当增加日光照射和运动。妊娠期和哺乳期的母兔要增加钙、磷和维生素 D 的摄入量，避免饲喂储存过久、霉败变质的饲草饲料，及时控制兔球虫病和各种类型的消化功能障碍性疾病可以有效预防本病。一旦兔子发生本病要及时治疗，常用药物就是维生素 D 制剂。早期预防按 100～200 国际单位/千克体重用量，出现缺乏症时给予量是预防量的 2～4 倍，重病兔肌内注射维生素 D，每次 0.5～1.0 毫升，每日 1 次，连用 3～5 天。或者维丁胶性钙，每次 1 000～5 000 国际单位，每日 1 次，连用 2～3 天；内服鱼肝油 1～2 毫升，配合内服磷酸钙 1.0 克，乳酸钙 0.5～2.0 克，骨粉 2～3 克拌料饲喂，连用 3～5 天。皮下或者肌内注射维生素 D_2 胶性钙注射液 0.1～0.2 毫升（500～1 000 国际单位）；也可使用水可弥散性维生素制剂，如速补—14 饮水。但是过多的维生素 D 会减少骨骼钙化，释放入血液使内脏软组织转移性钙化，并且导致心律失常和神经功能紊乱。轻度还会干扰其他脂溶性维生素的吸收。

七、维生素 E 缺乏症

1. 病因　维生素 E 又称生育酚，是一种脂溶性维生素，广泛存在于植物油、种子、坚果、蛋黄、动物的内脏（肝、肾、脑）和绿色蔬菜中。在家兔体内起到抗氧化作用，能防止体内的不饱和脂肪酸氧化，能与其他抗氧化剂如谷胱甘肽过氧化酶等共同保护生物膜的完整性。但维生素 E 不稳定，易被饲料中的氧化物质氧化。饲料中维生素 E 含量不足，饲料或添加剂中不饱和脂肪酸和矿物质元素含量较高而又缺乏一定的保护剂导致维生素 E 部分或全部破坏。兔的球虫病、胰腺囊性纤维性变，胆道梗阻以及消化功能障碍性疾病引起维生素 E 摄入不足。地方性硒缺乏也会引起维生素 E 消耗加剧导致缺乏。

2. 症状　患兔表现不同程度的肌营养不良、肝营养不良，可视黏膜出血，皮下渗出性素质，出现肌酸尿，肢体僵硬，进行性肌无力，食欲减少或者废绝，体重下降，运动减少，喜卧，进行性运动障碍，步态不稳甚至瘫痪，有的出现神经症状，心肌变性，最后衰竭死亡。当种兔体内维生素 E 缺乏时，兔体内的不饱和脂肪酸过多被氧化，产生大量过氧化物，能使生殖器官形态和功能发生病变，破坏生殖细胞，引起繁殖障碍。母兔可引起妊娠中断、死胎、弱胎或隐性流产（胚胎消失），长期缺乏则使卵巢和子宫黏膜发生变性，造成永久性不孕。公兔可导致睾丸上皮细胞损伤以及精子生成和运行受阻，精液品质不良，产生不育。幼兔缺乏维生素 E 主要表现生长发育缓慢、受阻。

3. 预防　饲喂全价日粮，饲料加工调配合理，适当添加多种维生素，加强对妊娠、哺乳母兔以及幼兔的饲养管理，补充青绿饲料，在饲料中加入一些植物油，比如豆油、花生油等可以补充维生素 E；避免饲喂霉败变质的饲草饲料，补充维生素 E 的同时补充含硒制剂。一般每千克体重每天需维生素 E 0.32 ~ 1.4 毫克，母兔可在每千克饲料中加入 16 毫克维生素 E；皮下或肌内注射维生素 E 20 ~ 30 毫克。在维生素 E 应用的同时，最好还应用亚硒酸钠，0.2 毫克/千克体重。严重病例可肌内注射维生素 E 制剂，每次 1 000 国际单位，每日 2 次，连用 2 ~ 3 天；肌内注射 0.2% 的亚硒酸钠溶液 1 毫升，每隔 3 ~ 5 天注射 1 次，共 2 ~ 3 次。也可用弥散性维生素制剂饮水。维生素 E 毒性较小，但是过高剂量会导致兔凝血功能障碍，并且抑制兔的生长发育而且引起骨骼钙化不全。

八、维生素 K 缺乏症

1. 病因　维生素 K 又名凝血维生素和抗出血维生素，它的生理功能主要是催化肝脏对凝血酶原和凝血活素的合成。绿色植物中含量丰富，因而饲料中缺乏绿色植物饲料或饲喂霉败变质饲料容易导致缺乏。又由于维生素 K 可以由消化道内微生物合成，食粪动物（兔等）一般可以通过自食粪便来补充维生素 K，但是当兔患有胃肠道疾病而长期给予抗生素（比如氯霉素、磺胺类药物等）可以干扰肠道微生物合成维生素 K。笼养而完全不能采食粪便的兔，如不通过饲料供给，可出现维生素 K 缺乏。在发生出血性疾病（球虫病）或出血性素质时对维生素 K 的需要量增加也会引起维生素 K 的相对性缺乏。液状石蜡、其他脂溶剂、轻泻剂可明显减少维生素 K 的吸收，长期腹泻、脂肪吸收障碍也可以引起维生素 K 的缺乏。

2. 症状　维生素 K 缺乏主要表现凝血功能障碍，即使轻微受伤也会引起血管破裂导致流血不止，失血过多，血凝不良，还容易发生出血性素质。严重缺乏者还会引起血尿和贫血。怀孕母兔容易发生流产或者产后出血。

3. 预防 加强饲养管理，兔日粮中要添加适当比例的青绿饲料或维生素 K 添加剂，及时治疗慢性消化道疾病和肝胆疾病，当兔发生肠道疾病时添加抗生素和磺胺类药物，要注意用量和用药时间，避免抑制肠道微生物对维生素 K 的合成和吸收。注意饲料的储存和保管，防止霉败。妊娠和哺乳期母兔要注意补充维生素 K 含量丰富的食物和添加剂。当兔身体有原因不明的出血倾向时，要注意饮水和饲料中添加维生素 K 制剂，或者在皮下、肌内注射维生素 K 制剂。严重缺乏时也可用 10% 的葡萄糖 30 毫升加维生素 K 1 毫升，耳静脉注射。产后母兔可以口服维生素 K 1～2 毫克预防产后出血。但是维生素 K 不能补充过多，过多会导致蓄积性中毒，引发血栓形成。

九、佝偻病和骨软病

1. 病因 佝偻病和骨软病同属钙磷代谢障碍引起的骨营养不良性疾病，佝偻病发生于幼龄兔，骨软病发生于成年兔。本病大多因为饲料中的钙、磷缺乏、不足、过多或者比例不协调引起。维生素 D 缺乏是导致本病的主要原因。其次兔舍内长期潮湿、阴冷、缺乏阳光照射也会引起维生素 D 合成不足，导致发病。还有兔运动量少，缺乏锻炼，发生肠道疾病影响钙的吸收也可发生该病。各种年龄的兔均可发生本病，但是更多发生于妊娠母兔、哺乳母兔和生长发育快的幼兔。

2. 症状 患病兔最早呈现食欲下降、容易受到惊吓、反应敏感，后发展为四肢骨骼、脊椎骨和头骨弯曲，骨端粗大，肋骨结节突起，呈畸形，也有的发生肋骨骨折。病兔大都四肢无力，行走迟缓、跛行，严重的完全不能行走，不爱吃食，有吞食被毛、啃墙、吃煤渣和土块等异常现象，导致严重消化功能紊乱，呈现消化不良。其中幼兔、仔兔的典型症状为佝偻病，骨质松软，腿骨弯曲，脊柱弯曲呈弓状。妊娠母兔表现分娩后出现瘫痪，产后食欲下降和泌乳减少或者不能泌乳。

3. 防治 加强日粮的合理配制，饲喂含钙磷丰富的饲料，如豆科干草、糠麸等。妊娠母兔应该增加钙磷的含量，可在饲料中添加适当量的骨粉、贝壳粉、蛋壳粉等矿物质饲料；其次在建造兔舍时要选择地势干燥、排污方便、坐北向南、背风向阳的有利条件，尤其在冬季要保证兔有足够的日光照射，并让兔有适度的运动量等。对于早期出现异食癖的可在饲料中补充骨粉。严重病例除了添加优质骨粉外，可肌内注射维生素 AD，每次 0.5～1 毫升，或者肌内注射维生素 D_2；取胶性钙剂 1 000～5 000 国际单位，内服。每日 1～2 次，连续服用 3～5 天为 1 个疗程；也可内服骨粉 2～3 克，乳酸 0.5～2 克；取鱼肝油 1～2 毫升为 1 次内服量，并在日粮中添加钙片，每日 2～3 次，连用 5～7 天。补充钙时，要注意钙磷比例协调，而且酸性环境利于钙磷的吸收，适当减少脂肪供给，防止形成钙肥皂，不利于钙的吸收。

十、兔低血糖症

1. 病因 也称新生仔兔不吃奶症，多发生于怀孕期尤其是怀孕后期营养不平衡的母兔所产的 2~5 日龄仔兔，因为饥饿、吮乳受到限制、母兔产奶不足或者不能产奶容易发生。往往在一窝内，部分或全部相继发生。兔舍潮湿阴冷环境使兔能量消耗增加，也会促使本病发生。

2. 症状 仔兔突然不吮乳，尖叫、全身绵软无力、可视黏膜苍白、全身发凉、呼吸、脉搏微弱。有的仔兔拒绝吮乳，紧紧蜷缩在一起、倒地不能爬动。有的出现四肢僵直、阵发性抽搐，最后于昏迷状态下死亡。病程一般为 2~3 小时，如不及时治疗死亡率可达 100%。剖检可见肝脏小而硬，胃肠内无凝乳块，肾盂内有白色沉淀物，其他器官未见异常。无菌采取刚病死仔兔的肝、脾、肺涂片镜检，检不出任何可疑细菌。

3. 防治 口服或者腹腔注射葡萄糖溶液，具体操作是用自行车气门芯胶管 2 厘米套在注射器的接嘴上，吸取 25% 葡萄糖液后，将胶管插入仔兔口中，缓缓推动活塞，每只仔兔灌服 1~2 毫升；对还不会吞咽的仔兔，则腹腔注射 5%~10% 葡萄糖注射液 5~6 毫升。一般经 15~20 分钟后，仔兔皮温回升，抽搐停止，20~25 分钟后即会吮乳，会"吱吱"叫，肚腹很快滚圆，相互挤在一起安然入睡。为巩固疗效，间隔 4~6 小时后再治疗 1 次，并连续 3 天饲喂葡萄糖液，每日 2 次。本病以预防为主，在母兔怀孕期，尤其是怀孕后期，每日除喂 3 次青绿饲料外，补饲玉米、大麦等富含碳水化合物的精饲料 100 克和适量的食盐与骨粉，天气好时将它们放出晒太阳、做运动；产后供给母兔 8% 的食糖溶液，任其自由饮用，可有效防止该病的发生。

十一、胆碱缺乏症

胆碱缺乏症（Choline deficiency disease）是由胆碱缺乏而引起的以生长缓慢、贫血、肌肉萎缩为特征的一种营养缺乏症。

1. 病因 导致胆碱缺乏的主要原因是日粮中胆碱添加量不足，还有胃肠和肝脏疾病影响胆碱吸收及合成；日粮中长期应用抗生素和磺胺类药物能抑制胆碱的合成；此外，B 族维生素、维生素 C、蛋氨酸和胱氨酸的不足导致胆碱需要量增加；胆碱促进脂肪的代谢，如果脂肪采食量过高而没有相应提高胆碱的添加量也会导致胆碱的缺乏。另外，饲料中蛋白质不足或蛋白质质量差也会引发本病。

2. 症状和病理变化 病兔食欲减退，生长缓慢，中度贫血，肌肉萎缩，行走无力，兔生长停滞，关节肿大，生产性能降低。最后衰竭死亡。死亡兔主要表现为脂肪肝或脂肪肝综合征，肝脏、肾脏和其他器官脂肪浸润和变性。

3. 防治 加强饲养管理，保证饲料中胆碱含量不低于1 000毫克/千克，繁殖料中胆碱含量不低于1 200毫克/千克。对于已发病的兔，可用比赛可灵（氨化氨甲酰甲胆碱），按0.05～0.08毫克/千克体重皮下注射，每日1次。根据病情，确定是否连续用药。如用药出现中毒（流涎、心跳急速），则用硫酸阿托品0.5毫克皮下注射解毒。

十二、磷缺乏症

1. 病因 磷是兔体内常量矿物质之一，是维持骨骼和牙齿的必要物质，几乎参与所有生理上的化学反应。磷还维持心脏的正常跳动和肾脏正常功能。磷的正常功能需要维生素D和钙来维持。饲喂的不是配合饲料，饲料中钙磷比例不适影响磷的吸收和利用，或饲料中所含磷不能满足兔对磷的需求，尤其是生长发育期的幼兔、妊娠或哺乳期的母兔的需要。过度的补充钙制剂也会造成钙磷比例失调引起磷的相对缺乏。

2. 症状和病变 兔磷缺乏症早期主要表现为生长发育不良、消瘦、衰弱、不愿意活动，后期严重时会出现骨骼扰乱疾病，典型表现是面骨和长骨端部肿大，幼龄兔骨骼变形，与佝偻病和骨软症类似。

3. 防治 保证饲料中钙与磷的含量，并有合理的比例，最好使用配合饲料，可自己配制，可添加1%～2%的骨粉，最好使饲料中的钙磷比例为2∶1，以磷占饲料总量的0.5%为宜，同时适当补充维生素D，对已发病的家兔可服用含磷制剂。

十三、铜缺乏症

1. 病因 由于长期饲喂低铜土壤生长的饲草，饲料和饮水中铜含量不足或者缺乏是最主要的发病原因。兔消化道功能紊乱导致机体对铜的吸收和利用障碍会继发铜缺乏。另外，饲料中硫酸盐、过磷酸钙含量过高以及组织中钼、锌、镉、钙、汞和铁含量过高均能降低铜的吸收。

2. 症状 幼兔铜缺乏表现食欲减退，异嗜，生长发育缓慢，被毛粗乱无光泽，脱毛，毛硬，呈现"钢丝毛"，黑毛兔还容易被毛退色，消瘦、腹泻、脱水和贫血，骨和关节肿大，跛行，严重者晃腰，不能站立。成年兔表现贫血、被毛退色、异食，繁殖功能降低等。

3. 防治 加强饲养管理，补充饲喂含铜量较高的饲料。保证饲料中铜含量不低于9.0毫克/千克，繁殖料中铜含量不低于14.0毫克/千克。对发病动物可以口服1%的硫酸铜1～3毫升，每周1次，连用3周。

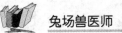

十四、碘缺乏症

碘缺乏（Iodine deficiency disorders，IDD）是动物机体摄入碘不足引起的一种以甲状腺功能减退、甲状腺肿大、流产和死产为特征的慢性疾病，又称甲状腺肿。家兔碘缺乏表现为机体代谢紊乱，发育缓慢或者停滞，公兔性欲减退，母兔不发情，不排卵，怀孕后易发生流产、死胎和弱胎等。

1. 病因　碘是有很高生物活性的一种微量元素，缺乏将使机体内碘代谢平衡破坏，导致甲状腺功能及其形态结构发生改变，甲状腺素形成减少。甲状腺素是一种含碘氨基酸，具有调节机体代谢功能和全身氧化过程的作用。或者甲状腺分泌不正常，也易造成缺碘症。

2. 症状　碘缺乏时，甲状腺激素合成受阻，致甲状腺组织增生，腺体明显肿大，生长发育缓慢、脱毛、消瘦、贫血、繁殖力下降。新生仔兔虚弱，脱毛，不能吮乳，呼吸困难，甲状腺增大，皮下轻度水肿，四肢弯曲，站立困难。幼兔生长发育受阻，虚弱，消瘦，抗病力降低，还有的中枢神经系统功能紊乱。成年兔甲状腺肿大，流产，发情率与受胎率下降。

3. 诊断　根据流行病学、临床症状（甲状腺肿大、被毛生长不良等）即可诊断。确诊要通过饮水、饲料、乳汁、尿液、血清蛋白结合碘和血清 T3、T4 及甲状腺的称重检验。

4. 防治　平常饲喂过程中注意给兔补充碘，用含碘的盐砖让动物自由舔食，或者饲料中掺入海藻、海带之类物质，或把碘掺入矿物质补充剂中，可预防缺碘。为提高牧草中碘含量，可施一些含碘化肥，用碘酸钠代替碘化钠掺入肥料中。母兔还可在产仔前肌内注射碘化罂粟花油（含碘 40%）亦可有效地防止碘缺乏。在母兔怀孕后期，于饮水中加入 1~2 滴碘酊，产仔后用 3% 的碘酊涂擦乳头，让仔兔吮乳时吃进微量碘，亦有较好的预防作用。治疗：泌乳兔饲料中应含 0.8~1.0 毫克/千克（干重计）碘，空怀兔和仔兔饲料中应含 0.1~0.3 毫克/千克碘，或采用在四肢内侧每周涂擦一次碘酊 2 毫升，都有较好的治疗缺碘的效果。也可以口服碘化钾或者碘化钠治疗。

十五、锌缺乏症

锌缺乏（Zinc deficiency）是指食物中锌含量绝对或相对不足引起的疾病，临床主要表现生长缓慢，皮肤皲裂，皮屑增多，蹄壳变形、开裂、甚至磨穿，繁殖功能障碍及骨骼发育异常。

1. 病因　原发性缺乏主要因为锌的储存、摄入量减少。继发性缺乏主要是存在干扰锌吸收利用的因素。已发现钙、磷、铜、铁、铬、碘、镉及钼等元素过多，可干扰锌的吸收。饲料中植酸、维生素含量过高也干扰锌的吸收。消化功能障碍，慢性拉稀，可影响由胰腺分泌的"锌结合因子"在肠腔内停留，而致锌摄入不足。

2. 症状 家兔锌缺乏可出现食欲减少，生长发育缓慢，生产性能减退，生殖功能下降，骨骼发育障碍，骨短、粗，长骨弯曲，关节僵硬，皮肤角化不全，皮肤增厚、皮屑增多、掉毛、擦痒，免疫功能缺陷及胚胎畸形等。成年兔主要呈现繁殖功能障碍，公兔睾丸萎缩、精子生成障碍、性功能减退，母兔卵巢萎缩、受胎率降低，易发生早产、流产、死胎、畸形胎。

3. 诊断 根据临床症状，如皮屑增多，掉毛、皮肤开裂，经久不愈，可以初步诊断。补锌后经 1～3 周，临床异常症状迅速好转，进行治疗性诊断。饲料中钙、磷、锌含量测定，血清碱性磷酸酶和血清锌含量测定可确诊。

4. 防治 保证日粮中锌的含量，合理配合日粮可以有效预防锌缺乏。发病兔补充硫酸锌、碳酸锌、氯化锌和葡萄酸锌以及锌铁丸等，同时对症治疗。

十六、镁缺乏症

镁缺乏症是家兔低血镁所致的以感觉过敏、精神兴奋、肌肉强直或痉挛为特征的一种营养代谢病。

1. 病因 镁普遍存在于各种物质中，含叶绿素多的植物是镁的主要来源，饲喂一般饲料通常不会发生镁缺乏症，但每 100 克饲料中含镁低于 8 毫克，可发生兔镁缺乏症。采食来自低镁土壤的牧草（pH 值太高或太低）和夏季降雨后生长的幼嫩和多汁的青草和谷草易导致镁缺乏。兔采食减少、腹泻等导致对镁的吸收和利用率低。甲状旁腺素可以拮抗镁的吸收。此外，多种应激因素比如兴奋、泌乳、不良气候及同时伴有低钙血症等也可诱发镁缺乏症。

2. 症状 急性镁缺乏兔发病前吃草正常，急性发作后盲目奔跑，倒地后四肢划动，惊厥，背、颈和四肢震颤，牙关紧闭，全身阵发性痉挛，如破伤风样，可以导致迅速死亡。慢性镁缺乏幼兔表现被毛粗乱没有光泽，背部、四肢和尾巴脱毛，食欲降低，对触诊和声音过敏，尿频。青年兔表现急躁，心动过速，生长发育受阻，厌食和惊厥，最后心力衰竭而亡。母兔仍能配种妊娠，但易导致流产和死胎。

3. 诊断 根据临床症状可初步做出诊断。抽血化验病兔血清镁含量减少，血清钙含量正常可以确诊。正常兔血清的镁含量为 2.61～3.79 毫克/100 毫升。

4. 防治 以预防为主，加强饲养管理，饲喂全价日粮，在饲料中补充硫酸镁 0.03%～0.04%，可以满足兔生长需要。病兔可用 10% 硫酸镁 5～10 毫升多点皮下注射，血镁浓度可很快升高。病情严重者，同时给予镇静剂对症治疗，如氯丙嗪、巴比妥等，可缓解抽搐、痉挛等症状。

十七、铁缺乏症

1. 病因　兔在正常饲养条件下一般不会缺铁。妊娠母兔饲料营养缺乏，铁添加量不能满足妊娠、泌乳的需要，导致身体、乳汁中缺铁。仔兔生长发育快，铁的消耗量增加，如果母乳缺铁，饲料中也未能及时补充铁，很容易导致铁的缺乏。笼内饲养接触不到土壤也容易丧失铁的摄取。

2. 症状　患病兔精神呆滞，衰弱无力，被毛无光，可视黏膜苍白，体温不高，有的仔兔出现呼吸困难或拉稀，死亡数逐日增多。剖检可见病兔尸体消瘦，皮下和黏膜苍白，血液稀薄，血色淡，不易凝固。

3. 防治　关键是补充铁质，充实铁质储备。可采用口服铁剂和注射铁剂。口服铁剂有 20 余种，如硫酸亚铁、焦磷酸铁、乳酸铁、枸橼酸铁等。其中硫酸亚铁为首选药物。肌内注射的铁剂有糖氧化铁、糊精铁、葡聚糖铁或右旋糖铁、山梨醇－葡萄糖酸聚合铁和葡聚糖铁钴等。兽医临床常用葡聚糖铁或右旋糖铁和葡聚糖铁钴注射液治疗。预防：仔兔出生后 3 天一次性注射生血素，可很好地预防缺铁性贫血。在成年兔和仔兔的饲料内加入适量的豆粕、骨粉、贝粉、多种维生素和含硒生长素（按说明书标注的添加量添加，用时要混匀）。

十八、异食癖

1. 病因　异食癖是由于多种原因引起的机体代谢功能紊乱、味觉异常的一种非常复杂的多种疾病的综合征。临床上表现啃食、舔咬没有营养价值的东西，比如泥土、石子、纸屑、粪便、毛发等。临床常见的发病原因有多种营养元素的缺乏或不足，蛋白质和矿物质不足，产后容易出现食仔癖和食毛癖；多种矿物质和微量元素不足容易发生食土癖；维生素缺乏不足，尤其是 B 族维生素缺乏和不足容易发生食粪癖，可能与兔粪便中含有少量 B 族维生素有关。如果粗纤维含量不足容易发生食木癖。兔腿、足受伤，血液循环遭到破坏，中间代谢产物在身体蓄积刺激受伤部位引发食足癖。当然有些异食癖与饲养管理不当、圈舍脏乱拥挤、光照不适、周围环境或垫草有不良气味（如老鼠尿味、发霉味、香水味、杀虫剂味等）、饲喂霉败变质的草料以及兔子受到噪声或者其他动物的惊吓而精神紧张等都有重要关系。还继发于腹泻、消化不良、肠道寄生虫病等。

2. 症状　异食癖的患兔初期全身症状不明显，主要表现为舔舐啃咬笼具、饲槽、墙壁、土块、煤渣、砖瓦、木头等没有营养价值的东西。食仔癖母兔产仔后，将其仔兔部分或全部吃掉，初产母兔最多发生，一般发生于产后 3 天天内。食毛症多数情况下患兔没有其他异常现象，开始仅见到个别家兔被毛不完整，会误认为是脱毛症，后来缺毛面积越来越大，有的整个被毛都被吃掉。在群养时，当 1 只兔子吃毛，诱发其他家兔都来效仿，往往集中先吃同一只兔子的毛，造成其皮肤大面积缺损流血。随着病程的发展患兔出现消化不良、易受惊吓，对外界刺激敏感性高，后逐渐发展为精神迟钝、腹泻或者便秘，被毛蓬乱无光泽，弓腰磨牙，贫血，渐进性消瘦，食欲恶化，最后营养衰竭而死。当然继发性异食癖还可出现相应的原发病症状，营养缺乏出现相应的营养缺乏症状，寄生虫病还可以检测到寄生虫或者虫卵。

3. 防治　加强饲养管理，给予全价日粮。对于食土的家兔，应按营养需要，在饲料中补加食盐、骨粉和微量元素等可以起到有效的防治作用。对于食木的家兔，在配合饲料中应有足够的粗纤维，提倡有条件的兔场使用颗粒饲料。平时在兔笼的草架里放些嫩树枝或剪掉的果树枝，让其自由采食，既可预防异食，又可提供营养。对于有食毛癖的家兔，应及时将患兔隔离，减少密度，并在饲料中补充 0.1%～0.2%含硫氨基酸、0.5%～1%的硫酸盐、0.1%～0.5%胱氨酸和蛋氨酸，补充微量元素铁、铜、锌、锰、硒、碘等，补饲谷芽、大麦芽、酵母粉、胡萝卜、鱼粉等。一般经过 1 周左右，即可停止食毛。预防食仔癖，应保证营养、提供充足的饮水、保持环境安静和防止异味刺激等。母兔在没有达到配种年龄和配种体重时，不要提前交配。对于有食仔经历的母兔，应实行人工催产，并在人工看护下哺乳。而且给哺乳兔供给充足均衡的营养。

第二节　家兔中毒性疾病

一、霉菌毒素中毒

霉菌毒素是由不同的霉菌或真菌所产生的具有毒性的次级代谢产物。近几年霉菌的污染在我国越来越严重。霉菌毒素包括许许多多的霉菌所产生的一种或多种（一种霉菌也可产生多种毒素）毒素的通称，在临床上由一种霉菌或一种毒素所造成的危害比较少见。自然界主要的产毒霉菌有曲霉菌属（黄曲霉、杂色曲霉、赭曲霉等）和镰刀菌属（单端孢镰刀菌、串珠镰刀菌等）霉菌。对动物和人造成危害的有黄曲霉毒素、新月毒素（尤其是 T－2 毒素）、玉米赤霉毒素、赭曲霉毒素和烟曲霉毒素等。北方往往多发于 7～9 月的季节，在适宜的温度和湿度条件下，霉菌会在饲料中大量繁殖，产生毒素。引起严重的免疫抑制而使各种疾病多发。兔对霉菌毒素比较敏感，一旦霉菌毒素入侵兔体内，会导致兔生长发育受阻，抗病力低下，诱发其他一系列疾病。

1. 病因　主要原因是家兔采食了发霉饲草、饲料，临床上主要以消化功能障碍为特征。一次饲喂过多，导致剩余饲料残存料槽内霉败是常见病因。饲料储存不当，储存环境潮湿而又受霉菌污染很容易发生霉变。储存干草的时候气温潮湿，干草也会发霉，使用时又没有认真检查，混在饲草中饲喂家兔引起中毒。饲养管理人员没有重视霉菌毒素危害的严重性，对发霉变质的饲料舍不得丢弃或者未经去毒处理仍然继续饲喂家兔引起中毒。在饲料中形成的霉菌毒素不易除掉，用加热的方法只能杀死霉菌，而不能消灭霉菌毒素。家兔饲料原料中最易发霉的是草粉，并且不容易发现，其次是玉米，应特别注意。霉菌繁殖过程中产生各种代谢产物，即霉菌毒素，家兔吃进一定量的霉菌毒素会发生中毒现象。

2. 症状　临床症状多数呈急性经过，患兔食欲减退或废绝，有时便秘，有时腹泻，有的粪球外有黏液或血液；走路蹒跚，浑身颤抖，向前冲撞甚至倒下，此后四肢无力，浑身瘫软，头下垂，口和鼻孔流涎，多数患兔两眼圆睁。有的耳壳或其他部位皮下有出血点。患兔体温稍有升高，呼吸急迫，心跳加快，心律不齐。一般2~4天渐进性死亡。有的死前有挣扎、四肢划动等动作。本病多发生在高温高湿季节，有明显的生理阶段，主要发生于泌乳母兔，其次为妊娠后期母兔，其他家兔表现不明显。抗生素药物治疗基本无效，对患兔进行对症治疗和营养支持疗法，可缓解症状。剖解时可见肝肿大、肝实质变性、质地变脆、表面呈淡黄色。胸膜、腹膜、肾脏、心肌及胃肠道有出血点，肠道黏膜容易脱落，肺脏充血、出血。

3. 防治　首先，严格饲料管理，不饲喂发霉的饲料，对饲料进行科学贮藏管理，防止受潮发霉，饲料采取专人管理。发霉的饲料主要是保存条件差的粗饲料，如花生皮粉、花生秧粉、豆秸粉、甘薯秧粉等；其次为易于吸潮的麦麸。颗粒饲料在加工时加水过多而没有及时晾干或保存时间过长，也容易出现发霉现象。霉变饲料应扔弃，加热是不能使霉菌毒素灭活的。饲喂要合理，不要一次饲喂过多，导致剩余饲料残存料槽内霉败。在高温高湿季节，可在饲料中添加防霉剂，如丙酸及其盐类（丙酸钙、丙酸钠、丙酸钾和丙酸铵，用量：丙酸0.5~4克/千克饲料，丙酸钙和丙酸钠0.65~5克/千克饲料）、山梨酸（0.05%~0.15%）及盐类（0.05%~0.3%的山梨酸钾、山梨酸钠和山梨酸钙）、0.05%~0.1%苯甲酸和0.1%~0.3%的苯甲酸钠，0.9%~1.5%的甲酸及其盐类等，均有较好的防霉效果。如果发现中毒兔，立即停喂原有配合饲料，用新鲜草料代替。对于患兔可采取支持、保护、解毒、泄毒和抑菌等方法。支持疗法可静脉注射25%的葡萄糖20~40毫升，每日2次，直至痊愈。可用弥散性维生素（如速补—14、维补—18等）饮水，连续5天，保肝解毒。也可口服10%的糖水50~100毫升。皮下注射安钠咖0.5~1毫升，以增强心功能；可用面粉20克，加水煮成糊状，加硫酸钠3~6克灌服，以保护肠黏膜，减少毒物的吸收和增加排出。同时可投喂制霉菌素、克霉唑和大蒜素等药物，对于一般患兔，只要停喂发霉的饲料，投喂抗霉菌药物，可很快痊愈。民间也有用大蒜捣烂喂服的，每兔每次2克，每日2次。急性中毒用0.1%高锰酸钾或2%碳酸氢钠洗胃、灌肠。口服5%

314

硫酸镁 50 毫升，清除胃内容物。用 10% 葡萄糖 10 毫升、硫代硫酸钠 0.64 克（用生理盐水稀释）、维生素 C 5 毫升，静脉注射或肌内注射，有一定效果。

二、有机磷农药中毒

1. 病因 有机磷农药比较常用，包括敌敌畏、敌百虫、1059、1605、3911、乐果、棉蚜灵等，属高效剧毒杀虫剂。家兔由于接触、吸入或吃入了被有机磷农药污染的草料或者饮水而引起中毒。如误饲了使用有机磷农药后尚未超过危险期的饲草、青菜、农作物等，饲喂了被有机磷农药污染的饲料或剩余拌药后的种子，使用盛装过农药的容器盛装饲料、饮水，或用喷洒过农药的喷雾器进行兔舍喷雾消毒，使用敌百虫等驱治兔体内外寄生虫时方法不当、浓度过高或用量过大等均可引起中毒。

2. 症状 中毒病兔表现精神沉郁，反应迟钝，食欲废绝，流涎、流泪，肠蠕动增强，粪便变软、附有黏液或排稀粪，瞳孔缩小，呼吸急促，全身肌肉震颤，有时兴奋不安，发生痉挛。重症患兔很快会全身麻痹、衰竭，昏迷，呼吸困难、窒息而死。轻症病例仅表现为流涎和拉稀。及时治疗会很快痊愈。

3. 防治 加强农药管理，不用喷过有机磷农药而未过危险期的青草、蔬菜、农作物喂兔，拌药后的剩余种子要坑埋或者严加保管，防止兔子采食。不使用盛放过农药的器具盛装饲料和饮水，使用敌百虫等药物驱治兔体内外寄生虫时，方法、浓度、剂量要得当。如出现中毒，应及时除去毒源。如抢救及时，疗效较好。外用有机磷农药引起的中毒病例，应立即清除体表残留药物；而内服中毒病例则应灌服泻剂，以避免毒物继续吸收，加剧中毒程度。一般病兔皮下注射硫酸阿托品 0.5 ~ 5 毫克，1 小时后未见症状减轻时可重复用药一次，当出现瞳孔散大并停止流涎时，停止用药。解磷定是有机磷中毒的特效解毒药，20 ~ 40 毫升/千克体重静脉注射、皮下注射或腹腔注射，也可配合葡萄糖、维生素 C 等静脉注射，以维持体况。也可用绿豆甘草汤解毒（绿豆 10 克、甘草 5 克，加水适量，煎汤，等凉后内服，每日 2 ~ 3 次）。对重症兔应同时采取强心和补液等对症疗法。

三、有毒植物中毒

有毒植物中毒是因采食有毒植物而引起的中毒性疾病。能致家兔中毒的有毒植物很多，如曼陀罗、独活、甜菜、毛茛、蓖麻、乌头、毒芹、闹羊花、青松叶、菖蒲、夹竹桃等。家兔误食了这些有毒植物，就会发生中毒。

1. 病因 兔一般有避食有毒植物的本能，但当青饲料缺乏，家兔十分饥饿，毒草又混于饲草中而不易于剔除时就可发生中毒。

2. 临床症状 采食有毒植物种类不同，家兔中毒所表现的症状也各异。一般都发病急剧而猛烈，死亡率高。通常表现为食欲废绝、呕吐、流涎、腹痛、腹泻、感觉迟钝、四肢麻痹、呼吸困难、心跳加快、心律不齐等症状，严重者可因心力衰竭而导致死亡。剖解可见内脏器官有充血、出血现象。其中毒芹菜中毒，主要表现为腹部膨大，痉挛由头波及全身，脉搏加快，呼吸困难；曼陀罗中毒呈现初期兴奋，后期变为衰弱、痉挛及麻痹；毛茛中毒则出现流涎，呼吸缓慢，下痢，血尿等症状；三叶草中毒，主要引起母兔的生殖功能障碍。有一种阔叶乳草所引起的中毒，兔的前、后肢及颈部肌肉麻痹，头常贴到笼底而不抬头，故称"低头病"。此外，还可出现流涎、被毛粗乱、体温低于正常，排出柏油样粪便等症状。病兔死后剖检时可发现很多器官都有局灶性出血。

3. 防治 进行草原和饲草调查，了解本地区的毒草种类以引起注意；饲养人员要学会识别毒草，防止误喂有毒植物；禁止饲喂不认识的草类或怀疑有毒的植物。发生中毒后必须立即停喂可疑饲草，根据情况选用一般解毒药和对症疗法。内服1%硫酸铜催吐，然后给家兔内服黏膜保护剂，1%鞣酸液或活性炭，并投给5%硫酸钠或人工盐溶液内服，以排出毒物，皮下注射强心剂，可采用葡萄糖、维生素C等静脉注射，以保护肝的解毒功能。也可内服10%红糖水，成兔每天30毫升，幼兔减半。

四、棉籽饼中毒

棉籽饼蛋白质含量高达36%～42%，必需氨基酸的含量在植物中仅次于大豆饼，可作为日粮中蛋白质的来源。但是棉籽或棉籽油、饼粕萃取物中有多种棉酚色素及其衍生物，包括棉酚、棉紫素、棉绿素、棉蓝素等。其中游离棉酚被认为是一种嗜细胞、嗜血管、嗜神经的毒性物质，长期过量饲喂兔可引起中毒。

1. 病因及病理 长期大量饲喂棉籽饼粉或棉籽是导致兔中毒的主要原因。棉籽饼加工不当也是造成中毒的原因之一，一般认为土榨的棉饼（带壳）含游离棉酚量高，机榨的含量稍低，高温炸油时棉籽饼中的游离棉酚可以和蛋白质结合生成结合棉酚，降低毒性。饲料中维生素、矿物质（特别维生素A和钙）缺乏和青饲料、蛋白质不足导致兔对棉酚敏感。妊娠兔、幼仔兔更敏感，长期饲喂或者含量过高很容易引起中毒。大量棉酚进入消化道后，可刺激胃肠黏膜，引起胃肠炎。吸收入血后，能损害心、肝、肾等实质器官。棉酚可与许多功能蛋白质和一些重要的酶结合，使它们失去活性。此外，棉酚能致维生素A缺乏，还可以破坏种公兔的睾丸生精上皮，导致精子畸形、死亡，甚至无精。

2. 症状 兔急性中毒病例较少，多呈慢性经过。轻度中毒，表现食欲下降、体重减轻、贫血、卡他性胃肠炎，饲料转化率低。重者以出血性胃肠炎为主要症状，病兔食欲废绝、精神沉郁、低头、拱腰、排褐色恶臭的粪便、内带有黏液和血液、后肢软弱、走路摇晃，时常伴有腹泻；继而出现夜盲、干眼、不孕、不育，最严重时出现排尿困难、血尿、蛋白尿、心力衰竭、呼吸困难、腹下水肿。种公、母兔，长期饲喂不仅引起自身中毒，而且使产出的仔兔发生颤抖以及胎儿畸形等。种公兔精液品质低，精液稀薄，少精或无精，精子畸形、活力低，怀孕母兔可出现流产、死胎及产畸形仔兔的现象。剖检可见体腔积液，胃肠有出血炎症等。

3. 诊断 根据日粮分析、临床症状和剖检特征可做出诊断。

4. 防治 本病无特效治疗药物，以预防为主。兔饲料中尽量避免长期大量地以棉籽饼作为蛋白质饲料来源，饲喂时注意与其他饼类搭配，一般用5%左右。加热可以去毒，榨油时最好能经过炒、蒸，使游离棉酚转为结合棉酚，生棉籽皮炒了再喂，棉渣必须加热蒸煮3~5小时后再喂。也可以先将棉籽饼粉碎，加入0.05%的硫酸亚铁，再加入适量水，拌匀，使棉酚与硫酸亚铁结合而脱毒。同时兔日粮中增加维生素、蛋白质、矿物质和青绿饲料的含量，提高兔对棉籽饼的耐受力。一旦发现兔中毒，立即停止饲喂棉籽饼，胃肠炎不严重时，可选用硫酸钠或硫酸镁3~6克内服。胃肠炎严重时，可用消炎剂、收敛剂，如磺胺脒、鞣酸蛋白，鞣酸0.1~0.2克，硫酸亚铁0.05~0.3克，混合加水喂兔。增强心脏功能，补充营养，可用25%葡萄糖溶液20~30毫升、10%安钠咖2~3毫升，静脉注射。同时配合维生素C、维生素A和维生素D，有一定疗效。当兔有食欲时，尽量多喂些柔软的青绿饲料，如青菜、胡萝卜等。

五、菜籽饼中毒

菜籽饼中的蛋白质含量丰富，来源广，但含有芥子苷、生芥子酸钾、芥子酶、芥子酸、芥子碱，在芥子酶的水解作用下，可水解形成异硫酸丙烯酯或丙烯基芥子油、硫酸氢钾等。未经去毒处理而直接喂兔易引起中毒。

1. 病因 长期大量添加菜籽饼作为家兔饲料蛋白质来源或者突然大量饲喂未经脱毒处理的菜籽饼，导致发病。当家兔未饲喂全价日粮，体内营养不均衡，或者母兔妊娠期和仔兔生长发育快速期等，如果饲喂菜籽饼也会容易发病。

2. 症状 饲喂大量菜籽饼导致急性中毒的兔会突然死亡。亚急性患兔表现呼吸急促，精神沉郁，食欲减退，肚胀腹痛，继而腹泻，粪中带血，可视黏膜发绀。严重时口流白沫，瞳孔散大，耳尖和四肢下端发凉，全身无力，站立不稳直到虚脱死亡。有时伴发神经症状，骚动不安，甚至发生视觉障碍，怀孕母兔容易流产。剖检可见胃肠黏膜脱落、充血或者有点状或片状出血，肺气肿、肺水肿，肝、肾脏肿胀、变脆。

3. 诊断 根据发病史，饲料组成，剖检特征，临床症状，可做出诊断。

4. 防治 预防本病的关键是合理控制菜籽饼的饲喂量，并且将菜籽饼做必要的去毒（坑埋法、发酵中和法、水浸泡法、热处理法、化学处理法、微生物降解法和溶剂提取法等）。对怀孕兔和幼兔最好禁用菜籽饼做饲料。中毒无特效解毒药，排除毒源，洗胃、导泻、保护胃肠黏膜以及对症治疗。具体方法可以参照棉籽饼中毒的治疗，同时要注意给患兔多饮水，供给全价日粮，满足病兔的营养需要。

六、灭鼠药中毒

灭鼠药中毒是由于兔误食灭鼠药而引起的中毒性疾病。灭鼠药种类繁多，大致分为抗凝血类（如敌鼠钠、华法令）、无机磷类（如磷化锌、黄磷等）、有机磷类（如毒鼠磷等）、有机氟类（如氟乙酸胺、甘氟等）及其他（如安妥、溴甲烷）。其中速效的有磷化锌、毒鼠磷、甘氟等，缓效的有敌鼠钠盐、杀鼠灵、氯鼠酮等。常见的毒鼠药中毒有安妥、磷化锌、氟乙酸胺及毒鼠强等灭鼠药的中毒。

1. 病因　兔发生灭鼠药中毒主要是因为灭鼠药管理和使用不当，污染兔的饲料和饮水，或兔误食灭鼠用的毒饵而引起。

2. 临床症状　不同的灭鼠药，其组成成分不同，因此中毒后的症状亦有差异。

（1）安妥中毒：主要症状是口渴、恶心、呕吐，乏力、嗜眠、呼吸困难及发绀，咳出粉红色泡沫痰，有的出现肝肿大、黄疸、血尿、蛋白尿等。

（2）磷化锌中毒：主要症状有呕吐、腹泻、腹痛、粪便带血、呼吸困难，最后抽搐、昏迷致死。

（3）毒鼠磷中毒：主要症状为全身出汗，心跳过速，呼吸困难，大量流涎、腹泻、肠音亢进、瞳孔缩小、肌纤维颤动、麻痹、昏迷死亡。

（4）敌鼠钠盐和杀鼠灵中毒：症状主要为慢性多部位出血，皮肤紫癜，关节肿大。

（5）甘氟中毒：主要症状为呕吐、口渴、心悸，大小便失禁，呼吸抑制，发绀，阵发性抽搐等。

3. 防治　要加强预防意识，买进灭鼠药时，必须充分了解该药的性能，并有专人保管；放置灭鼠药毒饵时，应远离兔活动区域和草、料贮藏处；兔舍中使用灭鼠毒饵时要谨慎，谨防毒饵混入饲料和饮水中导致兔误食中毒。发现中毒首先要洗胃或缓泻，可用0.1%高锰酸钾液、1%食醋液、清水等反复洗胃，或用盐类泻剂泻下。其次要了解灭鼠药的种类使用特效解毒药。如：毒鼠磷特效解毒药为阿托品和解磷定等；氟乙酰胺为乙酰胺（解氟灵）；氟乙酸钠为二醇乙酸酯；敌鼠钠盐为维生素 K，安妥中毒用 0.1%～0.5% 的高锰酸钾溶液洗胃或口服，1%硫代硫酸钠15毫升静脉注射；其用法用量可参照药品使用说明书。需注意的是对胃肠道内毒物尚未排出的病兔，应根据症状情况，重复使用解毒药品，才能取得较好疗效。同时采取补液、强心、利尿、镇静等措施进行对症治疗，如20%葡萄糖20～50毫升加维生素C 100毫克，静脉注射，以保肝解毒。

七、有机氯农药中毒

有机氯是常用的农业杀虫药之一，常用来治疗动物体外寄生虫病和杀灭蚊蝇等，往往容易引起动物有机氯中毒。因为有机氯农药化学性质稳定不易分解，能在农产品和兔体内大量蓄积，最终有损于人类健康，因此国家禁止生产这类农药。过去常用的有机氯农药主要有滴滴涕（DDT）、六六六（BHC）、毒杀芬等。

1. 病因　家兔的有机氯中毒主要因误食、舔食撒有有机氯制剂（六六六、滴滴涕、毒杀芬）的青草饲料、蔬菜，或用有机氯药物杀灭外寄生虫时，在体表涂撒面积过大，有机氯经皮肤吸收而引起中毒。

2. 症状　有机氯农药是强神经毒，又有肝毒。因此兔有机氯中毒，主要表现为明显的中枢神经功能紊乱，病兔表现骚动不安，肌肉震颤，阵发性或强直性痉挛，眼球震颤，逐渐运动失调，四肢无力，倒地，四肢麻痹，多于12～24小时死亡。个别家兔从中毒一开始就嗜睡，不爱运动，食欲不振。慢性中毒出现持久的肌肉震颤，腹泻，精神萎靡，食欲减少或废绝，口吐白沫，呕吐，心悸亢进，呼吸加快，行动缓慢，呆立不动。剖检病兔，可看到明显的肝损伤变化。

3. 诊断　根据病兔的毒物接触史以及呈现的中枢神经兴奋状态，对残余饲料、饮水、粪尿等病料有机氯检验的阳性结果而确定诊断。

4. 防治　应加强饲料饮水的管理，防止被有机氯农药污染，禁止使用有机氯农药。兔中毒后首先服用活性炭，使之与毒物结合，再投以盐类缓泻药加速排出。严禁应用油类缓泻药，因为油剂能促进毒物吸收，而使中毒恶化。如果中毒是由于家兔舔食了防止外寄生虫药粉而致，应立即用碱性溶液刷掉被毛上的药粉残渣。无特效解毒药，可静注高渗葡萄糖或葡萄糖酸钙注射液保肝解毒，用硫酸阿托品0.5～5毫克。一次肌内注射，可缓解胃肠痉挛；用25%的氯磷定0.5～2毫升，肌内注射。同时给予B族维生素、维生素C及强心剂等，有助于促进痊愈。

八、硝酸盐和亚硝酸盐中毒

硝酸盐及亚硝酸盐中毒是兔采食了含有过量的硝酸盐或亚硝酸盐的植物或饮水，引起高铁血红蛋白血症，导致机体缺氧而引起的中毒。其临床特点是发病突然，病程短，皮肤、黏膜发绀，血液呈暗褐色，血凝不良，呼吸困难，神经紊乱等。

1. 病因及病理　鲜嫩青草、作物幼苗及叶菜类（白菜、油菜、菠菜、莴苣等）富含硝酸盐的饲草饲料堆放过久，特别是经过雨水淋湿或暴晒，发酵腐烂，家兔过量采食这些饲草饲料是引起中毒的主要原因。当各种含硝酸盐的青菜经过温水浸泡或者长时间焖煮后，又饲喂兔，也会使饲料中的硝酸盐转化为亚硝酸盐引起中毒。此外，配合兔饲料中使用了廉价的含有亚硝酸盐的工业用盐，也可导致中毒。硝酸盐对消化道黏膜有直接刺激作用，引起胃肠炎。亚硝酸盐具有氧化作用，吸收入血，氧合血红蛋白（Fe^{2+} 血红蛋白）形成变性血红蛋白（Fe^{3+} 血红蛋白），导致组织缺氧，呼吸麻痹，窒息而死。亚硝酸盐具有扩张血管的作用，导致外周循环衰竭。亚硝酸盐与某些胺形成亚硝胺，有慢性致癌作用。

2. 症状 急性病例在采食不新鲜的青草、叶菜类后不久发病，起病突然，黏膜发绀，耳、口唇、腹下及四肢部位皮肤呈蓝紫色，血液暗褐色（酱油色），呼吸困难，全身抽搐，迅速死亡。本病多发于平时食欲旺盛、体况良好者。亚急性病例在发病初期主要表现为精神沉郁，食欲废绝，喜卧，消瘦。逐渐发展为呼吸困难，呼吸数高达 120 次/分；心跳急速，脉搏增快，体温正常或稍有升高。眼结膜苍白或者发绀，眼浆液性分泌物增多。排恶臭粪便，内混有大量的黏液或脓液。慢性病例表现食欲减少，呕吐或者腹泻，停止可疑饲料会痊愈。如果长期食用含少量亚硝酸的病例，可能会诱发癌症，身体抗病力低下，生产性能降低等。长毛兔较少发生急性中毒，一般呈慢性中毒经过，中毒时主要表现精神沉郁、食欲下降、采食减少和腹泻等胃肠炎症状。

3. 病理变化 急性中毒身亡的兔剖检，可见血液颜色暗褐色，凝固不良，各脏器颜色均变暗，胃内充满烂菜叶子和浅绿色液体，胃黏膜易脱落，胃肠黏膜不同程度的充血、出血，尤以胃底部、十二指肠、空肠、回肠段明显；肝肿大、出血；心内外膜有不同大小的出血斑点；肺充血、水肿有多量泡沫样物。慢性中毒死亡的兔剖检可见血液色暗、稀薄、凝固不良，胃黏膜严重脱落，肠道明显积气，内有大量黏液，肝肿大、色黄、质地脆，肾苍白、轻度肿大，心脏肥大，心包积液，肺有一定程度的充血、水肿。

4. 诊断 根据病因、临床症状、病理剖检及用美蓝治疗效果独特，可以有效诊断。实验室常用亚硝酸盐的简易测定方法有：

（1）取胃内容物或残余饲料的液汁 1 滴，滴在滤纸上，加 10% 联苯胺溶液 1~2 滴，再加 10% 冰醋酸溶液 1~2 滴，如滤纸变为棕色或红色，即认为有亚硝酸盐存在，否则颜色不变。

（2）取病死兔胃内容物滤液 5 毫升，放入试管，加入碘化钾淀粉液 4 滴，混匀，再滴加浓硫酸 2 滴充分振荡，如显蓝色，则为阳性。

（3）兔胃内容物滤液 5 毫升，放入试管加入 10% 硫酸液 2 滴，再加高锰酸钾液 2 滴，充分振荡，高锰酸钾液红色消失，则为阳性。以上方法可以确诊亚硝酸盐中毒。

5. 防治 一定要给兔饲喂新鲜的青绿饲料，饲料需要煮时，要用急火快煮，不能焖的时间过长，凉后要当天喂完。接近收割的青绿饲料不用硝酸盐类化肥和农药，避免增高其中硝酸盐和亚硝酸盐的含量。不使用工业用盐配制饲料。家兔发病后，立即停喂可疑饲料，给病兔饮用1%高锰酸钾水溶液。对于食欲废绝兔，用1%美蓝溶液，用量为0.1～0.2毫升/千克体重，用10%葡萄糖液稀释成0.01%浓度，缓慢静脉注射，同时配合应用维生素C和维生素B_6可以增强疗效，肠炎或腹泻明显者，可用氨苄青霉素、庆大霉素等肌内注射。为促使胃肠功能恢复，增强机体抵抗力，可肌内注射维生素B_1和维生素B_{12}。兔群可饮用绿豆甘草汤（绿豆200克、甘草100克、石膏150克、水煎后加白糖150克）。

九、氢氰酸中毒

氢氰酸中毒是由于兔采食了富含氰苷配糖体的青饲料或氰化物，经胃内酶和盐酸的作用水解，产生游离的氢氰酸，引发以呼吸困难、震颤、惊厥等组织性缺氧为特征的中毒病。

1. 病因及病理 氢氰酸中毒的主要病因是指兔采食了富含氰苷类物质的饲料如高粱苗、玉米苗以及木薯、生的亚麻子，桃、梅、杏和樱桃等的叶子等，在自身胃内酶和盐酸的水解作用下产生游离的氢氰酸，氢氰酸有剧毒。大量的氢氰酸吸收入血后，则可抑制组织内40余种酶的活性，其中最重要的当属细胞色素氧化酶。氢氰酸与细胞色素氧化酶的Fe^{3+}结合，生成氰化高铁细胞色素氧化酶，使细胞色素丧失传递电子的能力，使线粒体内的氧化磷酸化过程受阻，呼吸链中断，导致组织缺氧。由于氧失利用而相对过剩，静脉血富含氧合血红蛋白而呈鲜红色。还有使用装过氰化物的容器没有彻底清洗干净就盛装兔饲料或者饮水也容易导致中毒。兔误食氰化物会急性中毒死亡。

2. 症状与病变 急性病例没有出现明显症状会迅速死亡。一般病例在采食上述含有氰苷类饲料后表现腹痛、呼吸困难、口流白色泡沫液体，下痢，行走不稳，可视黏膜呈樱桃红色（鲜红色），呼出的气体有苦杏仁味，瞳孔散大，全身发生强直性痉挛，四肢肌肉震颤，最后窒息而死。剖检可见血液凝固不良，静脉血呈鲜红色，全身各组织瘀血，实质器官变性，肺水肿，胃内容物有苦杏仁味。

3. 诊断 根据采食含氰苷类饲料后突然发病，结合临床症状和剖检的血液变化，可做出初步诊断。确诊需检查胃内容物，用苦味酸试纸法检验，试纸由黄色变成红色，可以确诊阳性。用普鲁士蓝法检验则溶液变成蓝色可以确诊。

4. 防治 禁止给兔饲喂新鲜的高粱幼苗和玉米苗，尤其是高粱、玉米的再生苗。用木薯做饲料时不可以生喂，应先用水浸4～6天，每日换水1次，然后不盖锅盖去煮沸。亚麻子饼饲喂时也应经浸泡，再煮沸10分钟后才能饲喂。特效解毒药为亚硝酸盐（或美蓝）和硫代硫酸钠。每千克体重静脉注射1%亚硝酸钠1毫升、5%硫代硫酸钠3～5毫升。也可用1%美蓝注射液3～5毫升/千克体重，加入5%硫代硫酸钠1~2毫升，静脉注射，4小时1次；但美蓝代替亚硝酸钠效果较差。或用羟基钴胺100毫克，肌内注射。维持治疗可用10%葡萄糖注射液30~50毫升静脉注射，也可根据病情进行对症治疗。

十、食盐中毒

食盐是必不可少的饲料成分，每千克体重0.3~0.5克食盐可增加食欲，帮助消化，可为生命机体提供氯离子和钠离子，钠主要在体液中，它对维持渗透压、酸碱平衡、控制营养、水代谢具有重要的作用，是不可缺少的物质。但采食过多或饲喂不当时，特别是限制饮水，即可发生中毒。本病以消化道炎症和脑组织的水肿、变性为其病理基础，临床上以神经症状和消化紊乱为特征。

1. 病因　家兔食盐中毒的原因一般有如下几种：家兔饲料配方中计算错误或生产操作中投料错误，造成添加量过大；突然喂给家兔过多或未同其他饲料搭配使用的食盐、腌制食品等，且饮水不足；市售一些饲料原料如鱼粉等本身含盐，饲料中还添加食盐会中毒；食盐颗粒过大或搅拌不均，导致部分兔采食多量食盐；对长期缺盐饲养的家兔突然加喂食盐或含盐饮水，而未加限制，家兔易大量饮食；有的地区不得不用含盐水（咸水）做家兔的饮用水，也易使兔致病。

2. 症状和病理变化　由于食盐对胃肠黏膜的刺激作用，家兔发病后，食欲减退或拒食，精神沉郁，结膜潮红，渴欲增加，尿量减少，有的下痢，粪便中混有血液；初期还会兴奋不安，头歪向一侧，头部震颤，步态不稳，接着后肢不完全麻痹或全麻痹，有的还会出现失明或耳聋，体温一般正常。严重的病兔呈癫痫样痉挛，角弓反张，呼吸困难，最后卧地不起，呼吸衰竭而死。剖检可见患兔胃黏膜有广泛性出血，小肠黏膜有不同程度出血；肠系膜淋巴结水肿、出血；脑膜血管扩张，充血，瘀血，组织有大小不等的出血点。

3. 诊断　根据有采食过量食盐的病史，有突出明显的神经症状，兔尸体剖检见胃肠黏膜不同程度出血等病变，可建立诊断。临床要注意与伪狂犬病、李氏杆菌病、传染性脑脊髓炎等鉴别，其中本病一般不会出现体温升高。

4. 防治　平时饲养时，要注意饲料中含盐量不能超过0.5%，用量要准确，拌料要均匀。用含盐的饲料饲喂兔，要控制用量，以防饲喂过多导致中毒。一旦发生食盐中毒应立即停喂可疑含盐饲料，未出现神经症状者给予少量多次新鲜饮水，已经出现神经症状者严格控制饮水。同时，可以内服油类泻剂5~10毫升，促进消化道毒物的排除。为了恢复血液中二价阳离子平衡，可静脉注射5%葡萄糖酸钙溶液或10%氯化钙溶液适量。为缓和脑水肿，降低颅内压，可静脉注射25%山梨醇溶液或高渗葡萄糖溶液。为缓解兴奋和肌肉痉挛，可用硫酸镁、溴化钾等镇静剂。为了防止继发感染可以给予抗生素治疗。

十一、有机氟中毒

1. 病因 有机氟化物主要有氟乙酸钠（SFA）、氟乙酰胺（FAA）等，是剧毒杀鼠药，现已禁止生产和使用。兔的有机氟化物中毒，一般是采食了有机氟含量超标或被有机氟污染的饲料或饮用了被其污染的水源而发病。

2. 症状 兔采食或饮进含氟化物的饲料和饮水后，可发生慢性中毒。初期表现为食欲减退，精神沉郁，四肢无力，喜卧，活动力下降，肌群颤动。后期食欲废绝，腿骨增粗或变厚，跛行，卧地不起。泌乳母兔出现缺乳，怀孕母兔则会发生流产、早产、死胎。严重病兔出现惊厥、抽搐、强直等神经症状，如果不及时治疗会衰竭死亡。

3. 诊断 家兔发病后立即移去可疑饲料和饮水，同时对残留的饲料和饮水进行实验室检验，如氟含量超标，一般可做出诊断。慢性氟中毒时，实验室检验血糖、血钙和胆碱酯酶活力降低。

4. 防治 要加强预防，不使用有机氟杀鼠剂，并加强饲料、饮水的保管，防止有机氟污染。发现中毒，立即更换新料，同时在饲料中添加乳酸钙、葡萄糖酸钙并配以适量的维生素 C、维生素 D 及 B 族维生素可缓解症状。特效解毒剂是解氟灵，0.1 克/千克体重肌内注射；也可以肌内注射维丁胶性钙 1 毫升，静脉注射 10% 葡萄糖溶液 20～30 毫升、维生素 C 200 毫克、10% 安钠咖 1 毫升解毒。

十二、煤气中毒

兔煤气中毒是指一氧化碳（CO）中毒，是由于兔吸入大量一氧化碳并生成碳氧血红蛋白，造成全身组织缺氧而窒息死亡的一种急性疾病。因为一氧化碳是由含碳物质不完全燃烧产生的，故也叫煤气。

1. 病因 寒冷季节，如冬季和早春，为了给仔兔保温，在兔舍里生煤炉，由于管理不善、通风不良，煤燃烧不完全，产生大量的一氧化碳，兔吸入造成中毒死亡。

2. 症状 家兔接触大量一氧化碳后，会很快窒息死亡。重度中毒，体内碳氧血红蛋白达 50% 时，出现昏迷，知觉障碍，反射消失，肌肉无力，步态不稳，后躯麻痹，四肢厥冷，可视黏膜樱桃红色，有的苍白或发绀，全身出汗，呼吸急促，脉细弱，四肢瘫痪或阵发性肌肉强直与抽搐。随着缺氧症的发展及中枢神经的损害，病兔陷入极度昏迷状态，意识丧失，大小便失禁，呼吸困难，甚至中枢麻痹，如不及时抢救则很快死亡。剖检可见血管和各脏器有鲜红色小出血点，血液呈鲜红色。轻度中毒，病兔表现羞明流泪，呕吐，咳嗽，心动过速，呼吸困难。此时如能及时脱离中毒环境，呼吸新鲜空气，易康复。

3. 诊断 根据接触史和临床症状可做出初步诊断。实验室化验血中碳氧血红蛋白的含量明显增多，可确诊。

4. 防治 养兔场在入冬以前，应对取暖等设备进行全面检修，饲养人员应提高警惕，保证兔舍通风良好，以免一氧化碳积聚，兔吸入中毒。如发现有中毒现象，立即打开门窗，通风换气。也可对兔采取人工呼吸，有条件可以吸入氧气。用10%葡萄糖注射液加维生素C静脉注射，也可用水合氯醛等药物解除病兔痉挛，皮下注射强心剂。如呼吸困难可给予混有一定浓度二氧化碳的氧气，也可用兴奋呼吸中枢的药物（尼可刹米）等治疗。

十三、酒糟中毒

兔酒糟中毒多因长期饲喂酒糟而缺乏其他饲料搭配，或突然大量饲喂酒糟或霉变酒糟而引起。酒糟的有毒成分为酒糟内残存的酒精，以及酒糟发酵和酸败后产生的有机酸和杂醇油，如醋酸、正丙醇、异丁醇等。

1. 病因 兔酒糟中毒的主要原因是突然大量饲喂酒糟，或者长期饲喂酒糟，而缺少其他饲料的合理搭配等所致。另外对酒糟保管不好，发生严重的霉败变质而继续给兔饲喂也会导致中毒。

2. 症状 急性中毒兔表现狂躁、兴奋不安，步态不稳，眼结膜潮红，嗜眠，渐渐失去知觉。进而肢体麻痹，体温下降，卧地不起，昏迷甚至死亡。慢性中毒兔表现精神不振，食欲减退，震颤，衰弱，腹泻，消瘦，眼结膜色淡，病程较长的可视黏膜苍白，眼浆液性分泌物增多，眼球明显凹陷，消化不良，先便秘后下痢，粪便恶臭，内混有鼻涕样的黏液、血液或脓液，污染肛门周围被毛。有的母兔出现流产、死胎和弱胎。公兔性欲下降。剖检病变主要在消化道，胃肠黏膜不同程度地充血、出血，肺水肿、充血，肝、肾肿胀、质变脆，小肠出现固膜性肠炎。

3. 诊断 根据日粮分析、病史、症状及剖检胃肠黏膜广泛性出血等特征可确诊。如果是酸败酒糟中毒可以通过检测酒糟的pH值确诊。

4. 防治 应饲喂新鲜酒糟，防止霉败变质，注意保持日粮平衡，控制酒糟的饲喂量。随时检查酒糟的质量，观察其有无发霉变质，轻微酸败，可加入石灰水、碳酸氢钠中和后再喂，降低酸度，减弱毒性，严重霉败的酒糟，应坚决废弃，严禁饲喂。发现中毒应立即停止饲喂酒糟，进行治疗，药物治疗的原则是补充体液，缓解脱水，补碱以缓解酸中毒。严重者可静脉或腹腔注射生理盐水、复方氯化钠、5%葡萄糖，每只50~100毫升，并视病情肌内注射10%~20%的安钠咖0.5~2毫升。中毒较轻者可灌服1%碳酸氢钠20~40毫升，或用缓泻剂硫酸钠2~4克/只，能收到良好效果。也可用1%碳酸氢钠溶液冲洗口腔或灌肠。根据兔只病情可以对症治疗和营养支持疗法。

十四、马杜拉霉素中毒

马杜拉霉素是一种新的聚醚类离子型抗球虫药物，其商品名为抗球王、杜球等，用量要求很严格，中毒主要是药物干扰体内各组织水盐代谢引起的。由于治鸡球虫效果较好且价格较低，受到广大用户的喜爱。但兔对马杜拉霉素极为敏感，极微剂量便引起中毒，造成死亡，给一些用户带来很大损失。

1. 病因　使用马杜拉霉素拌料预防或治疗兔球虫病，而引起中毒。据报道，獭兔 10 毫克/千克饲料拌料饲喂，兔死亡率高达 95% 以上；4 毫克/千克饲料拌料饲喂，死亡率高达 82%。

2. 症状　一般个体大、吃料多的兔发病率高、死亡快。饲喂马杜拉霉素后6～12 小时即出现中毒症状，临床表现为后腿瘫痪、趴卧，喘息，有的出现角弓反张，尖叫，打滚而死，少数拉稀便。病理剖检可见气管环状出血，肺两侧尖叶瘀血，肝脏瘀血，胃黏膜脱落，小肠黏膜弥漫性出血，肾瘀血。

3. 诊断　根据病兔采食过含马杜拉霉素的饲料以及临床症状、剖检变化，可建立诊断。

4. 防治　由于马杜拉霉素对兔敏感，毒性较大，严禁用于防治兔球虫病，以免中毒。在防治兔球虫病时，可选用一些对兔比较安全的药物如球净、氯苯胍、敌菌净及六甲氧嘧啶等。中毒无特效药，只能对症治疗。对发病兔给予10% 葡萄糖水及一些含钾、钠离子的电解质，并补充 0.5%～1% 维生素 C 等。

十五、痢特灵中毒

痢特灵又名呋喃唑酮，为广谱抗菌药，对常见的革兰氏阳性菌和革兰氏阴性菌有抑制作用，同时也有抗球虫作用，是一种较好的抗球虫和抗菌止痢药物，在畜禽生产中常用作添加剂。临床用药时，常用预防量 0.01%～0.02%，治疗量为0.02%～0.04%，连用 3～5 天。但其对家兔相当敏感，治疗量与中毒量很接近，易引起家兔中毒。如家兔按 400～500 毫克/千克体重连喂 4 天，死亡率 100%。因为药物毒副作用大，已经禁用。

1. 病因　本病发生原因大多数为用量过大，或连续服用时间过长，体内蓄积过多，加之计算失误而引起；痢特灵难溶于水，饮水给药时，家兔舔食水槽底部沉渣而中毒；或混在饲料中搅拌不匀，造成部分家兔中毒。

2. 症状　大剂量应用易致急性中毒，患兔主要表现厌食，高度兴奋，流涎，尖叫，瞳孔散大，全身肌肉间歇性痉挛，继而四肢无力，角弓反张，惊厥，瘫痪，很快死亡。小剂量引发慢性中毒时，中毒症状不明显，表现生长发育迟缓，可视黏膜苍白，全身各组织出血和消化功能障碍。尸体剖检可见肌肉淡白，胃黏膜坏死、溃疡、脱落，肠壁肿胀、充血、出血，淋巴结肿大，肝肿大等。

3. 诊断　根据日粮分析、用药记录、临床症状和剖检变化进行确诊。

4. 防治　尽量不使用痢特灵治疗家兔疾病。中毒无特效解毒药物，以保护胃、肠黏膜，保护肝脏功能，提高机体抵抗力为原则。病情较轻者，全群饮用添加维生素 B_{12} 的水，饲料中添加维生素 C、多酶片。病情重者，肌内注射维生素 B_{12}、安钠咖、强力脱毒敏等。

十六、磺胺类药物中毒

磺胺类药物是用化学方法合成的一类药物，具有抗菌谱广，疗效确切，价格便宜等优点，常用于防治兔的某些细菌性疾病和球虫病等，常用的如复方敌菌净、磺胺胍等。磺胺类药物的治疗量接近中毒量，幼仔兔尤其对磺胺类药物敏感，因此，使用剂量过大连续用药时间过长很容易引起中毒。

1. 病因　饲料里添加磺胺类药物时，计算失误导致用量过大或长时间连续大剂量的使用，可引起中毒。用磺胺类药物治疗兔病时使用量过大，用药期间又缺乏饮水或者饮水不足，也可引起中毒。幼仔兔对磺胺类药物敏感，如连续用药（正常量）超过 5 天，会导致亚急性中毒。

2. 症状　急性中毒以药物性休克为主，病兔表现厌食，共济失调，肌肉变形、无力，惊厥，麻痹，最后昏迷而死。慢性中毒表现血尿、结晶尿、蛋白尿，导致消化障碍，生长缓慢，造成多发性肠炎和顽固性腹泻，同时伴有程度不同的神经症状。

3. 诊断　根据用磺胺类药物的病史、临床症状初步诊断，尿液检查可确诊。

4. 防治　应用磺胺类药物严格按药物的使用说明操作，控制用药剂量和用药期及其适应证。在应用磺胺类药物时可用碳酸氢钠饮水，碱化尿液，促进药物溶解排除，防止药物在肾脏的结晶。长期使用该药，应补充富含维生素的饲料或维生素制剂，尽量多饮水。一旦发现中毒，立即停药，给予充足的新鲜饮水，在饮水中加入 1%～2% 碳酸氢钠，每千克饲料中拌入维生素 C 0.2 克及维生素 K 0.5 毫克，提高日粮中的维生素 B_1，连用数日直至症状基本消失。重症病例静注复方氯化钠注射液、5% 葡萄糖注射液，促进药物的排泄。同时饲喂多种水溶性维生素，提高疗效。

十七、喹乙醇中毒

喹乙醇又称喹酰胺醇，商品名为倍育诺、快育灵，是一种浅黄色结晶粉末。临床上主要用于防治兔细菌性疾病和某些原虫病。但喹乙醇有一定的毒性，如饲料中添加剂量过大或连续饲喂，易引起兔中毒死亡，临床上以胃肠出血、昏迷、失明为特征。成年家兔对喹乙醇的耐受性比较强。

1. 病因　中毒的主要原因是使用喹乙醇治疗家兔细菌性疾病时，使用不当，用药量计算不准确，添加过量，又连续饲喂而引起中毒。喹乙醇的安全使用量为每千克饲料中添加 25～35 毫克。喹乙醇按正常剂量添加若时间过长，搅拌不匀或有些饲料厂家已经添加有喹乙醇，但用户不知，造成重复添加都会导致中毒。

2. 症状　急性发病者全身出汗，犹如水洗，用手触摸病兔见全身发凉，口腔、舌体、可视黏膜成紫黑色，腹部皮肤发红，呼吸迫促，严重者抽搐，四肢划动，状似游泳，最后痉挛而死。慢性发病者可造成家兔生殖器官萎缩、不育，孕兔会出现死胎。消化功能紊乱，导致耐药有害菌株产生。剖检，口腔含有大量黏液，肝肿大、质脆。胃底、盲肠及小肠黏膜充血、出血，胆囊肿大。

3. 防治　合理使用喹乙醇，日粮中添加喹乙醇治疗某些细菌性疾病时要计算准确，充分搅拌均匀，尽量不可添加过量，连续投药时间也不宜过长，一般每使用 3～5 天应停药 1 天。在购进饲料时，一定要问明是否已添加了喹乙醇及添加量，防止重复添加而中毒。由于喹乙醇能在动物体内残留，毒副作用大，影响动物性产品安全，尽量不要使用。发现中毒，立即停喂可疑饲料，更换富含维生素的新饲料。本病没有特效解毒药物，可以给兔饮用 10% 葡萄糖水和绿豆水以保肝解毒。病情严重的可静脉注射 20% 的葡萄糖注射液 20～30 毫升，10% 维生素 C 10 毫升，每日 2 次。为了控制感染，可以注射其他抗生素。

第三节　内科疾病

一、应激综合征

应激综合征（stress syndrome）是动物遭受各种不良因素或应激原的刺激时，表现出生长发育缓慢，生产性能和产品质量降低，免疫力下降，严重者引起死亡的一种非特异性反应。家兔由于其特殊的生物学特性，如打洞穴居、胆小怕惊、草食性、喜干厌湿、啮齿、昼伏夜出等，使得家兔对内外环境的刺激反应敏锐。若是遭受噪声袭击、饲料突变、气候突变、长途运输等应激因素刺激均会导致发病，影响预期经济效益。

1. 病因　能引起应激反应的因素是多方面的。首先是环境应激原，包括风寒暑湿热燥、电离辐射、拥挤、兔舍通风不良、缺氧、有害气体的刺激等。其次是人为应激原，包括追捕、驱赶、混群、关闭饲养、强化培育、饥饿、长途运输、预防注射、环境污染，以及手术保定、药物麻醉等。再就是其他应激原，如外伤、感染及中毒等均可导致兔应激综合征发生。由于应激原的作用强度、时间以及兔只的敏感性差异，导致兔的反应也各不相同。

2. 症状　严重应激时，家兔在遭受应激原刺激后不出现症状会突然死亡。

有的兔会出现烦躁，心率增大（160～200次/分），呼吸迫促，痉挛，大小便失禁，尖叫死亡。急性应激时，家兔出现心跳加快，血压升高，消化功能障碍，胃肠黏膜出血、坏死、溃疡甚至胃穿孔。精神沉郁，肌肉松弛，血液浓缩，嗜酸性细胞减少。母兔可能导致流产。慢性应激能够形成累积效应，使家兔生产功能降低，机体抵抗能力下降、引发各种疾病，如热应激可使家兔产毛量下降、营养不良甚至高热等。

3. 诊断　根据病史和症状特征可初步确诊，结合实验室测定的各项生理指标确诊。

4. 防治　科学饲养，加强管理，配合日粮营养平衡，适时分群；做好保干防湿、保静防噪，注意气候变化，防止忽冷忽热。定期预防应激因素，适当添加矿物质和微量元素以及多种维生素；提高日粮中维生素 E 含量，饮水中加入葡萄糖和电解多维。依应激原性质和家兔的反应情况，选择抗应激的药物。临床主要应用镇静剂和皮质激素以及抗过敏药物，如延胡索酸能使中枢神经受到抑制，机体活动减少；氯化铵可调节血液酸碱平衡。家兔发生应激，糖原迅速分解，乳酸增高，血液 pH 值下降，可静脉注射 5% 碳酸氢钠或饮水中添加 0.1%～0.2% 碳酸氢钠，能减少热应激损失，有健胃作用。治疗期间应给营养丰富且易消化的青绿饲料，增加蛋白质、维生素给量，让家兔充分饮水，也可在水中添加 2% 食盐，补充体液盐分的消耗，防暑解渴。

二、消化不良

消化不良是兔胃肠道蠕动、分泌、消化、吸收障碍的统称，是家兔常见病、多发病之一，好发于各年龄段的家兔，本质是胃肠炎引起下痢，以消化功能障碍和不同程度的腹泻为特征。尤以 1 月龄以上兔多发，主要表现排粪频繁，粪便稀软、呈粥样或水样便。

1. 病因　消化不良的最主要原因是饲养管理失误引起的，如日粮搭配不均衡、突然更换适口性好的饲料，兔一次采食过量。饲料质量差、兔舍卫生条件不好、潮湿阴冷等也可引起本病的发生。断奶的仔兔消化器官功能尚未发育完善，缺乏消化饲料的各种酶类，消化道内正常微生物菌群尚不健全，因此对营养物质消化能力差，如开食过早，并且采食难以消化的草料，从而出现消化不良，进而引起腹泻。妊娠母兔饲养管理不当或患有乳房炎、子宫炎等慢性疾病时，产后不能泌乳或者泌乳不足，仔兔未能及时哺食初乳，母源抗体缺乏影响仔兔的消化。饲料管理不当或霉败变质也会影响消化能力。

2. 症状

（1）轻度消化不良：病兔食欲出现不同程度的降低，精神不振，排软粪，粪便成条形或成堆状，有酸臭味，不愿走动，肠音较高，伴发肠臌胀或腹痛，兔体消瘦。

（2）较重的消化不良：病兔精神不振，频繁腹泻，粪便呈粥样或水样便，且粪便中混有未消化的凝乳块或饲料残渣，尾根、肛门部被粪便污染，眼球下陷，消瘦、脱水，站立不稳，若不及时有效治疗，患兔出现神经症状，最后导致死亡。

（3）严重消化不良：严重者食欲废绝，体温升高，严重下痢，粪便呈水样，常混有血液或胶冻样黏液，结膜发绀，呼吸急促，常虚脱而死。

（4）长期慢性消化不良：幼仔兔生长发育受阻、畸形；成年兔生活力、抗病力以及繁殖能力均下降。

3. 剖检 胃肠道积气，胃浆膜上有出血点，肠道呈弥漫性卡他性炎症，内有液状内容物。脾脏、淋巴结肿胀。

4. 诊断 根据发病史、临床症状、病理剖检变化可建立诊断。

5. 防治 加强饲养管理，定时定量饲喂，不饲喂霉败变质的饲料，改善畜舍环境，保持合适的湿度和温度。加强妊娠母兔的饲养管理，根据母兔的妊娠阶段，及时调整饲料配方，添加蛋白质、脂肪、矿物质及多种维生素，满足母兔产后泌乳。新生仔兔尽早哺食初乳，增强母源抗体。断奶前后仔兔饲料中添加复合酶、乳酶生等助消化药物可减少消化不良的发生。发现病兔，首先禁食24小时，缓减胃肠道的刺激，给予充足饮水，水中可以加入生理剂量的葡萄糖和人工盐，轻者不治可愈。如果病情不见好转要排出胃肠道积聚物，可选用大黄苏打片或龙胆苏打片内服，每次1~1.5片，每日2次。腹泻不严重者也可以投服油类泻剂或盐类泻剂进行缓泻。胃肠清空后给予新鲜饮水和易消化的饲草饲料，同时饲喂促进肠蠕动、健胃消食的药物，如多酶片、酵母片、复合维生素B、糖钙片、谷维素、益生菌等也会起到好的治疗效果。较重者，要使用保护胃肠黏膜的药物和抗生素（青霉素、庆大霉素、氟哌酸等），抗菌消炎，防止肠道继发感染，防止机体脱水，保持水盐代谢平衡，对症治疗。注意如果病情不严重，未出现体温升高、食欲废绝、脱水者尽量不用抗生素，更不能频繁更换抗生素，以免扰乱肠道的正常菌群，加重消化不良的发生。

三、胃肠炎

胃肠炎是胃肠黏膜表层及其深层组织的出血性或坏死性炎症。临床表现以严重的胃肠功能障碍和不同程度自体中毒为特征。临床可分为急性胃肠炎和慢性胃肠炎两种。不同年龄的家兔都可发生，幼兔发生后死亡率比较高。

1. 病因 胃肠炎的主要病因是饲养管理不当，如家兔采食的草料不干净、品质差、霜冻等，采食了有毒植物，霉败变质、农药和化肥污染的饲料，化学药品处理过的种子等，兔饮水不清洁或者被污染等，还有兔舍潮湿阴冷、卫生条件差也可导致本病的发生。其次是突然更换饲料，尤其精饲料，导致胃肠负担加重出现消化不良可诱发本病。再就是滥用抗生素或磺胺类药物，破坏胃肠道的正常菌群也会引发胃肠炎。还有断奶幼兔，体质较差，常因贪食过多饲料发生肠臌气，在此基础上继发胃肠炎。继发于胃扩张、胃肠卡他、肠阻塞、出血性败血症、副伤寒、球虫病，以及其他外科手术、传染病、中毒病等。各种应激原的刺激，比如长途运输、断奶、换料、气候骤变等也会发生胃肠炎。

2. 症状　胃肠炎初期，只表现胃肠黏膜表层轻度炎症，呈现轻度消化不良，排出的粪便带有黏液。时间延长，炎症加重，胃肠内容物停滞，且发酵、腐败，有毒产物和细菌毒素被机体吸收后，导致严重的消化功能紊乱，病兔食欲废绝，精神迟钝，呼出恶臭气体，末梢冰凉。呕吐、腹泻，粪便恶臭混有黏液、组织碎片及未消化的饲料，有时混有血液，黄疸（十二指肠炎症时），后期肠音减弱或停止，里急后重，肛门松弛，排便失禁，全身症状明显如酸中毒、脱水、血液黏稠，尿量减少，休克（毒素进入血液，全身衰竭）等。若不及时治疗，则很快死亡。

3. 剖检　胃肠内容物混有血液、黏液或坏死组织碎片，气味恶臭；胃肠黏膜肿胀、出血、坏死，黏膜下水肿，严重者可形成溃疡或烂斑；肠系膜淋巴结肿胀外翻，出血。严重者常伴有腹膜炎或全身败血症状。

4. 诊断　可根据病史、临床症状结合病理剖检变化初步诊断，有条件的话可以在实验室化验排泄物和血液进行确诊。

5. 防治　加强日粮管理，定时定量饲喂，日粮营养搭配均衡，不可突然改变饲料，严禁饲喂腐败变质和毒物污染的饲草饲料，保持兔舍卫生良好。对于断奶的幼兔要给予优质易消化的全价饲料。轻度胃肠炎需要清空胃肠，帮助消化。较重者可通过口服补液盐防止脱水，使用胃肠黏膜收敛剂和保护剂保护黏膜，适当服用抗菌类药物，如内服链霉素粉 0.01～0.02 克/千克或新霉素 0.025 克/千克控制肠道感染。为了防止酸中毒也可内服小苏打（碳酸氢钠）0.25～0.1 克/千克，每日 3 次，纠正酸碱平衡。严重者应静脉注射或腹腔注射葡萄糖氯化钠注射液、复方盐水等 50～100 毫升，内加维生素 C、ATP、辅酶 A，补充能量调节水盐代谢，防止脱水。肌内注射青霉素、头孢类药物、恩诺杀星类药物控制感染。同时进行止泻、止血、促消化，维护心脏功能等对症治疗。中药方剂对胃肠炎有较好的效果，可用郁金散和白头翁汤等治疗。如是球虫病引起的胃肠炎，则应驱治兔球虫。中毒病引起的胃肠炎要注意使用特效解毒药。

四、胃扩张

兔胃扩张，也称胃积食，是由于食入多量的易发酵、易膨胀、难消化的饲草、饲料，致使胃排空功能障碍，胃的分泌物、食物或气体大量聚积引起胃急性扩张的一种腹痛病。一般 2～6 月龄的幼兔容易发生，临床特征为腹痛不安、腹部膨大、呼吸迫促、黏膜发绀。常见于饲养管理不当、经验不多的初养兔的养兔场。

1. 病因 胃扩张的直接原因是幼兔的消化器官尚未发育完善，肠道菌群不平衡，适应性较差，由于贪食过量适口性好的饲料，采食较难消化的玉米、小麦，食后易产生膨胀的饲料，含露水的豆科饲料，腐败和冰冻饲料等，以及混有泥土的饲料。兔舍寒冷、潮湿、阳光不充足、饲料搭配不均，尤其矿物质、微量元素、维生素含量缺乏或者不足也会发生此病。此外，肿瘤、脓肿、瘢痕等原因均可以引起家兔慢性胃扩张。本病也会继发于肠便秘、肠臌气或球虫病的过程中。

2. 症状 急性病例通常在采食几小时后发病。患兔突然发生腹胀，拒绝采食，伏卧不动或卧立不安，腹部膨起，大量流涎，呼吸困难，不断鸣叫，磨牙，四肢集于腹下，不停更换蹲伏位置，心跳加速，可视黏膜潮红或发绀，脉搏快而微弱。触诊腹部，可以感到胃体积明显胀大，不及时治疗可能发生胃破裂。慢性发作的常伴有食量减少，肠臌气和胃肠炎，如不及时治疗，可于 1 周内死亡。本病的发生率和死亡率均较高。

3. 剖检 胃体积显著增大，内容物酸臭，胃黏膜脱落。胃破裂的病死兔，胃局部有裂口，胃内容物污染整个腹腔。

4. 诊断 根据采食大量难消化易膨胀以及腐败冰冻等饲料的病史，结合腹胀、腹痛的临床症状和特征性剖检变化可以确诊。

5. 防治 加强饲养管理，饲喂定时定量，少喂难消化的饲料，禁止饲喂经过雨淋、带露水的饲料和腐败、冰冻饲料，更换干、青饲料时要逐渐过渡，幼兔断奶不宜过早。一旦发病要尽早采取治疗措施，常见的治疗方法有：

（1）禁食，灌服植物油或液状石蜡 10～20 毫升，并进行腹部按摩，使胃内容物软化排出。

（2）萝卜汁 10～20 毫升，食醋 10～20 毫升，灌服食醋 10～20 毫升，让兔充分运动，可制止胃内容物发酵。

（3）内服大黄苏打片，每次 1 片（0.5 克），每日 2～3 次。

（4）姜酊 2 毫升，大黄酊 1 毫升，加温水适量，1 次灌服。

（5）若胃内积气时，可用十滴水 3～5 滴、薄荷油 1 滴，调水灌服。

（6）若腹痛明显时，可用安定注射液 5～10 毫克，肌内注射，镇静止痛。

（7）促进消化，可皮下注射新斯的明，每只兔 0.1～0.25 毫克；或者石菖蒲、青木香、野山楂各 6 克，橘皮 10 克，神曲 1 块，水煎后候温灌服。

五、肠臌气

肠臌气是由于肠道消化功能紊乱，内容物滞留产气，肠管排气不畅或排气受阻，导致气体积聚于某部分或者大部分肠管内引起肠管臌胀的一种腹痛病。多为急性发生，多因饲料不良引起，疾病发展迅速，如不及时进行治疗，很快就导致死亡。

1. 病因　兔肠臌气的原发性病因主要是采食了容易发酵的饲料，如大豆秸、紫云英、三叶草，堆积发热的青草，腐败冰冻或带露水的饲料，以及多汁、易发酵、品质不良的青贮料。突然更换饲料，造成贪食也可发病。断乳不久的幼兔多食精料，夏季喂三叶草，容易发病。也可继发于结肠阻塞、便秘以及肠变位等疾病。

2. 症状　食欲消失，腹部逐渐膨大，胃肠内充满气体，有腹痛表现，轻叩腹部，发生鼓音，眼神呆滞，呼吸困难，心率加快，可视黏膜潮红，甚至发绀，偶尔拱腰，鸣叫。若治疗不及时可引起窒息或胃肠破裂而死亡。

3. 诊断　根据采食大量容易发酵产气的饲草饲料的病史，患兔急性发作，腹部臌胀，叩诊鼓音可做出诊断。

4. 防治　加强饲养管理，定时定量饲喂，严禁给家兔饲喂大量易发酵产气的饲料。保证饲料不霉败变质，兔舍要保持干燥、阳光充足、温度适宜。更换饲料要逐渐进行，以免家兔贪食。对短时间内形成的急性肠臌气，需要立刻穿刺放气，先用手按住腹部以固定肠道，在臌气最突出的地方剪毛、消毒后，用12号针头穿刺放气，消退后，灌服大黄苏打片2~4片，为预防霉菌性肠炎，用制霉菌素5万国际单位，每天3次，连用2~3天。对于病情比较稳定的患兔，内服适量植物油，不仅能疏通肠道，且对泡沫性臌气有效。清空肠道、防腐止酵的治疗方法参见胃扩张的治疗。对轻微病例可辅助性按摩腹壁，刺激肠蠕动，排出气体。便秘性臌气，可用硫酸镁5~10克，液状石蜡10毫升，一次灌服。肠变位继发的肠臌气要及时进行外科手术。用中成药穿心莲片治疗肠臌气，成功率高达95%。

六、毛球病

毛球病是由于家兔蚕食自身或同伴的被毛，在消化道内形成毛团，造成消化道阻塞的一种疾病，临床主要表现消化功能紊乱。本病与家兔的营养供给及代谢有密切联系，是临床上常见病多发病之一，防治本病对养兔业具有很重要的意义。

1. 病因　毛球病主要是由于家兔食入被毛所引起的，长毛兔多发。家兔蚕食被毛的原因很多，如日粮中无机盐和B族维生素以及氨基酸的缺乏和不足；饲喂精料多而细、粗纤维不足；兔笼窄小拥挤互相啃咬；某些外寄生虫或者皮肤病刺激发痒啃咬；未及时清理脱落在饲料内、垫草上的绒毛；母兔分娩前拉毛营巢，吃产箱内的垫料时，连毛吃入体内。各种原因引起的异食癖也会导致毛球病的发生。

2. 症状　家兔吞食被毛后，首先表现消化功能紊乱的症状，患兔食欲不振，喜卧，频繁饮水，大便秘结，粪便中混有兔毛，有时成串，患兔贫血、消瘦，衰弱甚至死亡。如果食入大量的被毛，可在胃内形成坚硬的毛球，阻塞幽门或进入小肠后造成肠梗阻，引起大便不通，出现腹痛不安。病兔停止采食，因为胃内饲料发酵产气，所以胃体积大且臌胀。继发胃扩张时，触诊腹部，胃体积膨大，并可摸到胃内或小肠内的硬毛球。最后多因自体中毒或胃肠破裂而死亡。

3. 剖检　死亡家兔多消瘦，腹部膨大。剖检可见肠管内空虚，在胃内或小肠内发现毛球。

4. 诊断　根据病史并结合症状、病理剖检变化即可确诊。

5. 防治　加强饲养管理，饲喂全价日粮，针对发病原因，采取相应措施，避免兔食入被毛。兔笼要宽敞，不要过于拥挤。及时治疗体外寄生虫病和皮肤病，防止互相啃咬。发病后可灌服植物油（菜籽油、豆油），每只兔20~30毫升，使毛球润滑并排出；对于较小的毛球，可口服多酶片，促进毛球酶解软化，然后灌服植物油排出。也可用温肥皂水或者液状石蜡灌肠，利于毛球排出；毛球排出后，应给予易消化的饲料，口服健胃药促进胃肠功能恢复。如果保守治疗无效，应用外科手术，取出毛球。

七、肠便秘

肠便秘指的是肠管运动功能和分泌功能减弱，导致一段肠管或者几段肠管秘结，临床主要表现排粪困难，严重时可造成肠阻塞的一种腹痛性疾病。它是兔消化道疾病的常见病症之一，多发生于幼兔和老龄兔。

1. 病因　饲料搭配不合理是造成该病的主要原因，如长期饲喂干硬饲料（甘薯秧、豆秸、稻草、米糠等），饮水不足；精、粗饲料搭配不当，精料多，青饲料缺乏。饲料中混有泥沙、被毛等异物均可导致兔胃肠分泌和运动功能减弱而发病。环境突然改变，运动不足，打乱正常的排便习惯。此外也见于其他发热性疾病，或排便带痛的疾病。

2. 症状　病初肠道不完全阻塞时，患兔食欲减退，口渴喜饮，排粪困难，粪量少，粪球干硬，呈枣核状。完全阻塞时，食欲废绝，排粪停止，腹痛不安。有的频做排粪姿势，但无粪排出，患兔腹痛不安、精神紧张，无力喜卧。触诊腹部，可触到内容物坚硬成条或念珠状。

3. 剖检　死亡兔胃内空虚积液，肠黏膜发炎或者出血，盲肠和结肠内充满干硬颗粒状粪球。

4. 诊断　根据临床症状和触诊结果可以确诊。

5. 防治　加强饲养管理，合理搭配饲料，防止过食，供给充足饮水，适当运动，配合饲喂青绿多汁饲料可有效防止本病发生。病情较轻者供给多汁青绿饲料和饮水，禁食 1～2 天，会很快痊愈。病情较重的内服泻剂，硫酸钠或人工盐 5～10 克，幼兔酌减，配成 6%～8% 的溶液口服；也可用植物油或液状石蜡 10～20 毫升、蜂蜜 10 毫升，加温水 20 毫升内服，配合腹部按摩，增加运动。也可用温肥皂水 100 毫升左右灌肠或者 10～20 毫升液状石蜡配合 50～100 毫升盐水灌肠。还可肛门给予适量开塞露治疗。有脱水症状者可用 5% 葡萄糖溶液 60～80 毫升、10% 氯化钠 10 毫升、5% 碳酸氢钠 10 毫升、维生素 C 500 毫克，混合静脉注射。清空阻塞的粪便后要给兔投服促进消化的药物。中药治疗本病的方剂有：厚朴 5 克、炒莱菔子 5 克、枳实 5 克、桃仁 5 克、赤芍 3 克、大黄 3 克，煎汤过滤后加 3 克芒硝，每次灌服 15 毫升，2 小时后再服 1 次。该方剂对盲肠阻塞治愈率达 95%。为防止肠道的继发感染可以口服、肌内注射或者灌肠时加入抗生素。

八、腹泻

腹泻是指临床上具有腹泻症状的一类疾病，表现为排粪频繁，粪便稀软，呈粥样或水样便。

1. 病因　导致兔腹泻的原因很多，包括细菌感染、病毒感染、真菌感染、寄生虫感染、中毒、营养性腹泻、消化不良性腹泻和各种应激性腹泻。常见的有饲料不清洁，混有泥沙、污物等；饲料发霉、腐败变质；某些传染病，如副伤寒、大肠杆菌病、魏氏梭菌病、结核性肠炎等；一些寄生虫病，如球虫病、线虫病等；中毒性疾病，如有机磷中毒、霉变饲料中毒；突然更换饲料，喂量过大，换料应激可引起腹泻；兔舍潮湿阴冷，腹部受凉，或吃了大量的冰冻饲料常引起拉稀；断奶后的幼兔，消化能力、适应能力和抗病能力低，若饲料品质不良和饲养管理不当最容易发生腹泻。

2. 症状　轻者患兔食欲减退，精神不振，排粪稀软，呈粥样或水样，经常污染肛门及其周围被毛，全身反应较轻，虚弱、消瘦、不爱运动。重者体温升高，食欲废绝，严重腹泻，呈水样，常混有血液或胶冻样黏液，粪便恶臭。腹部触诊有明显疼痛反应。若不及时有效治疗会因脱水和全身衰竭而死亡。传染病和中毒病引起的腹泻一般治愈难度大，全身症状明显。寄生虫性腹泻，粪便中可见虫体，线虫肉眼可见，球虫需要显微镜检查，早期发现尚可治愈。

3. 诊断　根据病史、临床症状可初步诊断，血液学检查和粪便检查可以有效确诊。比如寄生虫感染粪检可见虫体或者虫卵，血液检查嗜酸性粒细胞增高；病毒感染早期血液检查白细胞降低，中晚期继发感染白细胞升高；细菌感染或者一些传染病引起的腹泻血液检查血象升高；消化不良性腹泻粪检可见到未清化的食物残渣。寒冷刺激引起的腹泻血象变化不明显，但是触诊肠壁痉挛。

4. 防治

（1）预防：加强饲养管理，严禁饲喂细菌感染、霉败变质、冰霜冻结或被农药化肥污染的草料，同时定时定量饲喂。做好免疫接种工作，防止传染病的感染。根据气候情况，合理饲喂多汁、青绿饲料，保持兔舍清洁干燥。不饮不洁饮水，不要突然换料，尤其断奶仔兔更要加强管理。保持兔舍的干燥、通风、温暖等。做到定期驱虫。尽早治疗原发病。

（2）治疗：先清理胃肠，防腐止酵，可给予每只兔每次内服硫酸钠或人工盐2～3克，加水40～50毫升口服，或内服液状石蜡10～20毫升。之后给予保护胃肠黏膜和健胃药，如龙胆酊、陈皮酊、多酶片、乳酶生、酵母片以及益生菌制剂等促进消化。对重症腹泻要除了上述治疗方法外还要进行抗菌消炎，抗病毒、调节水盐代谢和酸碱平衡的治疗。如可肌内或静脉注射氯霉素10～30毫克，或新霉素4 000～8 000 国际单位/千克体重，或肌内注射庆大霉素等。内服氟哌酸20～30毫克/千克体重，或泻立停等止泻药，或鞣酸蛋白0.3克，每日2～3次，连用4～5天保护胃肠黏膜。出现脱水，静脉注射葡萄糖盐水50～100毫升、肌内注射安钠咖液1毫升，每日2次，连用2～3天。也可给兔饮用葡萄糖盐水或者口服补液盐，内加适量乳酸环丙沙星或者庆大霉素。受凉引起的腹泻可内服盐酸消旋山莨菪碱（654－2）0.1～0.2毫克，配合庆大霉素效果较好。寄生虫性腹泻要注意驱虫，肠黏膜破损出血要注意配合使用维生素K或酚磺乙胺等止血药物。

九、腹膜炎

腹膜炎是由细菌感染，化学刺激或损伤所引起的外科常见的一种严重疾病。其主要临床表现为腹痛、腹肌紧张、腹部膨大、高热，严重时可致全身中毒甚至休克。

1. 病因　兔腹膜炎的原发性病因包括腹壁创伤、透创、手术感染，腹腔或盆腔脏器穿孔或破裂等。多数是继发性腹膜炎，源于腹腔的脏器感染，坏死穿孔、外伤等邻接蔓延和病原微生物的血行感染。

2. 症状　早期为腹膜刺激症状如（腹痛、压痛、腹肌紧张等）。后期由于感染和毒素吸收，主要表现为全身感染中毒症状。

3. 诊断　可根据临床症状结合血液学检查结果综合诊断。

4. 防治　对可能引起腹膜炎的腹腔内炎症性疾病及早进行适当的治疗是预防本病的关键。及时治疗兔的肠胃疾病，防止胃扩张、肠臌气引起胃肠破裂穿孔导致腹膜炎。任何腹腔手术甚至包括腹腔穿刺等皆应严格执行无菌操作，肠道手术前应给予抗菌药物口服可减少腹膜炎的发生。注意清理圈舍，防止异物不慎伤了兔腹壁形成创伤性腹膜炎。治疗需要：a. 抗菌消炎：抗生素静脉注射、肌内注射或腹腔内注入。b. 消除腹膜炎刺激的反射性影响（普鲁卡因）。c. 制止渗出（氯化钙）。d. 纠正水、电解质和酸碱平衡失调。腹腔渗出液蓄积过多时可以穿刺引流，内毒素休克时要实施相应抢救。

十、感冒

感冒是由寒冷刺激（伤风）或（和）病毒感染引起的以发热和上呼吸道黏膜表层炎症为主的一种急性全身性疾病。是家兔常见的呼吸道疾病之一，如治疗不及时，容易继发支气管炎和肺炎。

1. 病因 兔感冒多发生于早春、晚秋季节。多因气温突然降低、昼夜温差过大等因素使家兔的抵抗力下降，引发感冒。兔舍潮湿，通风不良，贼风侵袭；剪毛后受寒或越冬措施不好，兔舍漏雨以及病毒感染而发病。

2. 症状 病兔初期精神不振，食欲下降或不食，蹭鼻，打喷嚏，先流清水鼻涕，后逐渐变为黏性或脓性鼻涕，鼻黏膜潮红，不爱运动，眼半闭，常卧在某一角落，流泪，眼结膜潮红，轻度咳嗽。重症患兔连续咳嗽，食欲废绝，体弱乏力，趴卧不动，体温升高 40 ℃以上，四肢末端及耳鼻发凉，不住打寒战，呼吸困难，如治疗不及时，护理不当，则可引起支气管炎甚至肺炎。听诊可见肺泡呼吸音增强，有湿啰音，经 3~4 天因窒息死亡。尸体剖检可见肺表面有大小不等、深褐色的斑点状肝样病变，窒息死亡兔肺炎中肉质变。

3. 诊断 根据受寒、受雨淋、气候突变季节发病的病史结合临床症状和病理剖检可建立诊断。

4. 防治 加强饲养管理，在气候寒冷和气温变化明显的季节加强防寒保暖工作。保持兔舍清洁、干燥、通风。在流行感冒发生时期，注意药物预防。本病的治疗原则是解热镇痛和防止继发感染。对病兔精心护理，保暖通风。解热镇痛可内服扑热息痛，每次 0.1~0.3 克，每日 2 次，连用 2~3 天；肌内注射复方氨基比林注射液，每 0.5~1 毫升/千克体重，每日 1~2 次，连用 2~3 天。或肌内注射安痛定，每次 1~3 毫升，每日 2 次，用 1~3 天，也可以肌内注射柴胡注射液 1 毫升，每日 2 次，用 1~3 天。防止继发感染可用青链霉素、磺胺类药物或病毒灵。青霉素 2 万~4 万国际单位/千克体重，链霉素 1 万~2 万国际单位/千克体重，每日 2 次肌内注射。磺胺二甲基嘧啶，70 毫克/千克体重，静脉或肌内注射，每日 2 次。病毒灵注射液 2~3 毫升，肌内注射，每日 2 次，连用 2~3天。病情轻可内服阿司匹林片，每日 3 次，每次成兔 1/2~1 片，幼兔酌减。还可以选用中药桑菊感冒片或银翘解毒片。如果感冒由流感病毒引起，应迅速隔离，防止蔓延全场，立即采取最佳治疗方案，减少损失。

十一、支气管炎

支气管炎是各种原因引起的兔支气管黏膜表层或深层的炎症，临床上以咳嗽、流鼻液和不定热型为特征。本病也是家兔的常见病之一，易发于寒冷季节或气候突变的早春、晚秋季节，老龄兔、幼仔兔及饲养条件差的兔更容易发生。

1. 病因　寒冷刺激、机械和化学因素刺激是原发性支气管炎的主要原因。诸如天气骤然变冷，兔舍保温措施不好，舍内阴暗潮湿等寒冷刺激可降低机体的抵抗力，特别是呼吸道黏膜的防御能力，使呼吸道的常在菌（如肺炎球菌、巴氏杆菌、葡萄球菌、链球菌等）大量繁殖而产生致病作用，引起急性支气管炎。机械、化学因素刺激，如吸入粉碎饲料、飞扬的尘土、霉菌孢子、花粉、有毒气体、污染草料、异物等以及兔舍通风不良，空气污浊，氨味重等均可刺激支气管黏膜引起炎症。伤风感冒后，如未及时治疗，可继发本病，严重者可引起肺炎。

2. 症状　病兔精神沉郁，食欲减退，体温常升高 $0.5 \sim 1\,℃$，流鼻涕，病初流浆液性鼻液，以后流黏性或脓性鼻液，咳嗽，初期为干咳、短咳、痛咳，以后随着炎性渗出物的增加，变为湿性长咳，咳嗽时伴有鼻液流出。由于支气管黏膜充血肿胀，加上分泌物增加，出现呼吸困难。胸部听诊肺泡呼吸音增强，可听到干、湿性啰音。慢性支气管炎主要是持续性咳嗽，伴发呼吸困难，饲喂前后、早、晚或夜间气温较低的时候，寒冷季节等发病严重。

3. 诊断　根据发病史、临床症状诊断。

4. 防治　搞好饲养管理，增强的兔抗病能力。兔舍要阳光充足、通风、保暖，及时治疗感冒，防止继发感染。对病兔加强护理，将其移至温暖的地方，喂给温水和柔软的饲料。抗菌消炎，如肌内注射青霉素 2 万 ~4 万国际单位/千克体重，链霉素 1 万 ~2 万国际单位/千克体重，每日 2 次肌内注射。磺胺二甲基嘧啶，70 毫克/千克体重，静脉或肌内注射，每天 2 次。或肌内注射硫酸卡那霉素注射液，每次 5 毫克/千克体重，每日 2 ~3 次，连用 3 ~5 天。无痰干咳以及剧烈、频繁的咳嗽，可选用镇痛止咳剂，如磷酸可待因，0.3 ~1 毫克/千克体重，内服，每日 2 ~3 次，连服 2 ~3 天；咳必清内服，每只兔每次 10 ~20 毫克，每日 3 次，连服 3 天。痰多黏稠时，要化痰止咳，可用氯化铵，每次 20 ~40 毫克/千克体重，每日 3 次内服，连服 3 ~5 天。也可用中药方剂（麻黄 5 克、白果 10 克、苏子 10 克）煎服。病兔日粮中可加蒲公英、紫苏、鱼腥草、野菊花、黄狗藤、千里光、剪毛草、紫花地丁等草，以抗菌消炎，减轻疾病症状。

十二、肺炎

肺炎是肺实质的炎症，是兔的常发病之一。临床根据发病范围可分为小叶性肺炎（支气管肺炎）和大叶性肺炎，其中小叶性肺炎又可分为卡他性肺炎和化脓性肺炎。兔一般以卡他性肺炎多见。常见于老龄兔和幼兔，春秋季节多发。

1. 病因　本病多由病原菌感染引起，常由于感冒、气管炎或鼻炎继发引起。常见的病原菌有多杀性巴氏杆菌、支气管败血布氏杆菌、金黄色葡萄球菌、溶血性链球菌、肺炎双球菌、绿脓杆菌、肺炎克雷伯杆菌和大肠杆菌等。家兔受寒感冒或营养低下时，非特异性致病菌感染，引发肺炎。仔兔吮奶时奶汁呛入肺内或误咽或灌药时使药误入气管，可引起异物性肺炎。兔舍寒冷、潮湿、光照不足、通风不良，经常蓄积有害的气体（氨、硫化氢等）导致肺炎发生。采食霉败饲料有时可引起霉菌性肺炎。

2. 症状　急性肺炎主要表现发热，流浆液性、黏液性或脓性鼻液和咳嗽，听诊肺部有啰音，不同程度呼吸困难，呈腹式呼吸。同时可见精神沉郁，食欲废绝，结膜潮红或发绀，呼吸增数，浅表，鼻镜发干，身体虚弱等症状。不及时治疗可引起死亡。慢性肺炎主要表现为连续长时间咳嗽，在运动采食或气温较低时尤其严重。

3. 诊断　根据特征的临床症状和病史可做出初步诊断。

4. 防治　加强饲养管理，兔舍通风良好、干净舒适，饲喂营养丰富、易消化、适口性好的饲料，增强机体抗病能力。灌药时小心，防止发生异物性肺炎。治疗原则为加强护理，抗菌消炎，祛痰止咳，制止渗出和促进炎性产物吸收及对症治疗。首先，病兔应放到温暖、干燥、通风良好的环境中，并喂营养丰富易消化的饲料和新鲜饮水。第二，抗菌消炎：用青霉素、链霉素混合肌内注射（剂量同支气管炎用量），环丙沙星注射液按 1 毫升/千克体重，肌内注射；或土霉素或四环素，按 0.1～0.2 毫克/千克体重内服，每日 3 次。可适当给予地塞米松和氢化可的松治疗，效果更好。第三，制止渗出和促进炎性渗出物的吸收：对渗出液过多病例，可缓慢静脉注射 10% 葡萄糖酸钙注射液或者氯化钙注射液，每只兔注射 5～15 毫升。第四，祛痰止咳，对症治疗：咳嗽严重时，可使用祛痰药；呼吸困难，分泌物阻塞支气管时，可应用支气管扩张药，如可按 5 毫克/千克体重注射氨茶碱；还可强心、补液，静脉注射 5% 葡萄糖液 30～50 毫升。也可用知母、贝母、冬花、双花、连翘、甘草各 2 克，水煎服。病情严重的兔，应予以淘汰。

十三、肾炎

肾炎通常是指肾小球、肾小管或肾间质组织发生炎症的病理过程。本病的主要特征是肾区敏感和疼痛、尿量减少，水肿，尿液中含有病理产物。临床根据病程可分为急性肾炎和慢性肾炎（间质肾炎）。

1. 病因　原发性急性肾炎少见，主要继发于感染、中毒和一些诱发因素。感染多继发于某些传染性疾病，是病毒、细菌及其毒素作用于肾脏引起的，或是由于变态反应损伤所致。中毒因素分为外源性毒物和内源性毒物，外源性毒物主要见于摄入有毒植物、大量霉败饲料，化学药物以及被毒物污染的草料等，治疗疾病用药不当也可以引起肾炎。内源性中毒指的是身体本身代谢产生的一系列毒素、代谢产物或组织分解产物，经肾脏排泄引起发病。感冒、营养不良以及过度劳累容易诱发本病。泌尿器官邻近组织炎症的转移蔓延也可引起。慢性肾炎的病因与急性肾炎基本相同，只是刺激作用轻微，持续的时间较长。此外，如家兔患急性肾炎治疗不及时或不当，也可转化为慢性肾炎。刚刚成年的小兔有可能患上肾病，原因是有一部分兔先天性或遗传性的肾功能弱，有可能是肾脏肿大，也可能是发育不好而肾脏过小。

2. 症状

（1）急性肾炎：病兔初期精神沉郁，食欲减退，体温升高，触诊肾区敏感疼痛，弓背蹲伏，频繁排尿，但是尿量少，出现血尿、血红蛋白尿以及管型尿，体重下降，后期严重时无尿、水肿，甚至引发尿毒症，出现吐血、便血，呼出气体有氨臭味等。

（2）慢性肾炎：多由急性肾炎转化而来，患兔疲乏无力，食欲不振，消瘦，后期可见眼睑、胸腹下或四肢末端出现水肿，严重时全身水肿，尿量多少不等，尿中有肾管型、少量红细胞、血红蛋白和白细胞，严重病例可引起尿毒症。

3. 诊断 根据病史、临床症状、尿液成分的变化、尿沉渣的检查、触诊等进行确诊。有条件的话也可以进行 B 超确诊，B 超影像显示肾肿大、轮廓不清、肾盂积液等。

4. 防治 供给家兔富含维生素 A 和优质蛋白质的饲料，积极治疗某些原发性疾病，禁止饲喂腐败变质和毒物污染饲料，治疗疾病用药要科学合理，以防用量过高加重肾脏负担。兔舍保持干燥、温暖。对发病兔首先要加强护理，注意营养和休息，适当限制饮水和食盐饲喂量。其次要消除炎症，控制感染，一定选择对肾脏毒性小的抗生素，优先选用青霉素和头孢类药物，红霉素也可以。慎用氨基糖苷类药物，忌用磺胺类药物和氯霉素类药物。第三要运用免疫抑制疗法，如可以使用促肾上腺皮质激素、醋酸泼尼松、氢化可的松以及地塞米松等。第四要注意利尿消肿，可给兔皮下注射双氢克尿噻（速尿）等。中医的治疗原则是清热利湿、燥湿利水，比如四逆汤加减：制附子、干姜各 6 克，党参 15 克，黄芪 13 克，炙干草 5 克，水煎服，幼兔酌减。

十四、尿道炎

尿道炎是尿道黏膜发生炎症，临床表现为尿频、排尿痛，甚至尿血、不能排尿等症状。

1. 病因 尿道细菌感染，如尿结石的机械刺激及化学药物刺激损伤尿道黏膜，可发生细菌感染。给兔导尿时，导尿管消毒不严格，或操作粗暴人为损伤尿道黏膜后继发细菌感染。另外，邻近器官炎症的蔓延，如膀胱炎、前列腺炎、阴道炎及子宫内膜炎等，炎症蔓延到尿道而发病。如果母兔患阴道炎、子宫内膜炎时，公兔与之交配时受到感染而也会发生尿道炎。

2. 症状 病兔排尿困难，频频强力努责，仅排出少量尿液或者尿液呈断续状流出，甚至完全排不出尿液。公兔阴茎频频勃起，母兔阴唇不断开张，严重时可见到黏性、脓性分泌物从尿道口流出。尿液混浊，其中含有黏液、血液或脓液，甚至混有坏死、脱落的尿道黏膜。触摸尿道时，有剧烈的疼痛感；由于尿液滞留在膀胱内，患兔后腹部膨大。尿道炎严重的患兔体温升高到 40 ℃ 以上，患兔精神沉郁，不愿活动，拒食，但喜欢饮水。

3. 诊断 根据导尿、尿石症等的病史结合患兔体温升高、频频努责而不能排尿、腹部膨大、压迫膨大部位时有一种波动感，可初步诊断。实验室尿检尿液中有多量尿道上皮细胞、白细胞、脓细胞可确诊。

4. 防治 建立完整的卫生管理制度，防止病原微生物的侵袭、感染。导尿时，应严格遵守无菌操作规则。家兔患有泌尿器官疾病时，应及时治疗，防止蔓延。对发病兔，要限制高蛋白及酸性饲料，进行尿道灌洗，排出积尿，再将导尿管端部插到尿道中，先用生理盐水冲洗炎性分泌物，再注入青霉素药液或红霉素药液，进行直接消炎。消炎药液也可以注入膀胱中，预防膀胱发炎，每天处理1 ~ 2 次。同时用抗生素进行全身消炎，增加抗病力。可用青霉素肌内注射 4 万国际单位/千克体重，链霉素肌内注射 10 毫升/千克体重，每日 2 次，连用 3 天；恩诺沙星 5 毫克/千克体重，每日 2 次，连用 3 ~ 5 天；或者增效磺胺内服，20 ~ 30 毫克/千克体重，每日 2 次，连用 3 ~ 5 天。

十五、膀胱炎

膀胱炎是膀胱黏膜或黏膜下层组织的炎症。临床上以疼痛性尿频、尿痛、膀胱部位触痛和尿沉渣中含有大量膀胱上皮细胞、脓细胞和血细胞为特征。

1. 病因 细菌（如大肠杆菌、链球菌、葡萄球菌、绿脓杆菌、变形杆菌等）或真菌（念珠菌、隐球菌属、芽生菌、曲霉菌等）的上行感染和血源感染。膀胱结石、肿瘤、肾组织损伤碎片、尿长期蓄积发酵产生大量的氨及其他有害产物刺激膀胱黏膜发炎。各种原因引起的脊髓受损引起尿潴留刺激膀胱黏膜发炎。导尿管消毒不严或使用不当，继发于前列腺、阴道、子宫、输尿管疾病等。

2. 症状 患兔精神差，食欲不振，排尿疼痛，尿频，不断排出少量尿液或痛性尿淋漓，严重时尿闭，尿液混浊，氨臭味，混有大量黏液、血液或血凝块、黏膜、脓汁及微生物等。尿沉渣镜检，内有多量白细胞、膀胱上皮细胞、红细胞及微生物等。

3. 诊断 根据病史结合症状、尿液检查可确诊。

4. 防治 加强饲养管理，避免细菌、真菌的感染，及时恰当治疗膀胱结石、肾炎、膀胱肿瘤以及各种原因引起的尿潴留疾病，防止膀胱黏膜损伤。导尿操作要无菌，避免粗暴插入导尿管。治疗同尿道炎。

十六、癫痫

癫痫，俗称"羊癫疯"，是一种暂时性大脑皮层功能异常的神经功能性疾病。临床上以短暂反复发作的意识丧失、感觉障碍、肢体抽搐、行为障碍或植物性神经功能异常等为特征。

1. 病因 引起癫痫的病因非常复杂，兔癫痫的常见病因有如下几种。

（1）先天性疾病：如染色体异常、遗传性代谢障碍、脑畸形及先天性脑积水等。

（2）物理因素刺激影响：诸如强日照、电击、外伤、挫伤、振荡、惊吓、摔倒、饱食、过饮等。

（3）中毒：农药、化学药物、重金属元素、霉菌毒素、有害气体等中毒伤害到中枢神经系统。

（4）病原微生物（脑膜脑炎病毒）的感染和寄生虫（脑囊虫、脑包虫）的侵袭。

（5）脑肿瘤或结核病赘生物。

（6）营养代谢疾病：低血糖、糖尿病、低血钙、缺磷和缺硒等。

（7）大脑血液循环障碍：大脑缺血、脑血栓、脑充血、水肿和出血等。

（8）其他：脑血管病、高热惊厥、超强刺激、应激等都能促使癫痫的发作。

2. 症状 癫痫大发作的时候，发病急，病兔突然倒地，意识丧失，肢体强直性痉挛，瞳孔散大并失去对光的反射。牙关紧闭，口吐白沫，呼吸迫促或者困难，排尿、排粪失禁。少数病例持续半分钟或数分钟后，症状缓解，意识逐渐恢复，病兔软弱无力，有时尚可自行站立。也有些病例会发作后死亡。发生频度不断增多。发作时间逐渐延长的病例，预后不良。癫痫小发作时家兔活动当中突然停顿，一时性意识丧失和局部肌肉轻度痉挛。有时只表现身体的某一部位出现抽搐或强直，不伴有意识障碍。

3. 防治 注意加强饲养管理，保证全价日粮，减少应激，及时治疗原发病。癫痫发作时查清病因，消除原发病，对症治疗，减少癫痫病的发作时间和次数。癫痫病因不明时应对症处理，镇静解痉，减少癫痫发生，可用巴比妥或三溴合剂（溴化钠、溴化钾、溴化铵）口服或静脉注射。中医采用开窍熄风、安神理气、定惊止痛、镇静解痉的治疗原则。

十七、中暑

中暑也叫"日射病"或"热射病",多因夏天天气闷热或烈日暴晒,温度过高,兔舍通风不良,兔饮水不足,再加上兔的汗腺不发达,体表散热慢,使兔在炎热的夏天易发病,病情发展急速。各种年龄的家兔都可发病,尤以怀孕母兔和毛用兔多发。当巢箱内垫草过厚且通风不足时,幼兔也特别易感。

1. 病因 中暑多由于长期处于高温环境下而引起。比如夏季,烈日高照,兔场遮阳设备不完善易导致日射病。天气闷热,兔舍内潮湿、拥挤、通风不良会导致热射病的发生。家兔体质衰弱,心脏功能、呼吸功能不全,代谢功能紊乱,皮肤卫生不良,出汗过多,饮水不足会导致对热的耐受性差引发中暑。

2. 症状 家兔中暑后,全身发热、食欲减退、精神萎靡、步伐不稳、全身无力,口、鼻黏膜和眼结膜充血潮红,发病严重时,呼吸困难且急促浅表,心跳加快,伸腿伏卧或侧身卧下颤抖、抽筋,有时还尖叫,此后突然倒下,四肢发抖抽搐,有的口吐白色或粉红色的泡沫,最后多因窒息死亡。

3. 诊断 根据天气炎热,患兔处于高温潮湿环境中,饲养条件差的病史结合症状建立诊断。

4. 防治 加强饲养管理,在夏季要做好防暑降温工作。兔舍应通风,保持空气新鲜,温度过高时,应在地面洒水、放置冰块或安置排风扇等方法来降低兔舍温度,长毛兔应剪毛。兔舍、兔笼应宽敞,防止过度拥挤。避免在高温天气长途运输。初生仔兔抵抗力弱,要尽早吃上初乳,仔兔开食后及时用胶头滴管滴服0.5%甘草水,每100毫升此液中加红糖10克,葡萄糖10.5克,复方敌菌净0.5克,禽特灵0.5克,日喂2次,每只喂5毫升。另外,夏季瓜果丰富,其中西瓜皮、苦瓜、黄瓜、冬瓜等营养丰富,且具有药用价值,均可以用来帮助家兔消暑。发现兔中暑后,立即把兔放在阴凉通风处,供给1%的盐水饮用,同时用冷水敷头或在耳静脉放出适量的血,然后灌十滴水3滴或者藿香正气水2~3滴,仁丹3~5粒,薄荷水3~4滴等均有降暑作用。也可在头部太阳穴涂清凉油,还可把一块砖用凉水浸透,让兔趴在上面降温。或者在兔头颈部和肚皮上敷凉水浸湿的毛巾。静脉注射20%的甘露醇10~30毫升,降低脑内压、缓解肺水肿。注射2.5%盐酸氯丙嗪注射液0.5~1毫克,镇静解痉。病兔昏迷时,可用大蒜汁、韭菜汁或姜汁滴鼻,疗效尤佳。

十八、口炎

口炎是口腔黏膜炎症的总称,包括舌炎和齿龈炎。临床特征是采食咀嚼障碍,流涎,口腔黏膜潮红、肿胀以及溃疡、口臭等。临床根据口炎的性质分为卡他性口炎、水疱性口炎、溃疡性口炎和格鲁布性口炎等,其中前三者临床较常见。

1. 病因　由于口炎的性质不同，病因也不尽相同，兔口炎的发生主要是由于口腔黏膜受到机械性损伤、物理性刺激或化学性刺激，如质硬和有刺的饲草、饲料，尖锐的异物（铁丝、钉子等），牙齿咬伤，冰冻或高热的灼伤，误食强酸、强碱（氨水和生石灰）污染的饲料及饮水等损伤口腔黏膜而引起炎症。营养元素（维生素 A，维生素 B_2）的缺乏导致口腔黏膜抵抗力低，愈合缓慢。另外，兔采食了发霉、变质的饲料，机体抵抗力降低易诱发该病。口炎还可继发于相邻器官的炎症，如咽炎、喉炎、急性胃卡他等。此外，传染性、中毒性、代谢性及遗传性因素等也可导致发生口炎。中性粒细胞功能缺陷，长期免疫抑制药物疗法也可引发口炎。

2. 症状　病兔厌食或食欲减退，流涎，口角附着白色泡沫，甚至出现损伤、溃疡。咀嚼障碍，口臭，口或齿龈出血，吞咽困难，呕吐、反流或窒息，摇头擦脸，发烧，精神沉郁等。若是水疱性口炎，口腔黏膜可出现细小水疱，破溃后发生糜烂和坏死，流出带有臭味的唾液且常混有血液。水疱性口炎，应排除传染性的（见传染病部分）。口腔检查可见口腔黏膜潮红肿胀，有疼痛反应，口温增高，严重者出现溃疡、口臭等。

3. 诊断　根据大量流涎，咀嚼障碍，口腔黏膜红肿、溃疡，采食谨慎可诊断。

4. 防治　加强饲养管理，饲喂全价日粮，禁止饲喂变质的饲料，注意清除混杂在饲料中的尖锐异物，避免物理性、化学性损伤。积极治疗易导致口炎的其他疾病。经口投药，避免用刺激性的药物，避免长期使用抗生素和激素类药物。发生口炎应排除病因，针对口腔炎症，采取消炎、收敛、净化口腔等治疗措施。病初，病情较轻者可选用1%的食盐水、2%的硼酸溶液、5%的明矾水或0.1%的高锰酸钾溶液冲洗口腔，每日2~3次。溃疡性口炎可用2%的明矾，碘甘油（5%碘酒1份，甘油9份），或10%磺胺甘油乳剂涂抹，每日2次，或青霉素与蜂蜜混匀涂患部。出现全身症状的患兔要及时用抗生素，如青霉素2万~4万国际单位/千克体重，链霉素2万国际单位/千克体重，每8~12小时肌内注射1次。也可采取内服磺胺类药物治疗。若为真菌性口炎，要给兔饲喂酮康唑、氟康唑、制霉菌素等抗真菌药物。改善管理，给病兔饲喂营养丰富、容易消化的柔软饲料，尤其要注意饲喂维生素制剂和蛋白，促进伤口愈合。

<h1>第四节 外科疾病</h1>

<h2>一、外伤</h2>

外伤是家兔常发生的一种疾病，毛用兔也不例外，如不及时治疗，易继发感染、化脓甚至发生败血症导致家兔死亡。

1. 病因 造成家兔外伤的原因很多，各种机械性因素作用于机体均可造成外伤，如笼舍内凸出的铁钉、铁丝等尖锐物可引起刺（划）伤，兔舍拥挤，兔子之间互相咬斗或被其他动物咬伤也可造成外伤。饲养人员给毛兔剪毛时，误将兔的皮肤剪破。哺乳母兔因为无乳或缺乳，被仔兔咬伤奶头等。

2. 症状 外伤可发生于躯体的任何部位，因致病原因和损伤程度不同而有一定差异。较轻外伤患兔出现皮肤裂口或缺损，创口出血、疼痛反应和功能障碍等局部症状。严重者皮开肉绽，大量出血，并伴有全身症状，如精神沉郁、体温升高、食欲减退、贫血和休克等。若外伤感染细菌，创口容易化脓，周围皮肤肿胀。如被猫、鼠、犬咬伤，咬伤部位出现红肿、撕裂、溃烂，损伤严重时继发全身感染，诱发多种疾病。如果损伤导致大动脉出血，可引起兔的急性死亡。

3. 诊断 根据划伤、咬伤、摔伤等的病史结合临床症状可以确诊。

4. 防治 加强饲养管理，消除兔舍内易引起外伤的原因，如除去突出的铁丝、铁钉，笼内养兔密度不宜过大，防止猫、鼠等动物的骚扰，剪毛要小心，兔舍周围要安静等。轻度外伤，可清洗患部后涂2%~3%碘酊或3%龙胆紫。新鲜的出血创，可根据出血部位，选用压迫、钳夹或结扎等方法止血，必要时全身应用止血药（如安络血、维生素K等），接着可用生理盐水或0.1%新洁尔灭清洗创面，用碘酒消毒；清洗干净后，用纱布吸干水，撒布消炎粉，用纱布包扎。重度外伤或已化脓，则应局部剪毛，用0.1%高锰酸钾、0.1%新洁尔灭、0.1%雷佛奴尔溶液清洗后，再涂碘酊，创伤较大者应缝合伤口，创内撒青霉素，7天后拆线。脓肿成熟时，应局部剪毛消毒，切开后彻底排除脓汁，用0.1%高锰酸钾溶液或3%过氧化氢清洗脓腔，向腔内撒少量青霉素粉或磺胺类粉剂，并全身应用抗生素。伤口深而小或污染严重时，可肌内注射破伤风抗毒素和抗生素。

<h2>二、骨折</h2>

兔的骨折多见于长骨，特别是肱骨或胫腓骨折断、碎裂。骨折时常伴有周围组织不同程度的损伤。骨折一般分为开放性和非开放性两种。

1. 病因 兔骨折多因笼舍底板制作粗放，造成兔肢体陷入被夹，兔惊慌、挣扎而发生骨折。幼兔的足、关节陷入笼底眼而扭断。另外，在运输中由于笼具碰撞，引起家兔骨折。佝偻病、骨软病的兔如果不慎摔伤、扭伤、高处跌落也易骨折。

2. 症状　突然听到家兔痛苦惊叫，发现某一肢被卡入笼底，造成骨折。开放性骨折，除骨折断裂外，可见皮肤及其他软组织的严重损伤，骨折端暴露于外，创内常含有血块、碎骨片或异物等，因此易被感染。非开放性骨折皮肤完整，但患肢不能负重，被动运动时，有骨摩擦音，疼痛，挣扎，数小时后肿胀明显。有的骨折断端可刺破皮肤，形成开放性骨折。

3. 防治　为防止发生骨折，兔笼的制作一定要精细，特别是兔笼底板应光滑，每片宽度在2～2.5厘米。每片间空隙在1～1.1厘米，以能使粪粒掉下为宜。对非开放性骨折，首先应复位，用纱布棉花衬垫于骨折处的上下关节并且进行包裹，局部涂布外敷药后，用木片或竹片夹板固定，用绷带缠绕，3～4周后拆除，预后良好。对开放性骨折，要先进行彻底消毒，除去异物，敷上消炎抗菌药物，复位后覆盖无菌纱布，再按非开放骨折固定患肢。并连续注射青霉素、链霉素3天，以防止继发感染。如果骨折部位已化脓，应予以淘汰。对于骨折患兔，康复期要注意补充维生素D制剂、鱼肝油以及钙制剂，促进骨骼的愈合。

三、湿性皮炎

湿性皮炎是家兔常见的慢性进行性皮肤炎症，呈散发性。常发部位为下颌、颈下，所以又称为垂涎病、湿肉垂病等，呈散发性流行。多因下颌、颈下长期受潮湿，继发感染而造成。

1. 病因　饲养管理不当，用口径大的盆、盘给兔饮水，易导致下颌皮肤被浸湿。自动饮水器漏水或位置太低，兔经常保持一个姿势在饮水器处蹲卧，长期浸湿比较固定的局部皮肤而引起发病。慢性牙齿疾病，尤其是牙齿错位，咬合引起舌面损伤、溃疡以及各种口炎造成流涎。垫草长期不更换，潮湿腐烂，腹下长期潮湿浸渍的皮肤易被细菌滋生而引发本病。若兔患有腹泻、脊髓炎、尿道炎等疾病，尿道周围、肛门周围也会被稀粪、尿液污染，引发该部位湿性皮炎。本病多见绿脓杆菌的感染，坏死杆菌感染也较广泛。

2. 症状　病变部位常见于下颌、颌下间隙、颈下皮肤、肛门及后肢等以及长期被浸湿的局部皮肤，由于皮肤长期被浸湿而被细菌感染。感染部位皮肤发炎，局部脱毛，糜烂、溃疡和坏死，如伴有绿脓杆菌感染，毛色变绿，有人称其为"绿毛病""蓝毛病"。显微镜检查：病变皮肤组织呈不规则小片溃疡，凝固性坏死和脓肿，真皮层有细菌集落。病变周围和皮下组织有急性和慢性炎性细胞浸润。通过血液和淋巴液途径感染可扩散到颈腹侧和肺淋巴结。

3. 防治　改善饲养管理，清除使兔皮肤潮湿的物品。经常更换垫草，保持兔舍、兔笼清洁卫生，注意饮水盆口径合适，饮水器高度合理，及时治疗各种口炎及口腔疾病。皮肤发炎，先剪去病变部位的被毛，用 0.1% 高锰酸钾溶液、0.1% 新洁尔灭溶液或 3% 过氧化氢清洗皮肤，涂擦碘酒，每日 1 次，连用 3 天。或涂擦四环素软膏、红霉素软膏、三乙醇胺乳膏、复方新诺明等，对感染严重的病例采用抗生素进行全身治疗。为了促进皮肤的愈合，给兔用复合维生素 B 饮水，凡口腔炎引起的湿性皮炎，要及时有效治疗口腔炎。

四、眼结膜炎

眼结膜炎（Conjunctivitis）是眼睑结膜、眼球结膜发炎，是兔眼病中最多发生的一种疾病。临床表现为病兔出现程度不同的羞明、流泪、眼睛充血、肿胀和热痛症状。严重者炎症侵袭眼角膜，角膜混浊，形成溃疡，甚至角膜穿孔，危及整个眼球，甚至失明。

1. 病因 兔结膜炎的病因多而复杂，常见的有机械因素，如灰尘、沙土、草屑、被毛等异物进入眼中，眼睑外伤，眼睑外翻、内翻及倒睫，寄生虫的寄生等。理化因素，如兔舍密闭，饲养密度大，粪尿不及时清除，通风不好，致使舍内空气污浊，氨气等有害气体刺激兔眼，化学消毒剂、强光的直射和高温的刺激及分解变质眼药水的刺激等。另外可以继发于某些传染病和内科病，如传染性鼻炎、维生素 A 缺乏症等，还可继发于邻近器官或组织的炎症。

2. 症状 一般表现为羞明、流泪，结膜肿胀，潮红，疼痛和眼睑闭合等。病初结膜轻度潮红，眼睑结膜稍肿胀，有较少浆液性分泌物。逐渐发展为黏液性分泌物，量也增多，眼睑闭合。下眼睑及两颊皮肤由于泪水及分泌物的长期刺激而发炎，绒毛脱落，有痒感。治疗不及时，会发展为化脓性结膜炎，症状加剧，眼睑结膜剧烈充血和肿胀，眼睑变厚，疼痛剧烈，眼睑闭合、在结膜囊内蓄积黄白色脓性分泌物，并从眼内流出，常将上下眼睑黏合，眼睛无法睁开。甚至炎症侵害角膜，引起角膜混浊，有时甚至溃烂，造成失明。

3. 防治 应加强通风，减少舍内氨气、硫化氢等有害气体的刺激；保持兔笼舍的清洁卫生，防止尘沙等异物落入眼内及发生眼部外伤；夏季避免强光直射；用化学消毒剂消毒时，要注意消毒剂的浓度及消毒时间；经常喂给富含维生素 A 的饲料，如胡萝卜、南瓜、黄玉米、青干草等，可减少本病的发生。治疗可用棉球蘸取 2%~3% 硼酸液、生理盐水温和清洗患眼，清洗后可用抗菌消炎药滴眼，如 1% 氯霉素眼药水、眼膏，0.6% 黄连素眼药水，0.5% 金霉素眼药水，10% 磺胺醋酰钠溶液，1% 新霉素溶液，0.5% 土霉素眼膏，四环素可的松眼膏，0.5% 醋酸氢化可的松眼药水等。如果角膜已经穿孔时忌用含激素眼药水，否则会加重角膜穿孔甚至失明。分泌物多时，选用 0.25% 硫酸锌眼药水。对角膜混浊的，可涂敷 1% 黄氧化汞软膏；疼痛剧烈时可用 1%~3% 普鲁卡因青霉素液滴眼，或将甘汞和葡萄糖粉等量混匀吹入眼内，或用新鲜鸡蛋清 2 毫升，皮下注射，每日 1 次。重症的可全身应用抗生素或磺胺药物治疗。中药对本病的治疗效果也很好，比如常用的方剂有：a. 野菊花 15 克，桑叶 15 克，木贼草 15 克煎水洗患眼，每日 2 次。b. 车前子、青葙子各 6 克，黄芩 8 克，甘草 5 克，煎水内服，每日 2 次。c. 鲜茉莉花 50 克，煎水，用纱布过滤后，取上清液洗兔患眼，每日 2~3 次。

五、脓肿

脓肿也是兔比较常见的疾病。脓肿里的脓液包括病原微生物，白细胞和坏死的组织等，导致脓肿发生的原因有很多。

1. 病因　多因病原微生物入侵伤口，并大量繁殖引起，如外伤、注射消毒不严格等引起脓肿，感染后经血液和淋巴转移形成脓肿；皮下注射刺激性强的物质也可诱发非炎性脓肿。还有兔子常见的面部脓肿，多数由牙根发炎化脓导致，严重的会导致眼球脱出。皮肤、黏膜或关节滑膜等的化脓性炎症，由于局部组织坏死、崩解脱落可形成局限性较深的溃疡。

2. 症状　脓肿可发生在任何部位，大小不一，触诊疼痛，局部温度增高，初期较硬，后期柔软，有波动感，若脓肿破溃，则流出较多黄红色的脓汁，严重者出现全身反应。脓肿向外扩散时，常可形成溃疡、窦道和瘘管等并发症。脓肿深浅不同则临床表现各异：浅部脓肿表现为局部红、肿、热、痛及压痛，继而出现波动感。破溃后，向外排脓。深部脓肿为局部弥漫性肿胀，疼痛及压痛，即使脓肿成熟后波动也不明显，但穿刺可抽出脓液，若向体表或自然管道穿破，可形成窦道。有的脓肿膜很薄，外表好似囊肿，有波动感；有的脓肿壁增生似纤维瘤；有的逐渐浓缩钙化。

3. 诊断　根据临床症状可确诊。临床注意与血肿区别，血肿有受外伤的病史，发生迅速，穿刺可见血液。

4. 防治　加强饲养管理，去除导致外伤的原因，合理配制日粮，提高兔的抵抗力。发生脓肿要及时治疗，初期，脓肿尚未成熟，应用抗生素或者磺胺类药物抗菌消炎；局部剃毛涂擦醋酸铅散、雄黄散等促进炎症消散。出现明显波动时，进行手术治疗。可将患部被毛吹开或者剃干净，暴露皮肤，局部消毒后穿刺抽出脓汁或者切开脓肿引流，再用生理盐水反复冲洗脓肿腔，用抗生素溶液或者粉剂灌注或涂抹。也可根据脓腔大小用注射器抽取 2% 的碘酊 1~5 毫升注入其中。如果是齿龈炎引起的面部脓肿，必须在清除脓肿的时候，彻底治愈牙槽炎。

六、烧伤

烧伤一般是指高热或化学物质作用（包括热液、蒸汽、高温气体、火焰、电、放射线、灼热金属液体或固体以及化学物质等）引起的组织损害。主要是指皮肤和/或黏膜的损害，严重者也可伤及深层组织。

1. 病因　各种物理因素如火、电、强烈的日光、灼热金属液体或固体，以及化学性物质如强酸、强碱等造成的灼伤。

2. 症状　按烧伤深度分为Ⅰ度、Ⅱ度和Ⅲ度。

（1）Ⅰ度烧伤：伤及表皮浅层，基底层尚存。局部皮肤发红、肿胀、疼痛、有烧灼感、无水疱，3～5天痊愈，愈后不留瘢痕。

（2）Ⅱ度烧伤：分为浅Ⅱ度和深Ⅱ度烧伤。浅Ⅱ度烧伤累及表皮和真皮层，局部红肿，有大小不等水疱，痛感强烈；若不感染可于2周内痊愈，无瘢痕形成。深Ⅱ度烧伤累及真皮深层，局部肿胀，白色或棕黄色，水疱较小；皮温稍低，水肿，疼痛较轻。如无感染可于3～4周愈合，愈后留有瘢痕。

（3）Ⅲ度烧伤：累及皮肤的全层甚至皮下脂肪、肌肉、内脏器官。创面苍白或焦黄炭化，无疼痛，无水疱，感觉消失，质地坚韧似皮革。3～4周后焦痂脱落后遗留肉芽组织面，愈后遗留瘢痕，皮肤功能丧失，造成畸形。

严重烧伤可累及全身各器官组织，患兔水与盐电解质紊乱、酸碱平衡失调、休克、免疫平衡失调、继发感染、心功能不全、呼吸功能不全、休克等，严重者危及生命。

3. 诊断　根据发病原因与临床表现，不难做出诊断。

4. 防治　加强管理，避免烧伤原产生。对于温热性烧伤，保持兔安静，注意保温、补液、强心、维护身体功能。局部烧伤要适时处理伤口，剪除被毛，用洁净温水洗去污物，再用生理盐水冲洗晾干，用75%酒精消毒，再涂抹抗生素软膏。酸性烧伤，用大量清水冲洗后再用5%碳酸氢钠中和。碱性烧伤清水冲洗后，可用食醋或10%醋酸中和。

七、冻伤

冻伤（Congelation）是由于寒冷潮湿作用引起的机体局部或全身性损伤。轻度冻伤一般是裸露肢体、皮肤的一过性损伤，及时救治不会有后遗症；重度冻伤可导致受伤部位永久性功能障碍。严重时甚至危及生命，尤其幼仔兔很容易死亡。

1. 病因　寒冷季节，兔舍、兔笼保温不好，家兔极易造成冻伤，露天饲养的兔更易发生。兔冻伤常发生于机体末梢、被毛少及皮肤薄嫩处。品种的耐寒能力差、饥饿、环境湿度大、体弱衰竭、运动量小以及日龄过小等情况也易引起冻伤。

2. 症状　青年兔、成年兔冻伤多发生于耳和足部。一般按程度可分为三级。一级冻伤，局部发红、肿胀，有疼痛感，稍温热；二级冻伤，局部出现充满透明液体的水疱，疼痛，水疱破溃后形成溃疡，愈后留有瘢痕；三级冻伤，局部组织坏死、干枯、皱缩，甚至分离脱落，严重者可全身冻伤致死。患兔食欲下降，生长缓慢，精神不振，活动力下降，加重冻伤的发生。种兔繁殖性能下降。哺乳仔兔在产箱外受冻后全身皮肤发红、发绀，迅速死亡。

3. 防治　本病要加强预防，寒冷季节应做好兔舍的保温工作，密封好门、窗等，可用草帘或棉布帘挡住兔舍门、窗。舍内多加垫草，并选养耐寒品种，同时加强饲养管理，增强体质，提高御寒能力，避免冻伤发生。冻伤家兔要及时转移到温暖的地方，先用 8~16 ℃温水浸泡冻伤部位，局部干燥后，涂抹油脂。为促进肿胀消散，可涂擦 1%碘溶液、碘甘油或 1%的樟脑软膏。出现水疱时，应预防或消除感染，改善局部血液循环，促进炎性肿胀的消散，提高组织的恢复能力。早期应用抗生素，局部涂 3%的龙胆紫液。三级冻伤时，要防止发生湿性坏疽，首先将冻伤坏死组织清除掉，再用 0.1%高锰酸钾水溶液或 2%硼酸水清洗，然后撒一些青霉素粉或涂擦 1%碘甘油。严重时可全身应用抗生素，并静脉注射葡萄糖、维生素 B_1。提高能量，促进代谢，加快冻伤愈合。

八、中耳炎

中耳炎（Tympanitis）是鼓室及耳管的炎症，又称兔多杀性巴氏杆菌病，又名"斜颈"病。它是病菌由中耳侵入内耳，导致病兔头颈向一侧倾斜，运动失调，受到外界刺激时转圈翻滚。本病多发于青年兔及成年兔。病程多转为慢性经过，可长达一年以上。死亡率也很高，可达 50%以上，尤其是脑炎型的死亡率可达 100%，为此，称之为恶性中耳炎。

1. 病因　当饲养管理不当，长途运输、饲料突变、营养缺乏、寄生虫感染以及饲养密度过大、寒冷、闷热、潮湿、兔舍通风不良等使机体抵抗力下降，病菌乘机侵入体内，从而发生感染。鼓膜穿孔，外耳道炎症，感冒，传染性鼻炎或化脓性结膜炎等继发感染。感染的细菌一般为多杀性巴氏杆菌。

2. 症状　单纯性中耳炎常不易发现临床症状，主要可根据斜颈进行疾病识别，不同个体斜颈的程度也不一致。病兔将头颈倾向患侧，使患耳朝下，有时出现回转、滚转运动，故又称"斜颈病"。患两侧性中耳炎时，病兔低头伸颈。病兔吃食和饮水较困难，体重减轻，早期鼓膜和鼓室内壁变红，有时鼓膜破裂，脓性渗出物流入外耳道。脓汁潴留时，听觉迟钝。一侧或两侧鼓室有奶油状的白色渗出物，并散发难闻的气味，如果感染扩散到脑膜和脑组织，就可能出现运动失调或其他神经症状。本病的病程多为慢性经过，可长达一年。

3. 防治　及时治疗兔的外耳道炎症、流感、鼻炎、结膜炎等疾病。为了预防巴氏杆菌病，可在每年的春秋两季皮下或肌内注射 1 毫升兔巴氏杆菌疫苗，定期用 3%氢氧化钠液或季铵盐进行消毒，建立无多杀性巴氏杆菌病的兔群。发生中耳炎的患兔，局部可用消毒剂洗涤，排液，用棉球吸干，滴入抗生素，同时全身应用抗生素。可用青霉素、链霉素滴耳，每日2次，连用5天。同时肌内注射庆大霉素，每只兔2万~4万国际单位，每日2次，连用5~7天。甘肃高振华建议用氟苯尼考注射液按0.1毫升/千克体重皮下注射2日1次，同时，在每100千克水中加80克盐酸环丙沙星或在每100千克饲料中加200克恩诺沙星可溶性粉剂，治疗效果良好。也有报道每日每千克体重用猫眼草0.25克、护生草1克、大蓝靛0.5克、败酱草1克混合于饲料中一次饲喂。食欲欠佳者，可煎成汤剂人工喂服，5天1个疗程，共用3~5个疗程。在应用内服药的同时，将鲜竹棵根捣烂，取汁，滴入耳管内，每日2~3次，直至耳管症状消失。对重症难治的病兔给予淘汰，以控制或减少疾病的传播。

九、截瘫

截瘫是指胸腰段脊髓损伤后，受伤部位以下双侧肢体感觉、运动、反射等活动消失并且膀胱、肛门括约肌功能丧失的一种病症。

1. 病因 兔由于捕捉、保定方法不当或受惊吓、从高处跌落等使兔强烈挣扎或跳蹿，致使椎骨骨折或变位、脊髓受到机械性损伤引发截瘫，故又称为创伤性脊椎骨折、断背、后躯麻痹。

2. 症状 受伤患兔突发性后躯完全或部分运动麻痹，双腿不能动，完全拖着后半身爬行，皮肤感觉丧失。当脊椎完全断离时，肛门括约肌和膀胱失控，出现膀胱充盈、大小便失禁，肛门周围与后肢被尿液和粪便沾污，产生压疮，严重者引发尿毒症。若不完全骨折、断端保持原位和创伤部位暂时性肿胀而压迫脊髓时，造成后躯不完全性瘫痪，膀胱和肛门括约肌不完全失控，1~2周后运动功能可以逐渐恢复。

3. 防治 关紧兔笼，防止兔高处跌落，正确抓提、捕捉兔，防止兔摔伤或者受惊吓扭伤等。对截瘫、后肢完全麻痹兔，预后不良，一般应淘汰。轻微病例，外科整复后，保持安静，适当补充钙制剂、鱼肝油、维生素 B_1 和维生素 B_{12}，促进愈合。

十、腹壁疝

腹壁疝指的是腹腔内的器官或组织自腹壁薄弱区或缺损处膨出，临床根据疝发病部位分为腹股沟疝、脐疝、股疝、阴囊疝等。长毛兔最容易发生。

1. 病因 先天性腹肌发育不良、腹壁外伤等容易引起腹壁疝。长毛兔腹壁疝大多由于拉毛手法不当而引起。新手在拉毛时，往往每撮毛抓得太多，用力过猛，撕裂了腹壁的肌肉，腹腔内容物随腹膜从肌肉破裂处脱出，形成腹壁疝。

2. 症状 在腹壁上形成球形、卵形、半球形肿块。病初，肿块一般比较柔软，没有红肿、热、痛等炎症反应。改变体位或轻度揉压突出的肿胀部位，其内容物可以回缩，肿胀显著减小或者消失。如果脱出的是膀胱，随按压会排出尿液。当把脱出器官或组织还纳回疝囊后，可触摸到疝环。若没有及时治疗，发病时间稍长，触摸疝块较硬，伴有红肿、痛、热等炎症反应，压之兔疼痛敏感。由于疝囊与局部炎性组织相粘连，则难以还纳。患兔出现消化不良、肠管堵塞、嵌闭、坏死等病症，严重者可致死亡。

3. 防治 加强妊娠母兔的营养，防止胚胎畸形、先天性发育不良形成腹壁疝。长毛兔拉毛要注意用力得当。对腹壁疝的患兔要进行外科手术治疗。早期可用改变体位、轻柔按压法把脱出的器官组织还纳回腹腔后，再隔皮肤缝合闭锁疝孔法治疗。后期需要打开腹壁，分离粘连组织，再整复闭锁疝孔。术后注意使用抗生素，防止感染。对于严重病例予以淘汰。

十一、直肠脱和脱肛

直肠后段全层脱出于肛门外称为直肠脱。若仅直肠后段黏膜脱出肛门外称为脱肛。家兔偶尔发生。

1. 病因 本病主要由于饲养管理不当，家兔便秘、长期腹泻、直肠炎症或兔体质弱，肛门和直肠韧带松弛等引发。高产母兔妊娠后期腹腔压力大，分娩时过分努责及过多的体能消耗，也可导致本病发生。

2. 症状 发病初期仅在排便后见少量直肠黏膜外翻，为粉红或鲜红色，但仍能恢复。如果进一步发展，直肠一侧部分肠壁或者部分肠管，甚至大部分脱出肛门外，肠壁黏膜外翻。刚脱出时肠管正常，脱出部位不能自然恢复，久之肠壁瘀血、水肿、颜色变暗，呈青紫色或紫褐色，甚至出现坏死、结痂，并附有兔毛、粪便和草屑，严重者排粪困难，体温、食欲等有明显变化，救治不及时能引起家兔死亡。

3. 防治 加强饲养管理，尤其是妊娠母兔，保证适当增加光照和运动，保持兔舍清洁干燥，及时治疗消化系统疾病，防止腹泻、便秘的发生对本病的预防很重要。发现有直肠脱，立刻进行手术整复及固定。对于脱出时间较短、瘀血、水肿较轻者，先用1%温盐水或者0.5%高锰酸钾液、0.1%新洁尔灭溶液清洗消毒脱出的肠管后，提起后肢，慢慢用手挤压推回肛门，即可复位。对于脱出时间较长，水肿、瘀血较重者，甚至部分黏膜已发生坏死时，用消毒药消毒后，去除坏死组织，轻轻整复，并伸入手指，判断是否有套叠或绞扭。如果因为水肿整复困难时，用宽针多点穿刺水肿部位，用温纱布包裹，用力挤出水肿液，再撒上青霉素粉，再进行整复。如整复后直肠不再脱出，可不用固定处理，如仍然脱出或可疑脱出时，整复后肛门周围作荷包缝合，但要松紧适度，以不影响排便直肠又不脱出为宜，经1~3天拆线。也可用75%的酒精在肛门周围分3~4点注射，每点 0.2 毫升，能有效防止直肠再度脱出。为防止剧烈努责时复发，可在肛门上方注射 1% 盐酸普鲁卡因液 3~5 毫升，若脱出部分坏死糜烂严重，无法整复时，则进行切除手术。

十二、脚垫和脚皮炎

兔的脚垫和脚皮炎是指兔的脚底面或侧面发生的损伤性溃疡性皮炎。是规模化养兔场的常见病、多发病之一，由金黄色葡萄球菌引起，以致死性败血症或化脓性炎症为其特征。

1. 病因　家兔长期饲养在狭小的兔笼里，笼底板用材不当、竹刺多、棱角突出或铁丝网粗糙等原因可造成家兔脚底皮肤磨损、擦伤发病。如果兔舍潮湿，破损的兔脚垫和脚皮长期被粪尿浸渍，容易受细菌感染形成溃疡性脚皮炎。易兴奋、跳动频繁的家兔易患此病。体型较大的兔，脚部在兔笼铁丝网上承受的压力太大，造成局部皮肤压迫性坏死，也容易导致本病的发生。葡萄球菌是坏死溃疡区的主要病原菌。

2. 症状　脚垫和脚皮炎发生在兔四脚底部，尤其后脚多发。病兔脚皮充血、肿胀、脱毛，溃疡多发生于趾骨部的底面或掌骨、趾骨部侧面，病初跖部底面和趾部侧面的皮肤出现大小不等的局灶性溃疡，进而形成出血性溃疡，继发细菌（葡萄球菌）感染，溃疡部和周围皮肤出现脓肿，如不及时治疗，可形成脓性溃疡。病兔食欲降低，烦躁不安，体重减少，行走困难，四肢频繁踏地，交替负重。有时病兔频繁啃咬患处，造成毛皮脱落撕裂，加重病情。严重者全身感染，形成败血症导致死亡，一般病程持续 2~3 个月。

3. 防治　本病为条件性致病，应以预防为主。笼底板是家兔的活动场所，所以要保证笼底板光滑干燥，除去兔笼中的锐利之物，搞好兔舍卫生，避免笼底板上堆积草料粪尿，防止笼底板上的污物尿液浸渍兔脚而致病，定期对饲养场地或兔笼消毒。对于有脚皮炎习惯性倾向的家兔不留作种用。对于病兔要尽早发现，及时治疗。发现病兔立即将其转移到铺有平板的兔笼内饲养治疗。脚皮炎较轻时，连涂 5~7 天的 5% 龙胆紫溶液、红霉素软膏或 3% 的土霉素软膏即可治愈。发生轻度溃疡时，生理盐水清洗创口后再涂抹红霉素软膏，并用纱布包扎。对有干燥硬痂的局部溃疡，可用镊子将干燥的痂皮揭下，清除坏死溃疡组织，用 0.1% 高锰酸钾溶液冲洗后局部涂 5% 氧化锌软膏，10% 碘软膏，并用纱布包扎，3 日 1 次。若已经形成脓肿，要切开排脓，用 3% 双氧水，再用生理盐水清洗，然后涂上广谱抗生素软膏，并滴几滴鱼肝油，使创口保持湿润，最后外用消毒纱布包扎。也有报道可用 0.25 千克大蒜捣碎，浸泡于 0.5 千克烧酒内数日，挤汁，涂患部，每日 1 次，连用 10 天，效果良好。或者用温水清洗患部后，用硫黄膏（硫黄 50 克研成末，混入柴油调成膏状）涂患部，每日 2 次。如果治疗不及时出现全身症状者要全身皮下或者肌内注射广谱抗生素。治疗期间给予营养丰富的饲料，增强抵抗力，促进伤口愈合。

十三、肿瘤

肿瘤（Tumor）是机体在各种致癌因素作用下，局部组织的某部分细胞在基因水平上失去对其生长的正常调控，导致其克隆性异常增生而形成的新生物，分为良性和恶性两大类。长毛兔的发病率较高，早期发展缓慢，病程较长，后期发展较快。据统计，兔自发肿瘤的发病率为 0.5% ~ 2.7%，随年龄的增长而升高。

1. 病因 病因比较复杂，分为内因和外因两大类。内因主要受饲养管理因素、营养因素、免疫状态、遗传因素、胚胎残留组织、年龄、性别以及神经系统、内分泌系统等的影响。一般食用霉败变质饲料的兔，老龄、雌性和免疫缺陷者容易发生肿瘤。外因包括物理因素、化学因素和生物因素。如长期的机械性刺激，紫外线、电离辐射的伤害，亚硝胺化合物、偶氮类化合物、含苯或者芳香族类化合物等有致癌作用物质的侵害和影响，病毒、霉菌及其毒素的作用等都可引发肿瘤。

2. 症状 患兔消瘦，贫血，精神不振。身体的某些部位出现数目不等、大小不一的肿块。肿瘤的大小与肿瘤的性质（良性、恶性）、生长时间和发生部位有一定关系，有时可见肿块增殖迅速。不同部位的肿瘤症状各不相同。如膀胱肿瘤会出现尿血、尿频、甚至尿毒症等。子宫腺瘤常表现繁殖障碍，受胎率降低，死产增多，难产，胎儿滞留，阴道出血等。淋巴肉瘤比较常见，生前症状主要是逐渐消瘦、贫血。胃肠道淋巴肉瘤表现食欲逐渐减退，消化不良，顽固性便秘或下痢，甚至两者交替发作。肾母细胞瘤是长毛兔比较常见的肿瘤，幼龄兔、老龄兔多发，肿瘤生长很慢，生前往往见不到临床症状或者有的出现肾炎样症状。触诊肾区，发现肾脏不规则，有结节性肿块，大小不等。

3. 防治 加强饲养管理，合理搭配饲料。群体性发生考虑与环境、品种、年龄的关系。治疗分为手术疗法或者药物疗法。对局部良性肿瘤采取手术切除，再用抗肿瘤药物。手术要注意止血，切除彻底，防止复发和转移。氢化可的松、氟美松、丙酸睾丸酮、己烯雌酚对某些肿瘤有抑制作用。体表肿瘤，尤其皮肤肿瘤可用中药鸦胆子治疗。方法是鸦胆子去壳挤压取油涂抹于肿瘤根部，每日 2 ~ 3 次，一般 7 ~ 9 天肿瘤干枯脱落。还有报道，用藤梨根或者鲜凤尾草 25 克煎水内服，每日 1 次，对肿瘤有抑制作用。恶性肿瘤一般放弃治疗。

第五节　兔产科病

一、流产与死产

流产是指由于胎儿或母体的生理过程发生紊乱，或它们之间的正常关系受到破坏而导致的妊娠中断，排出未足月的胎儿。死产是怀孕母兔由于不良环境、营养缺乏、疾病侵害等各种原因在怀孕期间发生胚胎死亡的症状。流产与死产都是兔场常发的繁殖障碍疾病之一，造成的损失是很严重的，它不仅能使胎儿夭折或发育受阻，而且危害母兔健康，因此必须重视对流产与死产的防治。

1. 病因　引起流产和死产的原因有以下几种：

（1）各种机械性损伤。如捕捉方法不当，剧烈运动，妊娠检查粗鲁，防疫接种、采毛，强行交配，产箱过高、洞门太小或笼舍狭小使腹部受挤压、撞击等原因，兔咬架斗殴，拥、挤、压、咬、撞、跳、跌时也容易伤及胚胎，可导致流产与死产。

（2）应激因素的影响。家兔胆小怕惊、对外界变化极其敏感，一旦饲养管理方面出现变动，例如，长途运输，饥饿，饲料，饲养人员突然变更，急剧降温，兔舍保温不良；低温时饮凉水、吃冰冻饲料，或犬、猫、鼠、飞禽等突然闯入或燃放鞭炮、汽车鸣笛等突如其来的噪声等，都会引起家兔的应激反应，严重时会使家兔惊恐不安、狂奔乱窜，导致流产、咬死或踏死仔兔。

（3）饲料因素。喂给家兔冰冻、发霉变质、有毒的饲料及冰水时，会引起家兔腹泻，致怀孕母兔流产。尤其是发霉变质的饲料，会引起所有怀孕母兔流产、仔兔虚弱，并且无药可治疗。兔饲料营养缺乏，如蛋白质、矿物质、维生素等缺乏也可导致流产。

（4）传染性因素。当怀孕母兔感染李氏杆菌、鼠伤寒沙门菌、霉菌、布氏杆菌、类鼻疽杆菌、兔痘病毒等病原微生物时，都会引起流产。

（5）妊娠母兔患有某些疾病或者用药不当，如妊娠母兔生殖器官疾病（如局限性慢性子宫内膜炎）以及某些重危的内外科疾病，也可导致流产。如内服大量泻剂、利尿剂、驱虫药、子宫收缩药以及麻醉剂等可引发流产。

（6）其他，近亲繁殖、亲兔年龄过高使仔兔体质下降，出现死胎、畸形胎、流产等。有的母兔在产第一窝时高度神经质、母性差，也会造成死胎。

2. 症状　一般在流产与死产前无明显症状，或只有精神、食欲的轻微变化，常被忽略。只有在笼舍内见到母兔产出的未足月胎儿或死胎时才被发现。兔发生死产病初食欲下降，精神不振，随后起卧不安，弓背努责，阴门流出污浊液体；

怀孕后期用手按摩腹部检查无胎动，如果时间过长，精神极差，食欲废绝。如死胎腐败，常有体温升高，呼吸急促，心跳加快等全身症状，阴门流出恶露。如治疗不及时，常引发急性子宫内膜炎并引发败血症而死亡。临床兔流产与死产分为隐性流产、先兆流产、早产、产出死胎儿、胎儿干尸化、胎儿浸溶等几种类型。

（1）隐性流产：在胚胎期（一般发生在妊娠的第 1～2 周）中止了妊娠，胚胎溶化被子宫黏膜吸收，子宫不留任何痕迹，母兔经过或长或短的时间再次发情，不易被发现。

（2）先兆流产：母兔在妊娠期间，无其他任何症状而阴道有少量出血，这时子宫壁与胎儿的胎盘已有部分分离，如无子宫收缩，不一定完全流产，及时注射孕酮保胎，还能保住部分胎儿。

（3）早产：即母兔不到预产期而排出活的胎儿。早产仔兔一般初生重低，不足 40 克，体质较弱，成活率极低。

（4）产出死胎：多发生于妊娠中后期，排出的死胎较小，发育不完善。这种情况为胎儿在母兔子宫内由于多种原因而死亡，被溶化或干尸，死胎排出顺利时预后良好。

（5）胎儿干尸化：是指胎儿在母兔子宫内死亡以后长期停留在子宫内。胎儿时的羊水、死胎尸体上的水分逐渐被母体吸收，使死胎体积变小，颜色变为棕黄或棕褐色，极似干尸，胎膜变为牛皮纸样，带有很多皱褶。

（6）胎儿浸溶：这种情况是妊娠中断后，子宫颈张开，厌氧细菌侵入，造成子宫感染，发生子宫内膜炎，以致使死胎软组织发酵分解，变为液体，胎儿骨块滞留于子宫中。有时死胎软组织化的液体和骨块从子宫中不断排出，排出物极臭。开始时液体较多，为污红褐色，以后变为红褐色，且带有白色脓液，最后变成脓液而且量小。个别病兔可继发阴道炎、子宫炎，造成屡配不孕。

3. 诊断 主要根据临床表现和产出不足月胎儿确诊。有条件的兔场可用 B 超检查进行确诊。

4. 防治 加强母兔的饲养管理，喂容易消化、营养丰富的全价饲料，搞好笼舍卫生，做好疫病防治，减少各种应激因素，避免一切导致流产与死产的原因，选育受胎率高，抗病力强，而且保胎好、产仔多、母性强的优良种母兔。母兔流产后，应保持其安静，喂给营养充足的饲料，并加 3% 食盐，及时应用磺胺、抗生素类药物。局部清洗、消毒，控制炎症，防止继发感染。找出造成流产的原因并加以分析。对先兆流产的母兔，可使用抑制子宫收缩的药物安胎，可肌内注射黄体酮 15 毫克，如已接近分娩期，可实施人工引产。

二、难产

难产（dystocia）是指由于各种原因而使分娩的开口期（第一阶段）尤其是

胎儿排出期（第二阶段）时间明显延长，如不进行人工助产则母体难以或者不能排出胎儿的产科疾病。一般自努责开始到临产期超过24小时仍不见仔兔产出或产出部分仔兔后超过24小时仍有部分仔兔未产出者视为难产。难产如果处理不当，不仅能引起母兔生殖道疾病，影响以后的繁殖力，而且可能会危及母体及胎儿的生命。

1. 病因　胎儿能经阴道顺利分娩，取决于产力、产道和胎儿三大因素。如果其中一个或一个以上的因素出现异常，即可导致难产。

（1）产力不足：主要是产仔过多，一般产仔数在8～13只，时间过长，母体消耗过大，宫缩无力，致使剩余部分仔兔不能产出，一般由于母兔孕期营养缺乏、营养过剩、运动不足、母兔年龄过大等导致母体虚弱所致。再者母兔妊娠后期患有各种疾病也可引起难产，临床见有中毒（饲料霉烂变质、食盐中毒）、寄生虫病等，造成母兔消化不良，腹泻，致使体力下降，虚弱，母兔产仔无力；有的由于机械性损伤（如扭伤、撞伤等）或应激因素（夏季暑热、冬季寒冷、雷击、噪声等）而致难产。

（2）产道狭窄：多见于先天性产道狭窄，主要由于利用达到性成熟但是未达到体成熟的母兔配种，母兔骨盆狭小，生殖器官尚未发育完全所致。一般母兔5～6月龄，体重达2.4千克以上怀孕最佳。还有母兔缺钙引起骨盆狭窄、骨折引起骨盆变形或骨盆肿瘤等均造成产道狭窄引起难产。

（3）胎儿异常：胎儿太大是造成难产最常见的原因。怀孕后期继续加喂精料，胎儿营养供应充足吸收好，造成胎儿过大难产。母兔因配种不当，怀孕胎数少造成胎儿过大难产。选用大品种公兔与小品种母兔杂交，由于杂种优势的存在，胎儿发育过大，超出母兔产道的承受能力，出现难产。

（4）其他：胎儿畸形、胎儿活力不足、胎位不正（下位或侧位）、胎势异常（头部弯曲或者关节屈曲）、胎向反常（横向或竖向）或同时有两个胎儿进入产道等，都可引起难产。

2. 症状　到分娩期母兔出现分娩症状，频繁努责，但是超过正常的分娩时间仍不能产出胎儿。有时产出部分胎儿后不再生产。病兔不吃、不喝，伏于产箱内，有的轻声呻吟，常做分娩动作，举尾，不见仔兔产出。一般持续1～2天，长的甚至几天，触摸腹后部可摸到未产出的胎儿，有时可见胎儿的部分露出于阴门外，如难产母兔的胎儿死在腹中，触摸时有硬物，过几天，才见排出腐烂的胎儿。

3. 诊断　根据正常分娩时间及分娩出现的症状，结合触诊进行确诊。

4. 防治　加强饲养管理，合理搭配日粮，避免导致兔难产的因素（见病因）发生。如果发现兔难产可根据不同情况选择合适的治疗方法和药物。对于胎儿较大或胎势不正，仔兔部分被阻碍于产道中，只露出部分肢体可实行人工助产，助产首先要经过推拉校正，理顺胎势，然后拉住仔兔部分肢体，均衡用力，一般可将阻碍胎儿取出，随后其他仔兔一般均能产出。对于母兔产力不足但产道正常，胎势正常的难产病例可用药物催产，一般可用2%的盐酸普鲁卡因在产道周围封闭，3~5分钟后再肌内注射催产素3万~5万国际单位或乙烯雌酚0.2毫克，促进子宫阵缩而增加分娩力，使其顺利将胎儿产出。也有人建议可用凤仙花籽20克碾末，温水灌服，一般半小时左右见效。人工助产和药物催产均不能治疗的可实施剖腹取胎术。保定母兔，术部剃毛消毒，用0.5%的盐酸普鲁卡因麻醉，在腹部后端至耻骨前缘的腹中线切开皮肤、肌肉，拉出子宫，用消毒纱布将子宫和腹壁隔开，切开子宫取出胎儿，缝合子宫，送回腹腔，最后缝合腹壁；创口涂抗生素软膏，手术后肌内注射青霉素，每次25万国际单位，每日2次，连用3~5天。对母兔加强护理。

三、子宫出血

兔子宫出血是由于绒毛膜或者子宫壁的血管破裂出血引起的。

1. 病因　兔子宫出血多是由于孕兔腹部直接受到暴力的撞击，使子宫壁血管（母体血）或绒毛膜血管（胎儿血）损伤、破裂所致。此外，胎儿过大、分娩时间过长，流产前后或子宫肿瘤均易导致子宫出血。

2. 症状　出血少时，血液不向外流出，一般不易被发现，但容易发生先兆性流产。出血量多时，除了腹痛不安、频繁起卧外，阴道会流出褐色血凝块或者鲜血，如果出血严重，引起可视黏膜苍白，则呼吸困难，全身无力甚至死亡。

3. 防治　加强饲养管理，防止胎儿过大，孕兔过肥或者营养不良、疾病等造成的体质虚弱，及时发现和治疗子宫肿瘤疾病。尤其注意防止孕兔腹部受到暴力的撞击。一旦孕兔受到暴力袭击，要及时镇静，同时腰部冷敷，严禁使用强心和输液疗法，少做或不做阴道检查，以免加重出血。同时皮下注射止血药物。如果出血严重会危及生命时，要及时人工流产。

四、阴道脱出

阴道脱出阴道壁一部分或全部突出于阴门外，称为阴道脱出。本病产前产后均可发生，但多产后发生，多胎老龄母兔多见。

1. 病因　本病主要发生于体弱、老龄、饲料单一、缺乏钙盐、运动不足等的母兔，这些母兔阴道及子宫周围的组织韧带弛缓，肌肉紧张性降低，阴道及外阴松弛。加之种母兔妊娠后期腹压增大，分娩或胎衣不下时强烈努责，分娩后消化功能减弱，饮食过多等容易诱发本病。其次母兔患有阴道炎、子宫炎、胃肠臌气及大肠或盲肠的结症也会诱发本病。母兔长期养于前高后低、无笼底板的兔笼内也可发生本病。此外，胎儿过大过多、羊水过多、体质虚弱、难产时助产不当、剧烈腹泻等均可以诱发本病。

2. 症状　阴道脱出在临床上分为部分阴道脱出和全部阴道脱出，部分阴道脱出较小，呈球形，站立时腹压小可以自行回缩。全部阴道脱出很难自行回缩，病兔疼痛不安，早起可见阴门外有一粉红色、湿润柔软的球柱状物。久不回缩者，球状物长期瘀血变成紫绀色甚至苍白、水肿，阴道壁变硬，长期与地面摩擦被粪便、泥土污染坏死、变性、破裂，有时继发全身感染，甚至危及生命。如果压迫尿道，会加重患兔强烈怒责导致腹痛不安。患兔后肢、腹部、尾下的被毛污秽，精神沉郁，食欲不振等。

3. 诊断　根据临床症状可确诊。

4. 防治　针对阴道脱出的常见病因采取相应预防措施，补充全价饲料，适当运动，积极防治导致腹压增大的疾病。如果发现有阴道脱出的病例要进行整复固定，并抗菌消炎。常用的方法是用 0.1% 的新洁尔灭、0.5% 的高锰酸钾或者 3% 的明矾溶液清洗消毒后，将后躯抬高，用消毒纱布托住脱出来的阴道，缓慢地由下至上往里推送进行复位。如果脱出时间久黏膜发生水肿时要用针刺破水肿黏膜，挤压排出液体后再进行整复。如果脱出黏膜发生大量坏死时，可进行黏膜下切除术。阴道脱出严重时整复后在阴门周围做一个松紧适度的荷包缝合，以不影响排尿为宜。中兽药认为阴道脱出是中气不足引起的，所以可给兔使用加味补中益气汤：黄芪 10 克、党参 5 克、白术 5 克、当归 4 克、柴胡 5 克、甘草 3 克、陈皮 3 克、升麻 3 克、生姜 3 克、熟地 2 克煎汤内服，每日 1 剂，连服 3 天，效果良好。

五、子宫脱出

子宫脱出指的是子宫角的一部分或者全部翻转于阴道内，即子宫内翻，或者子宫形成套叠并垂脱于阴门外，即完全脱出。通常由分娩引起的，发生于产后数小时内，子宫颈尚未缩小和胎膜还未排出时。表现子宫外翻脱出，阴道流血。如果及时合理整复，很快痊愈；若整复不当，损伤了子宫壁，引起大出血易导致死亡。

1. 病因　子宫脱出主要与孕兔体质虚弱、胎儿过大、羊水过多、运动不足、矿物质元素缺乏、多次妊娠等引起的子宫弛缓有关。子宫脱出主要是胎儿排出后不久，子宫尚未完全收缩，子宫颈仍然开张，由于存在某些刺激因素，使母兔发生强烈努责，子宫体、子宫角容易翻转脱出。难产时，外力牵引助产也可使子宫随胎儿翻出阴门外。此外，母兔分娩过度延滞、胎衣不下的强烈努责、产后长期站立于向后倾斜的兔笼，以及便秘、腹泻、疝痛等也可成为本病的诱因。

2. 症状　子宫内翻时，患兔常拱背，举尾，频频努责，做排尿姿势，有时排出少量粪尿，阴门外见不到脱出物。产道检查，可摸到套叠的子宫。子宫全脱时，外阴部可见不规则的长圆形如肠管样物体垂脱，其表面有许多横褶，有时还附有尚未脱落的胎膜，有时可达跗关节。脱出的子宫有时可将卵巢或子宫系膜拉断，如其中血管被扯破，可引起大出血，病兔出现结膜苍白、脉搏变弱等急性贫血症状。脱出的子宫如未得到及时整复，可发生瘀血、水肿、发炎，被粪土污染和因摩擦出血，进而结痂、干裂及糜烂坏死等。患兔精神差，食欲降低甚至废绝，有时腐败后自体吸收还会危及生命。

3. 诊断 根据临床症状可确诊，子宫内翻注意与其他腹痛性疾病进行鉴别诊断。

4. 防治 对孕兔加强饲养管理，营养平衡，适当运动，防止胎儿过大、羊水过多。难产助产时要避免暴力牵引，对产后母兔加强护理，避免强烈努责，适当给予促进子宫复原的药物。子宫内翻时，可用手进行整复，还可向子宫注入灭菌生理盐水，借助于水的重力使子宫复位。子宫全脱出时，如胎衣未脱离，先进行剥离胎衣。用0.1%高锰酸钾溶液或0.1%新洁尔灭溶液将脱出部分彻底洗净，除去污物及坏死组织，如有创伤，涂以碘甘油溶液，将母兔后躯抬高，先将脱出的阴道送入，趁母兔不努责时再向里送，努责时压住送入部分，如此反复几次，可将子宫全部送入腹腔，此时可在阴道内注入生理盐水，以水的重力作用促使子宫恢复正常，以免再度发生内翻。为防止复发，可对阴道进行钮扣或袋口缝合，以不影响排尿为宜。如果子宫脱出已久，已经发生严重损伤、感染及坏死，确实无法整复或送回后可能引起全身感染，导致死亡，可以考虑做子宫切除。切除后全身应用青霉素、链霉素各5万国际单位肌内注射，每日3次，也可口服磺胺制剂，防止继发感染。加强护理，给兔饲喂易消化、营养好的饲草饲料。

六、缺乳和无乳

母兔无乳和缺乳症是指母兔分娩后在哺乳期内出现泌乳停止（无乳）或泌乳量减少（少乳）的一种综合征。母兔产后缺乳和无乳比较多见，会导致产后几天内成窝或许多仔兔的死亡，仔兔管理困难，体质很弱，因此本病对养兔生产有极大的危害。

1. 病因 各种原因引起的母兔营养不良是母兔缺乳和无乳的常见原因和主要原因。比如饲料搭配不合理、营养价值不全、妊娠后期缺乏青绿多汁的饲料和蛋白质饲料；母兔患有慢性消耗性疾病或者寄生虫感染等所致的营养吸收障碍均可导致缺乳和无乳。还有母兔怀孕后期过量饲喂含蛋白质高的精料，使初期的乳汁过稠，堵塞乳腺泡导致缺乳。此外，配种过早、乳腺发育不良、年龄过大、乳腺萎缩以及内分泌紊乱也可以导致缺乳或者无乳。

2. 症状 母兔不愿意哺乳，乳房和乳头松弛、柔软或者萎缩变小，挤压母兔乳头仅见少量稀乳或根本无乳。仔兔吮乳时间虽长，但是腹部不饱满，吃奶时乱拱鸣叫，在产箱内乱爬，逐渐消瘦，发育不良，甚至饿死。有的母兔体温高于正常，精神委顿，食欲不振，乳腺组织紧密、充血，但乳头却松弛。

3. 诊断　如果发现母兔不愿哺乳，乳房干瘪，挤不出乳或乳很少，仔兔吃奶时间延长，但仍吃不饱，消瘦，发育不良，最后饥饿而死等情况就可建立诊断。

4. 防治　加强饲养管理，给予孕兔饲喂全价饲料，保证母兔营养充足、体质良好。青年母兔不宜早配，年老母兔不宜再配种，分娩后 3～5 天适当增加精料和多汁饲料（体质、营养不好的母兔应提早加料），选育、饲养母性好、泌乳足的种母兔。发现病兔及早治疗。治疗方法有：

（1）用催乳灵 1 片内服，每天 1～2 次，连服 3～5 天。

（2）用垂体后叶素 10 万国际单位或者苯甲酸雌二醇 0.5～1 毫升，一次皮下或肌内注射。

（3）用王不留行 3 克，穿山甲 1 克，通草 3 克，水煎内服，每日 1 次，连服 3 次。

（4）王不留行、天花粉各 30 克，漏芦 20 克，僵蚕 15 克，猪蹄 1 只，水煮后分数次拌料喂，每日 1 次。

（5）王不留行 20 克，通草、穿山甲、白术各 7 克，白芍、山楂、陈皮、党参各 10 克，研磨，分数次拌料喂给病兔。

七、乳房炎

兔乳房炎是产仔母兔泌乳期常见的一种疾病，常发生于产后 1 周左右的哺乳期，轻者造成奶水不足，仔兔生长发育受阻，重者造成母兔乳房坏死或发生败血症而死亡。

1. 病因　兔乳房炎的主要原因是分娩前后由于饲喂精饲料过多，造成母兔产仔后泌乳量过多、浓稠，如果仔兔体弱、吸奶无力或母兔产仔少，吃奶不多，很容易造成乳腺管堵塞，乳汁长时间地停留在乳房内，变质感染引发炎症。其次，母兔的乳汁分泌不足，仔兔饥饿时，会咬破母兔的乳头导致病原微生物感染而发病。再者母兔活动时，乳房由于受到笼底或笼壁的挤压或碰撞，特别是产仔箱和踏板上有钉头毛刺，容易使母兔的乳房被刺伤而造成葡萄球菌、链球菌或者大肠杆菌等细菌感染而发生炎症。此外，母兔在泌乳期受到精神刺激后，内分泌紊乱也可能引起乳房炎症的发生。

2. 症状　发病初期母兔食欲减退，精神不振，乳房局部肿胀、充血、发热，触摸出现疼痛性的敏感反应。有的母兔乳房化脓，食欲减退，体温升高，乳房能触摸到面团样脓肿，有的甚至变为坏疽。体温往往上升到 40 ℃以上，因乳房疼痛，大多数发病母兔行走困难、拒绝哺乳，造成乳房进一步肿胀、发硬，患部皮肤呈蓝紫色，若不及时治疗，乳房坏死引起母兔泌乳功能障碍而失去种用价值。更甚者继发全身败血症而死亡，即使存活也预后不良。

3. 诊断　根据病史和临床症状，可以建立诊断，必要时可进行细菌培养，分离鉴定。

4. 防治　加强母兔的饲养管理，母兔产前 3～4 天降低饲料中蛋白质的含量，同时限喂全价颗粒饲料，保持兔笼舍内部清洁卫生，清除兔笼、笼底板及产箱的尖锐物，尽可能在产仔箱内铺上柔软的垫草，防止皮肤损伤。产后 3～5 天，增加青绿多汁饲料，控制精料的饲喂量。产后 10～20 天，根据乳房充盈程度，适当增减精料和青绿多汁饲料。可以有效预防乳房炎的发生。一旦母兔发生乳房炎，要及时治疗。发病初期可局部冷敷；中后期（24 小时以后）由于病情持续发展造成乳房由软变硬时可用热毛巾热敷，无论冷敷还是热敷，动作一定要轻，以免加重感染。也可用 80 万国际单位的青霉素、痢菌净 10 毫升注射液或地塞米松磷酸钠 1 毫升，分两次做肌内注射，每日早、晚各 1 次，连续注射 3 天，病症即消失。也可用封闭疗法治疗，具体操作是用青霉素 20 万～40 万国际单位，0.25% 普鲁卡因 5～10 毫升，在乳房硬结周围做封闭注射，同时用 20%～25% 的硫酸镁局部温敷，每日 1 次，连用 3 天一般可愈。对脓肿成熟但未破溃或破溃流脓的病兔，先扩创清洗，然后再并撒上消炎粉，预防感染。为防止母兔继发全身感染而造成败血症，要全身使用抗生素治疗。可肌内注射庆大霉素（3～5 毫克/千克体重），每日 2～3 次。肌内注射青霉素 20 万国际单位，每日 2 次，控制病情后，口服复方新诺明，每次 1 片，每日 2 次，连用 3 天。中草药治疗对乳房炎也有好的疗效，可以用花椒水擦患部或仙人掌捣烂，醋调外敷，也可用蒲公英做饲料或仙鹤草水煎服。经常发生乳房炎的兔场和养殖户在母兔产仔前后 2 天投服磺胺类药物，可以预防本病的发生。

八、子宫内膜炎

子宫内膜炎是指子宫黏膜的黏液性或化脓性炎症，是母兔常见的生殖器官疾病之一。当母兔患病后，常表现为不发情、发情紊乱、不妊娠等，即使一侧子宫受胎也易引发流产。本病虽然不是群发病，但一旦有兔发病，可通过公兔配种传播给健康兔群，给养兔业造成很大损失。

1. 病因　产笼或垫草不清洁，母兔在配种、分娩时由于环境污染及公兔生殖器官不卫生而造成链球菌、葡萄球菌、大肠杆菌、厌氧菌等细菌大量侵入并繁殖而引起子宫内膜炎。母兔患有阴道炎、尿道炎、膀胱炎、肾炎等，没有及时治疗或者治疗不当也会继发子宫内膜炎。

2. 症状　家兔子宫内膜炎根据病程可分为急性型和慢性型两种。急性型子宫内膜炎充血，水肿，炎症细胞浸润，重症者出现化脓。多发生于产后及流产后，全身症状明显，患兔发热、精神差、食欲不振，随同努责从阴道内排出血性或有恶臭、污秽不洁的红褐色黏液和脓性分泌物。有时子宫略大，子宫有触痛，严重者宫体内蓄积大量脓液，不及时治疗可发生子宫穿孔。慢性型，全身症状不明显，周期性从阴道内排出少量混浊黏液，表现为不发情、发情紊乱，或者屡配不孕。急性子宫内膜炎治疗不及时或者不当容易形成慢性子宫内膜或者子宫肌炎、输卵管炎等。

3. 诊断 结合临床症状和生殖器官的检查可做出初步诊断，有条件的可做进一步的实验室检查确诊。实验室检查还可以进行病原菌的分离鉴定，为治疗选用敏感药物提供基础。

4. 防治 预防重点是搞好兔笼、兔舍以及产房的清洁卫生；定期消毒兔舍、笼具以及各种用具，尤其在分娩前后对分娩环境和兔窝要进行严格的消毒；配种前检查种兔的生殖器官是否卫生，对不卫生的要用生理盐水洗干净后进行配种；发现病兔要及时隔离治疗，以防交配时相互传染；对患有生殖器官疾病的病兔在治愈前严禁参与配种；同时也应注意人为的污染和损伤。对已经确诊患子宫内膜炎的病兔的治疗原则是加强子宫内渗出物的排出，抗菌消炎。可用 0.1% 的高锰酸钾溶液、2% 的碳酸氢钠溶液、0.05% 的呋喃西林溶液、0.1% 的新洁尔灭溶液或 1% 的无菌盐水冲洗阴道和子宫，具体方法是用无菌双流导管接注射器将药液注入子宫，使脓液全部排出，然后用单流导管向子宫内注入溶于生理盐水的青霉素和链霉素各 20 万单位，每日 1 次，连续注药 3～5 天后休养 2～3 个月，可使本病治愈。全身症状严重者要全身使用抗生素治疗，同时对症治疗。慢性子宫内膜炎可以用缩宫素等促使子宫收缩的药物排出子宫内炎性分泌物，再向子宫内注入抗生素，每日 1 次或者隔日 1 次，连用 3～5 次，效果良好。

九、阴道炎

阴道炎是家兔在生产或者配种时被金黄色葡萄球菌或者链球菌感染引起的阴道黏膜或者深层组织的炎症。本病是家兔生殖器官常见疾病之一，也是造成母兔不孕的原因之一。

1. 病因 本病大多因母兔发情不能及时交配，兔本身摩擦外阴部造成外伤而感染；还有配种时消毒不严格，人工授精操作粗暴，损伤阴道黏膜造成葡萄球菌、链球菌感染而发病。尿道炎、膀胱炎等邻近器官组织的炎症蔓延也可以引发阴道炎。此外，母兔产仔后胎衣不下腐败，垫草霉败或者脏乱引起产后感染也可发病，某些传染病也会继发本病。

2. 症状 患兔的外阴和阴道红肿、疼痛、瘙痒，阴道口排出黏液或脓液，有时带有少量的血丝，并伴有恶臭。有时阴门发生溃烂、阴道外翻，拒绝公兔交配。母兔屡配不孕，排尿频繁。严重者伴有全身症状，并可以继发败血症而造成母兔的死亡。

3. 防治　做好饲养管理工作，定期进行预防消毒，搞好种兔的笼舍环境卫生，保持笼底的平滑和干燥，人工授精用具要严格消毒。对屡配不孕的母兔及时诊查。积极治疗发病的母兔，轻者用0.1%高锰酸钾液、0.1%的新洁尔灭溶液或生理盐水冲洗阴道，并同时用百毒杀清洗外阴，每日2～3次。重者每只兔肌内注射青霉素10万～20万国际单位，每日2次，或口服磺胺类药物，0.1克/千克体重，每日2次。

十、睾丸炎

睾丸炎是指雄性家兔睾丸损伤后继发细菌感染引发的炎症，一般很少发生。但发生后会导致生殖功能下降。

1. 病因　睾丸炎通常是配种时损伤，相互撕咬，或者笼舍地面污秽不洁继发感染葡萄球菌、链球菌、化脓棒状杆菌等引起的睾丸炎症。也可继发于睾丸外伤、寄生虫病、副伤寒、兔梅毒等传染病。此外，睾丸附近组织炎症的蔓延，如附睾发炎可继发睾丸炎。

2. 症状　急性睾丸炎可见睾丸肿大、发热、疼痛。公兔站立时拱背，步态拘谨。触诊时病兔敏感，睾丸紧张，鞘膜腔积液，精索变粗。病情重者睾丸发硬甚至流脓，甚至蔓延继发化脓性腹膜炎，病兔不愿走动，出现明显的全身症状，体温升高，呼吸浅表，精神沉郁，食欲减少。慢性睾丸炎不出现明显症状，睾丸组织发生变性，弹性消失、硬化、变小，产生精子的能力逐渐降低或消失，引发不育症。

3. 防治　搞好兔舍清洁卫生，定期消毒。种公兔妥善放置，防止撕咬，及时治疗其他生殖器官疾病。治疗病兔，避免交配时互相传播。急性者应保持安静，早期应用冷敷，后期热敷，局部涂擦鱼石脂软膏，复方醋酸铅散，全身使用抗生素药物。对无种用价值的公兔可去势（阉割）。如果是传染病引起的睾丸炎，首先治疗原发病。重者全身应用抗生素治疗，或者内服复方新诺明，每次1片，每日2次，连用2～3天。

十一、妊娠毒血症

妊娠毒血症是母兔在怀孕后期的一种致死性营养代谢性疾病，是母兔妊娠后期的常见病。经产兔和肥胖兔容易发生，而且发病率和死亡率都很高，妊娠、产后和假妊娠的母兔也可发病。

1. 病因和病理　病因尚不清楚，目前认为本病的发生与营养失调和运动不足有关。品种、年龄、性别、肥胖、经产、胎次、胎数、胎儿过大、妊娠期营养不良以及环境的变化等因素均可导致兔内分泌功能失调，脑垂体的功能异常，从而引发本病。母兔怀孕后期，胎儿发育迅速，需要大量的营养物质，如饲料中精料过低，又不注意补充矿物质，不能满足胎儿发育和母体生理需要，特别是饲料中葡萄糖供应不足，使血糖浓度低于临界水平，大脑葡萄糖供应不足，从而出现妊娠毒血症。本病的发生首先是各种原因引起患兔血糖低，体内肝糖元被消耗，接着动员和分解体脂肪，结果造成大量脂肪积聚于肝脏和游离于血液中，形成脂肪肝和高血脂症，肝功能受损甚至衰竭，酮和有机酸大量积聚，导致酮血症和酸中毒。大量酮体和有机酸经肾脏排出时，又加重肾脏负担，肾脏发生脂肪变性甚至肾功能衰竭，造成尿毒症。因此，妊娠毒血症是低血糖、酮血症、酸中毒和肝肾功能衰竭的综合征。

2. 症状　轻者症状不明显，重者可见精神沉郁，食欲降低或废绝，呼吸困难，尿量严重减少，粪干小、量少，或稀薄腹泻，呼出气体有酮味（烂苹果味），有的病例死前可发生流产、惊厥及昏迷等症状。轻度和中度病例能够恢复，严重病例发病后迅速死亡。血液学检查血糖浓度降低，血液非蛋白氮含量升高，钙减少，磷增加，丙酮试验阳性。

3. 病变　病死兔肥胖，乳腺分泌功能活跃，卵巢黄体增大，肠系膜脂肪有坏死区。肝、肾和心脏苍白，脂肪变性，肾上腺变小、苍白，并常有皮质部腺瘤。甲状腺变小、苍白。脑垂体增大。镜检肝脏呈严重的脂肪变性。

4. 诊断　根据上述临床症状和病理变化，可做出初步诊断。必要时可进行血液学检查，可确诊。

5. 防治　本病关键在于预防，在妊娠后期应防止营养不足，可对怀孕后期的母兔，每日饲喂 3~4 次优质青绿饲料，并且补饲谷物饲料以及适量的食盐和骨粉，以满足母兔和胎儿的营养需要。平时注意让怀孕母兔多户外运动，加强阳光照射。也有人建议在怀孕最后几天，每天在日粮中加食糖 10 克，可预防妊娠毒血症的发生。禁止饲喂腐败变质的饲草饲料，同时应避免突然更换饲料及其他应激因素。对肥胖、怀胎过多过大，以及易发生该病的品种，尤其要注意加强预防。

对发病的母兔，治疗原则是补充血糖，降低血脂，保肝解毒，维护心肾功能。首先可静脉注射 25%~50% 葡萄糖 20 毫升；同时可静脉注射维生素 C 2 毫升；以提供能量和保肝解毒。肌内注射维生素 B_1 5~10 毫克、B_2 5~10 毫克。或者肌醇 0.25 克，以促进肌体的脂肪代谢，降低血脂。也可肌内注射复合维生素 B 2 毫升。或者配制口服补液盐（葡萄糖 20 克、小苏打 2.5 克、氯化钠 3.5 克、氯化钾 1.5 克、水 1 000 毫升）让母兔自由饮用，以补充水分、电解质，纠正体内酸中毒。

十二、不孕症

母兔成熟后或分娩之后，长时间不发情，配不上种，或屡次配种不能受孕的，都认为是不孕症。本病在生产实践中较为常见，给兔场带来较大的经济损失。

1. 病因　导致家兔不孕症的原因有很多，主要归纳如下：

（1）母兔生殖生理的不健全或者发病，比如母兔脑下垂体功能不健全，性腺功能紊乱，或者是卵巢、子宫等生殖器官发育异常（生殖器官畸形、阴道闭锁或子宫发育不全等）常引起先天性不孕。母兔生殖器官疾病直接破坏了它们的生殖功能而造成不孕，如输卵管功能不全、卵巢炎、卵巢囊肿、子宫内膜炎、宫外孕、子宫蓄脓、阴道和阴部的炎症也常引起不孕症，有的还会导致终生不孕。

（2）母兔的营养性不孕。家兔机体能量和蛋白质的缺乏、不足或者过剩都会导致母兔过瘦或者过肥，整个机体的能量和代谢受到障碍，生殖器官发生功能和器质性变化而造成不孕。维生素 A 缺乏和不足时，能影响机体内蛋白质的合成，患兔生长发育停滞，内分泌腺萎缩，激素分泌不足，子宫黏膜上皮角质化过度或者变性，卵泡闭锁或形成囊肿，使母兔不发情和不排卵。缺乏维生素 B_1，可使子宫收缩功能减弱，卵细胞生成和排卵遭到破坏，长期不发情而造成不孕。维生素 E 不足时，可引起妊娠中断、死胎、弱胎或隐性流产（胚胎消失），长期缺乏则使卵巢和子宫黏膜发生变性造成永久性不孕。钙、磷等矿物质不足时可使各器官发生障碍，尤其生殖器官的功能性障碍导致不孕。

（3）母兔的环境性不孕，生殖系统与日照、湿度、气温、饲料成分的变化及其他外界因素有密切关系，当光照不足或环境突变时，可造成母兔不发情和不孕。

（4）公兔因素引起的不孕，公兔营养不良，缺乏蛋白质、矿物质、维生素以及微量元素容易导致性腺功能不全、性欲低下、精子生成障碍或者精子畸形等造成受精障碍。还有变换环境或外界的干扰，可引起性欲的反应性抑制，也会出现不受精。如环境温度超过 30 ℃，公兔的精细胞分化受抑制，睾丸功能减退，精液品质下降，尤其环境温度超过 35 ℃时睾丸萎缩，公兔失去配种能力，偶有配种，也是少精、死精或无精，因而造成不孕。公兔患有隐睾、睾丸萎缩、睾丸炎、附睾炎、尿道炎等也可引起性欲缺乏、交配困难、精液品质不良而引起不孕。

（5）配种技术性不孕，主要由于人工授精时，对精子的处理不当或人工授精技术应用不熟练而错过配种机会导致不孕。

（6）其他原因性不孕，某些传染性疾病引起的不孕，如梅毒病、葡萄球菌病、李氏杆菌病、结核病等。种兔年龄老化引起的不孕，实践证明，种兔的年龄明显地影响其繁殖性能。1～2 岁的公母兔随着年龄的增长，繁殖性能提高，2 岁以后，繁殖性能逐渐下降，3 年后一般失去繁殖能力，不宜再作为种用。

2. 症状 营养缺乏性不孕母兔表现为体质消瘦，被毛粗乱无光泽甚至脱落，食欲减退，精神不振，在仔兔断奶后数月未见发情。营养过剩性不孕母兔主要呈现肥胖，不发情。各种疾病性不孕患兔会出现相应疾病的症状。

3. 诊断 母兔在性成熟后或产后一段时间内不发情，或发情不正常，或母兔经屡配或多次人工授精不受胎者，即可诊断为不孕症。

4. 防治

(1) 要满足母兔的营养需要，保持适当肥度，在日粮中配以满足母兔营养需要的各类营养物质的基础上，合理配合和加工调制日粮，补充蛋白质、维生素以及矿物质元素等。如补充维生素 A 可多供应青草和质量好的胡萝卜、南瓜或喂给浓缩鱼肝油和维生素 A 制剂等。补充维生素 E 可皮下或肌内注射维生素 E 20～30 毫克，或在饲料中加入一些植物油，以补充维生素 E 的不足。在维生素 E 应用的同时，最好还应用亚硒酸钠，0.2 毫克/千克体重饮水或者拌料饲喂。多喂些晒干的干草或口服鱼肝油，或肌内注射维生素 D、维丁胶性钙等，口服硫胺素片和核黄素片或在饲料中搭配喂些新鲜蔬菜、米糠、麦麸、豆类，可补充维生素 B_1。

(2) 防治母兔生殖道疾病：①子宫内膜炎的治疗，肌内注射己烯雌酚 0.5～1 毫克，或垂体后叶激素 5～10 国际单位。用生理盐水冲洗，每日 1 次，连用 2～4 次。②若因卵巢功能降低而不孕，可皮下或肌内注射促卵泡素（FSH），每兔 0.6 毫克，每日 2 次，连用 3 天，于第四天早晨母兔发情后，在耳静脉注射 2.5 毫克促黄体素（LH）后马上配种。③为防治和排出子宫积脓，先注射己烯雌酚 0.2～0.5 毫克，3～5 天后再注射垂体后叶激素 2～3 国际单位，同时注射抗生素和进行适当排液。阴道炎的治疗，用生理盐水、2% 碳酸氢钠液、0.1% 高锰酸钾、0.02% 呋喃西林液等冲洗阴道，之后，在阴道黏膜上涂擦碘甘油、磺胺软膏或青霉素药膏。④对其他疾病都可进行对症治疗，对久治不愈、老弱兔及失去配种能力的应予以淘汰处理。

(3) 适时配种：①应用先进的授精技术和合适的方法，以增加受胎怀孕的机会。要注意环境对兔造成的影响，配种时环境应安静，将母兔放到公兔笼内配种。②高温季节做好防暑降温，采取有效措施，控制环境温度，加强公兔营养水平，降低公兔配种强度，检测公兔精液品质，公兔精液品质达不到配种要求的应停止配种等。③对性功能减退的母兔，还应在配种前几天与公兔在一起活动，有助于刺激性功能恢复，促进排卵、受胎。④对于长期不发情的母兔，除了改善饲养条件外，可进行药物催情。每只每天喂维生素 E 1～2 丸，连续 3～5 天；口服中药催情散，每日 3～5 克，连续 2 天；中药淫羊藿，每天 5～10 克，均有较好效果。⑤用孕马血清（每次70国际单位）皮下注射，促排3号3～6微克，中草药催情排卵：巴戟天10克、肉苁蓉10克、党参10克，补骨脂8克，当归6克，附子3克、干草3克。用水200毫升煎成20%的浓药液，加糖适量内服，每只母兔一次服10毫升，每日3次。

十三、宫外孕

宫外孕（Ectopic pregnancy）又称为异位妊娠，它是指孕卵在子宫腔以外着床发育。

1. 病因 有原发性和继发性两种，原发性宫外孕是由受精卵由输卵管腹腔口进入腹膜腔造成，极为少见。继发性多见，如输卵管破裂或难产等原因引起子宫破裂，均可造成宫外孕。宫外孕由于胚盘附着异常，血液供应不足，胎儿生长至一定程度就会死亡。

2. 症状 患兔精神、食欲一般无明显变化，但母兔拒绝配种或配而不孕，腹围较大，手触摸时可触知腹腔内有肿块，子宫发育正常，子宫壁未见异常。偶尔可引起内出血。胎儿外部常有一层较薄的膜或脂肪包裹。

3. 防治 保持饲养环境安静是预防本病的重要措施。如确认宫外孕，可采取手术取出胎儿。一般术后良好，可继续配种繁殖。

十四、母兔假孕

母兔在交配后16～18天出现临产行为，不接受公兔交配，乳腺膨胀，并开始衔草拉毛做窝等，但几天后并无仔兔产出，这种现象是假孕。由于假孕期母兔不能发情和受胎，影响繁殖。而且假孕延长了产仔间隔，会降低种兔的利用率，给养兔生产造成一定经济损失。

1. 病因 母兔因相互爬跨、异常兴奋、不育公兔的性刺激或与试情公兔交配排出卵子而未受精，卵巢内形成黄体，并分泌孕酮，刺激母兔生殖系统的其他部分，使乳腺激活，子宫增大，造成假孕现象。母兔的卵巢囊肿、子宫炎、阴道炎等也会诱发假孕。

2. 症状 母兔在交配后未受精就出现妊娠假象，乏情，不再接受公兔交配，食欲增加，乳腺膨胀，并出现衔草、拉毛做窝等临产行为，但几天后并无仔兔产出。假孕现象有时高达20%～30%，持续时间为16～18天，由于没有胎盘，黄体退化，孕酮分泌减少，假孕现象终止。

3. 防治 首先要加强管理，种母兔应单笼饲养，防止母兔相互爬跨，不随意捕捉和抚摸等人为刺激。养好种公兔，采用重复配种或双重配种法配种，减少母兔因配种刺激后排卵而未能受精的现象。其次，要及时治疗母兔的生殖系统炎症，防止内分泌紊乱引起假孕。发现假孕母兔可注射前列腺素促使黄体消失，母兔假孕结束后立即配种，受胎率极高。

十五、产后瘫痪

产后瘫痪多见于母兔产仔后 2～5 天发病，且产仔较多的母兔和饲养条件差的兔场发病多见，发病突然，表现产后跛行，后肢或四肢麻痹，有的出现子宫脱出等症状。

1. 病因　本病多因饲养管理不当引起，如饲料比较单一，日粮中钙磷比例失调，母兔缺乏阳光照射等。产仔多的母兔多发本病，由于母兔泌乳量较高，血液中的钙随乳流失，引起血钙降低而导致本病的发生。母兔产后血糖、血钙浓度降低和血压下降，而且产后受雨水淋湿和冷风侵袭等不良因素的影响，使肌肉、神经等功能失调均可诱发本病。还可以继发于饲料中毒、助产不当，或球虫病、梅毒病、子宫炎、肾炎等疾病。

2. 症状　患兔精神沉郁，食欲下降或者废绝，消瘦。初期粪便少而干硬，继而排粪停止，甚至不排尿，泌乳量减少以至于停止。发病初期两后肢之一或两肢同时发生跛行，行走困难，不愿活动。继而四肢痉挛，难以保持平衡，后肢先发生瘫痪，不能站立，靠两前肢爬动以拖动后肢。后期严重时体温降低，四肢麻痹，瘫卧于笼中。还有的病例出现子宫脱出等症状。

3. 诊断　根据产仔母兔发病时间及四肢痉挛和麻痹症状，可做出初步诊断。确诊需检验饲料钙磷比例和患兔血钙的含量。

4. 防治　本病发生主要是患兔血钙的降低，因此对怀孕及产后母兔，在饲料中要注意添加钙元素，通常在饲料中加入 2%～3% 的骨粉或 1%～1.5% 贝壳粉，可预防本病的发生。同时，需要合理配合日粮，加强饲养管理。对发生产后瘫痪的患兔应立即采用补充糖、钙和恢复肌肉、神经功能等措施。用 10% 葡萄糖酸钙 5～10 毫升、50% 葡萄糖 10～20 毫升，混合 1 次静脉注射，每日 1 次，连用 5 天；也可用 10% 氯化钙 5～10 毫升与葡萄糖静脉注射，50% 葡萄糖 20 毫升，要注意补充钙剂。静脉注射 10% 葡萄糖酸钙 5～10 毫升，每日 1 次，连用 4～6 天。肌内注射维丁胶性钙注射液，每次 2～4 毫升，每日 1 次，连用 3 天；生理盐水 30 毫升、50% 葡萄糖注射液 20 毫升、维生素 C 注射液 2 毫升、维生素 B_1 注射液 2 毫升，混合静脉注射，每日 1 次，连用 3～4 天。口服鱼肝油丸，每次 1 粒，每日 2 次。肌内注射维生素 B_6，每次 0.2 毫升，口服复合维生素 B，每次 0.25 克，每日 1 次，连用 3～5 天。当归 3 克，川芎 3 克，鸡血藤 6 克，煎水灌服，每日 1 次，连用 3～5 天，以恢复和促进神经功能。对有便秘症状的病兔，可用硫酸镁 5 克，加水 50～80 毫升灌服，或直接灌服温肥皂水，以润肠通便、清除积粪。同时，调整日粮鱼粉、骨粉和维生素 D 的含量。还可用松节油涂擦病兔患肢，达到促进血液循环、驱除风寒湿气的功效。

十六、新生仔兔不食症

新生仔兔不食症，多发生于怀孕期尤其是怀孕后期营养不均衡、饲养管理不当的母兔所产的 2~3 日龄仔兔，往往在同一窝内，部分或全部仔兔相继发病。患病仔兔表现为不吮乳，皮肤凉而发暗，全身绵软无力，最后昏迷死亡。

1. 病因 本病的主要原因是饲养管理不当，兔舍潮湿阴冷，母兔孕期尤其是怀孕后期营养不均衡或者缺乏营养引起的仔兔先天性体弱，不能吮乳。还有就是母兔患有疾病导致的弱兔、畸形兔的出生，或者出生后没有及时吃上初乳，仔兔身体抵抗力下降。

2. 症状 仔兔不吮乳，皮肤凉而发暗，全身软绵无力，有的迅速死亡，有的出现阵发性抽搐，最后昏迷甚至死亡。病程一般为 2~3 小时，如不及时治疗会很快死亡，死亡率可达 100%。尸体剖检未发现异常明显变化，血液、肝脏及脾脏涂片镜检未发现致病菌。

3. 防治 母兔怀孕期，尤其是怀孕后期，除了补饲青绿饲料外，还要补饲玉米、大麦等含碳水化合物高的精饲料和适量的食盐与骨粉，并让母兔多晒太阳和适当运动。产后供给母兔适量糖溶液，可有效防止该病的发生。本病的主要特点是不食引起饥饿，导致仔兔缺糖，所以治疗要及时补充葡萄糖。对能吞咽的仔兔可以用注射器灌服 25% 葡萄糖液 1~2 毫升。对于不会吞咽的仔兔，则腹腔注射 5%~10% 葡萄糖液 5~6 毫升，15~20 分钟后，仔兔皮温回升，抽搐停止，20~25 分钟后即会吮乳，"吱吱"叫，肚腹很快滚圆，相互挤在一起安然入睡。间隔 4~6 小时后再治疗 1 次，巩固疗效。

十七、初生仔兔死亡

仔兔出生后，生活环境骤然改变，外界环境与母体子宫内环境差异很大，幼兔体温调节功能还不完善，适应能力弱，抵抗力低，容易死亡。初生仔兔在 1 周龄内死亡比例很高，据统计，可占到 12 周龄以内死亡总数的 1/3 以上。

1. 病因 引起新生仔兔死亡的原因很多，主要是母兔拒绝哺乳、仔兔饥饿、仔兔受冷或者有疾病等因素。母兔拒绝哺乳、仔兔饿死常见于母兔营养不良，泌乳不足或者不能泌乳导致仔兔吃不到奶而死亡；初产母兔，其神经过敏，不安，不给仔兔喂奶，导致部分或整窝仔兔死于饥饿。部分经产母兔母性差或受外界惊扰而拒绝哺乳；有的母兔患乳房炎、子宫炎、肠炎、寄生虫病等，泌乳量少，或乳房、乳头疼痛而拒绝哺乳；母兔产仔过多，泌乳量不足；有的母兔，最初还能满足仔兔对乳汁的需要，但随着仔兔的迅速生长，乳汁供不应求；新生仔兔先天体弱、早产或者仔兔颚裂、小颌畸形等先天性不足不能吮乳。以上多种原因均可导致新生仔兔饥饿引发死亡。仔兔冷死主要见于兔舍温度太低，产箱垫料不足或保暖性差；兔舍有穿堂风或贼风。尤其冬季、夜间最易受冷，更容易导致仔兔死亡。仔兔病死常见于肠炎、肺炎、弱仔或某些传染病。

2. 症状及病变 仔兔由于饥饿表现不安，触之全身冰凉，体表发红或被毛竖立，常被母兔挤出窝外，呆滞、行动不活跃，病仔兔昏睡、无力。后肢常被黄色尿液和稀粪污染、腥臭，严重时出现濒死状态，随之死亡。饥饿的仔兔剖检后见到尸体消瘦，脱水，胃空虚或仅有少数乳块，肠道空虚，可能还有胎粪存在。冷死的仔兔，尸体不脱水，胃内有乳块，浆膜腔有多量渗出液。病死的仔兔，组织器官有充血、出血、瘀血、坏死等病变。

3. 防治 加强对孕兔和哺乳母兔的饲养管理，保证营养充足，使母兔泌乳充足。预防和及时治疗母兔的乳房炎、子宫炎以及缺乳无乳等疾病。选择母性好的母兔作为种兔，对拒绝哺乳的母兔所生的仔兔或弱仔，实行人工哺乳。母兔产后无乳，或因乳房炎等疾病不能哺乳，或产仔多，乳汁不足时，可将仔兔调给其他母兔带奶，如无适当带奶母兔，可以施行人工喂乳。同时做好母兔的催乳工作，准备哺乳。给兔舍做好防寒保暖工作，最好使兔舍内夜间的温度保持在10℃以上，产仔箱内放有足够的优质垫草。仔兔由黄尿病、急性肠炎引起的死亡，在治疗母兔乳房炎的基础上，结合仔兔滴服氧氟沙星滴液，疗效更佳。

十八、吞食仔兔癖

母兔吞食仔兔癖指的是多种原因引起的营养缺乏、新陈代谢紊乱甚至味觉障碍的综合征，母兔主要表现吞食刚生下或产后数天的仔兔，多发生于尚未到繁殖年龄的青年母兔，给养兔业造成较大经济损失。

1. 病因 发生本病的主要原因是饲养管理不当，如饲料中缺乏某些蛋白质、氨基酸、钙、磷或多种维生素等可发生吞食仔兔现象。饮水不足，母兔产仔后无水可饮，可发生吞食仔兔的行为并养成恶癖。分娩时受惊、产仔箱或仔兔有异味，死兔未及时取出等也可诱发母兔吞食仔兔而形成恶癖。

2. 症状 母兔吞食刚生下或产后数天的仔兔。有时将仔兔全部吃光，有时吞食一部分，有时只将仔兔的耳、脚咬去吃掉。

3. 防治 加强母兔的饲养管理，孕兔和分娩母兔应供给足量含维生素、蛋白质丰富的饲料和矿物质，尤其保证钙磷充足且比例适当。产兔箱内不要用旧棉絮、破布等杂物做兔窝，因有异味，易引起母兔怀疑，咬吃仔兔。分娩后的母兔给足新鲜饮水，并保持兔舍安静，防止母兔受到惊吓。产后小心检查兔窝，发现死胎或生后死亡的仔兔应立即取出，防止养成吞食仔兔的恶癖。对有吞食仔兔恶癖者，在分娩后10天以内，将母兔暂时和仔兔隔开，定时监视哺乳，并给母兔饲喂营养丰富容易消化的饲草、饲料，10天以后，才可试着将母仔兔同笼。

第十三章 兔病的类症鉴别

家兔在发病过程中发病症状往往很相似,有相似症状,也有区别,下面介绍家兔的类症。

一、流产

流产是指妊娠的中断,母兔怀孕后,如果发生胚胎吸收或者从生殖道排出死亡或未足月的胎儿都称为流产。

【流产原因】 引起流产的原因很多,归纳起来有以下几种:

1. 疾病引起的流产 引起家兔流产的疾病主要是传染病、中毒性疾病以及母兔本身的生殖道感染等。妊娠母兔患兔瘟、流感、痘病、流行性乙型脑炎、巴氏杆菌病、魏氏梭菌病、大肠杆菌病、肠炎、中暑及各种寄生虫病时,都会出现流产,有时会产出死胎、畸形胎。妊娠母兔患有严重的生殖道感染也会导致流产。

2. 饲料原因引起的流产 营养搭配不合理,饲料量不足或饲料营养低,以及饲养方法不当造成母兔瘦弱、抵抗力降低引起流产;使用棉籽饼、菜籽饼代替豆饼,没有进行脱毒使用量又大,长期使用因中毒导致流产;饲料中维生素及微量元素缺乏等引起流产。

3. 用药不当 家兔怀孕后,投喂泻药、利尿药、子宫收缩药或其他烈性药物时,都会造成流产。对家兔来说,注射疫苗是一种较强的刺激,必然会引发应激反应,因此,给怀孕母兔注射疫苗,常常会引起流产。

4. 管理不当引起的流产 母兔妊娠期间,特别是 20 天以后粗暴地抓捕妊娠母兔,母兔挣扎时子宫和胎儿受到损伤而引起流产;母兔妊娠后环境不安静(如突然的刺激性较大的响声)使母兔受惊造成流产;立体笼子,饲养员添食或处理其他事情后,未关好笼门,使妊娠后期的母兔从笼子跌下而伤及子宫,造成流产。

【可能疾病】

1. 引起母兔流产的传染性疾病

(1)沙门菌病。

（2）布氏杆菌病。

（3）李氏杆菌病。

（4）兔痘流产。

（5）子宫炎型的巴氏杆菌病。

（6）兔衣原体病。

2. 其他类疾病

（1）机械性因素：剧烈运动、摸胎用力过大、母兔腹部受挤压。

（2）动物惊吓。

（3）营养代谢病：维生素 A、维生素 E 缺乏；微量元素（锰、锌等）缺乏。

（4）饲料中毒引起流产。

（5）孕娠毒血症。

（6）生殖器官疾病。

【临诊特点】

（1）沙门菌病：是由鼠伤寒沙门菌和肠炎沙门菌引起的传染病，临床表现为腹泻、败血症、体温升高、流产后不易受孕。生殖道有炎症变化。

（2）布氏杆菌病：母兔发生流产，阴唇肿胀，阴道流出黏性及脓性分泌物，雄兔则阴囊肿大。剖检为子宫蓄脓、黏膜发炎、肿胀。

（3）李氏杆菌病：流产，腹泻，有神经症状。子宫有大量脓性渗出物，有大小如粟粒状的坏死灶，表面粗糙，覆盖有坏死的组织碎片。

（4）兔痘：兔痘病毒感染，皮肤红斑和发疹。卵巢及子宫布满白色结节，有时有脓肿。

（5）子宫炎型的巴氏杆菌病：子宫扩张，子宫壁变薄，腔内充满水样或黏稠的脓性渗出物。

（6）兔衣原体病：是由鹦鹉热衣原体引起的，临床上以引起多种动物的肺炎、肠炎、结膜炎、流产、多发性关节炎等。

（7）营养代谢病：幼兔生长发育迟缓，母兔繁殖力下降以及患眼部疾病。

（8）孕娠毒血症：乳腺分泌旺盛，以肌肉痉挛、共济失调、呼吸困难为主要特征。孕娠母兔在产前 4 ~ 5 天发病，死亡前发生流产。多与营养失调和运动不足有关。

（9）中毒病：多因误食毒物或染毒饲料引起的。多呈暴发性的，母兔除表现流产症状外，还会有相应的中毒症状出现。

（10）机械性因素：剧烈运动、摸胎用力过大、母兔腹部受挤压，或受惊后发生流产。

二、腹泻

腹泻病是养兔中比较常见的疾病，临床上是指具有腹泻症状的一类疾病，主要表现为粪便不成球形，稀软，呈粥状或水样。

【腹泻类别】 腹泻按发病原因分为传染病性腹泻、寄生虫病性腹泻和其他疾病导致的腹泻三种。

【可能疾病】

1. 传染病性腹泻

（1）魏氏梭菌腹泻。

（2）沙门氏菌病。

（3）泰泽氏腹泻。

（4）兔大肠杆菌病。

（5）兔肠结核病。

（6）兔伪结核病。

2. 寄生虫病性腹泻 兔球虫病。

3. 其他疾病引起的腹泻

（1）消化不良，腹泻。

（2）饲料发霉，腐败变质。

（3）注射疫苗和喂药同时进行。

（4）饮水不卫生。

（5）饲料更换突然。

（6）受凉引起的腹泻。

【临诊特点】

1. 传染病性腹泻

（1）兔大肠杆菌病：20日龄到4月龄仔兔易感。外观为兔腹部明显肿胀，触感有气体和液体，俗称"胀肚"，黄棕色水样稀粪或黏液污染肛门及后躯肢体，解剖较明显可见胃膨大，十二指肠充满气、液体，粪球细小，外包有黏稠液，可分离出大肠杆菌。

（2）魏氏梭菌腹泻：各种品种的兔均可感染发病，以1~3月龄的幼兔较多发生。外表特征为排水样稀便，有特殊腥味。当出现水泻时则急剧死亡，解剖见小肠充满气体，盲肠与结肠胀气并含有较黑绿色稀薄物质，闻有腐败气味。

（3）沙门氏菌病：急性沙门氏菌病以败血症、下痢和流产为特征，主要发生于断奶前后的仔兔和青年兔。蚓突（盲肠的阑尾）黏膜有弥漫性淡灰色粟粒大的小结节，肠淋巴结水肿，脾肿大、充血，肝脏有散在性或弥散性针尖大坏死灶。母兔子宫发炎肿大，在其黏膜上有一层淡黄色污物，未流产的胎儿发育不全或木乃伊化。从病兔的血液及各脏器分离出沙门氏菌。

（4）泰泽氏腹泻：严重拉黏液样便。盲肠结肠黏膜弥漫性充血、出血、水肿，特别是盲肠鼓鼓的，有褐色糊状。以肝坏死区、病变心肌或肠道病变部做病料涂片，以姬姆萨液或镀银法染色镜检，细胞浆内有毛发状芽孢杆菌。

（5）兔肠结核病：患兔表现咳嗽喘气，体温稍升，腹泻，有的见肘关节和跗关节骨骼变形、甚至发生脊椎炎和后躯麻痹。结核结节通常发生在肝、肺、肾、肋膜、腹膜、心包、支气管淋巴结、肠系膜淋巴结等处，脾脏结核较少。结核结节具有坏死干酪样中心和纤维组织包囊。肺结核病灶可发生融合，形成空洞。采取新鲜结核结节病灶触片，用抗酸染色法染色镜检，可见细长丝状、稍弯曲的红色结核杆菌。

（6）兔伪结核病：病兔呈现慢性下痢，食欲减退，精神沉郁，被毛粗乱，极度衰弱。

2. 寄生虫病　兔球虫病腹泻：球虫感染机会多，以断奶后至3月龄的幼兔危害最大，死亡率在80%～100%，以顽固性下痢，污染肛门，死亡快为临床特点。取结节或肠黏膜压片镜检，可见球虫卵囊。

3. 其他疾病

（1）消化不良腹泻：饲料配比不合理，饲料中高能量高蛋白比例过大，比如玉米含量在30%以上，豆饼含量在20%以上，粗纤维含量过低，如草粉含量过低，都会引起家兔腹泻，尤其是刚断奶的幼兔。腹部发胀，被毛蓬乱。粪便稀软，严重者呈稀糊状或水样，混有未消化的饲料。

（2）饲料草料发霉，腐败变质：中毒家兔出现流涎，腹泻，粪便恶臭，混有黏液或血液。病兔精神沉郁，体温升高，呼吸促迫，运动不灵活，或倒地不起，最后衰竭死亡。

（3）注射疫苗和喂药同时进行引起腹泻。

（4）饮水不卫生：饮水里面有残留发霉的饲料，或喝了大量的冰冻的水，患兔精神沉郁或拒食，腹部发胀，粪便稀软，后肢上部及肛门附近被粪便污染呈黑色。

（5）饲料更换突然：家兔不适应，特别是断奶幼兔，患兔精神沉郁或拒食，腹部发胀，粪便稀软。随着病情加剧，有的体温升高，逐渐消瘦，黏膜发绀，黄染，蹲卧不动，少数患兔很快死亡，多数坚持2～3天后死亡。

（6）气候寒冷或兔舍潮湿等饲养管理失误，引起家兔腹泻。

三、脱毛

脱毛是指家兔身体某部位或全身的被毛脱落的现象。

【脱毛类别】　脱毛按发病原因分为细菌性脱毛、寄生虫病性脱毛和生理性脱毛三种。

【可能疾病】

1. 细菌性脱毛

（1）皮肤癣菌病。

（2）鼻炎、结膜炎。

2. 寄生虫病性脱毛

（1）耳螨病。

（2）疥癣。

3. 生理性脱毛

（1）换毛。

（2）拉毛。

（3）遗传性无毛。

【临诊特点】

1. 细菌性脱毛

（1）皮肤癣菌病：病原是须发癣菌及几种小孢霉，一般始于头部或耳部皮肤。病变部发炎，有痂皮，无毛。痊愈和重新长毛始于病变中心部。皮肤癣菌检查，在上皮细胞和病毛内可找到皮肤癣菌的菌丝和孢子。

（2）鼻炎、结膜炎：病原是多杀性巴氏杆菌，从内眼角流出的渗出物损害到皮肤，伴有脱毛。为两侧性。皮肤刮屑检查，寄生虫、真菌均为阴性。

2. 寄生虫性脱毛

（1）耳螨病：病原是兔痒螨。只限于外耳道和外耳皮肤，但常蔓延至耳周围的头部，摇头和抓搔耳朵，皮肤刮屑可见痒螨。

（2）疥癣：病原是疥螨，起始于头部，后蔓延至躯干部，瘙痒难耐，不停用嘴啃咬，用爪搔抓患部，深部皮肤刮屑可查到疥螨。

3. 生理性脱毛

（1）换毛：部分脱毛或全身脱毛，无炎症。皮肤正常，脱毛从头部开始。皮肤刮屑检查，寄生虫、真菌均为阴性。

（2）拉毛：母兔从身上拉毛做窝，无炎症，皮肤刮屑检查，寄生虫、真菌均为阴性。

（3）遗传性无毛：部分脱毛或全部脱毛，无炎症。皮肤刮屑检查，寄生虫、真菌均为阴性。

四、口炎

口炎即为口腔黏膜表层或深层的炎症。临床症状以流涎及口腔黏膜潮红、肿胀、水疱、溃疡为特征。

【可能疾病】

（1）传染性水疱性口炎。

（2）兔痘。

（3）普通口炎。

【临诊特点】

（1）传染性水疱性口炎：由水疱性口炎病毒引起，其特征有大量口水流出，致使唇、颌下、颈部、胸部和爪部的被毛常湿成一片，局部发生炎症和脱毛，称"流涎病"。从病料中可分离出水疱性口炎病毒。

（2）兔痘：除口腔变化外，在皮肤、内脏有丘疹或结节，并呈现眼睑炎、化脓性眼炎或溃疡性角膜炎变化。本病舌、唇和口腔黏膜有水疱、脓疱和溃疡。

（3）普通口炎：病因是由化学刺激、有毒物质、霉菌等引起。

五、肺炎

肺炎是肺实质的炎症。

【肺炎类别】　肺炎按发病原因分为传染性肺炎和异物性肺炎。

【可能疾病】

1. 传染性肺炎

（1）链球杆菌病。

（2）葡萄球杆菌病。

（3）肺炎球菌病。

（4）支气管败血波氏杆菌病。

（5）多杀性巴氏杆菌病。

2. 异物性肺炎　误咽或灌药不慎使药液误入气管，可引起异物性肺炎。

【临诊特点】

1. 传染性肺炎

（1）链球杆菌病：由溶血性链球菌引起，主要危害幼兔，以呼吸困难，间歇性下痢和死亡为特征，呈脓毒败血症而死亡。

（2）葡萄球杆菌病：其病原体为金黄色葡萄球菌，肺部会发生脓肿，手摸时一般会感到柔软而富有弹性。初期个别兔活动稍有减少，病程久者，食欲明显降低，精神沉郁，多卧多睡，身体逐渐消瘦。

（3）肺炎球菌病：其病原体为肺炎双球菌，以体温升高，咳嗽，流鼻涕和突然死亡为特征。多以肺水肿、脓肿、纤维素性胸膜炎、心包炎为特征。

（4）支气管败血波氏杆菌病：病原为支气管败血波氏杆菌，以鼻炎、支气管炎和脓疱性肺炎为特征。

（5）多杀性巴氏杆菌病：由多杀性巴氏杆菌引起，有败血症、传染性鼻炎、地方流行性肺炎、中耳炎、结膜炎、子宫积脓、睾丸炎和脓肿等病症。

2. 异物性肺炎　异物性肺炎病兔表现为精神不振，食欲减退或废绝。呼吸增数、浅表，有不同程度的呼吸困难，严重时伸颈或头向上仰。咳嗽，鼻腔有黏液性或脓性分泌物。

六、瘫痪

瘫痪是家兔肢体不能自主活动的表现，指随意动作的减退或消失。由于神经功能发生障碍，身体一部分完全或不完全地丧失运动能力，不能正常进行工作。

【瘫痪类别】　　瘫痪按发病原因分为疾病引起的瘫痪、管理不当和遗传引起的瘫痪。

【可能疾病】

1. 疾病引起的瘫痪

（1）兔弓形虫病。

（2）球虫病。

（3）附红细胞体病。

（4）肾炎。

2. 管理不当引起的瘫痪

（1）光照不足，运动不够。

（2）饲料营养不全：尤其是钙磷缺乏或比例不当。

（3）惊吓。

（4）哺乳仔兔过多、窝产次数过密。

（5）饲料中毒。

（6）产后瘫痪。

3. 遗传引起的瘫痪

【临诊特点】

1. 疾病引起的瘫痪

（1）兔弓形虫病：以发热、流鼻液、流泪、共济失调和后躯瘫痪为主要症状。急性病例常在2~8天死亡。

（2）球虫病：多发于幼兔，伴有腹泻和消瘦。仅有个别病兔发生瘫痪。

（3）附红细胞体病：幼兔临床表现体温升高，转圈，呆滞，四肢抽搐。个别獭兔后肢麻痹，不能站立，前肢有轻度水肿。

（4）肾炎：患兔表现常蹲伏，不愿活动，强行运动时，跳跃小，背腰活动受限。

2. 管理不当引起的瘫痪

（1）光照不足，运动不够，病兔轻的少食，重的不食，排便减少或不通，轻的表现跛行，严重的四肢尤其是后肢麻痹，不能站立。

（2）饲料营养不全：维生素 B_1 缺乏时，引起运动失调、麻痹、痉挛和抽搐；钙磷缺乏或比例不当，跛行，严重的四肢尤其是后肢麻痹，不能站立。

（3）惊吓：受到猫、狗或其他动物的追赶或恐吓，引起跛行，严重的四肢尤其是后肢麻痹，不能站立。

（4）哺乳仔兔过多、窝产次数过密，或机械损伤，引起家兔瘫痪。

（5）饲料中毒：饲料中毒也会引起母兔瘫痪，造成家兔跛行或四肢不能站立。

（6）产后瘫痪：多数均在产后 3～4 天出现瘫痪，但也有个别在产前瘫痪，也有的在产后立即瘫痪。患兔多在后肢发生，但也有的四肢同时发生。轻者跛行，重者后肢麻痹、勉强拖行，后躯沾染粪便，脱毛，发炎，逐渐消瘦。

3. 遗传引起的瘫痪　近亲交配或一些遗传性疾病会引起家兔单肢或四肢不能站立。

七、消瘦

消瘦是指因疾病或某些因素而致体重下降。

【消瘦类别】　消瘦按发病原因分为传染病引起的消瘦、寄生虫病引起的消瘦和营养缺乏症引起的消瘦。

【可能疾病】

1. 传染病引起的消瘦

（1）兔结核病。

（2）兔伪结核病。

（3）兔沙门菌病。

（4）兔大肠杆菌病。

2. 寄生虫病引起的消瘦

（1）兔弓形虫病。

（2）栓尾线虫病。

（3）肝片吸虫病。

（4）日本血吸虫病。

（5）囊尾蚴病。

（6）兔螨病。

3. 营养缺乏症引起的消瘦　如维生素、磷等缺乏症。

【临诊特点】

1. 传染病引起的消瘦

（1）兔结核病：病兔食欲不振，消瘦，被毛粗乱，咳嗽喘气，呼吸困难。患兔表现咳嗽、喘气，体温稍升，患肠结核呈腹泻，有的见肘关节和跗关节骨骼变形，甚至发生脊椎炎和后躯麻痹。

（2）兔伪结核病：病兔呈现慢性下痢，食欲减退，精神沉郁，进行性消瘦，被毛粗乱，极度衰弱。

（3）兔大肠杆菌病：外观为兔腹部明显肿胀，触感有气体和液体，俗称"胀肚"，黄棕色水样稀粪或黏液污染肛门及后躯肢体，解剖较明显可见胃膨大，十二指肠充满气、液体，粪球细小，外包有黏稠液。病兔四肢发冷，磨牙，流涎，眼眶下陷，迅速消瘦。可分离出大肠杆菌。

2. 寄生虫引起的消瘦

（1）兔弓形虫病：老年兔慢性型，病程较长，厌食而消瘦，中枢神经症状通常表现为后躯麻痹。

（2）栓尾线虫病：可造成慢性肠炎，消瘦，增重减慢，并影响幼兔的生长发育。

（3）肝片吸虫病：厌食、衰弱、消瘦、贫血、黄疸等。

（4）日本血吸虫病：大量感染表现腹泻、便血、消瘦、贫血，严重时出现腹水过多，最后死亡。

（5）囊尾蚴病：慢性病例表现食欲障碍，口渴，阵发性发热，腹围膨大，嗜睡，不喜欢运动，逐渐消瘦，体力衰竭，最后死亡。

（6）兔螨病：家兔奇痒，采食下降，消瘦。如不及时治疗，家兔因消瘦、衰竭而死亡。

3. 营养缺乏症引起的消瘦 患兔生长发育不良，体重减轻，面骨和长骨端肿大，幼兔骨骼变形。无病理变化。

八、血尿

血尿是指尿中红细胞增多。

【血尿类别】 主要有中毒引起的血尿。

【可能疾病】

（1）有毒物质中毒：如毛茛中毒。

（2）棉籽饼、菜籽饼中毒。

（3）马铃薯中毒。

（4）杀鼠灵中毒。

【临诊特点】

（1）有毒物质中毒：如毛茛中毒，呈现欠伸、流涎、呼吸缓慢、下痢、血尿等。

（2）棉籽饼、菜籽饼中毒：食欲减退，有轻度的震颤。继而出现明显的胃肠紊乱，病兔食欲废绝，先便秘后下痢，粪便混有黏液或血液，呼吸急促，尿频，尿液呈红色。

（3）马铃薯中毒：病兔结膜潮红或发绀，流涎，下痢，粪便混血液，有时出现腹胀。四肢、阴囊、乳头、头颈部出现疹块。

（4）杀鼠灵中毒：中毒3天后出现症状，不食，精神不振，呕吐；进而鼻、齿龈出血，血便血尿，皮肤紫癜，并伴有关节肿大，严重时发生休克。

九、急性死亡

急性死亡病例一般病程短，症状不典型，病理变化不明显，早期诊断多数需借助于实验室检查。

【急性死亡原因】　引起家兔急性死亡的原因很多，最主要的还是家兔传染病，如兔病毒性出血症、沙门菌病、大肠杆菌病、巴氏杆菌病败血型病等；其次是中毒性疾病，如亚硝酸盐中毒、农药中毒等，一般病兔有误食染毒饲料或用药错误病史，中毒性疾病多表现为群发，体温不高，残剩饲料和胃内容物中可检出相应的毒物。另外管理不当也会引起家兔急性死亡，如家兔中暑，保温措施不力时引起的仔兔冻死等。

【可能疾病】

1. 引起家兔急性死亡的传染性疾病

（1）兔病毒性出血症。

（2）沙门菌病。

（3）大肠杆菌病。

（4）巴氏杆菌病败血型病。

（5）A型魏氏梭菌病。

（6）野兔热。

（7）泰泽氏病。

2. 中毒性疾病

（1）亚硝酸盐中毒。

（2）食盐中毒。

（3）痢特灵中毒。

（4）肉毒梭菌毒素中毒。

（5）农药中毒。

3. 其他类疾病

（1）中暑。

（2）仔兔冻死。

（3）妊娠毒血症。

【临诊特点】

（1）兔病毒性出血症。最急性病例无任何临床症状，病兔突然倒地、抽搐，尖叫数声，数分钟内死亡，有流血样鼻液。主要侵害青壮年兔。

（2）沙门菌病。病兔以发热、腹泻和母兔流产为主要临床症状，个别病兔不表现临床症状而突然死亡。主要侵害幼兔和怀孕母兔。

（3）大肠杆菌病。急性病例时病兔在1~2天死亡。死前剧烈腹泻，粪呈水样且带有大量黏液。主要侵害1~3月龄幼兔。

（4）巴氏杆菌病败血型病。病兔在24小时内死亡，个别的不显临床症状突然倒毙，主要侵害幼兔。

（5）A型魏氏梭菌病。最急性病例病兔突然发病，几乎不显任何症状，常在2~3小时死亡。病程较长者呈现剧烈水泻，粪呈黑褐色，带腥臭。体质强壮、肥胖的兔发病率高。

（6）野兔热。急性病例的病兔不显任何症状而迅速死亡，主要症状为发热、鼻炎、浅表淋巴结肿大和化脓。

（7）泰泽氏病。急性病例的病兔在10~48小时死亡，主症为剧烈水泻和脱水。

（8）亚硝酸盐中毒。病兔以呼吸困难和耳鼻青紫为特征，常在30分钟到数小时死亡。

（9）食盐中毒。常在采食后45分钟左右发病。病兔以兴奋不安、前冲后退、肌肉痉挛和意识紊乱为特征，在数小时到1天内死亡。

（10）痢特灵中毒。给予超量药物后不久病兔即出现全身剧烈颤抖，流涎，迅速死亡。

（11）肉毒梭菌毒素中毒。急性者在数小时内死亡，死前肌肉弛缓，瘫痪，呼吸困难。

（12）农药中毒。死亡时间以食入的农药量不同而异。有机氯农药中毒以精神兴奋、共济失调、麻痹为主症。有机磷农药中毒以流涎、腹痛、腹泻和神经症状为主症。菊酯类农药中毒先发生后肢麻痹，继而四肢全部瘫痪。

（13）中暑。在炎热环境中，病兔以呼吸困难、口鼻流血样带泡沫液体和神经症状为主症，迅速死亡。

（14）仔兔冻死。多发于寒冷的冬春季节，兔舍气温过低，仔兔因吊乳（仔兔叼住母兔乳头不放）离窝而被冻死。

（15）妊娠毒血症。发生于妊娠后期的母兔，多呈散发性发病。病兔以呼吸困难和神经症状为主症。

附　　录

附表 1　家兔正常生理特性参数（仅供参考）

项目	正常范围	项目	正常范围
呼吸频率（次/分）	36 ~ 60	饮水量（毫升/千克体重）	50 ~ 100
呼吸量（升/分）	0.8 ~ 1.2	成年兔适宜温度（℃）	16 ~ 18
二氧化碳分压（千帕）	4.0 ~ 5.5	初生兔适宜温度（℃）	28 ~ 32
耗氧量（毫升/克·小时）	0.46 ~ 0.9	适宜室内湿度（%）	45 ~ 55
心率（次/分）	120 ~ 140	成年公兔体重（千克）	4 ~ 5.5
血压（千帕）	13 ~ 17	成年母兔体重（千克）	4.5 ~ 6.5
血凝时间（秒）	60 ~ 360	出生体重（克）	50 ~ 100
血量（毫升/千克）	57 ~ 70	公兔初配月龄	6 ~ 10
放血量（毫升/千克）	35	母兔初配月龄	4 ~ 9
取血量（毫升/千克）	7	年发情次数	多次
染色体数（对）	22	妊娠期（天）	30 ~ 33
寿命（年）	5 ~ 8	断乳时间（天）	25 ~ 45
种兔利用年限	2 ~ 3	胎产仔数（只）	4 ~ 10
公兔交配次数（次/周）	2 ~ 6	分娩后再配时间（天）	14 ~ 28

附表 2　家兔正常血液细胞参考范围（仅供参考）

血液指标	参考范围	血液指标	参考范围
WBC 白细胞数目（$\times 10^9$/升）	6.0 ~ 13.0	HGB 血红蛋白（克/升）	80 ~ 150
Lymph% 淋巴细胞百分比（%）	30.0 ~ 85.0	RBC 红细胞数（10^{12}/升）	4.5 ~ 7.0
Gran% 中性粒细胞百分比（%）	20.0 ~ 75.0	HCT 红细胞压积（%）	33 ~ 50
Alk 碱性粒细胞百分比（%）	2.0 ~ 7.0	MCV 平均红细胞体积 ft	60.0 ~ 73.0
Acid 酸性粒细胞百分比（%）	0.5 ~ 3.5	MCH 平均红细胞血红蛋白含量（飞克）	19.7 ~ 26

续表

血液指标	参考范围	血液指标	参考范围
MCR 单核细胞（%）	4.0~12	MCHC 平均红细胞血红蛋白浓度（克/升）	309~371
LYM 淋巴细胞（%）	30~52	RDW 红细胞分布宽度变异系数%	14.0~17.0
PLT 血小板数目（×10^9/L）	353~821	血液相对密度	1.050
MPV 平均血小板数目 ft	7.0~12.0	血沉（毫米/时）	1~2

附表3　家兔正常血液生化指标参考范围（仅供参考）

生化指标	正常参考范围	生化指标	正常参考范围
血清谷丙转氨酶（ALT）	27.4~72.2 国际单位/升	白蛋白/球蛋白（A/G）	0.7~1.89
血清谷草转氨酶（AST）	10.0~78.0 国际单位/升	血糖（GLU）	5.50~8.2 微摩/升
血清肌酸激酶（CK）	58.6~175.0 国际单位/升	甘油三酯（TG）	1.4~1.76 毫摩/升
血清乳酸脱氢酶（LDH）	27.8~101.5 国际单位/升	肌酐（CREA）	74~171 微摩/升
谷氨酰转氨酶（GGT）	0~5 国际单位/升	胆固醇（CHOL）	0.1~2.0 毫摩/升
淀粉酶（AMYL）	212~424 国际单位/升	血清钙（Ca）	2.2~3.9 微摩/升
胆红素（TBIL）	2.6~17.1 微摩/升	血清磷（P）	1.0~2.2 毫摩/升
尿素氮（BUN）	10.1~17.1 毫摩/升	血清钠（Na）	130~155 毫摩/升
总蛋白（TP）	49~71 克/升	血清氯（Cl）	92~120 毫摩/升
白蛋白（ALB）	27~50 克/升	血清碳酸氢盐（HCO_3^-）	16~32 毫摩/升
球蛋白（GLOB）	15~33 克/升	血清钾（K）	3.3 5.7 毫摩/升

附表4　家兔常用饲料营养含量（仅供参考）

饲料名称	消化能（兆焦/千克）	粗蛋白（%）	钙（%）	磷（%）	赖氨酸（%）	蛋氨酸+胱氨酸（%）	粗纤维（%）	干物质（%）
玉米 A	14.18	8.70	0.20	0.27	0.24	0.38	1.60	88.40
玉米 B	14.18	8.0	0.20	0.27	0.24	0.34	2.1	88.40
高粱	14.11	8.50	0.09	0.36	0.22	0.20	1.50	87.00
小米	12.85	12.0	0.04	0.27	0.15	0.47	1.30	87.70

续表

饲料名称	消化能（兆焦/千克）	粗蛋白（%）	钙（%）	磷（%）	赖氨酸（%）	蛋氨酸＋胱氨酸（%）	粗纤维（%）	干物质（%）
粟	12.35	9.70	0.06	0.26	0.18	0.40	7.40	91.90
稻谷	11.60	6.80	0.03	0.27	0.31	0.22	8.20	88.60
糙谷	14.27	8.80	0.04	0.25	0.29	0.28	70	87.00
碎米	14.69	6.90	0.14	0.25	0.34	0.36	1.20	87.60
大米	14.32	8.50	0.06	0.21	0.15	0.47	0.80	87.50
大麦（皮）	12.18	10.50	0.08	0.30	0.37	0.35	6.50	88.00
大麦（裸）	13.86	10.70	0.07	0.32	0.47	0.35	2.20	87.40
大麦（皮）	12.64	11.0	0.09	0.33	0.42	0.41	4.80	87.40
小麦	13.60	11.10	0.05	0.32	0.33	0.44	2.40	86.10
燕麦	12.01	9.90	0.15	0.23	0.40	0.37	8.90	89.60
莜麦	14.78	12.90	0.16	0.34	0.86	0.57	1.60	90.70
荞麦	11.09	12.50	0.13	0.29	0.54	0.39	12.30	87.90
黑麦	12.85	11.30	0.05	0.48	0.47	0.32	8.00	87.00
青稞	13.56	9.90	0.00	0.42	0.43	0.34	2.80	87.00
四号粉	14.57	14.00	0.08	0.31	0.90	0.56	0.62	88.10
三等粉	11.93	13.40	0.12	0.13	0.51	0.16	0.71	87.80
次粉 A	13.68	15.40	0.08	0.48	0.59	0.60	2.8	88.0
次粉 B	13.43	13.60	0.08	0.48	0.52	0.49	2.8	88.0
大豆	16.58	37.10	0.25	0.55	2.30	0.95	5.10	88.80
黑豆	16.41	37.90	0.27	0.52	2.18	0.92	6.70	91.00
蚕豆	12.89	24.50	0.09	0.38	1.66	0.64	7.50	87.30
豌豆	12.98	22.20	0.14	0.34	1.61	0.56	5.90	87.30
小豆	13.35	20.70	0.07	0.31	1.60	0.24	0.00	88.20
甘薯粉	14.44	3.10	0.34	0.11	0.14	0.09	2.30	89.00
木薯粉	14.65	3.70	0.07	0.05	0.09	0.06	2.80	87.20
米糠	11.34	11.60	0.06	1.58	0.56	0.45	9.20	86.70
三七统糠	3.18	5.40	0.36	0.43	0.21	0.30	31.70	90.00
小米糠	4.44	8.60	0.17	0.47	0.21	0.25	29.00	89.60
玉米糠 A	10.37	17.20	0.15	0.70	0.63	0.59	7.30	89.00
玉米糠 B	9.21	14.00	0.10	0.50	0.30	0.16	11.00	90.0
玉米糠 C	9.21	9.90	0.08	0.48	0.29	0.14	11.0	88.0
大豆皮	10.88	12.2	0.53	0.60	—	0.99	38.0	88.0
麦芽根 A	9.21	32.0	0.23	0.85	0.12	0.70	11.02	88.0
麦芽根 B	9.21	26.0	0.22	0.743	0.11	0.54	12.50	88.0
麦芽根 C	8.20	24.0	0.22	0.73	0.11	0.50	12.50	88.0

续表

饲料名称	消化能 （兆焦/千克）	粗蛋白 （%）	钙 （%）	磷 （%）	赖氨酸 （%）	蛋氨酸＋胱氨酸 （%）	粗纤维 （%）	干物质 （%）
葵花粕 A	11.63	36.5	0.27	1.13	1.22	1.34	10.50	88.0
葵花粕 B	10.42	33.6	0.26	1.03	1.13	1.19	10.50	88.0
葵花粕 C	9.97	31.2	0.65	0.70	1.78	1.69	19.84	88.0
葵花饼	7.91	29.0	0.24	0.87	0.96	1.02	20.40	88.0
高粱糠	12.10	10.3	0.30	0.44	0.38	0.39	6.90	88.4
大麦麸	12.39	15.4	0.33	0.48	0.32	0.33	5.10	88.0
小麦麸	10.50	13.5	0.22	1.09	0.47	0.33	9.20	87.9
七二小麦麸	12.43	14.2	0.14	1.06	0.54	0.17	7.30	89.8
八四小麦麸	11.76	15.4	0.12	0.85	0.54	0.58	8.20	88.0
黑麦麸	12.85	13.7	0.04	0.48	0.69	0.44	8.00	89.8
苜蓿干草粉 A	6.95	19.1	1.40	0.51	0.82	0.43	22.7	89.6
苜蓿干草粉 B	6.11	17.2	1.52	0.22	0.81	0.36	25.6	87.0
苜蓿干草粉 C	6.19	15.5	1.34	0.22	0.66	0.36	31.2	87.0
苜蓿干草粉 D	6.19	14.3	1.34	0.19	0.60	0.35	31.6	87.0
紫云英草粉	6.87	22.3	1.42	0.43	0.85	0.34	19.5	88.0
沙打旺草粉	7.28	12.3	1.95	0.12	0.50	0.25	29.0	93.7
秣食豆草粉	5.27	18.2	1.70	0.37	0.70	0.43	31.4	89.0
紫穗槐叶	10.55	12.3	1.40	0.40	1.45	0.82	12.9	90.6
玉米秸粉	2.30	3.30	0.67	0.23	0.25	0.07	33.4	88.8
青干草粉	2.47	8.90	0.54	0.25	0.31	0.21	33.7	90.6
花生藤粉 A	6.91	12.2	2.80	0.10	0.40	0.27	21.8	90.0
花生藤粉 B	5.52	8.46	1.17	0.15	0.32	0.22	29.6	88.0
大豆粕 A	13.73	46.8	0.31	0.61	2.81	0.56	3.90	87.0
大豆粕 B	13.10	45.6	0.26	0.57	2.54	1.16	5.40	89.6
大豆粕 C	13.18	44.0	0.32	0.61	2.50	0.66	5.10	87.0
大豆粕 D	13.18	43.0	0.32	0.61	2.45	0.64	5.10	87.0
大豆饼	13.56	41.6	0.32	0.50	2.45	1.08	5.70	88.2
黑豆饼	13.60	39.8	0.42	0.27	2.46	0.74	6.90	88.0
花生粕	12.26	47.4	0.20	0.65	2.30	1.21	13.0	92.0
花生饼	14.06	43.8	0.33	0.58	1.35	0.94	5.30	89.6
芝麻饼	14.02	35.4	1.49	1.16	0.86	1.43	7.20	91.7
棉籽饼	10.13	32.6	0.23	0.90	1.11	1.30	13.6	89.8
棉籽粕	11.55	32.3	0.36	0.81	1.29	0.74	15.1	92.2
菜籽粕	11.47	41.4	0.79	0.98	1.11	1.30	11.8	89.8
菜籽饼	11.60	37.4	0.61	0.95	1.23	1.22	10.7	92.2

饲料名称	消化能 (兆焦/千克)	粗蛋白 (%)	钙 (%)	磷 (%)	赖氨酸 (%)	蛋氨酸+胱氨酸 (%)	粗纤维 (%)	干物质 (%)
亚麻饼	12.60	35.9	0.39	0.87	1.20	1.00	9.20	91.1
胡麻饼	10.93	31.1	0.45	0.54	1.18	0.75	9.80	90.5
蓖麻饼	8.79	31.4	0.32	0.86	0.87	0.82	33.0	80.0
大豆秸粉 A	2.97	8.9	0.87	0.05	0.31	0.12	39.8	93.2
大豆秸粉 B	2.55	3.96	0.76	0.03	—	—	49.6	90.0
甘薯藤粉	5.23	8.10	1.55	0.11	0.26	0.16	28.5	88.0
花生皮	4.27	5.0	0.57	0.07	—	—	50.0	88.0
大蒜萁	5.65	7.82	0.26	0.02	—	—	35.03	88.0
菊花粉	6.51	13.0	1.00	0.20	—	—	26.0	88.0
椰子饼	11.22	24.7	0.04	0.06	0.51	0.53	14.4	91.2
菜籽饼	10.13	10.5	0.36	0.23	0.30	0.42	18.3	91.0
DDGS	14.31	26.0	0.20	0.74	0.59	0.59	7.10	88.0
向日葵粕	10.88	35.7	0.40	0.50	1.17	1.36	22.8	90.3
向日葵饼	7.62	31.5	0.40	0.40	1.13	1.66	19.8	89.0
玉米胚芽饼	13.48	16.8	1.48	0.69	0.57	5.50	91.1
米糠粕	11.50	14.9	0.14	1.02	0.52	0.42	12.00	89.9
米糠饼	10.76	13.6	0.07	0.87	0.63	0.45	8.90	91.5
进口鱼粉 A	13.18	64.5	3.80	2.83	5.22	2.29	0.50	90.0
进口鱼粉 B	12.97	62.5	0.96	3.05	5.12	2.21	0.50	90.0
进口鱼粉 C	15.53	60.5	3.91	2.90	4.35	2.21	0.00	89.0
国产鱼粉 A	12.93	60.2	1.04	2.90	4.72	2.16	0.50	90.0
国产鱼粉 B	19.27	55.1	4.59	1.17	3.64	1.95	0.00	91.2
国产鱼粉 C	12.93	53.5	5.88	3.20	3.87	1.88	0.80	90.0
猪肉粉	9.42	38.6	6.13	1.03	2.12	1.30	0.00	91.2
肉粉	22.44	55.4	0.19	0.54	2.20	0.79	0.00	90.0
肉骨粉	12.56	54.4	8.27	4.10	3.00	1.43	0.00	92.0
羽毛粉	11.59	77.9	0.20	0.68	1.65	3.52	0.70	88.0
皮革粉	11.51	77.6	4.40	0.15	2.27	0.96	1.70	88.0
血粉 A	11.43	82.7	0.29	0.31	6.67	1.72	0.00	88.0
血粉 B	12.10	45.0	11.0	5.90	2.49	1.02	0.00	92.4
蚕蛹	10.93	78.0	0.30	0.23	8.07	1.14	0.00	89.3
蚕蛹渣	20.72	54.6	0.02	0.53	3.07	1.23	0.00	90.5
蝇蛆	12.73	69.7	0.30	0.77	3.86	2.00	0.00	90.5
蚕沙	11.05	47.2	2.76	3.14	3.37	0.15	0.00	86.0
小虾糠	10.05	14.8	0.10	0.61	0.40	0.33	10.50	90.2

续表

饲料名称	消化能 （兆焦/千克）	粗蛋白 （%）	钙 （%）	磷 （%）	赖氨酸 （%）	蛋氨酸＋胱氨酸 （%）	粗纤维 （%）	干物质 （%）
酵母 A	10.72	46.9	7.34	1.56	1.94	1.17	11.10	89.9
酵母 B	14.81	70.0	0.40	3.40	2.38	1.14	0.60	91.0
饲料酵母	12.22	47.1	0.50	1.20	3.80	0.80	0.60	90.0
啤酒酵母	16.62	45.5	1.15	1.27	2.57	1.00	5.10	91.1
饲料 BE 酵母	14.82	52.4	0.16	1.02	3.38	1.00	0.60	91.7
酪蛋白	12.14	47.2	0.13	0.96	2.60	0.83	6.10	91.5
玉米蛋白粉 A	15.32	89.1	0.00	0.00	0.00	0.00	0.00	91.3
玉米蛋白粉 B	15.28	55.0	0.06	0.43	0.95	2.00	2.00	91.0
玉米蛋白粉 C	15.61	51.3	0.06	0.42	0.92	1.90	2.10	91.2
玉米蛋白粉 D	15.02	44.3	0.06	0.42	0.71	0.69	1.60	89.9
玉米蛋白粉 E	10.38	19.3	0.05	0.70	0.63	0.62	7.80	88.0
全脂奶粉	22.52	21.4	1.62	0.66	2.26	1.02	0.00	98.0
水解羽毛粉	19.32	85.0	0.04	0.12	1.70	4.17	0.00	90.0
动物油	38.26	0.00	0.00	0.00	0.00	0.00	0.00	97.4
甘薯	3.68	1.00	0.13	0.05	0.13	0.11	0.90	25.0
胡萝卜	2.13	1.30	0.53	0.06	0.03	0.03	0.80	13.4
南瓜	1.72	1.50	0.00	0.00	0.02	0.01	0.90	10.9
马铃薯	3.47	2.30	0.33	0.07	0.09	0.06	0.90	23.5
冰草	3.06	3.80	0.12	0.09	0.00	0.00	9.40	28.8
苜蓿草	2.22	4.60	0.20	0.06	0.21	0.10	5.00	19.6
三叶草	2.30	4.90	0.00	0.01	0.09	0.04	3.10	18.5
黑麦草	2.55	2.40	0.13	0.05	0.16	0.09	4.20	18.0
豆腐渣	0.88	2.80	0.05	0.03	0.19	0.09	1.70	10.0
薯类粉渣	1.76	0.60	0.07	0.01	0.00	0.00	1.70	15.0
玉米粉渣	2.01	1.80	0.02	0.01	0.03	0.07	0.50	15.0
糖渣	3.93	7.00	0.01	0.04	0.22	0.43	5.30	22.6
醋渣	2.43	2.40	0.06	0.03	0.08	0.16	3.40	25.0
酱渣	2.80	7.10	0.11	0.03	0.14	0.10	2.40	22.4
甜菜渣	1.13	1.20	0.06	0.01	0.05	0.03	3.80	12.0
鲜啤酒糟	2.68	3.40	0.09	0.12	0.18	0.25	7.50	25.0
啤酒糟 A	10.56	27.0	0.32	0.42	0.74	0.89	11.8	88.0
啤酒糟 B	9.42	24.3	0.32	0.42	0.72	0.87	13.4	88.0
玉米酒糟	3.81	5.80	0.15	0.17	0.02	0.06	10.5	35.0
高粱酒糟	3.10	5.90	0.11	0.18	0.15	0.07	2.00	29.9
甘薯酒糟	0.50	2.00	0.09	0.01	0.02	0.06	5.70	7.00

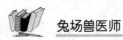

续表

饲料名称	消化能 （兆焦/千克）	粗蛋白 （%）	钙 （%）	磷 （%）	赖氨酸 （%）	蛋氨酸＋胱氨酸 （%）	粗纤维 （%）	干物质 （%）
酒糟	3.39	7.50	0.19	0.20	0.56	0.29	1.10	32.5
水花生	0.54	1.10	0.08	0.02	0.03	0.01	0.90	6.00
会葫芦	0.42	0.80	0.08	0.03	0.04	0.04	2.50	5.00
甘薯藤	1.13	2.10	0.20	0.05	0.07	0.03	0.50	13.0
大白菜	0.80	1.40	0.03	0.04	0.04	0.04	0.70	6.00
小白菜	0.92	1.60	0.04	0.06	0.04	0.06	1.60	5.40
甘蓝	1.00	1.80	0.08	0.04	0.09	0.00	11.0	9.90
槐叶粉	10.00	18.1	2.21	0.21	0.00	0.00	12.9	90.3
紫穗槐叶粉	10.55	23.0	1.40	0.40	0.00	0.00	0.00	90.6
脱胶骨粉	0.00	0.00	36.4	16.4	0.00	0.00	0.00	96.0
骨粉	0.00	0.00	30.12	13.46	0.00	0.00	0.00	99.0
磷酸钙	0.00	0.00	27.91	14.38	0.00	0.00	0.00	80.0
磷酸氢钙	0.00	0.00	23.10	18.7	0.00	0.00	0.00	79.6
碳酸钙	0.00	0.00	40.0	0.00	0.00	0.00	0.00	99.0
石粉	0.00	0.00	35.0	0.00	0.00	0.00	0.00	99.0
贝壳粉	0.00	0.00	33.4	0.14	0.00	0.00	0.00	99.0
蛋壳粉	0.00	0.00	37.0	0.15	0.00	0.00	0.00	99.0
L－赖氨酸	0.00	0.00	0.00	0.00	0.00	0.00	0.00	98.0
L－蛋氨酸	0.00	0.00	0.00	0.00	0.00	0.00	0.00	98.0
L－蛋氨酸 （代胱氨酸）	0.00	0.00	0.00	0.00	0.00	0.00	0.00	98.0

注：附表4源于任文社主编的《家兔生产与疾病防治》。

参考文献

[1] 任克良, 陈怀清. 兔病诊疗原色图谱. 北京: 中国农业出版社, 2008.

[2] 任克良, 陈怀清. 兔场兽医师手册. 北京: 金盾出版社, 2008.

[3] 任克良. 家兔防疫员培训教材. 北京: 金盾出版社, 2008.

[4] 程相朝, 薛帮群, 等. 兔病类症鉴别诊断彩色图谱. 北京: 中国农业出版社, 2009.

[5] 谷子林, 薛家宾. 现代养兔实用百科全书. 北京: 中国农业出版社, 2007.

[6] 桑莲花, 卜剑锋, 唐式校, 等. 兔高产高效养殖技术. 南京: 东南大学出版社, 2010.

[7] 张恒业, 张桂云, 郑立, 等. 兔健康高产养殖手册. 郑州: 河南科学技术出版社, 2010.

[8] 魏刚才, 范国英. 怎样科学办好兔场. 北京: 化学工业出版社, 2010.

[9] 吴信生. 怎样办好家庭獭兔养殖场. 北京: 科学技术文献出版社, 2008.

[10] 谷子林. 实用家兔养殖技术. 北京: 金盾出版社, 2009.

[11] 徐汉涛. 种草养兔技术. 北京: 中国农业出版社, 2002.

[12] 李福昌. 兔生产学. 北京: 中国农业出版社, 2009.

[13] 谷子林. 家兔养殖技术问题. 北京: 金盾出版社, 2010.

[14] 于新元, 王丰强, 刘宝前, 等. 家兔标准化饲养新技术. 北京: 中国农业出版社, 2005.

[15] 韩占兵, 张恒业. 畜禽生产. 郑州: 河南科学技术出版社, 2008.

[16] 崔淑芳. 实验动物学. 3版. 上海: 第二军医大学出版社, 2007.

[17] 郑军. 养兔技术指导. 北京: 金盾出版社, 2006.

[18] 张振华, 王启明. 饲养兔生产关键技术. 南京: 江苏科学技术出版社, 2006.

[19] 谷子林. 家兔养殖技术问题. 北京: 金盾出版社, 2010.

[20] 陈树林, 孙志宏. 家兔养殖新技术. 西安: 西北农林科技大学出版社, 2005.

[21] 陈成功, 王艳丽. 简明科学养兔手册. 北京: 金盾出版社, 2002.

[22] 程广和. 兔病防治关键技术. 北京：中国三峡出版社，2006.

[23] 赵双正，刘利春，张文丽. 家兔饲养与疾病防治技术一点通. 成都：四川科学技术出版社，2009.

[24] 仇建华. 兔病防治. 哈尔滨：黑龙江科学技术出版社，2004.

[25] 王丰强. 兔病防治关键技术. 北京：中国农业大学出版社，2005.

[26] 耿永鑫. 兔病防治大全. 北京：中国农业出版社，2006.

[27] 万遂如. 兔病防治手册. 北京：金盾出版社，2004.

[28] 晋爱兰. 兔病防治指南. 北京：中国农业大学出版社，2005.

[29] 王永坤. 兔病诊断与防治手册. 上海：上海科学技术出版社，2002.

[30] 任克良，陈怀涛. 兔病诊疗原色图谱. 北京：中国农业出版社，2008.

[31] 宋传升，王会珍. 兔病防治问答. 北京：化学工业出版社，2008.

[32] 郑明学，胡永婷，程志学. 兔病防控与治疗技术. 北京：中国农业出版社，2009.

[33] 薛帮群，魏战勇. 兔场多发疾病防控手册. 郑州：河南科学技术出版社. 2010.

[34] 白跃宇，王克健. 新编科学养兔手册. 郑州：中原农民出版社，2002.

[35] 孙慈云，杨秀女. 科学养兔指南. 北京：中国农业大学出版社，2005.

[36] 晋爱兰. 兔病防治指南. 北京：中国农业大学出版社，2005.

[37] 郑明学，胡永婷，程志学. 兔病防控与治疗技术. 北京：中国农业出版社，2009.

[38] 任克良. 兔场兽医师手册. 北京：金盾出版社，2008.

[39] 程广和，陈磊. 兔病防治关键技术（彩插版）. 北京：中国三峡出版社，2006.

[40] 耿永鑫. 兔病防治大全. 北京：中国农业出版社，2002.

[41] 钱存忠. 兔病诊疗与处方手册. 北京：化学工业出版社，2010.

[42] 王健. 兽医药方手册. 上海：上海科学技术出版社，1993.

[43] 于船，陈子斌. 现代中兽医大全. 南宁：广西科学技术出版社，2000.

[44] 周建强等. 畜禽常用药物手册（最新版）. 合肥：安徽科学技术出版社，2002.

[45] 万遂如. 兔病防治手册. 北京：金盾出版社，2002.

[46] 胡元亮. 兽医处方手册. 北京：中国农业出版社，2005.

[47] 孙效彪，郑明学. 兔病防控与治疗技术. 北京：中国农业出版社，2003.

[48] 朱瑞良. 兔病. 北京：中国农业出版社，2010.

[49] 钟秀会. 中兽医手册. 北京：中国农业出版社，2010.